Deutsches Lesebuch

für

höhere Mädchenschulen

herausgegeben

von

Karl Hessel.

Dritter Teil.

Erste Abteilung: Gedichte.

Siebente, durchgesehene Auflage.

Bonn 1902,

A. Marcus und E. Webers Verlag.

Vorbemerkung.

Die vorliegende siebente Auflage dieses 3. Teiles des Lesebuches, für das 6. und 7. Schuljahr höherer Mädchenschulen bestimmt, unterscheidet sich von der sechsten Auflage nur durch eine den übrigen Teilen genauer entsprechende Anordnung der Erläuterungen und Inhaltsangaben. „Pförtners Morgenlied" von Schiller ist in den zweiten Teil versetzt worden und statt dessen daher „Das Wassertröpflein" von Nänny übernommen worden. „Wie es den Sorgen erging" von Pfarrius ist fortgelassen und dafür „Hoffnung" von Schiller eingefügt worden. Da Seitenzahlen und Nummern fast durchaus mit denen der vorigen Auflage übereinstimmen, so können 6. und 7. Auflage ohne Störung nebeneinander gebraucht werden. Einige kleine Änderungen im Texte rühren daher, daß nochmals die Texte sorgfältig mit denjenigen Originalen verglichen sind, wie sie im Nachweis der Quellen verzeichnet sind.

Koblenz, Februar 1902.

Dr. Karl Hessel,

Direktor der höheren Mädchenschule und
Lehrerinnen-Bildungsanstalt.

Erste Abteilung:

Gedichte.

Ernst Moritz Arndt (1769—1860).

*1. Deutscher Trost.

1. Deutsches Herz, verzage nicht,
Tu, was dein Gewissen spricht,
Dieser Strahl des Himmelslichts:
Tue recht und fürchte nichts!

2. Baue nicht auf bunten Schein!
Lug und Trug ist dir zu fein,
Schlecht gerät dir List und Kunst,
Feinheit wird dir eitel Dunst.

3. Doch die Treue ehrenfest
Und die Liebe, die nicht läßt,
Einfalt, Demut, Redlichkeit
Stehn dir wohl, du Sohn vom Teut.

4. Wohl steht dir das grade Wort,
Wohl der Speer, der grade bohrt,
Wohl das Schwert, das offen ficht
Und von vorn die Brust durchsticht.

5. Deutsche Freiheit, deutscher Gott,
Deutscher Glaube ohne Spott,
Deutsches Herz und deutscher Stahl
Sind vier Helden allzumal.

6. Diese stehn wie Felsenburg,
Diese fechten alles durch,
Diese halten tapfer aus
In Gefahr und Todesbraus.

7. Drum, o Herz, verzage nicht,
Tu, was dein Gewissen spricht:
Redlich folge seiner Spur!
Redlich hält es seinen Schwur.

*2. Das Lied vom Feldmarschall (1813).

1. Was blasen die Trompeten? Husaren, heraus!
Es reitet der Feldmarschall im fliegenden Saus,
Er reitet so freudig sein mutiges Pferd,
Er schwinget so schneidig sein blitzendes Schwert.
2. O, schauet, wie ihm leuchten die Augen so klar!
O, schauet, wie ihm wallet sein schneeweißes Haar!
So frisch blüht sein Alter wie greisender Wein,
Drum kann er Verwalter des Schlachtfeldes sein.
3. Der Mann ist er gewesen, als alles versank,
Der mutig auf gen Himmel den Degen noch schwang,
Da schwur er beim Eisen gar zornig und hart,
Den Welschen zu weisen die preußische Art.
4. Den Schwur hat er gehalten. Als Kriegsruf erklang,
Hei! wie der weiße Jüngling in Sattel sich schwang!
Da ist er's gewesen, der Kehraus gemacht,
Mit eisernem Besen das Land rein gemacht.
5. Bei Lützen auf der Aue er hielt solchen Strauß,
Daß vielen tausend Welschen der Atem ging aus,
Viel Tausende liefen dort hasigen Lauf,
Zehntausend entschliefen, die nie wachen auf.
6. Am Wasser der Katzbach er's auch hat bewährt,
Da hat er den Franzosen das Schwimmen gelehrt:
Fahrt wohl, ihr Franzosen, zur Ostsee hinab!
Und nehmt, Ohnehosen, den Walfisch zum Grab!
7. Bei Wartburg an der Elbe, wie fuhr er hindurch!
Da schirmte die Franzosen nicht Schanze noch Burg,
Da mußten sie springen wie Hasen übers Feld,
Und hell ließ erklingen sein Hussa! der Held.
8. Bei Leipzig auf dem Plane, o, herrliche Schlacht!
Da brach er den Franzosen das Glück und die Macht,

Da lagen sie sicher nach blutigem Fall,
Da ward der Herr Blücher ein Feldmarschall.
9. Drum blaset, ihr Trompeten! Husaren, heraus!
Du, reite, Herr Feldmarschall, wie Winde im Saus!
Dem Siege entgegen zum Rhein, übern Rhein,
Du tapferer Degen, in Frankreich hinein!

3. Vaterlandslied.

1. Der Gott, der Eisen wachsen ließ,
Der wollte keine Knechte,
Drum gab er Säbel, Schwert und Spieß
Dem Mann in seine Rechte,
Drum gab er ihm den kühnen Mut,
Den Zorn der freien Rede,
Daß er bestände bis aufs Blut,
Bis in den Tod die Fehde.
2. So wollen wir, was Gott gewollt,
Mit rechten Treuen halten
Und nimmer im Tyrannensold
Die Menschenschädel spalten;
Doch wer für Tand und Schande ficht,
Den hauen wir zu Scherben,
Der soll im deutschen Lande nicht
Mit deutschen Männern erben.
3. O Deutschland, heilges Vaterland!
O, deutsche Lieb und Treue!
Du hohes Land! du schönes Land!
Dir schwören wir aufs neue.
Dem Buben und dem Knecht die Acht!
Der speise Krähn und Raben!
So ziehn wir aus zur Hermannsschlacht
Und wollen Rache haben.
4. Laßt brausen, was nur brausen kann,
In hellen, lichten Flammen!
Ihr Deutschen alle, Mann für Mann,
Fürs Vaterland zusammen!

Und hebt die Herzen himmelan
Und himmelan die Hände,
Und rufet alle, Mann für Mann:
Die Knechtschaft hat ein Ende!
5. Laßt wehen, was nur wehen kann,
Standarten wehn und Fahnen!
Wir wollen heut uns Mann für Mann
Zum Heldentode mahnen!
Auf! fliege, hohes Siegspanier,
Voran dem kühnen Reihen!
Wir siegen oder sterben hier
Den süßen Tod der Freien.

4. Die Leipziger Schlacht (1813).

1. Wo kommst du her in dem roten Kleid
Und färbst das Gras auf dem grünen Plan?
Ich komme her aus dem Männerstreit,
Ich komme rot von der Ehrenbahn.
Wir haben die blutige Schlacht geschlagen,
Drob müssen die Weiber und Bräute klagen,
Da ward ich so rot.
2. Sag an, Gesell, und verkünde mir:
Wie heißt das Land, wo ihr schlugt die Schlacht?
Bei Leipzig trauert das Mordrevier,
Das manches Auge voll Tränen macht,
Da flogen die Kugeln wie Winterflocken,
Und Tausenden mußte der Atem stocken
Bei Leipzig der Stadt.
3. Wie hießen, die zogen ins Todesfeld
Und ließen fliegende Banner aus?
Die Völker kamen der ganzen Welt
Und zogen gegen Franzosen aus,
Die Russen, die Schweden, die tapferen Preußen,
Und die nach dem glorreichen Östreich heißen,
Die zogen all aus.

4. Wem ward der Sieg in dem harten Streit?
Wer griff den Preis mit der Eisenhand?
Die Welschen hat Gott wie die Spreu zerstreut,
Die Welschen hat Gott verweht wie den Sand;
Viel Tausende decken den grünen Rasen,
Die übrig geblieben, entflohen wie Hasen,
Napoleon mit.

5. Nimm Gottes Lohn! habe Dank, Gesell!
Das war ein Klang, der das Herz erfreut!
Das klang wie himmlische Zimbeln hell.
Habe Dank der Mär von dem blutigen Streit!
Laß Witwen und Bräute die Toten klagen,
Wir singen noch fröhlich in späten Tagen
Die Leipziger Schlacht.

6. O Leipzig, freundliche Lindenstadt!
Dir ward ein leuchtendes Ehrenmal:
Solange rollet der Jahre Rad,
Solange scheinet der Sonnenstrahl,
Solange die Ströme zum Meere reisen,
Wird noch der späteste Enkel preisen
Die Leipziger Schlacht.

5. **Des Schiffers Traum** (1837).

1. Es heult der Sturm, die Woge schäumt,
Und durch die Wolken fahren Blitze;
Der alte Schiffer nickt und träumt
Gar ruhig auf dem nassen Sitze:
Wie wild um ihn die Woge schlägt,
Wie auf und ab das Schifflein schaukelt,
Ein Traum, der süße Bilder trägt,
Umspielt sein Haupt und scherzt und gaukelt.

2. Ein Eiland hebt er hell und schön
Mit reichen Fluren aus den Wogen,
Ein wundervolles Lenzgetön,
Aus Blütenhainen kommt's geflogen —
Der Alte ruft: „Hier legt ans Land!

Hier in die Bucht, den stillen Hafen!
O, kommst du endlich, Friedensstrand?
Wie will ich süß nach Stürmen schlafen!"
3. Da schießt aus schwarzer Nacht ein Strahl,
Ein glühnder Gottespfeil, von oben.
Der Schiffer und das Schiff zumal,
Mit Mann und Maus, sie sind zerstoben.
Die wilde Woge treibt zum Strand,
Treibt Trümmer und Leichen treu zum Hafen —
Glückseliger Träumer! du hast Land,
Nun kannst du süß nach Stürmen schlafen!

Nikolaus Becker (1810—1845).

*6. Der deutsche Rhein.

1. Sie sollen ihn nicht haben, den freien deutschen Rhein,
Ob sie wie gierge Raben sich heiser danach schrein,
2. Solang er ruhig wallend sein grünes Kleid noch trägt,
Solang ein Ruder schallend in seine Woge schlägt!
3. Sie sollen ihn nicht haben, den freien deutschen Rhein,
Solang sich Herzen laben an seinem Feuerwein;
4. Solang in seinem Strome noch fest die Felsen stehn,
Solang sich hohe Dome in seinem Spiegel sehn!
5. Sie sollen ihn nicht haben, den freien deutschen Rhein,
Solang dort kühne Knaben um schlanke Dirnen frein;
6. Solang die Flosse hebet ein Fisch auf seinem Grund,
Solang ein Lied noch lebet in seiner Sänger Mund!
7. Sie sollen ihn nicht haben, den freien deutschen Rhein,
Bis seine Flut begraben des letzten Manns Gebein!

Wilhelm Bornemann (1766—1851).

7. Der alte Fritz.

Niederdeutsche (altmärkische) Mundart.

1. Der olle Fritz — potz schlag int hûs!
Det was en könig as en Dûs!

Grôt von gestalt just was he nich,
Em sat det grôte innerlich.
2. Sîn rock un wams un stäwelpôr
Was ôk det nüeste nich vont jôr.
Menchmôl kêk unnerfuder rût —
He sach drum doch as könig ût.
3. Sîn tressenhôt was ôk men sô;
Sîn krückstock passte gôd dôtô;
Respekt het halbe welt gehat,
Sprak he môl mit de krücke wat.
4. Sîn ôgenstrôl was sunnenlicht,
Un wer von em en scharp gesicht
Bü dummet tüg ungnädig kreg:
Det was, as wenn de blitz drin schlög.
5. Lêt he sick up de strôt wo sên,
Was jung un olt flink up de bên,
Mit juchei: „Hoch leb vôder Fritz!"
Un alle schwenkten hôt un mütz.
6. Sat he to pêr — hem sick de jungn
An beide bägeln angehungn.
„De schimmel schleit! jungs, sêt ju vör!"
Denn gung et erst recht munter her.
7. Môl rêp he, just recht frohen môts:
„Rin in de schôl! jü schlôgedôds!" —
„Ätsch ût! ätsch ût! he wêt nich môl:
Midwoch nômidags is kên schôl!"
8. Dat glöb ick fest: sö'n könig, as
Uns olle Fritz von Prüssen was —
Is noch nicht west un kümt förwôr
Nich wädder in manch dûsend jôr!

tüg = Zeug; pêr = Pferd; hem sick = haben sich; bägel = Bügel; ju = euch.

Luise Brachmann (1777—1822).

8. Kolumbus.

1. „Was willst du, Fernando, so trüb und bleich?
Du bringst mir traurige Mär?"
„Ach, edler Feldherr, bereitet Euch!
Nicht länger bezähm ich das Heer.
Wenn jetzt nicht die Küste sich zeigen will,
So seid Ihr ein Opfer der Wut;
Sie fordern laut, wie Sturmgebrüll,
Des Feldherrn heilges Blut."

2. Und eh noch dem Ritter das Wort entflohn,
Da drängte die Menge sich nach,
Da stürmten die Krieger, die wütenden, schon
Gleich Wogen ins stille Gemach.
Verzweiflung im wilden, verlöschenden Blick,
Auf bleichen Gesichtern der Tod:
„Verräter, wo ist nun dein gleißendes Glück?
Jetzt rett uns vom Gipfel der Not!

3. Du gibst uns nicht Speise, so gib uns dann Blut!
Blut!" rief das entzügelte Heer.
Sanft stellte der Große den Felsenmut
Entgegen dem stürmenden Meer.
„Befriedigt mein Blut euch, so nehmt es und lebt!
Doch bis noch ein einzigesmal
Die Sonne dem feurigen Osten entschwebt,
Vergönnt mir den segnenden Strahl!

4. Beleuchtet der Morgen kein rettend Gestad,
So biet ich dem Tode mich gern,
Bis dahin verfolgt noch den mutigen Pfad
Und trauet der Hilfe des Herrn!"
Die Würde des Helden, sein ruhiger Blick
Besiegte noch einmal die Wut;
Sie wichen vom Haupte des Führers zurück
Und schonten sein heiliges Blut.

5. „Wohlan denn, es sei noch! doch hebt sich der Strahl
Und zeigt uns kein rettendes Land,
So siehst du die Sonne zum letztenmal,
So zittre der strafenden Hand!“
Geschlossen war also der eiserne Bund,
Die Schrecklichen kehrten zurück.
Es tue der leuchtende Morgen nun kund
Des duldenden Helden Geschick.

6. Die Sonne sank, der Tag entwich;
Des Helden Brust ward schwer;
Der Kiel durchrauschte schauerlich
Das weite, wüste Meer.
Die Sterne zogen still herauf,
Doch ach, kein Hoffnungsstern!
Und von des Schiffes ödem Lauf
Blieb Land und Rettung fern.

7. Vom Trost des süßen Schlafs verbannt,
Die Brust voll Gram, durchwacht,
Nach Westen blickend unverwandt,
Der Held die düstre Nacht.
„Nach Westen, o, nach Westen hin
Beflügle dich, mein Kiel!
Dich grüßt noch sterbend Herz und Sinn,
Du meiner Sehnsucht Ziel!

8. Doch mild, o Gott, von Himmelshöhn
Blick auf mein Volk herab!
Laß nicht sie trostlos untergehn
Im wüsten Flutengrab!“
Es sprach's der Held, von Mitleid weich,
Da, horch! welch eilger Tritt?
„Noch einmal, Fernando, so trüb und bleich?
Was bringt dein bebender Schritt?“

9. „Ach, edler Feldherr, es ist geschehn:
Jetzt hebt sich der östliche Strahl!“
„Sei ruhig, mein Lieber, von himmlischen Höhn
Entwand sich der leuchtende Strahl.

Es waltet die Allmacht von Pol zu Pol;
Mir lenkt sie zum Tode die Bahn."
„Leb wohl dann, mein Feldherr, leb ewig wohl!
Ich höre die Schrecklichen nahn."

10. Und eh noch dem Ritter das Wort entflohn,
Da drängte die Menge sich nach;
Da stürmten die Krieger, die wütenden, schon
Gleich Wogen ins stille Gemach.
„Ich weiß, was ihr fordert, und bin bereit;
Ja, werft mich ins schäumende Meer!
Doch wisset, das rettende Ziel ist nicht weit,
Gott schütze dich, irrendes Heer!"

11. Dumpf klirrten die Schwerter, ein wüstes Geschrei
Erfüllte mit Grausen die Luft;
Der Edle bereitete still sich und frei
Zum Weg in die flutende Gruft.
Zerrissen war jedes geheiligte Band;
Schon sah sich zum schwindelnden Rand
Der treffliche Führer gerissen, und: — „Land!
Land!" rief es und donnert' es: „Land!"

12. Ein glänzender Streifen, mit Purpur gemalt,
Erschien dem beflügelten Blick;
Vom Golde der steigenden Sonne bestrahlt,
Erhob sich das winkende Glück,
Was kaum noch geahnet der zagende Sinn,
Was mutvoll der Große gedacht. —
Sie stürzten zu Füßen des Herrlichen hin
Und priesen die göttliche Macht.

Klemens Brentano (1778—1842).

*9. Die Gottesmauer.

1. Draus bei Schleswig vor der Pforte
Wohnen armer Leute viel,
Ach, des Feindes wilder Horde
Werden sie das erste Ziel.

Waffenstillstand ist gekündet,
Dänen ziehen ab zur Nacht.
Russen, Schweden sind verbündet,
Brechen her mit wilder Macht.
Draus bei Schleswig, weit vor allen,
Steht ein Häuslein ausgesetzt.

2. Draus bei Schleswig in der Hütte
Singt ein frommes Mütterlein:
„Herr, in deinen Schoß ich schütte
Alle meine Angst und Pein.“
Doch ihr Enkel, ohn Vertrauen,
Zwanzigjährig, neuster Zeit,
Will nicht auf den Herren bauen,
Meint, der liebe Gott wohnt weit.
Draus bei Schleswig in der Hütte
Singt ein frommes Mütterlein.

3. „Eine Mauer um uns baue!“
Singt das fromme Mütterlein,
„Daß dem Feinde vor uns graue,
Hüll in deine Burg uns ein!“
„Mutter“, spricht der Weltgesinnte,
„Eine Mauer uns ums Haus
Kriegt unmöglich so geschwinde
Euer lieber Gott heraus.“
„Eine Mauer um uns baue!“
Singt das fromme Mütterlein.

4. „Enkel, fest ist mein Vertrauen:
Wenn's dem lieben Gott gefällt,
Kann er uns die Mauer bauen;
Was er will, ist wohl bestellt.“
Trommeln rombidom rings prasseln,
Die Trompeten schmettern drein,
Rosse wiehern, Wagen rasseln,
Ach, nun bricht der Feind herein.
„Eine Mauer um uns baue!“
Singt das fromme Mütterlein.

5. Rings in alle Hütten brechen
Schwed und Russe mit Geschrei,
Lärmen, fluchen, drängen, zechen,
Doch dies Haus ziehn sie vorbei.
Und der Enkel spricht in Sorgen:
„Mutter, uns verrät das Lied!"
Aber sieh, das Heer vom Morgen
Bis zur Nacht vorüberzieht.
„Eine Mauer um uns baue!"
Singt das fromme Mütterlein.
6. Und am Abend tobt der Winter,
An das Fenster stürmt der Nord.
„Schließt den Laden, liebe Kinder!"
Spricht die Alte und singt fort.
Aber mit den Flocken fliegen
Vier Kosakenpulke an,
Rings in allen Hütten liegen
Sechzig, auch wohl achtzig Mann.
„Eine Mauer um uns baue!"
Singt das fromme Mütterlein.
7. Bange Nacht voll Kriegsgetöse!
Wie es wiehert, brüllet, schwirrt!
Kantschuhiebe, Kolbenstöße!
Weh! des Nachbarn Fenster klirrt.
„Hurra! stupai! boschka! kurwa!
Schnaps und Branntwein! Rum und rack!"
Schreit und flucht und plackt die Turba,
Erst am Morgen zieht der Pack.
„Eine Mauer um uns baue!"
Singt das fromme Mütterlein.
8. „Eine Mauer um uns baue!"
Singt sie fort die ganze Nacht;
Morgens wird es still: „O, schaue,
Enkel, was der Nachbar macht!"
Auf nach innen geht die Türe,
Nimmer käm er sonst hinaus;

Daß er Gottes Allmacht spüre,
Lag der Schnee wohl mannshoch draus.
„Eine Mauer um uns baue!"
Sang das fromme Mütterlein.

9. „Ja, der Herr kann Mauern bauen,
Liebe, fromme Mutter, komm,
Gottes Mauer anzuschauen!"
Rief der Enkel und ward fromm.
Achtzehnhundertvierzehn war es,
Als der Herr die Mauer baut,
In der fünften Nacht des Jahres.
Selig, wer dem Herrn vertraut!
„Eine Mauer um uns baue!"
Sang das fromme Mütterlein.

Gottfried August Bürger (1747—1794).

10. Das Lied vom braven Mann.

1. Der Tauwind kam vom Mittagsmeer
Und schnob durch Welschland trüb und feucht,
Die Wolken flogen vor ihm her,
Wie wann der Wolf die Herde scheucht.
Er fegte die Felder, zerbrach den Forst;
Auf Seen und Strömen das Grundeis borst.

2. Am Hochgebirge schmolz der Schnee:
Der Sturz von tausend Wassern scholl;
Das Wiesental begrub ein See;
Des Landes Heerstrom wuchs und schwoll;
Hoch rollten die Wogen entlang ihr Gleis
Und rollten gewaltige Felsen Eis.

3. Auf Pfeilern und auf Bogen schwer,
Aus Quaderstein von unten auf,
Lag eine Brücke drüberher,
Und mitten stand ein Häuschen drauf.

Hier wohnte der Zöllner mit Weib und Kind:
O Zöllner, o Zöllner, entfleuch geschwind!

4. Es dröhnt' und dröhnte dumpf heran;
Laut heulten Sturm und Wog ums Haus.
Der Zöllner sprang zum Dach hinan
Und blickt' in den Tumult hinaus.
„Barmherziger Himmel, erbarme dich!
Verloren! verloren! wer rettet mich?"

5. Die Schollen rollten Schuß auf Schuß;
Von beiden Ufern, hier und dort,
Von beiden Ufern riß der Fluß
Die Pfeiler sammt den Bogen fort.
Der bebende Zöllner mit Weib und Kind,
Er heulte noch lauter als Strom und Wind.

6. Die Schollen rollten Stoß auf Stoß,
An beiden Enden, hier und dort,
Zerborsten und zertrümmert, schoß
Ein Pfeiler nach dem andern fort.
Bald nahte der Mitte der Umsturz sich.
„Barmherziger Himmel, erbarme dich!"

7. Hoch auf dem fernen Ufer stand
Ein Schwarm von Gaffern, groß und klein,
Und jeder schrie und rang die Hand,
Doch mochte niemand Retter sein.
Der bebende Zöllner mit Weib und Kind
Durchheulte nach Rettung den Strom und Wind.

8. Rasch galoppiert' ein Graf hervor,
Auf hohem Roß ein edler Graf.
Was hielt des Grafen Hand empor?
Ein Beutel war es, voll und straff.
„Zweihundert Pistolen sind zugesagt
Dem, welcher die Rettung der Armen wagt!"

9. Und immer höher schwoll die Flut,
Und immer lauter schnob der Wind,
Und immer tiefer sank der Mut.
O Retter, Retter, komm geschwind!

Stets Pfeiler bei Pfeiler zerborst und brach;
Laut krachten und stürzten die Bogen nach.

10. „Halloh! halloh! frisch auf, gewagt!“
Hoch hielt der Graf den Preis empor.
Ein jeder hört's, doch jeder zagt;
Aus Tausenden tritt keiner vor.
Vergebens durchheulte mit Weib und Kind
Der Zöllner nach Rettung den Strom und Wind.

11. Sieh, schlecht und recht ein Bauersmann
Am Wanderstabe schritt daher,
Mit grobem Kittel angetan,
An Wuchs und Antlitz hoch und hehr.
Er hörte den Grafen, vernahm sein Wort
Und schaute das nahe Verderben dort.

12. Und kühn in Gottes Namen sprang
Er in den nächsten Fischerkahn;
Trotz Wirbel, Sturm und Wogendrang
Kam der Erretter glücklich an;
Doch wehe! der Nachen war allzu klein,
Der Retter von allen zugleich zu sein.

13. Und dreimal zwang er seinen Kahn,
Trotz Wirbel, Sturm und Wogendrang,
Und dreimal kam er glücklich an,
Bis ihm die Rettung ganz gelang.
Kaum kamen die letzten in sichern Port,
So rollte das letzte Getrümmer fort.

14. „Hier“, rief der Graf, „mein wackrer Freund,
Hier ist dein Preis! komm her, nimm hin!“
Sag an, war das nicht brav gemeint?
Bei Gott! der Graf trug hohen Sinn.
Doch höher und himmlischer, wahrlich! schlug
Das Herz, das der Bauer im Kittel trug.

15. „Mein Leben ist für Gold nicht feil,
Arm bin ich zwar, doch eß ich satt.

Dem Zöllner werd Euer Gold zuteil,
Der Hab und Gut verloren hat!"
So rief er mit herzlichem Biederton
Und wandte den Rücken und ging davon.

Adelbert von Chamisso (1781–1838).

11. Schloß Boncourt.

1. Ich träum als Kind mich zurücke
Und schüttle mein greises Haupt;
Wie sucht ihr mich heim, ihr Bilder,
Die lang ich vergessen geglaubt?

2. Hoch ragt aus schattgen Gehegen
Ein schimmerndes Schloß hervor,
Ich kenne die Türme, die Zinnen,
Die steinerne Brücke, das Tor.

3. Es schauen vom Wappenschilde
Die Löwen so traulich mich an,
Ich grüße die alten Bekannten
Und eile den Burghof hinan.

4. Dort liegt die Sphinx am Brunnen,
Dort grünt der Feigenbaum,
Dort, hinter diesen Fenstern,
Verträumt ich den ersten Traum.

5. Ich tret in die Burgkapelle
Und suche des Ahnherrn Grab,
Dort ist's, dort hängt vom Pfeiler
Das alte Gewaffen herab.

6. Noch lesen, umflort, die Augen
Die Züge der Inschrift nicht,
Wie hell durch die bunten Scheiben
Das Licht darüber auch bricht.

7. So stehst du, o Schloß meiner Väter,
Mir treu und fest in dem Sinn

Und bist von der Erde verschwunden;
Der Pflug geht über dich hin.

8. Sei fruchtbar, o teurer Boden!
Ich segne dich mild und gerührt
Und segn ihn zwiefach, wer immer
Den Pflug nun über dich führt.

9. Ich aber will auf mich raffen,
Mein Saitenspiel in der Hand,
Die Weiten der Erde durchschweifen
Und singen von Land zu Land.

12. Die alte Waschfrau.

1. Du siehst geschäftig bei dem Linnen
Die Alte dort in weißem Haar,
Die rüstigste der Wäscherinnen
Im sechsundsiebenzigsten Jahr.
So hat sie stets mit saurem Schweiß
Ihr Brot in Ehr und Zucht gegessen
Und ausgefüllt mit treuem Fleiß
Den Kreis, den Gott ihr zugemessen.

2. Sie hat in ihren jungen Tagen
Geliebt, gehofft und sich vermählt;
Sie hat des Weibes Los getragen,
Die Sorgen haben nicht gefehlt;
Sie hat den kranken Mann gepflegt;
Sie hat drei Kinder ihm geboren;
Sie hat ihn in das Grab gelegt
Und Glaub und Hoffnung nicht verloren.

3. Da galt's, die Kinder zu ernähren;
Sie griff es an mit heiterm Mut,
Sie zog sie auf in Zucht und Ehren;
Der Fleiß, die Ordnung sind ihr Gut.
Zu suchen ihren Unterhalt,
Entließ sie segnend ihre Lieben,
So stand sie nun allein und alt,
Ihr war ihr heitrer Mut geblieben.

4. Sie hat gespart und hat gesonnen
Und Flachs gekauft und nachts gewacht,
Den Flachs zu feinem Garn gesponnen,
Das Garn dem Weber hingebracht;
Der hat's gewebt zu Leinewand;
Die Schere brauchte sie, die Nadel
Und nähte sich mit eigner Hand
Ihr Sterbehemde sonder Tadel.

5. Ihr Hemd, ihr Sterbehemd, sie schätzt es,
Verwahrt's im Schrein am Ehrenplatz;
Es ist ihr Erstes und ihr Letztes,
Ihr Kleinod, ihr ersparter Schatz.
Sie legt es an, des Herren Wort
Am Sonntag früh sich einzuprägen;
Dann legt sie's wohlgefällig fort,
Bis sie darin zur Ruh sie legen.

6. Und ich, an meinem Abend, wollte,
Ich hätte, diesem Weibe gleich,
Erfüllt, was ich erfüllen sollte
In meinen Grenzen und Bereich;
Ich wollt, ich hätte so gewußt
Am Kelch des Lebens mich zu laben
Und könnt am Ende gleiche Lust
An meinem Sterbehemde haben.

Matthias Claudius (1740—1815).

13. Abendlied.

1. Der Mond ist aufgegangen,
Die goldnen Sternlein prangen
Am Himmel hell und klar;
Der Wald steht schwarz und schweiget,
Und aus den Wiesen steiget
Der weiße Nebel wunderbar.

2. Wie ist die Welt so stille
Und in der Dämmrung Hülle
So traulich und so hold!
Als eine stille Kammer,
Wo ihr des Tages Jammer
Verschlafen und vergessen sollt.
3. Seht ihr den Mond dort stehen?
Er ist nur halb zu sehen
Und ist doch rund und schön!
So sind wohl manche Sachen,
Die wir getrost belachen,
Weil unsre Augen sie nicht sehn.
4. Wir stolze Menschenkinder
Sind eitel arme Sünder
Und wissen gar nicht viel;
Wir spinnen Luftgespinste
Und suchen viele Künste
Und kommen weiter von dem Ziel.
5. Gott, laß uns dein Heil schauen,
Auf nichts Vergänglichs trauen,
Nicht Eitelkeit uns freun!
Laß uns einfältig werden
Und vor dir hier auf Erden
Wie Kinder fromm und fröhlich sein!
6. Wollst endlich sonder Grämen
Aus dieser Welt uns nehmen
Durch einen sanften Tod!
Und wenn du uns genommen,
Laß uns in Himmel kommen,
Du unser Herr und unser Gott!
7. So legt euch denn, ihr Brüder,
In Gottes Namen nieder!
Kalt ist der Abendhauch.
Verschon uns, Gott! mit Strafen
Und laß uns ruhig schlafen
Und unsern kranken Nachbar auch!

14. Die Sternseherin Lise.

1. Ich sehe oft um Mitternacht,
Wenn ich mein Werk getan
Und niemand mehr im Hause wacht,
Die Stern' am Himmel an.

2. Sie gehn da, hin und her zerstreut,
Als Lämmer auf der Flur;
In Rudeln auch und aufgereiht,
Wie Perlen an der Schnur.

3. Und funkeln alle weit und breit
Und funkeln rein und schön;
Ich seh die große Herrlichkeit
Und kann mich satt nicht sehn.

4. Dann saget — unterm Himmelszelt —
Mein Herz mir in der Brust:
„Es gibt was Bessers in der Welt
Als all ihr Schmerz und Lust."

5. Ich werf mich auf mein Lager hin
Und liege lange wach
Und suche es in meinem Sinn
Und sehne mich darnach.

15. Christiane.

1. Es stand ein Sternlein am Himmel,
Ein Sternlein guter Art,
Das tät so lieblich scheinen,
So lieblich und so zart!

2. Ich wußte seine Stelle
Am Himmel, wo es stand,
Trat abends vor die Schwelle
Und suchte, bis ich's fand;

3. Und blieb dann lange stehen,
Hatt große Freud in mir,
Das Sternlein anzusehen,
Und dankte Gott dafür.

4. Das Sternlein ist verschwunden;
Ich suche hin und her,
Wo ich es sonst gefunden,
Und find es nun nicht mehr.

Joseph Ludwig Franz Deinhardstein (1794—1859).

16. Gesang des Vogels über dem Wald.

1. Durch die blaue Luft,
Über Grab und Kluft
Und der Menschen ängstlich Bewegen,
Mit dem Flügelschlag
Aus der Nacht zum Tag
Flieg ich froh der Sonne entgegen.
2. Schwebe hin und her,
In dem blauen Meer
Mir zu kühlen die luftigen Schwingen,
Und am Berg, im Tal
Und am Wasserfall
Laß ich lustig mein Liedchen erklingen.
3. Wo die Wolke saust,
Wo der Waldstrom braust,
Kann ich auf, kann ich nieder schweben;
So mit einemmal
Aus der Höh ins Tal:
Was ist das ein herrliches Leben!
4. Wie ist mir so wohl,
Wie so liebevoll,
Wenn die Tannen recht ferne mir winken!
Ach! und welche Lust
Für die Glut der Brust,
Den unendlichen Segen zu trinken!

5. Durch die freie Luft,
Über Grab und Kluft,
Über euer ängstlich Bewegen,
Mit dem Flügelschlag
Aus der Nacht zum Tag
Flieg ich froh der Sonne entgegen.

Joseph Freiherr von Eichendorff (1788—1857).

*17. Reiselied.

1. Durch Feld und Buchenhallen,
Bald singend, bald fröhlich still,
Recht lustig sei vor allen,
Wer's Reisen wählen will!
2. Wenn's kaum im Osten glühte,
Die Welt noch still und weit,
Da weht recht durchs Gemüte
Die schöne Blütenzeit!
3. Die Lerch als Morgenbote
Sich in die Lüfte schwingt,
Eine frische Reisenote
Durch Wald und Herz erklingt.
4. O Lust, vom Berg zu schauen
Weit über Wald und Strom,
Hoch über sich den blauen,
Tiefklaren Himmelsdom!
5. Vom Berge Vöglein fliegen
Und Wolken so geschwind,
Gedanken überfliegen
Die Vögel und den Wind.
6. Die Wolken ziehn hernieder,
Das Vöglein senkt sich gleich:
Gedanken gehn und Lieder
Fort bis ins Himmelreich.

*18. Der frohe Wandersmann.

1. Wem Gott will rechte Gunst erweisen,
Den schickt er in die weite Welt;
Dem will er seine Wunder weisen
In Berg und Wald und Strom und Feld.
2. Die Trägen, die zu Hause liegen,
Erquicket nicht das Morgenrot,
Sie wissen nur von Kinderwiegen,
Von Sorgen, Last und Not um Brot.
3. Die Bächlein von den Bergen springen,
Die Lerchen schwirren hoch vor Lust,
Was sollt ich nicht mit ihnen singen
Aus voller Kehl und frischer Brust?
4. Den lieben Gott laß ich nur walten;
Der Bächlein, Lerchen, Wald und Feld
Und Erd und Himmel will erhalten,
Hat auch mein Sach aufs best bestellt!

19. Der Jäger Abschied.

1. Wer hat dich, du schöner Wald,
Aufgebaut so hoch da droben?
Wohl den Meister will ich loben,
So lang noch mein Stimm erschallt.
Lebe wohl,
Lebe wohl, du schöner Wald!
2. Tief die Welt verworren schallt,
Oben einsam Rehe grasen,
Und wir ziehen fort und blasen,
Daß es tausendfach verhallt:
Lebe wohl,
Lebe wohl, du schöner Wald!
3. Banner, der so kühle wallt!
Unter deinen grünen Wogen
Hast du treu uns auferzogen,

Frommer Sagen Aufenthalt!
Lebe wohl,
Lebe wohl, du schöner Wald!
4. Was wir still gelobt im Wald,
Wollen's draußen ehrlich halten,
Ewig bleiben treu die alten.
Deutsch Panier, das rauschend wallt,
Lebe wohl,
Schirm dich Gott, du schöner Wald!

20. Herbst.

1. Es ist nun der Herbst gekommen,
Hat das schöne Sommerkleid
Von den Feldern weggenommen
Und die Blätter ausgestreut.
Vor dem bösen Winterwinde
Deckt er warm und sachte zu
Mit dem bunten Laub die Gründe,
Die schon müde gehn zur Ruh.
2. Durch die Felder sieht man fahren
Eine wunderschöne Frau,
Und von ihren langen Haaren
Goldne Fäden auf der Au
Spinnet sie und singt im Gehen:
„Eia, meine Blümelein,
Nicht nach andern immer sehen,
Eia, schlafet, schlafet ein!“

Charlotte Engelhard-Schweighäuser

(1781—1864).

21. Das Ritterfräulein auf der Burg Nideck.

(Elsässisch.)

Im Waldschloss dort am wasserfall
Sin d' ritter risse gsin;
Emol kummts fräule rab ins tal
Un geht spaziere drin.
Sie duet bis geje Haslach gehn:
Vorm wald im ackerfeld
Do blîbt sie voll verwundrung stehn
Un sieht, wie's feld wurd bstellt.
Sie luegt dem ding e wîl so zue,
Der pflueg, die ross, die lît
Sin ihr ebbs neus, sie geht derzue
Un denkt: „Die nimm i mit!"
Do hürt sie an de bodde hîn
Un spreit ihr fürrdi ûs,
Fangt alles mit der hand, duets nin
Un lauft gar froh nôch hûs.
Dort, wo der berri isch so gäh,
Dass mer nurr muesam steigt in d' höh,
Springt sie de waldwäg nuf ganz frisch
Un brûcht nurr eine schritt.
Der ritter sitzt just noch am disch:
„Mîn kind, was bringst du mit?
D' freud luegt der ûs de aue nûs,
Se krâm nurr geschwind din fürrdi ûs,
Was hesch so zawwlis drin?"
„O vatter, spieldings gar ze nett,
I hâ noch nie ebbs schêns so ghet!"
Un stellt im alles hîn.

Un uf de disch stellt sie de pflueg,
Die bûre hîn un îri ross,
Lauft drum erum und lacht derzue,
Ihr freud isch gar ze groß.
„Ja, kind, dis isch kên spieldings nit,
Do hesch ebbs schêns gemacht!“
Sât druf der ritter glîch und lacht:
„Geh, nimm's nurr widder mit!
Die bûre sorje uns fürr brôt,
Sunst würde mîr in großer nôt,
Trâ alles widder furt!“
's groß fräule grînt, der vatter schilt:
„E bûr mer nit als spieldings gilt,
I lîd nit, dass mer murrt!
Pack alles sachte widder in
Un trâ's ans nämli plätzel hin,
Wo de's genumme hest!
Böit nit der bûr sîn ackerfeld,
So fehlt's bî uns an brôt und geld
In unserm felsenest!“

risse = Riesen; ebbs = etwas; hürt = kauert; fürrdi = Fürtuch, Schürze; aue = Augen; grînt = greint. Bei ue hört man beide Vokale, nicht = ü.

Wilhelm Fischer (geboren 1833).

22. Kleobis und Biton.

1. Zum Herafeste soll zu Wagen,
Vom starken Zweigespann getragen,
Der Göttin hehre Priesterin
Von Hause ziehn zum Tempel hin;
Doch fern im Felde sind die Stiere
Und nicht zum heiligen Dienst bereit,

Kein Aug erblickt die säumigen Tiere,
Das Fest beginnt — es drängt die Zeit.

2. Da treten, in der Jugend Schöne,
Der Gottgeweihten fromme Söhne
Zum Joche hin mit starker Hand
Und ziehn die Mutter unverwandt:
So fährt sie durch die Sonnenauen
Hin zu des Tempels Schattenraum;
Beim Anblick des Gespannes trauen
Die Griechen ihren Augen kaum.

3. Und alle, die zum Feste kamen,
Erfahren bald der Söhne Namen,
Und Kleobis und Bitons Ruhm
Erschallet um das Heiligtum;
Wie schlägt ihr Herz beim Jubelschalle!
Es rühmen — keiner bleibt zurück —
Der Söhne Kraft die Männer alle,
Die Mütter all der Mutter Glück.

4. Sie aber stehet vor dem Bilde
Der Göttin, die so reich und milde,
Und fleht aus ihrer tiefsten Brust,
Die überquillt voll seliger Lust:
„Wenn je an deinem hohen Feste
Mein Flehn vor dich gekommen ist,
Gib meinen Söhnen, was das Beste
— Du weißt es — für den Menschen ist!“

5. Da ward ein Zeichen klar gegeben,
Der Tod sei besser denn das Leben:
Die Söhne opfern noch voll Dank
Und laben sich an Speis und Trank;
Dann strecken sie die schönen Glieder,
Die müden, nach dem heißen Lauf
Im Tempel selbst zum Schlummer nieder
Und — stehen nimmer wieder auf.

Friedrich Baron de la Motte Fouqué (1777—1843).

23. Brandenburgisches Erntelied (1810).

(Auf den Tod der Königin Luise).

1. Die Halm und Ähren winken
Uns reich und mild,
Die hellen Sensen blinken,
Die Garbe schwillt.

2. Da wollen wir beginnen
Den Erntesang,
Ach, aber mitten innen
Schallt Glockenklang!

3. Die Trauerglocke läutet
Vom Dorfe her.
Wir wissen, was es deutet:
Sie ist nicht mehr!

4. Zwei Augen ruhn im Grabe,
So fromm und blau,
Und auf die Gottesgabe
Fällt Tränentau.

24. Kriegslied für die freiwilligen Jäger (1813).

1. Frisch auf, zum fröhlichen Jagen, es ist nun an der Zeit;
Es fängt nun an zu tagen, der Kampf ist nicht mehr weit!
Auf! laßt die Faulen liegen, laßt sie in ihrer Ruh!
Wir rücken mit Vergnügen dem lieben König zu.

2. Der König hat gesprochen: „Wo sind meine Jäger nun?"
Da sind wir aufgebrochen, ein wackres Werk zu tun.
Wir wolln ein Heil erbauen für all das deutsche Land,
Im frohen Gottvertrauen, mit rüstig starker Hand!

3. Schlaft ruhig nun, ihr Lieben, am väterlichen Herd,
Derweil mit Feindeshieben wir ringen, keck bewehrt.
O Wonne, die zu schützen, die uns das Liebste sind!
Hei! laßt Kanonen blitzen! ein frommer Mut gewinnt.

4. Die mehrsten ziehn einst wieder zurück in Sieger-Reihn;
Dann tönen Jubellieder, das wird 'ne Freude sein!
Wie glühn davor die Herzen so froh und stark und weich!
Wer fällt, der kann's verschmerzen, der hat das Himmelreich.

5. Ins Feld, ins Feld gezogen, zu Roß und auch zu Fuß!
Gott ist uns wohlgewogen, schickt manchen hohen Gruß.
Ihr Jäger allzusammen, dringt lustig in den Feind!
Die Freudenfeuer flammen, die Lebenssonne scheint.

25. Turmwächters Lied.

1. Am gewaltigen Meer,
In der Mitternacht,
Wo der Wogen Heer
An die Felsen kracht,
Da schau ich vom Turm hinaus.
Ich erheb einen Sang
Aus starker Brust
Und mische den Klang
In die wilde Lust,
In die Nacht, in den Sturm, in den Graus.

2. Dringe durch, dringe durch
Recht freudenvoll,
Mein Lied, von der Burg
In das Sturmgeroll!
Verkünd es weit durch die Nacht,
Wo schwanket ein Schiff
Durch die Flut entlang,
Wo schwindelt am Riff
Des Wanderers Gang,
Daß oben ein Mensch hier wacht!

3. Ein kräftiger Mann,
Recht frisch bereit,
Wo er helfen kann,
Zu wenden das Leid
Mit Ruf, mit Leuchte, mit Hand.
Ist zu schwarz die Nacht,
Ist zu fern der Ort,
Da schickt er mit Macht
Seine Stimme fort
Mit Trost über See und Land.

4. Wer auf Wogen schwebt,
Sehr leck sein Kahn,
Wer im Walde lebt,
Wo sich Räuber nahn,

Der denke: Gott hilft wohl gleich.
Wen das wilde Meer
Schon hinunterschlingt,
Wem des Räubers Speer
In die Hüfte dringt,
Der denk an das Himmelreich!

Agnes Franz (1794—1843).

26. Kaiserkrone.

Kind.

Liebe Mutter, Kaiserkrönchen
Blüht so hold, so schön,
Sag, wozu die vielen Tränen,
Die darinnen stehn?

Mutter.

Hast du nicht umhergesehen
Auf der Blumenau?
Sieh, in jedem Kelche stehen
Helle Tropfen Tau.

Kind.

Ja, ich sah's, doch schnell vergehen
Sie im Sonnenglanz!
Aber diese Tropfen stehen
Immer schön und ganz.

Mutter.

Jene blühen frei im süßen,
Hellen Sonnenschein,
Doch kein Strahl darf diese küssen,
Müssen stets verborgen sein.

Kind.

Stets verborgen? Liebe Mutter,
Nimm die Blume mit!

Will sie leis nach Hause tragen,
Sorgsam Schritt vor Schritt.
Was du mir dabei gelehret,
Will ich denken spät und früh:
Kronen schützen nicht vor Tränen,
Aber sie verbergen sie.

Ferdinand Freiligrath (1810–1876).

*27. Aus dem schlesischen Gebirge.

1. „Nun werden grün die Brombeerhecken:
Hier schon ein Veilchen, welch ein Fest!
Die Amsel sucht sich dürre Stecken,
Und auch der Buchfink baut sein Nest.
Der Schnee ist überall gewichen,
Die Koppe nur sieht weiß ins Tal;
Ich habe mich von Haus geschlichen,
Hier ist der Ort — ich wag's einmal:
Rübezahl!

2. Hört er's? ich seh ihm dreist entgegen!
Er ist nicht bös; auf diesen Block
Will ich mein Leinwandpäckchen legen —
Es ist ein richtges, volles Schock!
Und fein! ja, dafür kann ich stehen!
Kein beßres wird gewebt im Tal —
Er läßt sich immer noch nicht sehen;
Drum frischen Mutes noch einmal:
Rübezahl!

3. Kein Laut — ich bin ins Holz gegangen,
Daß er uns hilft in unsrer Not.
O, meiner Muter blasse Wangen —
Im ganzen Haus kein Stückchen Brot!
Der Vater schritt zu Markt mit Fluchen —
Fänd er doch Käufer nur einmal!

Ich will's mit Rübezahl versuchen —
Wo bleibt er nur? zum drittenmal:
Rübezahl!

4. Er half so vielen schon vorzeiten,
Großmutter hat mir's oft erzählt;
Ja, er ist gut den armen Leuten,
Die unverschuldet Elend quält.
So bin ich froh denn hergelaufen
Mit meiner richtgen Ellenzahl;
Ich will nicht betteln, will verkaufen!
O, daß er käme! — Rübezahl!
Rübezahl!

5. Wenn dieses Päckchen ihm gefiele,
Vielleicht gar bät er mehr sich aus;
Das wär mir recht, ach, gar zu viele
Gleich schöne liegen noch zu Haus!
Die nähm er alle bis zum letzten.
Ach, fiel auf dies doch seine Wahl!
Da löst ich ein selbst die versetzten —
Das wär ein Jubel! Rübezahl!
Rübezahl!

6. Dann trät ich froh ins kleine Zimmer
Und riefe: Vater, Geld genug!
Dann flucht' er nicht, dann sagt' er nimmer:
Ich web euch nur ein Hungertuch!
Dann lächelte die Mutter wieder
Und tischt' uns auf ein reichlich Mahl;
Dann jauchzten meine kleinen Brüder —
O, käm, o, käm er! Rübezahl!
Rübezahl!"

7. So rief der dreizehnjährge Knabe;
So stand und rief er, matt und bleich.
Umsonst! nur dann und wann ein Rabe
Flog durch des Gnomen altes Reich.
So stand und paßt' er Stund auf Stunde,
Bis daß es dunkel ward im Tal

Und er halblaut mit zuckendem Munde
Ausrief durch Tränen noch einmal:
„Rübezahl!“
8. Dann ließ er still das busch'ge Fleckchen
Und zitterte und sagte: „Hu!“
Und schritt mit seinem Leinwandpäckchen
Dem Jammer seiner Heimat zu.
Oft ruht er aus auf moosgen Steinen,
Matt von der Bürde, die er trug.
Ich glaub, sein Vater webt dem Kleinen
Zum Hunger= bald ein Leichentuch.
Rübezahl!

28. **Die Auswanderer.** (Amsterdam 1832).

1. Ich kann den Blick nicht von euch wenden;
Ich muß euch anschaun immerdar:
Wie reicht ihr mit geschäftgen Händen
Dem Schiffer eure Habe dar!
2. Ihr Männer, die ihr von dem Nacken
Die Körbe langt, mit Brot beschwert,
Das ihr aus deutschem Korn gebacken,
Geröstet habt auf deutschem Herd;
3. Und ihr, im Schmuck der langen Zöpfe,
Ihr Schwarzwaldmädchen braun und schlank,
Wie sorgsam stellt ihr Krüg' und Töpfe
Auf der Schaluppe grüne Bank!
4. Das sind dieselben Töpf' und Krüge,
Oft an der Heimat Born gefüllt!
Wenn am Missouri alles schwiege,
Sie malten euch der Heimat Bild:
5. Des Dorfes steingefaßte Quelle,
Zu der ihr schöpfend euch gebückt,
Des Herdes traute Feuerstelle,
Das Wandgesims, das sie geschmückt.
6. Bald zieren sie im fernen Westen
Des leichten Bretterhauses Wand;

Bald reicht sie müden, braunen Gästen,
Voll frischen Trunkes, eure Hand.

7. Es trinkt daraus der Tscherokese,
Ermattet, von der Jagd bestaubt;
Nicht mehr von deutscher Rebenlese
Tragt ihr sie heim, mit Grün belaubt.

8. O, sprecht! warum zogt ihr von dannen?
Das Neckartal hat Wein und Korn;
Der Schwarzwald steht voll finstrer Tannen,
Im Spessart klingt des Älplers Horn.

9. Wie wird es in den fremden Wäldern
Euch nach der Heimatberge Grün,
Nach Deutschlands gelben Weizenfeldern,
Nach seinen Rebenhügeln ziehn!

10. Wie wird das Bild der alten Tage
Durch eure Träume glänzend wehn!
Gleich einer stillen, frommen Sage
Wird es euch vor der Seele stehn.

11. Der Bootsmann winkt — zieht hin in Frieden:
Gott schütz euch, Mann und Weib und Greis!
Sei Freude eurer Brust beschieden
Und euern Feldern Reis und Mais!

29. Die Trompete von Vionville (1870).

1. Sie haben Tod und Verderben gespien:
Wir haben es nicht gelitten.
Zwei Kolonnen Fußvolk, zwei Batterien
Wir haben sie niedergeritten.

2. Die Säbel geschwungen, die Zäume verhängt,
Tief die Lanzen und hoch die Fahnen,
So haben wir sie zusammengesprengt,
Kürassiere wir und Ulanen.

3. Doch ein Blutritt war's, ein Todesritt,
Wohl wichen sie unsern Hieben,
Doch von zwei Regimentern, was ritt und was stritt,
Unser zweiter Mann ist geblieben.

4. Die Brust durchschossen, die Stirn zerklafft,
So lagen sie bleich auf dem Rasen,
In der Kraft, in der Jugend dahingerafft —
Nun, Trompeter, zum Sammeln geblasen!

5. Und er nahm die Trompet, und er hauchte hinein;
Da — die mutig mit schmetterndem Grimme
Uns geführt in den herrlichen Kampf hinein,
Der Trompete versagte die Stimme!

6. Nur ein klanglos Wimmern, ein Schrei voll Schmerz
Entquoll dem metallenen Munde;
Eine Kugel hatte durchlöchert ihr Erz —
Um die Toten klagte die wunde.

7. Um die Tapfern, die Treuen, die Wacht am Rhein,
Um die Brüder, die heut gefallen —
Um sie alle, es ging uns durch Mark und Bein,
Erhub sie gebrochenes Lallen.

8. Und nun kam die Nacht, und wir ritten hindann,
Rundum die Wachtfeuer lohten;
Die Rosse schnoben, der Regen rann,
Und wir dachten der Toten, der Toten.

Abraham Emanuel Fröhlich (1796—1865).

*30. Vorfrühling.

1. Ehe der März beginnt,
Schnee von den Bergen rinnt,
Singet das Vöglein schon
Freudigen Ton.

2. Noch ist der Wald so grau,
Nirgend ein Veilchen blau;
Was mag das Vögelein
Lustig denn sein?

3. Himmelblau, warmes Licht
Zu ihm mit Tröstung spricht:
„Frühling und neues Glück
Kehren zurück.“
4. Voll dieser Fröhlichkeit,
Schwebt's ob der dürren Heid,
Übet schon tagelang
Neuen Gesang.
5. Himmelblau, warmes Licht
Zu mir mit Tröstung spricht:
„Wonnesam kommt der Mai
Dir auch herbei!“

*31. Wiederfinden.

„O, du lieblicher Geselle,“
Sprachen Blumen zu der Welle,
„Eile doch nicht von der Stelle!“
Aber jene sagt' dawider:
„Ich muß in die Lande nieder,
Weithin auf des Stromes Pfaden,
Mich im Meere jung zu baden.
Aber dann will ich vom Blauen
Wieder auf euch niedertauen.“

*32. Die Nützlichen.

„Unkraut seid ihr,“ sprachen Ähren
Zu der Korn- und Feuerblume;
„Und ihr dürfet euch vermessen
Selbst von unserm Boden nähren?“
„Wir sind freilich nicht zum Essen,
Wenn das einzig hilft zum Ruhme,“
Sagten diese Wohlgemuten;
„Aber wir erblühn hieneben,
Euer Einerlei, ihr Guten,
Mannigfarbig zu beleben.“

*33. Turnen.

„Schwing mir die Buben und schwing mir sie stark!“
Ruft dem Winde der Wald;
„Klagen sie gleich in müdem Gestöhn,
Laß mir nicht ab sobald!
Also nur wurzelt ihr Fuß, und mit Mark
Füllet sich Arm und Brust;
Und sie wachsen zu stolzen Höhn,
Mir eine Herzenslust.
Denn ich hasse die Zwergenart,
So die sumpfige Kluft
Eingewindelt vor Wetter bewahrt,
Immer in Stubenluft.
Fahl und kahl in des Frühlings Saft,
Hat schon ein Lüftchen sie umgerafft.“

34. Glauben.

Mit dem Vogel sind geflogen
Seine Kinder über Meer.
Droben ward der Himmel trüber;
Drunten brausten Sturmeswogen,
Und die Kinder klagten sehr:
„Ach, wie kommen wir hinüber?
Nirgend will ein Land uns winken,
Und die müden Schwingen sinken.“
Aber ihre Mutter sagt:
„Kinder, bleibet unverzagt!
Fühlt ihr nicht im Tiefsten innen
Unaufhaltsam einen Zug,
Neuen Frühling zu gewinnen?
Auf! in jenem ist kein Trug,
Der die Sehnsucht hat gegeben.
Er wird uns hinüberheben
Und euch trösten balde, balde
In dem jungbelaubten Walde.“

35. Lebensworte.

Zu dem vollen Rosenbaume
Sprach der nahe Leichenstein:
„Ist es recht, in meinem Raume
Groß zu tun und zu verhüllen
Meiner Sprüche goldnen Schein,
Die allein mit Trost erfüllen?“
„Auch aus Grüften,“ sagt die Blüte,
„Ruft mich Gottes Macht und Güte,
Neben euch, ihr heilgen Schriften,
Sein Gedächtnis hier zu stiften.
Ich auch blühe tröstend fort,
Ein lebendig Gotteswort.“

36. Wörterkur.

„Aber Wörter sind's doch nicht,
Was du singest“, also spricht
Zu der Nachtigall der Star,
Dem gelöst die Zunge war,
Der auch mit den Wörtern bald
Will bekehren seinen Wald. —
„'s ist drum,“ sagt sie, „sonderbar,
Daß so viel zum Herzen dringt,
Was man nicht in Worte bringt.“

Emanuel Geibel (1815—1884).

*37. Der Zigeunerbube im Norden (1831).

1. Fern im Süd das schöne Spanien,
Spanien ist mein Heimatland,
Wo die schattigen Kastanien
Rauschen an des Ebro Strand,
Wo die Mandeln rötlich blühen,
Wo die heiße Traube winkt

Und die Rosen schöner glühen
Und das Mondlicht goldner blinkt.
2. Und nun wandr ich mit der Laute
Traurig hier von Haus zu Haus,
Doch kein helles Auge schaute
Freundlich noch nach mir heraus.
Spärlich reicht man mir die Gaben,
Mürrisch heißet man mich gehn;
Ach, den armen, braunen Knaben
Will kein einziger verstehn.
3. Dieser Nebel drückt mich nieder,
Der die Sonne mir entfernt,
Und die alten lustgen Lieder
Hab ich alle fast verlernt.
Immer in die Melodieen
Schleicht der eine Klang sich ein:
In die Heimat möcht ich ziehen,
In das Land voll Sonnenschein!
4. Als beim letzten Erntefeste
Man den großen Reigen hielt,
Hab ich jüngst das allerbeste
Meiner Lieder aufgespielt.
Doch wie sich die Paare schwangen
In der Abendsonne Gold,
Sind auf meine dunkeln Wangen
Heiße Tränen hingerollt.
5. Ach, ich dachte bei dem Tanze
An des Vaterlandes Lust,
Wo im duftgen Mondenglanze
Freier atmet jede Brust,
Wo sich bei der Zither Tönen
Jeder Fuß beflügelt schwingt
Und der Knabe mit der Schönen
Glühend den Fandango schlingt.
6. Nein! des Herzens sehnend Schlagen,
Länger halt ich's nicht zurück;

Will ja jeder Lust entsagen,
Laßt mir nur der Heimat Glück!
Fort zum Süden! fort nach Spanien,
In das Land voll Sonnenschein!
Unterm Schatten der Kastanien
Muß ich einst begraben sein.

*38. Hoffnung.

1. Und dräut der Winter noch so sehr
Mit trotzigen Gebärden,
Und streut er Eis und Schnee umher,
Es muß doch Frühling werden.

2. Und drängen die Nebel noch so dicht
Sich vor den Blick der Sonne,
Sie wecket doch mit ihrem Licht
Einmal die Welt zur Wonne.

3. Blast nur, ihr Stürme, blast mit Macht!
Mir soll darob nicht bangen:
Auf leisen Sohlen über Nacht
Kommt doch der Lenz gegangen.

4. Da wacht die Erde grünend auf,
Weiß nicht, wie ihr geschehen,
Und lacht in den sonnigen Himmel hinauf
Und möchte vor Lust vergehen.

5. Sie flicht sich blühende Kränze ins Haar
Und schmückt sich mit Rosen und Ähren
Und läßt die Brünnlein rieseln klar,
Als wären es Freudenzähren.

6. Drum still! und wie es frieren mag,
O Herz, gib dich zufrieden!
Es ist ein großer Maientag
Der ganzen Welt beschieden.

7. Und wenn dir oft auch bangt und graut,
Als sei die Höll auf Erden,
Nur unverzagt auf Gott vertraut!
Es muß doch Frühling werden.

*39. Der Mai ist gekommen.

1. Der Mai ist gekommen, die Bäume schlagen aus,
Da bleibe, wer Lust hat, mit Sorgen zu Haus;
Wie die Wolken wandern am himmlischen Zelt,
So steht auch mir der Sinn in die weite, weite Welt.

2. Herr Vater, Frau Mutter, daß Gott euch behüt!
Wer weiß, wo in der Ferne mein Glück mir noch blüht!
Es gibt so manche Straße, da nimmer ich marschiert,
Es gibt so manchen Wein, den ich nimmer noch probiert.

3. Frisch auf drum, frisch auf im hellen Sonnenstrahl!
Wohl über die Berge, wohl durch das tiefe Tal!
Die Quellen erklingen, die Bäume rauschen all,
Mein Herz ist wie 'ne Lerche und stimmet ein mit Schall.

4. Und abends im Städtlein da kehr ich durstig ein:
„Herr Wirt, Herr Wirt, eine Kanne blanken Wein!
Ergreife die Fiedel, du lustger Spielmann du,
Von meinem Schatz das Liedel sing ich dazu."

5. Und find ich keine Herberg, so lieg ich zu Nacht
Wohl unter blauem Himmel, die Sterne halten Wacht;
Im Winde die Linde, die rauscht mich ein gemach,
Es küsset in der Früh das Morgenrot mich wach.

6. O Wandern, o Wandern, du freie Burschenlust!
Da wehet Gottes Odem so frisch in die Brust!
Da singet und jauchzet das Herz zum Himmelszelt:
Wie bist du doch so schön, o, du weite, weite Welt!

*40. Morgenwanderung.

1. Wer recht in Freuden wandern will,
Der geh der Sonn entgegen;
Da ist der Wald so kirchenstill,
Kein Lüftchen mag sich regen;
Noch sind nicht die Lerchen wach,
Nur im hohen Gras der Bach
Singt leise den Morgensegen.

2. Die ganze Welt ist wie ein Buch,
Darin uns aufgeschrieben

In bunten Zeilen manch ein Spruch,
Wie Gott uns treu geblieben;
Wald und Blumen nah und fern
Und der helle Morgenstern
Sind Zeugen von seinem Lieben.
3. Da zieht die Andacht wie ein Hauch
Durch alle Sinnen leise,
Da pocht ans Herz die Liebe auch
In ihrer stillen Weise,
Pocht und pocht, bis sich's erschließt
Und die Lippe überfließt
Von lautem, jubelndem Preise.
4. Und plötzlich läßt die Nachtigall
Im Busch ihr Lied erklingen,
In Berg und Tal erwacht der Schall
Und will sich aufwärts schwingen;
Und der Morgenröte Schein
Stimmt in lichter Glut mit ein:
Laßt uns dem Herrn lobsingen!

*41. Friedrich Rotbart.

1. Tief im Schoße des Kyffhäusers
Bei der Ampel rotem Schein
Sitzt der alte Kaiser Friedrich
An dem Tisch von Marmorstein.
2. Ihn umwallt der Purpurmantel,
Ihn umfängt der Rüstung Pracht,
Doch auf seinen Augenwimpern
Liegt des Schlafes tiefe Nacht.
3. Vorgesunken ruht das Antlitz,
Drin sich Ernst und Milde paart;
Durch den Marmortisch gewachsen
Ist sein langer, goldner Bart.
4. Rings wie ehrne Bilder stehen
Seine Ritter um ihn her,

Harnischglänzend, schwertumgürtet,
Aber tief im Schlaf, wie er.

5. Heinrich auch, der Osterdinger,
Ist in ihrer stummen Schar,
Mit den liederreichen Lippen,
Mit dem blondgelockten Haar.

6. Seine Harfe ruht dem Sänger
In der Linken ohne Klang;
Doch auf seiner hohen Stirne
Schläft ein künftiger Gesang.

7. Alles schweigt, nur hin und wieder
Fällt ein Tropfen vom Gestein:
Bis der große Morgen plötzlich
Bricht mit Feuersglut herein;

8. Bis der Adler stolzen Fluges
Um des Berges Gipfel zieht,
Daß vor seines Fittichs Rauschen
Dort der Rabenschwarm entflieht.

9. Aber dann wie ferner Donner
Rollt es durch den Berg herauf,
Und der Kaiser greift zum Schwerte,
Und die Ritter wachen auf.

10. Laut in seinen Angeln dröhnend
Tut sich auf das ehrne Tor;
Barbarossa mit den Seinen
Steigt im Waffenschmuck empor.

11. Auf dem Helm trägt er die Krone
Und den Sieg in seiner Hand;
Schwerter blitzen, Harfen klingen,
Wo er schreitet durch das Land.

12. Und dem alten Kaiser beugen
Sich die Völker allzugleich,
Und aufs neu zu Aachen gründet
Er das heilge deutsche Reich.

42. Aus dem Walde.

1. Mit dem alten Förster heut
Bin ich durch den Wald gegangen,
Während hell im Festgeläut
Aus dem Dorf die Glocken klangen.

2. Golden floß ins Laub der Tag,
Vöglein sangen Gottes Ehre,
Fast, als ob der ganze Hag
Wüßte, daß es Sonntag wäre.

3. Und wir kamen ins Revier,
Wo, umrauscht von alten Bäumen,
Junge Stämmlein sonder Zier
Sproßten auf besonnten Räumen.

4. Feierlich der Alte sprach:
„Siehst du über unsern Wegen
Hochgewölbt das grüne Dach?
Das ist unsrer Ahnen Segen.

5. Denn es gilt ein ewig Recht,
Wo die hohen Wipfel rauschen,
Von Geschlechte zu Geschlecht
Geht im Wald ein heilig Tauschen:

6. Was uns Not ist, uns zum Heil
Ward's gegründet von den Vätern;
Aber das ist unser Teil,
Daß wir gründen für die Spätern.

7. Drum im Forst auf meinem Stand
Ist mir's oft, als böt ich linde
Meinem Ahnherrn diese Hand,
Jene meinem Kindeskinde.

8. Und sobald ich pflanzen will,
Pocht das Herz mir, daß ich's merke,
Und ein frommes Sprüchlein still
Muß ich beten zu dem Werke:

9. „Schütz euch Gott, ihr Reiser schwank!
Mögen unter euren Kronen,

Rauscht ihr einst den Wald entlang,
Gottesfurcht und Freiheit wohnen!
10. Und ihr Enkel, still erfreut
Mögt ihr dann mein Segnen ahnen,
Wie's mit frommem Dank mich heut
An die Väter will gemahnen."
11. Wie verstummend im Gebet,
Schwieg der Mann, der tiefergraute,
Klaren Auges, ein Prophet,
Welcher vorwärts, rückwärts schaute.
12. Segnend auf die Stämmlein rings
Sah ich dann die Händ ihn breiten;
Aber in den Wipfeln ging's,
Wie ein Gruß aus alten Zeiten.

43. Rheinsage.

1. Am Rhein, am grünen Rheine, da ist so mild die Nacht,
Die Rebenhügel liegen in goldner Mondenpracht.
Und an den Hügeln wandelt ein hoher Schatten her
Mit Schwert und Purpurmantel, die Krone von Golde schwer.
2. Das ist der Karl, der Kaiser, der mit gewalt'ger Hand
Vor vielen hundert Jahren geherrscht im deutschen Land.
Er ist heraufgestiegen zu Aachen aus der Gruft
Und segnet seine Reben und atmet Traubenduft.
3. Bei Rüdesheim, da funkelt der Mond ins Wasser hinein
Und baut eine goldene Brücke wohl über den grünen Rhein.
Der Kaiser geht hinüber und schreitet langsam fort
Und segnet längs dem Strome die Reben an jedem Ort.
4. Dann kehrt er heim nach Aachen und schläft in seiner Gruft,
Bis ihn im neuen Jahre erweckt der Trauben Duft.
Wir aber füllen die Römer und trinken im goldenen Saft
Uns deutsches Heldenfeuer und deutsche Heldenkraft.

44. Deutsche Wanderschaft. (Frühling 1868.)

1. Der Wald steht in Blüte, die wilden Schwäne ziehn,
Mir klingt's im Gemüte wie Wandermelodien;

Zum Stab muß ich greifen, lebwohl, altes Haus!
Und singend wieder schweifen ins deutsche Land hinaus.
2. Ihr blauenden Gipfel, ihr Täler, Gott grüß!
Ihr dunkeln Eichenwipfel, wie rauscht ihr so süß!
Ihr wollt mir's erzählen, daß endlich hoffnungsvoll
Durch alle deutschen Seelen ein Lenzodem quoll.
3. Durch Steingeklüft und Forsten zu klimmen, o Lust!
Auf schwindelnden Horsten zu lüften die Brust!
Tief unten verklingen die Glocken weitumher.
Ein Adler hebt die Schwingen vom Felsen zum Meer.
4. Ins Brausen der Quellen wie pocht der Hämmer Schlag!
Da fördern die Gesellen das Eisen zu Tag,
Da wächst in roter Erde das Schwert für den Feind,
Der uns am deutschen Herde noch dreinzureden meint.
5. Nun kommst auch du geschwommen im frühroten Schein,
Willkommen, willkommen, du dunkelgrüner Rhein!
Du tränkst mit goldner Freude dein blühend Geländ
Und weißt von keiner Scheide, die seine Stämme trennt.
6. Wie lang wird es währen, Altvater, so preßt
Man wieder deine Beeren zum Kaiserkrönungsfest,
Da kommt auf deinen Wogen im Purpurgewand
Der Hort des Reichs gezogen, das Banner in der Hand.
7. Dann ruhen alle Waffen, dann ist es vollbracht,
Dran tausend Jahr geschaffen, das Werk deutscher Macht,
In Norden und Süden der letzte Zwist gesühnt
Und Freiheit und Frieden, soweit die Eiche grünt!

45. Lübeck.

1. Wie steigst, o Lübeck, du herauf
In alter Pracht vor meinen Sinnen,
An des beflaggten Stromes Lauf,
Mit stolzen Türmen, schartgen Zinnen!
Dort war's, wo deiner Erker Zahl
Der Hansa Boten wartend zählten,
Dort, wo die Väter hoch im Saal
Ein Haupt für leere Kronen wählten.

2. Denn eine Fürstin standest du,
Der Markt war dein und dein die Wege,
Du führtest reich dem Süden zu,
Was nur gedieh in Nordens Pflege.
Es bot dir Norweg seinen Zoll,
Der Schwede bog sein Haupt, der Däne,
Wenn deine Schiffe segelvoll
Vorüberflohn, des Meeres Schwäne.

46. Gebet.

Herr, den ich tief im Herzen trage, sei du mit mir!
Du Gnadenhort in Glück und Plage, sei du mit mir!
Im Brand des Sommers, der dem Manne die Wange bräunt,
Wie in der Jugend Rosenhage, sei du mit mir!
Behüte mich am Born der Freude vor Übermut,
Und wenn ich an mir selbst verzage, sei du mit mir!
Gib deinen Geist zu meinem Liede, daß rein es sei,
Und daß kein Wort mich einst verklage, sei du mit mir!
Dein Segen ist wie Tau den Reben; nichts kann ich selbst,
Doch daß ich kühn das Höchste wage, sei du mit mir!
O, du mein Trost, du meine Stärke, mein Sonnenlicht,
Bis an das Ende meiner Tage sei du mit mir!

Christian Fürchtegott Gellert (1715—1769).

47. Die Ehre Gottes aus der Natur.

1. Die Himmel rühmen des Ewigen Ehre,
Ihr Schall pflanzt seinen Namen fort.
Ihn rühmt der Erdkreis, ihn preisen die Meere;
Vernimm, o Mensch, ihr göttlich Wort!

2. Wer trägt der Himmel unzählbare Sterne?
Wer führt die Sonn aus ihrem Zelt?
Sie kömmt und leuchtet und lacht uns von ferne
Und läuft den Weg, gleich als ein Held.

3. Vernimm's, und siehe die Wunder der Werke,
Die die Natur dir aufgestellt!
Verkündigt Weisheit und Ordnung und Stärke
Dir nicht den Herrn, den Herrn der Welt?
4. Kannst du der Wesen unzählbare Heere,
Den kleinsten Staub fühllos beschaun?
Durch wen ist alles? O, gib ihm die Ehre!
Mir, ruft der Herr, sollst du vertraun.
5. Mein ist die Kraft, mein ist Himmel und Erde,
An meinen Werken kennst du mich.
Ich bin's und werde sein, der ich sein werde,
Dein Gott und Vater ewiglich.
6. Ich bin dein Schöpfer, bin Weisheit und Güte,
Ein Gott der Ordnung und dein Heil;
Ich bin's! Mich liebe von ganzem Gemüte
Und nimm an meiner Gnade teil!

Ludwig Giesebrecht (1792—1873).

48. Der Lotse.

1. „Siehst du die Brigg dort auf den Wellen?
Sie steuert falsch, sie treibt herein
Und muß am Vorgebirg zerschellen,
Lenkt sie nicht augenblicklich ein.
2. Ich muß hinaus, daß ich sie leite!"
„Gehst du ins offne Wasser vor,
So legt dein Boot sich auf die Seite
Und richtet nimmer sich empor."
3. „Allein ich sinke nicht vergebens,
Wenn sie mein letzter Ruf belehrt;
Ein ganzes Schiff voll jungen Lebens
Ist wohl ein altes Leben wert.

4. Gib mir das Sprachrohr! Schifflein, eile!
Es ist die letzte, höchste Not!“ —
Vor fliegendem Sturme gleich dem Pfeile
Hin durch die Scheren eilt das Boot.
5. Jetzt schießt es aus dem Klippenrande.
„Links müßt ihr steuern!“ hallt ein Schrei.
Kieloben treibt das Boot zu Lande,
Und sicher fährt die Brigg vorbei.

Johann Wilhelm Ludwig Gleim (1719—1803).

49. Der Fischreiher.

Am Ufer eines Baches ging
Ein Reiher auf und ab, auf langen, dürren Beinen,
Mit langem Hals, an dem ein langer Schnabel hing;
Des Bachs Gewässer floß auf harten Kieselsteinen
Bergab mit angenehmem Schall,
Durchsichtig wie Kristall.
Die Fische waren guter Dinge,
Vollbrachten tausend frohe Sprünge
Und sonnten sich am Sonnenstrahl.
Herr Reiher, wie so faul? Schnappst du denn nicht einmal
Mit deinem langen Schnabel zu
Und holst dir einen Hecht? Du Fauler, wartest du
Auf einen Karpfen? Ei, wie wird es dich gereun;
Wenn du wirst schnappen woll'n, dann wird kein Hecht mehr sein!
Wie ernsthaft steht er da, wie still!
Wie drehet er den Hals, den er nicht brauchen will!
Bald aber hungert ihn, und nun sieht er sich um
Nach Karpfen oder Hecht,
Allein verschwunden ist das ganze Fischgeschlecht;
Nur Schleie schwimmen noch. Er aber ist nicht dumm,
Er hat Geschmack: Schlei wäre schlechte Speise
Für einen Reiher! Alle läßt er ziehn,
Und immer mehr noch hungert ihn.

Er geht vom Ufer ab und wartet in dem Bach;
Gründlinge trifft er an, fragt aber nichts darnach;
Er läßt sie all in Frieden schwimmen, spricht:
„Gründlinge fressen Reiher nicht;
Nach ihnen nur einmal den Schnabel aufzutun,
Das wäre großer Schimpf für einen Leckermund!"
Er sagt's; indessen geht, was Fisch ist, auf den Grund;
Nicht einer läßt sich sehn! Ei, Leckermund, wie nun?
Nachdem er lang umsonst gesuchet und geschnappt,
Wird mit genauer Not ein Frosch von ihm ertappt!

50. **Siegeslied nach der Schlacht bei Prag** (6. Mai 1757).

1. Viktoria! mit uns ist Gott: der stolze Feind liegt da!
Er liegt, gerecht ist unser Gott, er liegt, Viktoria!
2. Zwar unser Vater ist nicht mehr, jedoch er starb, ein Held,
Und sieht nun unser Siegesheer vom hohen Sternenzelt.
3. Er ging voran, der edle Greis, voll Gott und Vaterland!
Sein alter Kopf war kaum so weiß, als tapfer seine Hand:
4. Mit jugendlicher Heldenkraft ergriff sie eine Fahn,
Hielt sie empor an ihrem Schaft, daß wir sie alle sahn,
5. Und sagte: „Kinder, Berg hinan, auf Schanzen und Geschütz!"
Wir folgten alle, Mann vor Mann, geschwinder wie der Blitz.
6. Ach, aber unser Vater fiel, die Fahne sank auf ihn.
Ha! welch glorreiches Lebensziel, glückseliger Schwerin!
7. Dein Friederich hat dich beweint, indem er uns gebot;
Wir aber stürzten in den Feind, zu rächen deinen Tod.
8. Du, Heinrich, warest ein Soldat, du fochtest königlich!
Wir sahen alle, Tat vor Tat, du junger Löw', auf dich.
9. Der Pommer und der Märker stritt mit rechtem Christenmut:
Rot ward sein Schwert, auf jeden Schritt floß dick Pandurenblut.
10. Aus sieben Schanzen jagten wir die Mützen von dem Bär:
Da, Friedrich, ging dein Grenadier auf Leichen hoch einher!
11. Dacht in dem mörderischen Kampf Gott, Vaterland und dich;
Sah tief in schwarzem Rauch und Dampf dich, seinen Friederich;

12. Und zitterte, ward feuerrot im kriegrischen Gesicht,
— Er zitterte für deinen Tod, für seinen aber nicht —
13. Verachtete die Kugelsaat, der Stücke Donnerton,
Stritt wütender, tat Heldentat, bis deine Feinde flohn.
14. Nun dankt er Gott für seine Macht und singt: Viktoria!
Und alles Blut aus dieser Schlacht fließt nach Theresia.
15. Und weigert sie, auf diesen Tag den Frieden vorzuziehn,
So stürme, Friedrich, erst ihr Prag, und dann führ uns nach Wien!

Johann Wolfgang von Goethe (1749—1832).

*51. Der getreue Eckart (1813).

1. „O, wären wir weiter! o, wär ich zu Haus!
Sie kommen, da kommt schon der nächtliche Graus;
Sie sind's, die unholdigen Schwestern.
Sie streifen heran, und sie finden uns hier,
Sie trinken das mühsam geholte, das Bier,
Und lassen nur leer uns die Krüge."

2. So sprechen die Kinder und drücken sich schnell;
Da zeigt sich vor ihnen ein alter Gesell:
„Nur stille, Kind! Kinderlein, stille!
Die Hulden, sie kommen von durstiger Jagd,
Und laßt ihr sie trinken, wie's jeder behagt,
Dann sind sie euch hold, die Unholden."

3. Gesagt — so geschehn! und da naht sich der Graus
Und siehet so grau und so schattenhaft aus,
Doch schlürft es und schlampft es aufs beste.
Das Bier ist verschwunden, die Krüge sind leer;
Nun saust es und braust es, das wütige Heer,
Ins weite Getal und Gebirge.

4. Die Kinderlein ängstlich gen Hause so schnell!
Gesellt sich zu ihnen der fromme Gesell:
„Ihr Püppchen, nur seid mir nicht traurig!"

„Wir kriegen nun Schelten und Streich bis aufs Blut.“
„Nein, keineswegs, alles geht herrlich und gut,
Nur schweiget und horchet wie Mäuslein!

5. Und der es euch anrät, und der es befiehlt,
Er ist es, der gern mit den Kindelein spielt,
Der alte Getreue, der Eckart.
Vom Wundermann hat man euch immer erzählt,
Nur hat die Bestätigung jedem gefehlt,
Die habt ihr nun köstlich in Händen.“

6. Sie kommen nach Hause, sie setzen den Krug
Ein jedes den Eltern bescheiden genug
Und harren der Schläg und der Schelten.
Doch siehe, man kostet: „Ein herrliches Bier!“
Man trinkt in die Runde schon dreimal und vier,
Und noch nimmt der Krug nicht ein Ende.

7. Das Wunder, es dauert zum morgenden Tag;
Doch fraget, wer immer zu fragen vermag:
„Wie ist's mit den Krügen ergangen?“
Die Mäuslein, sie lächeln, im stillen ergetzt;
Sie stammeln und stottern und schwatzen zuletzt,
Und gleich sind vertrocknet die Krüge.

8. Und wenn euch, ihr Kinder, mit treuem Gesicht
Ein Vater, ein Lehrer, ein Aldermann spricht,
So horchet und folget ihm pünktlich!
Und liegt auch das Zünglein in peinlicher Hut,
Verplaudern ist schädlich, verschweigen ist gut;
Dann füllt sich das Bier in den Krügen.

*52. **Legende vom Hufeisen** (1798).

Als noch, verkannt und sehr gering,
Unser Herr auf der Erde ging
Und viele Jünger sich zu ihm fanden,
Die sehr selten sein Wort verstanden,
Liebt' er sich gar über die Maßen,
Seinen Hof zu halten auf der Straßen,

Weil unter des Himmels Angesicht
Man immer besser und freier spricht.
Er ließ sie da die höchsten Lehren
Aus seinem heilgen Munde hören;
Besonders durch Gleichnis und Exempel
Macht' er einen jeden Markt zum Tempel.
So schlendert' er in Geistesruh
Mit ihnen einst einem Städtchen zu,
Sah etwas blinken auf der Straß,
Das ein zerbrochen Hufeisen was.
Er sagte zu Sankt Peter drauf:
„Heb doch einmal das Hufeisen auf!"
Sankt Peter war nicht aufgeräumt,
Er hatte soeben im Gehen geträumt:
So was vom Regiment der Welt,
Was einem jeden wohlgefällt,
Denn im Kopf hat das keine Schranken;
Das waren so seine liebsten Gedanken.
Nun war der Fund ihm viel zu klein,
Hätte müssen Kron und Zepter sein;
Aber wie sollt er seinen Rücken
Nach einem halben Hufeisen bücken?
Er also sich zur Seite kehrt
Und tut, als hätt er's nicht gehört.
Der Herr, nach seiner Langmut, drauf
Hebt selber das Hufeisen auf
Und tut auch weiter nicht dergleichen.
Als sie nun bald die Stadt erreichen,
Geht er vor eines Schmiedes Tür,
Nimmt von dem Mann drei Pfennig dafür.
Und als sie über den Markt nun gehen,
Sieht er daselbst schöne Kirschen stehen,
Kauft ihrer, so wenig oder so viel,
Als man für einen Dreier geben will,
Die er sodann nach seiner Art
Ruhig im Ärmel aufbewahrt.

Nun ging's zum andern Tor hinaus,
Durch Wies und Felder ohne Haus,
Auch war der Weg von Bäumen bloß;
Die Sonne schien, die Hitz war groß,
So daß man viel an solcher Stätt
Für einen Trunk Wasser gegeben hätt.
Der Herr geht immer voraus vor allen,
Läßt unversehens eine Kirsche fallen.
Sankt Peter war gleich dahinter her,
Als wenn es ein goldner Apfel wär;
Das Beerlein schmeckte seinem Gaum.
Der Herr, nach einem kleinen Raum,
Ein ander Kirschlein zur Erde schickt,
Wornach Sankt Peter schnell sich bückt.
So läßt der Herr ihn seinen Rücken
Gar vielmal nach den Kirschen bücken.
Das dauert eine ganze Zeit,
Dann sprach der Herr mit Heiterkeit:
„Tätst du zur rechten Zeit dich regen,
Hättst du's bequemer haben mögen.
Wer geringe Ding wenig acht,
Sich um geringere Mühe macht."

*53. **Schweizerlied** (1811).

1. Ufm bergli bin i gesesse,
Hâ de vögle zugeschaut;
Hänt gesunge, hänt gesprunge,
Hänts nestli gebaut.

2. In ä garte bin i gestande,
Hâ de imbli zugeschaut;
Hänt gebrummet, hänt gesummet,
Hänt zelli gebaut.

3. Uf d' wiese bin i gange,
Lugt' i summervögle â;
Hänt gesoge, hänt gefloge,
Gar z' schön hänt's getan.

4. Und da kummt nu der Hansel,
Und da zeig i em froh,
Wie sie's mache, und mer lache
Und mache's au so.

54. Geistesgruß (1774, beim Anblick der Ruine Lahneck).

1. Hoch auf dem alten Turme steht
Des Helden edler Geist,
Der, wie das Schiff vorübergeht,
Es wohl zu fahren heißt:
2. „Sieh, diese Sehne war so stark,
Dies Herz so fest und wild,
Die Knochen voll von Rittermark,
Der Becher angefüllt;
3. Mein halbes Leben stürmt ich fort
Verdehnt die Hälft in Ruh,
Und du, du Menschenschifflein dort,
Fahr immer, immer zu!"

55. Der Zauberlehrling (1797).

1. „Hat der alte Hexenmeister
Sich doch einmal wegbegeben!
Und nun sollen seine Geister
Auch nach meinem Willen leben.
Seine Wort' und Werke
Merkt ich und den Brauch,
Und mit Geistesstärke
Tu ich Wunder auch.
Walle! walle
Manche Strecke,
Daß, zum Zwecke,
Wasser fließe
Und mit reichem, vollem Schwalle
Zu dem Bade sich ergieße!

2. Und nun komm, du alter Besen,
Nimm die schlechten Lumpenhüllen!
Bist schon lange Knecht gewesen;
Nun erfülle meinen Willen!
Auf zwei Beinen stehe,
Oben sei ein Kopf!
Eile nun und gehe
Mit dem Wassertopf!
Walle! walle
Manche Strecke,
Daß, zum Zwecke,
Wasser fließe
Und mit reichem, vollem Schwalle
Zu dem Bade sich ergieße!

3. Seht, er läuft zum Ufer nieder;
Wahrlich! ist schon an dem Flusse,
Und mit Blitzesschnelle wieder
Ist er hier mit raschem Gusse.
Schon zum zweitenmale!
Wie das Becken schwillt!
Wie sich jede Schale
Voll mit Wasser füllt!
Stehe! stehe!
Denn wir haben
Deiner Gaben
Vollgemessen! —
Ach, ich merk es! wehe! wehe!
Hab ich doch das Wort vergessen!

4. Ach, das Wort, worauf am Ende
Er das wird, was er gewesen.
Ach, er läuft und bringt behende!
Wärst du doch der alte Besen!
Immer neue Güsse
Bringt er schnell herein,
Ach! und hundert Flüsse
Stürzen auf mich ein.
Nein, nicht länger
Kann ich's lassen;
Will ihn fassen.
Das ist Tücke!
Ach! nun wird mir immer bänger!
Welche Miene! welche Blicke!

5. O, du Ausgeburt der Hölle!
Soll das ganze Haus ersaufen?
Seh ich über jede Schwelle
Doch schon Wasserströme laufen.
Ein verruchter Besen,
Der nicht hören will!
Stock, der du gewesen,
Steh doch wieder still!
Willst am Ende
Gar nicht lassen?
Will dich fassen,
Will dich halten
Und das alte Holz behende
Mit dem scharfen Beile spalten!

6. Seht, da kommt er schleppend wieder!
Wie ich mich nur auf dich werfe,
Gleich, o Kobold, liegst du nieder;
Krachend trifft die glatte Schärfe.
Wahrlich! brav getroffen!
Seht, er ist entzwei!
Und nun kann ich hoffen,
Und ich atme frei.
Wehe! wehe!
Beide Teile
Stehn in Eile
Schon als Knechte
Völlig fertig in die Höhe!
Helft mir, ach! ihr hohen Mächte!

7. Und sie laufen! naß und nässer
Wird's im Saal und auf den Stufen.
Welch entsetzliches Gewässer!
Herr und Meister! hör mich rufen! —
Ach, da kommt der Meister!
Herr, die Not ist groß:

Die ich rief, die Geister,
Werd ich nun nicht los."
„In die Ecke,
Besen! Besen!
Seid's gewesen.
Denn als Geister
Ruft euch nur zu seinem Zwecke
Erst hervor der alte Meister."

Martin Greif (geboren 1839).

*56. Der fromme Hirtenknabe.

1. In einem Kirchlein knieet
Ein Hirte alle Früh,
Indes ihm droben ziehet
Die Herde auf der Flüh.

2. Und während er zu beten
Enteilt ins tiefe Tal,
Ist für ihn hingetreten
Ein Fremdling jedesmal.

3. Der fromme Hirtenknabe
Am Altar sorglos kniet,
Der lichte Hirt am Stabe
Die einsame Herde hüt.

*57. Das Hüterkind.

1. Arm junges Hüterkind
Im nassen Kleide
Steht einsam im Wind
Auf herbstlicher Heide.

2. Fürcht sich gar so sehr
Vor nahem Winter,
Mag nicht zur Schule mehr,
Wie andere Kinder.

3. Mag nur noch draußen sein,
Trotz Regen und Kälte,
Nur noch die Schafe sein
Hüten im Felde.

58. Rheinfahrt.

1. Wimpel grüßen, Böller krachen,
Lustig schwimmen wir im Rhein,
Tiefe Boote, leichte Nachen
Wollen uns Geleite sein.

2. Wohl, nun geht es rauschend weiter,
Lachend Bild, wohin wir sehn,
Die Gestade grün und heiter
Und dahinter Rebenhöhn.

3. Städte mit den alten Zinnen
Laden gastlich uns herzu,
Burgen, die verlassen sinnen,
Ragen einsam tief in Ruh.

4. Überall in trauter Nähe
Winkt ein ander Bild herbei,
Eh ich alles übersehe,
Ist es wie ein Traum vorbei.

---

5. Der Gebirge Kranz entschwindet,
Flacher Ufer Saum allein
Mit den Aun zu Tal sich windet,
Breit und einsam fließt der Rhein.

6. Wie er auch sich weiter krümmet,
Unverändert bleibt sein Zug,
Wohl, auch diese Ruhe stimmet
Mir die Seele ernst genug.

7. Düstrer wird's am Binsenstrande,
Hohl und grün die Wogen ziehn,
Fern ein Regenstrich im Lande
Malt sich an den Wolken hin.

8. Da im Grau der Nebeldüfte
Winkt es tröstlich aus dem Strom:
In die abendlichen Lüfte
Steigt ein wunderbarer Dom.

Klaus Groth (1819—1899).

*59. Matten Hâs.

1. Lütt matten de hâs,
De mâk sik en spâß,
He wêr bi't studêrn,
Dat danzen to lêrn
Und danz ganz allên
Op de achtersten bên.

2. Kêm Reinke de voß
Und dach: „Das en kost!“
Un seggt: „Lüttje Matten,
So flink oppe padden?
Un danzst hier allên
Oppe achtersten bên?

3. Kumm, lat uns tosam!
Ik kann as de dam!
De krei, de spêlt fîtel,
Denn geit dat candîtel,
Denn geit dat mal schön
Op de achterste bên!“

4. Lütt Matten gev pôt.
De voß bêt em dôt
Un sett sik in schatten,
Verspîs de lütt Matten:
De krei, de krêg ên
Vun de achtersten bên.

*60. Opstân.

De dag, de graut,
De katt, de maut,
De klock, de sleit,
De hahn, de kreit,
De hund, de bellt,
De käksche schellt,
De höhner, de kâkelt,
Un all de vâgeln in bôm spektâkelt.

*61. Sünnschîn.

Sünn, sünn, schîne,
Kik ût din gardîne,
Kik ût din ralôsen
Un schîn op unse rôsen,
Op de witten lilgen,
Op de grönen tilgen,
Op dat smucke gröne gras,
Wo all de bunten blöme wasst.

*62. Tûnkönig.

1. De katt, de sêt int nettelkrût,
Int nettelkrût verborgen,
Do kêm de klêne könig herût
Un bô er gûden morgen:
2. „Gun morgen, musch in nettelbusch!
Wat sittst du hier in sorgen?
Ni wahr? wenn du mîn flünken harrst,
So spîst du mî ton morgen!“

*63. Spatz.

Hûslünk nn sin ôm
De sêten oppen bôm.
Sin vader kêm, sin moder kêm,
Sin süster kêm, sin broder kêm
Un vatter, vetter, mellersche,
Un käcksche mit en teller kêm:
Do flôgen de flünken all heraf,
Do picken de lünken all int kaff.

64. Aanten int Wâter.

1. Aanten int wâter,
Wat vörn gesnâter!
Aanten in dîk,
Wat vern musîk!
De wart is wat hêsch: wat, wat, wat schül wi êten?
Murt. inne murt, inne grund is dat fett!
Höja! de graue fangt lûd an to reden:
Quark un warm wâter! un alle rôpt mit.
Aanten int wâter,
Wat vern gesnâter!
Aanten in dîk,
Wat vern musîk!
2. De rünnsteen hentlank all int trünneln un snappeln,
Barbênt un plattföt un jümmer vergnögt!
Hier is de käkenguß: bêrsupp mit appeln!
Wackeli, gackeli — sieh, wâ se sökt!
Aanten int wâter,
Wat vern gesnâter!
Aanten in dîk,
Wat vern musîk!

3. Nu oppen wall! un nu rôpt wi de günner!
Nu kamt se an, un nu gift dat en snack.
Nu flêgt wi dâl, un nu dûkt wi uns ünner!
All dat warm wâter löppt blank vunne nack!
Aanten int wâter, | Aanten in dîk,
Wat vern gesnâter! | Wat vern musîk!

4. Wat, wat, wat wüllt wi? nu wüllt wi na'n misten.
Hör! se döscht wêten; wi krûpt där de rill!
Kamt man! man sachden! op töntjen! mit listen!
Nückt mit den kopp, un êt gau, un swîgt still!
Aanten int wâter, | Aanten int stroh —
Wat vern gesnâter! | Wat vern halloh!

5. Dar kumt de käksch! neiht man ût, brûkt de flünken!
Hoch äwern tûn, un koppheister na'n dîk!
Swimm as de pocken, un flêgen as lünken!
Klôk as en minsch — un so dick! un so dick!
Aanten int wâter, | Aanten in dîk,
Wat vern gesnâter! | Wat vern musîk!

Matten = Martin; lütt = klein; he = er; voß = Fuchs; op de achtersten bên = auf den hintersten Beinen; padden = Pfoten; candîtel = lustig; krei = Krähe; opstân = aufstehen; käksche = Köchin; ralôsen = Vorhänge; tilgen = Zweige; nettelkrût = Nesselkraut; flünken = Flügel, auch Vogel; tûnkönig = Zaunkönig; lünk = Sperling; mellersche = Tante; kaff = Spreu. — dîk = Teich; wart = Enterich; hêsch = heiser; murt = Morast; trünneln = Rollen; barbênt = barfuß; käkenguß = Spülwasser; bêrsupp = Biersuppe; de günner = die unten; snack = Geschwätz; dâl = hinab; se döscht wêten = man drischt Weizen; krûpen = kriechen; rill = Ritze; töntjen = Zehen; êt gau = eßt schnell; koppheister = kopfüber; pocke = Frosch.

Otto Friedrich Gruppe (1804—1876).

65. Der große Kurfürst zur See.

1. Das stolze Spanien schuldet dem Fürsten Kriegessold,
Doch warum denn ihm zahlen so viel, so gutes Gold?
Weit ist der Weg nach Spanien vom fernen Brandenburg,
Mit Reiterstiefeln schreitet er nicht das Meer hindurch!

2 Der aber läßet fällen die Tann am Pregelfluß,
Und Erze läßt er schmelzen in feuerglühndem Guß,
Und eh das Jahr vollendet, in langen Wimpeln wehn
Die Hohenzollernfarben, und Segel hoch sich blähn —

3. Und wandeln, donnertragend, das blaue Meer entlang
Die mächtigen Fregatten in majestätschem Gang,
Den Sund durch, ohne Fragen, hinaus ins Nordermeer,
Zum Ozean, sie wandeln gebieterisch daher.

4. Sie waren erst gekommen bis an das Niederland,
Da haben sie von Spanien ein Orlogschiff erkannt,
Ein riesig hochgetürmtes: sie gingen's kühnlich an —
Bis daß auf schwanken Wogen der Preußenmut gewann!

5. Sie haben es genommen, Hispaniens Flagge fällt,
Und Preußens Aar, erhoben, weht stolzer in die Welt.
Heil, Preußen, deinem Siege, dem ersten auf der Flut,
Ein guter Anfang, mache nun auch das Ende gut!

6. Das senden sie zum Pregel, sie aber steuern fort,
Den Ozean hinüber zum überseeschen Port
Und haben sich geschlagen im Mexikanermeer
Mit Spaniens Gallionen — und gingen stolz daher.

7. O, Kurfürst Friedrich Wilhelm, zu Land und Meer ein Held,
Du hast den Weg gewiesen und uns das Ziel gestellt!
Die Berge haben Tannen, wir haben hohen Mut:
Auch uns gehört die große, wogende Meeresflut!

Friedrich Güll (1812—1879).

*66. Frühling.

(In oberbairischer Mundart.)

1. Da schnê is zerschlicha,
Und brocha is 's eis,
Schö blôb is da himmi,
Unds gwölk is wie silba so weiß.

2. Die lercherln im acker,
Die schwalberln im haus,
Und die veigerln im garten:
Ich kenn mî vor freud nimmi aus!

blôb = blau; himmi = Himmel; veigerln = Veilchen.

Johann Peter Hebel (1760—1826).

*67. Das Habermus.

Also das Habermus wär fertig; kommt, Kinder, und esset!
Betet: „Aller Augen“ — und gebt mir ordentlich Achtung,
Daß nicht eines am rußigen Topf den Ärmel sich schwarz macht.
Esset denn, gesegn es euch Gott; und wachst und gedeihet!
Sehet, die Haberkörnchen, die hat der Vater gesäet
Zwischen die Furchen mit fleißiger Hand und geegget im Frühjahr.
Aber, daß es da wuchs und reif geworden, dafür kann
Euer Vater nicht, das tut der Vater im Himmel.
Denkt euch nur, ihr Kinder, es schläft im mehligen Körnchen
Klein und zart ein Keimchen, nicht rührt, nicht regt es darin sich.
Nein, es schläft und sagt kein Wort und ißt nicht und trinkt nicht.
Bis in den Furchen es liegt da draußen im lockeren Boden,
Aber dort in den Furchen — es ist so feucht und so warm drin —
Wacht es heimlich auf aus seinem verschwiegenen Schlafe,
Streckt die Gliederchen aus und saugt am saftigen Körnchen,
Just wie ein Mutterkind, es fehlt nur, daß es nicht weinet.
Mit der Zeit wird's größer und heimlich schöner und stärker,
Schlüpft aus seinen Windeln und streckt sein Würzelchen nieder
Tief hinab in den Grund und sucht und findet die Nahrung.
Ja, und die Neugier sticht's; gar gern auch möcht es erfahren,
Wie's denn da oben wohl weiter ist. Ganz heimlich und furchtsam
Guckt es zum Boden heraus — der tausend! das will ihm gefallen! —
Unser lieber Herrgott der schickt ein Engelchen nieder:
„Bring ihm ein Tröpfchen Tau und sag ihm freundlich Willkommen!“

Und es trinkt, und es schmeckt ihm so wohl, und es streckt sich behaglich.
Derweil kämmt sich die Sonne, und sauber gekämmt und gewaschen
Kommt mit dem Strickzeug sie hervor aus den Bergen gegangen,
Wandelt ihren Weg hoch an der himmlischen Landstraß,
Strickt und sieht herab, gleichwie eine freundliche Mutter
Nach den Kindern sieht. Sie lacht dem Keimchen entgegen.
Und das tut ihm so wohl bis tief an die Wurzeln herunter.
„Solche schöne Frau und doch so gütig und freundlich!"
Aber was strickt sie denn nur? Gewölk aus himmlischen Düften.
Da! schon tröpfelt's, ein Spritzerchen kommt, darauf regnet es tüchtig;
Keimchen trinkt sich satt. Darauf weht ein Lüftchen und trocknet's,
Und es sagt: „Jetzt kriech ich auch nie mehr unter den Boden,
Nein, um keinen Preis! Da bleib ich, geh's, wie es gehn mag!"
Esset, Kinder, gesegn es euch Gott, und wachst und gedeihet!
Schwere Zeiten warten aufs Keimchen, Wolken an Wolken
Stehn am Himmel Tag und Nacht, und die Sonne versteckt sich.
Auf den Bergen schneit es, und weiter nach unten zu hagelt's.
Hu! huhu! wie klappert doch jetzt und wimmert mein Keimchen,
Und der Boden ist zu, und es hat gar kümmerlich Nahrung.
„Ist denn die Sonne tot," so klagt es, „daß sie nicht da ist?
Oder fürchtet auch sie vor der Kälte sich? Wär ich geblieben,
Wo ich sonst war, still und klein im mehligen Körnchen,
Und daheim im Boden, es war so feucht und so warm drin!"
Seht ihr, Kinder, so geht's! ihr werdet noch auch so sprechen,
Wenn aus dem Haus ihr kommt und unter den fremden Gesichtern
Schaffen müßt und euch plagen und Zeug und Brot euch verdienen:
„Wär ich daheim beim Mütterchen doch und hinter dem Ofen!"
Tröst euch Gott! Auch das hat ein End, einmal wird es besser,
Wie's dem Keimchen auch erging. Am heiteren Maitag
Weht es so lau, und die Sonne, sie steigt so kräftig vom Berg auf
Und sieht nach, was das Keimchen macht, und gibt ihm ein Schmätzchen;

Ja, da ist ihm wohl, und es weiß sich vor Lust nicht zu lassen.
Und schon prangen die Wiesen mit Gras und farbigen Blumen,
Und schon duftet die Kirschenblüt, und es grünet der Pflaumbaum;
Und schon schießt in die Höh der Roggen und Weizen und Gerste,
Und mein Haberchen sagt: „Da bleib ich gewiß nicht dahinten!"
Nein, es spreitet die Blätterchen aus — wer hat sie gewoben?
Und jetzt schießt der Halm — wer treibt durch Röhren an Röhren
Bis in die saftige Spitze hinauf aus den Wurzeln das Wasser?
Endlich, da schlüpft ein Ährchen heraus und schwankt in den Lüften —
Sag mir doch ein Mensch, wer hat an seidene Fäden
Hier ein Knöspchen gehängt und dort mit künstlichen Händen?
Nu, die Engel, wer sonst? sie wandeln zwischen den Furchen
Auf und ab von Halm zu Halm und schaffen so emsig:
Jetzt hängt Blüt an Blüt am zarten, schwankenden Ährchen,
Und mein Haber steht, so steht ein Bräutchen im Kirchstuhl.
Jetzt sind zarte Körner darin und wachsen im Stillen,
Und mein Haber, er merkt allmählich, was er will werden.
Käfer kommen und Fliegen, sie machen ihm ihre Visiten,
Sehen zu, was er macht, und singen: Eia popeia!
Und das Johanniswürmchen, ei ja! kommt mit dem Laternchen
Nachts um neun auf Abendbesuch, wenn die Fliegen schon schlafen.
Eßt, ihr Kinder, gesegn es euch Gott, und wachst und gedeihet!
Seitdem hat man geheut nach Pfingsten und Kirschen gepflücket,
Seitdem hat man Pflaumen gelesen hinter dem Garten,
Seitdem haben sie Roggen geschnitten und Weizen und Gerste,
Und die armen Kinder, die haben gelesen die Ähren

Barfuß zwischen den Stoppeln; geholfen hat ihnen das Mäuschen.
Drauf ist auch der Haber gebleicht. Voll mehliger Körner
Hat er geschwankt und gesagt: „Jetzt wird mir's allmählich verleidet,
Um ist meine Zeit, ich merk's; was tu ich allein da
Zwischen den Stoppelrüben und zwischen den lieben Kartoffeln?"
Drauf ist die Mutter hinaus und Euphrosinchen und Evchen,
An den Fingern fror's einen schon des Morgens und abends.
Endlich brachten wir ihn, und in der staubigen Scheuer
Wurd er gedroschen von früh um zwei bis abends um viere.
Drauf ist des Müllers Esel gekommen und hat ihn zur Mühle
Abgeholt und wiedergebracht, zermahlen in Körnchen,
Und mit fetter Milch von der jungen, fleckigen Bläße
Hat in dem Topf ihn die Mutter gekocht. — Gelt, Kinder, das schmeckte!
Wischet die Löffel ab und bet eins: „Danket dem Herren!"
Und jetzt geht in die Schul, da hängt am Gesimse die Tasche.
Fall mir keins, gebt acht, und lernt hübsch, was man euch aufgibt!
Wenn aus der Schul ihr kommt, da gibt es gebackene Pflaumen.

68. Sommerlied

1. Blaue Berge!
Von den Bergen strömt das Leben:
Reine Luft für Mensch und Vieh,
Wasserbrünnlein spat und früh
Müssen uns die Berge geben.

2. Frische Matten!
Grüner Klee und Dolden schießen;
An der Schmele schlank und fein
Glänzt der Tau wie Edelstein,
Und die klaren Bächlein fließen.

3. Schlanke Bäume!
Muntrer Vögel Melodeien
Tönen im belaubten Reis,
Singen laut des Schöpfers Preis;
Kirsche, Birn und Pflaum gedeihen.
4. Grüne Saaten!
Aus dem zarten Blatt enthüllt sich
Halm und Ähre, schwanket schön,
Wenn die milden Lüfte wehn,
Und das Körnlein wächst und füllt sich.
5. An dem Himmel
Strahlt die Sonn im Brautgeschmeide;
Weiße Wölklein steigen auf,
Ziehn dahin im stillen Lauf:
Gottes Schäflein gehn zur Weide.
6. Herzensfrieden,
Woll ihn Gott uns allen geben!
O, dann ist die Erde schön.
In den Gründen, auf den Höhn
Wacht und singt ein frohes Leben.
7. Schwarze Wetter
Überziehn den Himmelsbogen,
Und der Vogel singt nicht mehr.
Winde brausen hin und her,
Und die wilden Wasser wogen.
8. Rote Blitze
Zucken hin und zucken wieder,
Leuchten über Wald und Flur,
Bange harrt die Kreatur;
Donnerschläge stürzen nieder.
9. Gut Gewissen,
Wer es hat, und wer's bewachet,
In den Blitz vom Weltgericht
Schaut er und erbebet nicht,
Wenn der Grund der Erde krachet.

69. Das Spinnlein.

1. Nei, lueget doch das spinnli â,
Wie's zarti fäde zwirne châ!
Bâs gvatter, meinsch, châsch's au ne so?
De wirsch mers, traui, blîbe lô.
Es macht's so subtil und so nett,
I wott nit, aß i's z'hasple hätt.

2. Wo het's di fîni rîste g'nô,
Bi wellem meister hechle lô?
Meinsch, wemme 's wüßt, wol mengi frau
Si wär so gscheit und holti au!
Jez lueg mer, wie's sî füeßli setzt
Und d'ermel streift und d'finger netzt.

3. Es zieht e lange fâden ûs,
Es spinnt e bruck ans nôchbers hûs,
Es baut e landstrôß in der luft,
Morn hangt si schô voll morgeduft,
Es baut e fueßweg nebe drâ,
's isch, aß es êne dûre châ.

4. Es spinnt und wandlet uf und ab,
Potz tausig, im galopp und trab! —
Jez gôt's ringsum, was hesch, was gisch!
Siehsch, wie ne ringli worden isch!
Jez schießt es zarti fäden î,
Wirds öbbe solle gwôbe sî?

5. Es isch verstûnt, es haltet still,
Es weiß nit recht, wo 's âne will.
's gôt wêger z'ruck, i sieh's em â;
's mueß näumis rechts vergesse hâ.
Zwôr denkt es: „Sell pressiert jo nit,
I halt mi nummen uf dermit."

6. Es spinnt und webt und het kei rast,
So glîchlig, me verluegt si fast.
Und 's pfârers Christoph het no gseit,
's seig jede fade zemme gleit.

69. Das Spinnlein.

(Übersetzung von Echtermeyer)

1. Seht doch einmal das Spinnlein an,
Wie's zarte Fäden zwirnen kann!
Gelt, Base, das verstehst du nicht!
Ich sag es dreist dir ins Gesicht.
Es macht's so niedlich und so nett,
Möcht nicht, daß ich's zu haspeln hätt.

2. Wo nahm's den Flachs so zart und fein?
Bei wem mag er gehechelt sein?
Gar manche Frau, das glaube mir,
Ging auch dahin, wenn man's erführ.
Jetzt sieh mir, wie's sein Füßchen setzt,
Den Ärmel streift, die Finger netzt.

3. Jetzt zieht's den langen Faden aus,
Spinnt eine Brück an Nachbars Haus,
Baut eine Landstraß in die Luft,
Die morgen hängt voll Morgenduft,
Baut einen Fußweg neben dran,
Daß hier und da es wandeln kann.

4. Es spinnt und wandelt auf und ab,
Potz tausend, im Galopp und Trab!
Jetzt geht's ringsum — wo an, wo aus?
Nun bildet sich ein Ringlein draus;
Jetzt schießt es zarte Fäden ein:
Sollt's etwa gar gewoben sein?

5. Jetzt ist's erstaunt, jetzt hält es still
Und weiß nicht recht, wohin es will;
Es geht zurück, man sieht's ihm an,
Was Wichtges fehlt ihm noch daran.
Doch denkt's: „Es hat damit nicht Eil,
Lohnt nicht, daß ich dabei verweil."

6. Es spinnt und webt und hat nicht Rast,
Allüberall, man staunet fast.
Des Pfarrers Hans sagt obendrein,
Zehnfach soll jeder Faden sein;

Es mueß ein gûti auge hâ,
Wers zêlen und erchenne châ.
7. Jez putzt es sîni händli ab,
Es stôt und haut der faden ab.
Jetzt sitzt es in sî sommerhûs
Und luegt die lange strôßen ûs.
Es seit: „Me baut si halber z'tôd,
Doch freut's ein au, wenn 's hüsli stôt."
8. In freie lüfte wôgt's und schwankt's,
Und an der liebe sunne hangt's;
Si schînt im frei durch d'beinli dûr,
Und 's isch em wôl. In feld und flûr
Sieht 's mückli tanze jung und feiß;
's denkt bînem selber: „Hätti eis!"
9. O tierli, wie hesch mi verzückt!
Wie bisch so chlei und doch so gschickt!
Wer het di au dî sache glêrt?
Denkwol, der, wonis alli nêrt,
Mit milde händen alle git,
Bis z'frîden! er vergißt di nit.
10. Do chunnt e fliege, nei, wie dumm!
Sie rennt em schier gar 's hüsli um,
Sie schreit und winslet wê und ach!
Du arme chetzer hesch dî sach!
Hesch keini auge bî der g'hâ?
Was gön di üsi sachen â?
11. Lueg, 's spinnli merkt's enandernô,
Es zuckt und springt und het si schô.
Es denkt: „I ha viel arbet ghâ,
Jez mueß i au ne brôtis hâ!"
I sag's jo, der wo alli git,
Wenn's zît isch, er vergißt ein nit.

châsch's = kannst du es; wott = wollte; rîste = Flachs; lueg = sieh; hesch = hast du; gisch = gibst du; öbbe = eben; wêger = wahrlich; näumis = etwas; glîchlig = gleichmäßig; zemme = zusammen; sommerhûs = Gartenhaus; feiß = feist; bis = sei; chunnt = kommt; enandernô = sogleich; brôtis = Braten.

Doch glaub ich's nicht; denn sagt mir an,
Wes Aug es sehn und zählen kann!

7. Jetzt putzt es seine Händchen ab,
Steht still und haut den Faden ab.
Jetzt sitzt's in seinem Sommerhaus,
Schaut auf die lange Straß hinaus;
Es spricht: „Man baut sich halb zu Tod;
Doch steht das Haus, ist all die Not.“

8. Es wogt und schwankt in freier Luft,
Im Sonnenstrahl, im weichen Duft,
Und jeder Strahl umspielt es frei —
Dem Spinnlein ist so wohl dabei.
Es sieht dem Tanz der Mücklein zu
Und denkt sich: „Käm doch eins herzu!“

9. O Tierlein, hast mein Herz entzückt;
So klein und dennoch so geschickt!
Wer hat dich solche Kunst gelehrt?
Ich denk: Er, der uns alle nährt,
Der mild und gnädig alle liebt
Und, glaubt's, auch dir dein Teilchen gibt.

10. Sieh da die Fliege! Nein, wie dumm!
Sie rennt ihm fast das Häuschen um.
Nun fleht und schreit sie Weh und Ach!
Ja, Ketzerin, du treibst's darnach!
Mit offnen Augen muß man sehn
Und nie in fremde Grenzen gehn.

11. Schau nur! das Spinnlein merkt's geschwind,
Es zuckt, es springt — hat's wie der Wind
Und denkt: „Ich hatte Müh und Not,
Nun schmeckt mir auch mein Abendbrot.“
Drum sag ich ja: Zur rechten Frist
Sorgt Gott, der keinen je vergißt.

70. Der Winter.

1. Isch echt do ôbe bauwele feil?
Sie schütten eim e rêdli teil
In d'gärten aben und ufs hûs;
Es schneit doch au, es isch e grûs;
Und 's hangt no menge wage voll
Am himmel ôbe, merki wol.

2. Und wo ne mâ vo wîtem lauft,
So het er vo der bauwele g'chauft;
Er treit sie uf der achsle nô
Und uffem hut und lauft dervô.
Was laufsch denn sô, du närsche mâ?
De wirsch si doch nit gstôle hâ?

3. Und gärten ab und gärten uf
Hen alli scheie chäpli uf.
Sie stön wie grôßi hêre dô;
Sie meine, 's heigs sust niemes sô.
Der nußbaum het doch au si sach
Und 's hêrehûs und 's chilchedach.

4. Und wo me luegt, isch schnee und schnee,
Me sieht ke strôß und fueßweg mê.
Meng sômechörnli, chlei und zart,
Lît unterm bôde wôl verwârt,
Und schnei's, so lang es schneie mâg,
Es wartet uf si ostertâg.

5. Meng summervögli schöner art
Lît unterm bôde wôl verwârt;
Es het kei chummer und kei chlâg
Und wartet uf si ostertâg;
Und gang's au lang, er chunnt emôl,
Und sîder schlôft's, und 's isch em wôl.

6. Doch wenn im früelig 's schwälmli singt
Und d'sunnewärmi abedringt,
Potz tausig, wacht's in jedem grâb
Und streift si totehemdli âb.

Wo nummen au ne löchli isch,
Schlieft 's lêben ûse jung und frisch.
7. Do fliegt e hungrig spätzli hêr!
E brösli brôt wär si begêr.
Es luegt ein so verbärmli â;
's het sîder nechte nüt mê ghâ.
Gell, bürstli, sell isch andri zît,
Wenn's chorn in alle fûre lît?
8. Do hesch! loß andren au dervô!
Bisch hungerig, châsch wieder chô!
's mueß wôr sî, wie's e sprüchli git:
„Si seie nit und ernte nit:
Si hen kei pflueg und hen kei joch,
Und Gott im himmel nêrt si doch."

echt = denn; scheie = Pfähle; 's heigs = es hätte es; niemes = niemand; chilchedach = Kirchendach; schwälmli = Schwälblein; brösli = Brosamlein; bürstli = Bürschlein; fûre = Furche.

Heinrich Heine (1797—1856).

*71. Kinderspiele.

1. Mein Kind, wir waren Kinder,
Zwei Kinder, klein und froh;
Wir krochen ins Hühnerhäuschen,
Versteckten uns unter das Stroh.
2. Wir krähten wie die Hähne,
Und kamen Leute vorbei —
„Kikeriküh!" sie glaubten,
Es wäre Hahnengeschrei.
3. Die Kisten auf unserem Hofe,
Die tapezierten wir aus
Und wohnten drin beisammen
Und machten ein vornehmes Haus.

4. Des Nachbars alte Katze
Kam öfters zum Besuch;
Wir machten ihr Bückling und Knickse
Und Komplimente genug,
5. Wir haben nach ihrem Befinden
Besorglich und freundlich gefragt;
Wir haben seitdem dasselbe
Mancher alten Katze gesagt.
6. Wir saßen auch oft und sprachen
Vernünftig, wie alte Leut,
Und klagten, wie alles besser
Gewesen zu unserer Zeit;
7. Wie Lieb und Treu und Glauben
Verschwunden aus der Welt,
Und wie so teuer der Kaffee,
Und wie so rar das Geld! — — —
8. Vorbei sind die Kinderspiele,
Und alles rollt vorbei —
Das Geld und die Welt und die Zeiten
Und Glauben und Lieb und Treu.

*72. Lorelei.

1. Ich weiß nicht, was soll es bedeuten, daß ich so traurig bin:
Ein Märchen aus alten Zeiten, das kommt mir nicht aus dem Sinn.
Die Luft ist kühl, und es dunkelt, und ruhig fließt der Rhein;
Der Gipfel des Berges funkelt im Abendsonnenschein.
2. Die schönste Jungfrau sitzet dort oben wunderbar,
Ihr goldnes Geschmeide blitzet, sie kämmt ihr goldenes Haar.
Sie kämmt es mit goldenem Kamme und singt ein Lied dabei,
Das hat eine wundersame, gewaltige Melodei.
3. Den Schiffer im kleinen Schiffe ergreift es mit wildem Weh;
Er schaut nicht die Felsenriffe, er schaut nur hinauf in die Höh.
Ich glaube, die Wellen verschlingen am Ende Schiffer und Kahn;
Und das hat mit ihrem Singen die Lorelei getan.

73. Rheinfahrt.

1. Wie der Mond sich leuchtend dränget
Durch den dunkeln Wolkenflor,
Also taucht aus dunkeln Zeiten
Mir ein lichtes Bild hervor:
2. Saßen all auf dem Verdecke,
Fuhren stolz hinab den Rhein,
Und die sommergrünen Ufer
Glühn im Abendsonnenschein.
3. Sinnend saß ich zu den Füßen
Einer Dame, schön und hold;
In ihr liebes, bleiches Antlitz
Spielt' das rote Sonnengold.
4. Lauten klangen, Buben sangen,
Wunderbare Fröhlichkeit!
Und der Himmel wurde blauer,
Und die Seele wurde weit.
5. Märchenhaft vorüberzogen
Berg und Burgen, Wald und Au —
Und das alles sah ich glänzen
In dem Aug der schönen Frau.

74. Belsazer.

1. Die Mitternacht zog näher schon;
In stummer Ruh lag Babylon.
2. Nur oben in des Königs Schloß,
Da flackert's, da lärmt des Königs Troß.
3. Dort oben in dem Königssaal
Belsazer hielt sein Königsmahl.
4. Die Knechte saßen in schimmernden Reihn
Und leerten die Becher mit funkelndem Wein.
5. Es klirrten die Becher, es jauchzten die Knecht';
So klang es dem störrigen Könige recht.
6. Des Königs Wangen leuchten Glut;
Im Wein erwuchs ihm kecker Mut.

7. Und blindlings reißt der Mut ihn fort,
Und er lästert die Gottheit mit sündigem Wort.
8. Und er brüstet sich frech und lästert wild;
Die Knechtenschar ihm Beifall brüllt.
9. Der König rief mit stolzem Blick;
Der Diener eilt' und kehrt' zurück.
10. Er trug viel gülden Gerät auf dem Haupt,
Das war aus dem Tempel Jehovahs geraubt.
11. Und der König griff mit frevler Hand
Einen heiligen Becher, gefüllt bis zum Rand.
12. Und er leert ihn hastig bis auf den Grund
Und rufet laut mit schäumendem Mund:
13. „Jehovah, dir künd ich auf ewig Hohn! —
Ich bin der König von Babylon!"
14. Doch kaum das grause Wort verklang,
Dem König ward's heimlich im Busen bang.
15. Das gellende Lachen verstummte zumal;
Es wurde leichenstill im Saal.
16. Und sieh! und sieh! an weißer Wand,
Da kam's hervor, wie Menschenhand,
17. Und schrieb und schrieb an weißer Wand
Buchstaben von Feuer und schrieb und schwand.
18. Der König stieren Blicks da saß,
Mit schlotternden Knieen und totenblaß.
19. Die Knechtenschar saß kalt durchgraut
Und saß gar still, gab keinen Laut.
20. Die Magier kamen, doch keiner verstand
Zu deuten die Flammenschrift an der Wand.
21. Belsazer ward aber in selbiger Nacht
Von seinen Knechten umgebracht.

75. Die Grenadiere.

1. Nach Frankreich zogen zwei Grenadier',
Die waren in Rußland gefangen.
Und als sie kamen ins deutsche Quartier,
Sie ließen die Köpfe hangen.

2. Da hörten sie beide die traurige Mär,
Daß Frankreich verloren gegangen,
Besiegt und zerschlagen das große Heer —
Und der Kaiser, der Kaiser gefangen.

3. Da weinten zusammen die Grenadier'
Wohl ob der kläglichen Kunde.
Der eine sprach: Wie weh wird mir,
Wie brennt meine alte Wunde!"

4. Der andere sprach: „Das Lied ist aus,
Auch ich möcht mit dir sterben,
Doch hab ich Weib und Kind zu Haus,
Die ohne mich verderben."

5. „Was schert mich Weib, was schert mich Kind?
Ich trage weit beßres Verlangen;
Laß sie betteln gehn, wenn sie hungrig sind!
Mein Kaiser, mein Kaiser gefangen!

6. Gewähr mir, Bruder, eine Bitt:
Wenn ich jetzt sterben werde,
So nimm meine Leiche nach Frankreich mit,
Begrab mich in Frankreichs Erde!

7. Das Ehrenkreuz am roten Band
Sollst du aufs Herz mir legen;
Die Flinte gib mir in die Hand
Und gürt mir um den Degen!

8. So will ich liegen und horchen still,
Wie eine Schildwach, im Grabe,
Bis einst ich höre Kanonengebrüll
Und wiehernder Rosse Getrabe.

9. Dann reitet mein Kaiser wohl über mein Grab,
Viel Schwerter klirren und blitzen;
Dann steig ich gewaffnet hervor aus dem Grab,
Den Kaiser, den Kaiser zu schützen!"

August Heinrich Hoffmann von Fallersleben
(1798—1874).

*76. Das Lied der Deutschen.

1. Deutschland, Deutschland über alles,
Über alles in der Welt,
Wenn es stets zu Schutz und Trutze
Brüderlich zusammenhält;
Von der Maas bis an die Memel,
Von der Etsch bis an den Belt —
Deutschland, Deutschland über alles,
Über alles in der Welt!

2. Deutsche Frauen, deutsche Treue,
Deutscher Wein und deutscher Sang
Sollen in der Welt behalten
Ihren alten, schönen Klang,
Uns zu edler Tat begeistern
Unser ganzes Leben lang —
Deutsche Frauen, deutsche Treue,
Deutscher Wein und deutscher Sang!

3. Einigkeit und Recht und Freiheit
Für das deutsche Vaterland —
Danach laßt uns alle streben
Brüderlich mit Herz und Hand!
Einigkeit und Recht und Freiheit
Sind des Glückes Unterpfand —
Blüh im Glanze dieses Glückes,
Blühe, deutsches Vaterland!

*77. Mein Vaterland.

1. Treue Liebe bis zum Grabe
Schwör ich dir mit Herz und Hand:
Was ich bin, und was ich habe,
Dank ich dir, mein Vaterland.

2. Nicht in Worten nur und Liedern
Ist mein Herz zum Dank bereit,
Mit der Tat will ich's erwidern
Dir in Not, in Kampf und Streit.
3. In der Freude, wie im Leide
Ruf ich's Freund und Feinden zu:
Ewig sind vereint wir beide,
Und mein Trost, mein Glück bist du.
4. Treue Liebe bis zum Grabe
Schwör ich dir mit Herz und Hand:
Was ich bin, und was ich habe,
Dank ich dir, mein Vaterland.

*78. Heimat.

1. Kein schöner Land, als Heimat, und meine Heimat nur!
Wie blüht der Baum so anders, wie anders Wies und Flur!
2. Jetz hab ich keine Heimat, dem Vogel gleich im Wald,
Und werd in lauter Hoffen und Sehnen traurig alt.
3. Mit Liedern möcht ich bannen zu mir mein Jugendland,
Wie einen schönen Garten bebaun mit eigner Hand
4. Und zwischen Laub und Blüten und Früchten mich ergehn
Und ruhig nach den Bergen der blauen Ferne sehn!
5. Kein schlimmer Land, als Fremde, und meine Fremde nur!
Wie blüht der Baum so anders, wie anders Wies und Flur!

*79. Morgenlied.

1. Die Sterne sind erblichen mit ihrem güldnen Schein.
Bald ist die Nacht entwichen, der Morgen dringt herein.
Noch waltet tiefes Schweigen im Tal und überall;
Auf frischbetauten Zweigen singt nur die Nachtigall.
2. Sie singet Lob und Ehre dem hohen Herrn der Welt,
Der überm Land und Meere die Hand des Segens hält.
Er hat die Nacht vertrieben: ihr Kindlein, fürchtet nichts!
Stets kommt zu seinen Lieben der Vater alles Lichts.

*80. Vergißmeinnicht.

1. Es blüht ein schönes Blümchen auf unsrer grünen Au:
Sein Aug ist wie der Himmel so heiter und so blau.
Es weiß nicht viel zu reden, und alles, was es spricht,
Ist immer nur dasselbe, ist nur: Vergißmeinnicht!
2. Wenn ich zwei Äuglein sehe so heiter und so blau,
So denk ich an mein Blümchen auf unsrer grünen Au.
Da kann ich auch nicht reden, und nur mein Herze spricht,
So bange nur, so leise, und nur: Vergißmeinnicht!

*81. Geleitslied.

1. Nun zu guter Letzt
Geben wir dir jetzt
Auf die Wandrung das Geleite.
Wandre mutig fort!
Und an jedem Ort
Sei dir Glück und Heil zur Seite!
Wandern müssen wir auf Erden:
Unter Freuden und Beschwerden
Geht hinab, hinauf
Unser Lebenslauf —
Das ist unser Los auf Erden.
2. Bruder, nun ade!
Scheiden tut zwar weh,
Scheiden ist ein bittres Leiden.
Wer es gut gemeint,
Bleibt mit uns vereint,
So, als gäb es gar kein Scheiden.
Dieser Trost mag dich begleiten,
Manche Freude dir bereiten.
Wenn du bist im Glück,
Denk an uns zurück,
Denk an die vergangnen Zeiten!
3. Bruder, nimm die Hand
Jetzt zum Unterpfand,

Daß wir treu gesinnt verbleiben,
Redlich sonder Wank,
Fern von Neid und Zank
Stets in unserm Tun und Treiben.
Endlich wird's einmal geschehen,
Daß auch wir uns wiedersehen
Und uns wieder freun
Und den Bund erneun —
Lebe wohl! auf Wiedersehen!

82. Mein Lieben.

1. Wie könnt ich dein vergessen! ich weiß, was du mir bist,
Wenn auch die Welt ihr Liebstes und Bestes bald vergißt.
Ich sing es hell und ruf es laut: mein Vaterland ist meine Braut!
Wie könnt ich dein vergessen! ich weiß, was du mir bist.

2. Wie könnt ich dein vergessen! dein denk ich allezeit,
Ich bin mit dir verbunden, mit dir in Freud und Leid.
Ich will für dich im Kampfe stehn, und soll es sein, mit dir vergehn.
Wie könnt ich dein vergessen! dein denk ich allezeit.

3. Wie könnt ich dein vergessen! ich weiß, was du mir bist,
So lang ein Hauch von Liebe und Leben in mir ist.
Ich suche nichts, als dich allein, als deiner Liebe wert zu sein.
Wie könnt ich dein vergessen! ich weiß, was du mir bist.

83. Wo wohnt das Glück?

1. O, frag mich nicht: was ist denn Glück?
Sieh vorwärts nicht, noch sieh zurück!
O, such es nicht in weiter Ferne
Auf diesem oder jenem Sterne!
O, such's nicht dort und such's nicht hier!
Es wohnet nur in dir.

2. Und wenn du's da nicht finden magst,
Umsonst ist, daß du weinst und klagst,

Umsonst dein Sehnen, dein Verlangen,
Umsonst dein Hoffen und dein Bangen.
O, frag mich nicht! — das Glück sind wir,
Das Glück wohnt nur in dir.

84. Abendlied.

1. Abend wird es wieder: über Wald und Feld
Säuselt Frieden nieder, und es ruht die Welt.
Nur der Bach ergießet sich am Felsen dort,
Und er braust und fließet immer, immer fort.

2. Und kein Abend bringet Frieden ihm und Ruh,
Keine Glocke klinget ihm ein Rastlied zu.
So in deinem Streben bist, mein Herz, auch du:
Gott nur kann dir geben wahre Abendruh.

Karl von Holtei (1797—1880).

*85. Lied des alten Unteroffiziers Wallheim an seinen Mantel.

1. Schier dreißig Jahre bist du alt,
Hast manchen Sturm erlebt;
Hast mich wie ein Bruder beschützet,
Und wenn die Kanonen geblitzet,
Wir beide haben niemals gebebt.

2. Wir lagen manche liebe Nacht,
Durchnäßt bis auf die Haut;
Du allein, du hast mich erwärmet,
Und was mein Herze hat gehärmet,
Das hab ich dir, Mantel, vertraut.

3. Geplaudert hast du nimmermehr,
Du warst mir still und treu;
Du warst getreu in allen Stücken,
Drum laß ich dich auch nicht mehr flicken,
Du alter, du würdst sonst neu.

4. Und mögen sie mich verspotten,
Du bleibst mir teuer doch;
Denn wo die Fetzen runterhangen,
Sind die Kugeln hindurchgegangen:
Jede Kugel, die macht' ein Loch.

5. Und wenn die letzte Kugel kommt
Ins preußsche Herz hinein:
Lieber Mantel, laß dich mit mir begraben!
Weiter will ich von dir nichts mehr haben;
In dich hüllen sie mich ein.

6. Da liegen wir zwei beide
Bis zum Appell im Grab!
Der Appell, der macht alles lebendig,
Da ist es denn auch ganz notwendig,
Daß ich meinen Mantel hab.

86. Frumme Wünsche.

1. Und vum uchse de kraft,
Und vum sperrlich a saft,
Und vum marder a zahn,
Und do wär îch a mân!

2. Annen bart, wie a buck,
Und an zippelpelzruck,
Wie a zeiske su grîn,
Und do wär îch wul schîn!

3. Und de nase vum fuchs
Und de ôgen vum luchs
Und de bêne vum färd,
Und do wär îch was wert!

4. Wie a löwe an mutt,
Wie a bälamm su gutt,
Und su flink wie a querl,
Und do wär îch a kerl!

5. Wie a hirsch nie nich matt,
Wie a schlampeißker glatt,

Wie schalastern gescheit,
Und do käm îch wul weit.
6. Oder'sch kann nû nich sein,
Und do find îch mîch 'nein,
Und îch bleib wie îch bin,
Und's muß haldig ôch gîn.

Zippelpelzruck = Zobelpelzrock; zeiske = Zeisig; schlampeißker = Schlammbeisser, ein Fisch; schalaster = Elster; oder 'sch = aber es; haldig = halte ich; gîn = gehn.

Ludwig Heinrich Christoph Hölty (1748—1776).

*87. Der alte Landmann an seinen Sohn.

1. Üb immer Treu und Redlichkeit
Bis an dein kühles Grab
Und weiche keinen Finger breit
Von Gottes Wegen ab!
Dann wirst du, wie auf grünen Aun,
Durchs Pilgerleben gehn;
Dann kannst du sonder Furcht und Graun
Dem Tod ins Auge sehn.

2. Dann wird die Sichel und der Pflug
In deiner Hand so leicht,
Dann singest du beim Wasserkrug,
Als wär dir Wein gereicht.
Dem Bösewicht wird alles schwer,
Er tue, was er tu;
Der Teufel treibt ihn hin und her
Und läßt ihm keine Ruh.

3. Der schöne Frühling lacht ihm nicht,
Ihm lacht kein Ährenfeld;
Er ist auf Lug und Trug erpicht
Und wünscht sich nichts als Geld.
Der Wind im Hain, das Laub am Baum
Saust ihm Entsetzen zu;

Er findet nach des Lebens Raum
Im Grabe keine Ruh.

4. Üb immer Treu und Redlichkeit
Bis an dein kühles Grab
Und weiche keinen Finger breit
Von Gottes Wegen ab!
Dann suchen Enkel deine Gruft
Und weinen Tränen drauf,
Und Sommerblumen, voll von Duft,
Blühn aus den Tränen auf.

*88. Frühlingslied.

1. Die Luft ist blau, das Tal ist grün,
Die kleinen Maienglocken blühn
Und Schlüsselblumen drunter;
Der Wiesengrund
Ist schon so bunt
Und malt sich täglich bunter.

2. Drum komme, wem der Mai gefällt,
Und freue sich der schönen Welt
Und Gottes Vatergüte,
Die diese Pracht
Hervorgebracht,
Den Baum und seine Blüte!

*89. Das Feuer im Walde.

Zween Knaben liefen durch den Hain
Und lasen Eichenreiser auf
Und türmten sich ein Hirtenfeur.
Sie freuten sich der schönen Glut,
Die wie ein helles Osterfeur
Gen Himmel flog, und setzten sich
Auf einen alten Weidenstumpf.
Sie schwatzten dies und schwatzten das:
Vom Feuermann und Ohnekopf,

Vom Amtmann, der im Dorfe spukt
Und mit der Feuerkette klirrt,
Weil er nach Ansehn sprach und Geld,
Wie's liebe Vieh die Bauern schund
Und niemals in die Kirche kam.
Sie schwatzten dies und schwatzten das:
Vom selgen Pfarrer Habermann,
Der noch den Nußbaum pflanzen tät,
Von dem sie manche schöne Nuß
Herabgeworfen, als sie noch
Zur Pfarre gingen, manche Nuß!
Sie segneten den guten Mann
In seiner kühlen Gruft dafür
Und knackten jede schöne Nuß
Noch einmal in Gedanken auf.
Da rauscht das dürre Laub empor,
Und sieh, ein alter Kriegesknecht
Wankt durch den Eichenwald daher,
Sagt: „Guten Abend!" wärmet sich
Und setzt sich auf den Weidenstumpf.
„Wer bist du, guter alter Mann?"
„Ich bin ein preußischer Soldat,
Der in der Schlacht bei Kunersdorf
Das Bein verlor und leider Gotts!
Vor fremden Türen betteln muß.
Da ging es scharf, mein liebes Kind!
Da sauseten die Kugeln uns
Wie tausend Teufel um den Kopf!
Dort flog ein Arm und dort ein Bein!
Wir patschelten durch lauter Blut,
Und Roß und Reiter lagen da,
Wie Kraut und Rüben." — „Lieber Gott!"
Sprach Hans und sahe Töffeln an,
„Mein Seel! ich werde kein Soldat
Und wandre lieber hinterm Pflug.
Da sing ich mir die Arbeit leicht

Und spring und tanze wie ein Hirsch
Und lege, wann der Abend kommt,
Mich hintern Ofen auf die Bank.
Doch kommt der Schelmfranzos zurück,
Der uns die besten Hühner stahl
Und unser Heu und Korn dazu,
Dann nehm ich einen roten Rock
Und auf den Buckel mein Gewehr.
Dann komm nur her, du Schelmfranzos!"
Das Feuer sank und wölkte kaum
Noch Dampf empor; sie gingen fort.

Justinus Kerner (1786—1862).

*90. Der reichste Fürst.

1. Preisend mit viel schönen Reden
Ihrer Länder Wert und Zahl,
Saßen viele deutsche Fürsten
Einst zu Worms im Kaisersaal.

2. „Herrlich," sprach der Fürst von Sachsen,
„Ist mein Land und seine Macht,
Silber hegen seine Berge
Wohl in manchem tiefen Schacht."

3. „Seht mein Land in üppger Fülle!"
Sprach der Kurfürst von dem Rhein,
„Goldne Saaten in den Tälern,
Auf den Bergen edlen Wein!"

4. „Große Städte, reiche Klöster,"
Ludwig, Herr zu Baiern, sprach,
„Schaffen, daß mein Land dem euren
Wohl nicht steht an Schätzen nach."

5. Eberhard, der mit dem Barte,
Württembergs geliebter Herr,

Sprach: „Mein Land hat kleine Städte,
Trägt nicht Berge silberschwer;
6. Doch ein Kleinod hält's verborgen:
Daß in Wäldern noch so groß
Ich mein Haupt kann kühnlich legen
Jedem Untertan in Schoß."
7. Und es rief der Herr von Sachsen,
Der von Baiern, der vom Rhein:
„Graf im Bart! Ihr seid der reichste,
Euer Land trägt Edelstein!"

*91. Wanderlied.

1. Wohlauf, noch getrunken
Den funkelnden Wein!
Ade nun, ihr Lieben!
Geschieden muß sein.
Ade nun, ihr Berge,
Du väterlich Haus!
Es treibt in die Ferne
Mich mächtig hinaus.
2. Die Sonne, sie bleibet
Am Himmel nicht stehn,
Es treibt sie, durch Länder
Und Meere zu gehn.
Die Woge nicht haftet
Am einsamen Strand,
Die Stürme, sie brausen
Mit Macht durch das Land.
3. Mit eilenden Wolken
Der Vogel dort zieht
Und singt in der Ferne
Ein heimatlich Lied.
So treibt es den Burschen
Durch Wälder und Feld,
Zu gleichen der Mutter,
Der wandernden Welt.
4. Da grüßen ihn Vögel,
Bekannt überm Meer,
Sie flogen von Fluren
Der Heimat hieher;
Da duften die Blumen
Vertraulich um ihn,
Sie trieben vom Lande
Die Lüfte dahin.
5. Die Vögel, die kennen
Sein väterlich Haus.
Die Blumen einst pflanzt' er
Der Liebe zum Strauß;
Und Liebe, die folgt ihm,
Sie geht ihm zur Hand:
So wird ihm zur Heimat
Das fernste Land.

92. Kaiser Rudolfs Ritt zum Grabe.

1. Auf der Burg zu Germersheim,
Stark am Geist, am Leibe schwach,
Sitzt der greise Kaiser Rudolf,
Spielend das gewohnte Schach.]

2. Und er spricht: „Ihr guten Meister
Ärzte, sagt mir ohne Zagen:
Wann aus dem zerbrochnen Leib
Wird der Geist zu Gott getragen?“

3. Und die Meister sprechen: „Herr!
Wohl noch heut erscheint die Stunde.“
Freundlich lächelnd spricht der Greis:
„Meister, Dank für diese Kunde!“ —

4. „Auf nach Speier! auf nach Speier!“
Ruft er, als das Spiel geendet,
„Wo so mancher deutsche Held
Liegt begraben, sei's vollendet!

5. Blast die Hörner! bringt das Roß,
Das mich oft zur Schlacht getragen!“
Zaudernd stehn die Diener all,
Doch er ruft: „Folgt ohne Zagen!“

6. Und das Schlachtroß wird gebracht.
„Nicht zum Kampf, zum ewgen Frieden,“
Spricht er, „trage, treuer Freund,
Jetzt den Herrn, den lebensmüden!“

7. Weinend steht der Diener Schar,
Als der Greis auf hohem Rosse,
Rechts und links ein Kapellan,
Zieht, halb Leich, aus seinem Schlosse.

8. Trauernd neigt des Schlosses Lind
Vor ihm ihre Äste nieder,
Vögel, die in ihrer Hut,
Singen wehmutsvolle Lieder.

9. Mancher eilt des Wegs daher,
Der gehört die bange Sage,

Sieht des Helden sterbend Bild
Und bricht aus in laute Klage.

10. Aber nur von Himmelslust
Spricht der Geist mit jenen zweien;
Lächelnd blickt sein Angesicht,
Als ritt er zur Lust im Maien.

11. Von dem hohen Dom zu Speier
Hört man dumpf die Glocken schallen;
Ritter, Bürger, zarte Fraun
Weinend ihm entgegen wallen.

12. In den hohen Kaisersaal
Ist er rasch noch eingetreten;
Sitzend dort auf goldnem Stuhl
Hört man für das Volk ihn beten.

13. „Reichet mir den heilgen Leib!"
Spricht er dann mit bleichem Munde;
Drauf verjüngt sich sein Gesicht
Um die mitternächtge Stunde.

14. Da auf einmal wird der Saal
Hell von überirdschem Lichte,
Und entschlummert sitzt der Held,
Himmelsruh im Angesichte.

15. Glocken dürfen's nicht verkünden,
Boten nicht zur Leiche bieten;
Alle Herzen längs des Rheins
Füllen, daß der Held verschieden.

16. Nach dem Dome strömt das Volk,
Schwarz, unzähligen Gewimmels;
Der empfing des Helden Leib,
Seinen Geist der Dom des Himmels.

93. Der Wandrer in der Sägemühle.

1. Dort unten in der Mühle saß ich in süßer Ruh
Und sah dem Räderspiele und sah den Wassern zu.
Sah zu der blanken Säge, es war mir wie ein Traum,
Die bahnte lange Wege in einen Tannenbaum.

2. Die Tanne war wie lebend; in Trauermelodie,
Durch alle Fasern bebend, sang diese Worte sie:
„Du kehrst zur rechten Stunde, o Wanderer, hier ein,
Du bist's, für den die Wunde mir dringt ins Herz hinein.
3. Du bist's, für den wird werden, wenn kurz gewandert du,
Dies Holz — im Schoß der Erden ein Schrein zur langen Ruh."
Vier Bretter sah ich fallen, mir ward's ums Herze schwer,
Ein Wörtlein wollt ich lallen, da ging das Rad nicht mehr.

August Kopisch (1799—1853).

*94. Die Heinzelmännchen.

1. Wie war zu Köln es doch vordem
Mit Heinzelmännchen so bequem!
Denn war man faul — man legte sich
Hin auf die Bank und pflegte sich:
Da kamen bei Nacht,
Ehe man's gedacht,
Die Männlein und schwärmten
Und klappten und lärmten
Und rupften und zupften
Und hüpften und trabten
Und putzten und schabten —
Und eh ein Faulpelz noch erwacht,
War all sein Tagewerk bereits gemacht.
2. Die Zimmerleute streckten sich
Hin auf die Spän und reckten sich;
Indessen kam die Geisterschar
Und sah, was da zu zimmern war.
Nahm Meißel und Beil
Und die Säg' in Eil;
Sie sägten und stachen
Und hieben und brachen,

Berappten und kappten,
Visierten wie Falken
Und setzten die Balken —
Eh sich's der Zimmermann versah,
Klapp! stand das ganze Haus schon fertig da!

3. Beim Bäckermeister war nicht Not,
Die Heinzelmännchen backten Brot.
Die faulen Burschen legten sich,
Die Heinzelmännchen regten sich
Und ächzten daher
Mit den Säcken schwer —
Und kneteten tüchtig
Und wogen es richtig
Und hoben und schoben
Und fegten und backten
Und klopften und hackten.
Die Burschen schnarchten noch im Chor:
Da rückte schon das Brot — das neue, vor.

4. Beim Fleischer ging es just so zu:
Gesell und Bursche lag in Ruh;
Indessen kamen die Männlein her
Und hackten das Schwein die Kreuz und Quer.
Das ging so geschwind,
Wie die Mühl im Wind!
Die klappten mit Beilen,
Die schnitzten an Speilen,
Die spülten, die wühlten
Und mengten und mischten
Und stopften und wischten.
Tat der Gesell die Augen auf:
Wapp! hing die Wurst da schon im Ausverkauf!

5. Beim Schenken war es so: es trank
Der Küfer, bis er niedersank;
Am hohlen Fasse schlief er ein.
Die Männlein sorgten um den Wein
Und schwefelten fein

Alle Fässer ein
Und rollten und hoben
Mit Winden und Kloben
Und schwenkten und senkten
Und gossen und panschten
Und mengten und manschten.
Und eh der Küfer noch erwacht,
War schon der Wein geschönt und fein gemacht!

6. Einst hatt' ein Schneider große Pein:
Der Staatsrock sollte fertig sein;
Warf hin das Zeug und legte sich
Hin auf das Ohr und pflegte sich.
Da schlüpften sie frisch
In den Schneidertisch
Und schnitten und rückten
Und nähten und stickten
Und faßten und paßten
Und strichen und guckten
Und zupften und ruckten;
Und eh mein Schneiderlein erwacht,
War Bürgermeisters Rock bereits gemacht!

7. Neugierig war des Schneiders Weib
Und macht sich diesen Zeitvertreib:
Streut Erbsen hin die andre Nacht.
Die Heinzelmännchen kommen sacht;
Eins fähret nun aus,
Schlägt hin im Haus,
Die gleiten von Stufen
Und plumpen in Kufen,
Die fallen mit Schallen,
Die lärmen und schreien
Und vermaledeien!
Sie springt hinunter auf den Schall
Mit Licht: husch husch, husch husch! — verschwinden all!

8. O weh! nun sind sie alle fort,
Und keines ist mehr hier am Ort!

Man kann nicht mehr wie sonsten ruhn,
Man muß nun alles selber tun!
Ein jeder muß fein
Selbst fleißig sein
Und kratzen und schaben
Und rennen und traben
Und schniegeln und bügeln
Und klopfen und hacken
Und kochen und backen.
Ach, daß es noch wie damals wär!
Doch kommt die schöne Zeit nicht wieder her.

*95. Das grüne Tier und der Naturkenner.

1. Die Thadener zu Hanerau
Sind ausgewitzte Leute:
Wär noch kein Pulver in der Welt,
Erfänden sie es heute!
Allein, allein so wird es immer sein:
Was man zum erstenmal ersicht,
Kennt selber auch der klügste nicht!
Und — wie einmal die Thadener mähn,
Sie einen grünen Frosch ersehn,
So grüne, so grüne!

2. So grüne war der liebe Frosch
Und blähte mit dem Kropfe:
Den Thadnern fiel vor Schreck dabei
Die Mütze von dem Kopfe.
Mit Beinen vier ein grünes, grünes Tier!
Das war für sie zu wunderlich,
Zu neu und zu absunderlich!
Da mußte gleich der Schultheiß her,
Sollt sagen, welch ein Tier das wär,
Das grüne, das grüne!

3. Das grüne Tier der Schultheiß sah,
Als einen Hupf es machte.
Die Thadner wollten schon davon;
Da sprach der Alte: „Sachte!

Lauft nicht davon! es sitzt und ruhet schon;
Seid still! und ich erklär es bald:
Das Tier kommt aus dem grünen Wald;
Der grüne Wald ist selber grün,
Davon ist auch das Tier so grün,
So grüne, so grüne!

4. So grüne; denn es lebt darin
Von eitel grünem Laube,
Und wenn es nicht ein Hirschbock ist,
Ist's eine Turteltaube!"
Da hub der Hauf den Schulz mit Schultern auf,
Sie riefen: „Das ist unser Mann,
Der jeglich Ding erklären kann:
Er kennt und nennt es keck und kühn,
Kein Kreatur ist ihm zu grün,
Zu grüne, zu grüne!"

*96. Puck.

1. Der lange sprach zum kurzen Knecht:
„Laß sein den Puck, es geht dir schlecht!
Man muß den Puck nicht necken,
Sonst kommt er, dich zu zecken."
Der Kurze sprach: „Und kommt er auch,
Ich lasse nicht von meinem Brauch;
Denn ich will eben
Nur lustig leben.
Was ist der Puck?
Ein Teufelsspuk!"

2. Der Lange sprach: „Ich weiß nicht was,
Doch trägt ins Haus er Korn und Gras
Und putzt die Pferd' im Stalle,
Kocht, backt und fegt die Halle.
Er holt das Wasser aus dem Born
Und flickt den Zaun mit manchem Dorn,
Hackt Holz für alle
Mit Poch und Schalle,

Macht reich den Herrn,
Man hat ihn gern."
3. Der Kurze sprach: „Das wußt ich längst,
Daß du an deinem Puck so hängst.
Da sieh ihn, deinen Feinen!
Er bammelt mit den Beinen
Dort aus der Luk; ich schleich ins Haus . ."
Paff! stößt er zu der Luk ihn aus:
Kopfüber fliegt er,
Und plauz! da liegt er
Mit klipp! klapp! klopf!
Als alter Topf.
4. Da lachen alle, die es sehn;
Doch ach! wie wird's dem Knechte gehn?
Er fürcht sich selbst vor Strafen,
Legt sich zum Langen schlafen.
Nun währt's nicht lang, so kommt der Puck
Zu ihm und gibt ihm einen Ruck,
Packt ihn am Beine:
„Du liegst nicht feine!
Ich richte euch:
So liegt ihr gleich!" — „Au!"
5. Er deckt ihn sauber wieder zu
Und läßt ihn eine Weil in Ruh.
Er liegt und schnarcht bequemlich;
Da kommt der Puck vernehmlich,
Sieht nach und sagt: „Nun fehlt's am Kopf!"
Da zieht er ihn heraus am Schopf. — „Au!"
Nun guckt er drunten:
Da fehlt es unten;
Er zieht am Bein
Und legt ihn fein. — „Au!"
6. Da guckt er wieder oben nach
Und zieht ihn wieder 'rauf gemach. — „Au!"
„Ich kann dir's nicht erlassen,
Du mußt zum Langen passen!"

Nun sieht er unten: „Willst du wohl?
Ich seh den Fleck schon wieder hohl:
Du liegst nicht feine,
Komm her am Beine!“ — „Au!“
„Nun fehlt's am Kopf!
Komm her am Schopf!“ — „Au!“
7. „Hier Fuß her!“ — „Au!“ — „Hier Kopf!“ — „Au, au!“
Er zwickt den Armen braun und blau.
Da kräht der Hahn, aus ist der Kummer,
Der Knecht verfällt in tiefen Schlummer.
Doch morgens er mit Schrecken sah:
Quer überm Brunnen liegt er da
Und ruft mit Beben
Fürs arme Leben:
„Verzeih mir, Puck!
Laß ab vom Spuk!“

*97. Der Mäuseturm.

1. Am Mäuseturm um Mitternacht
Des Bischofs Hatto Geist erwacht:
Er flieht um die Zinnen im Höllenschein
Und glühende Mäuslein hinter ihm drein!
2. Der Hungrigen hast du, Hatto, gelacht,
Die Scheuer Gottes zur Hölle gemacht;
Drum ward jedes Körnlein im Speicher dein
Verkehrt in ein nagendes Mäuselein.
3. Du flohst auf den Rhein in den Inselturm,
Doch hinter dir rauschte der Mäusesturm;
Du schlossest den Turm mit eherner Tür,
Sie nagten den Stein und drangen herfür.
4. Sie fraßen die Speise, die Lagerstatt,
Sie fraßen den Tisch dir und wurden nicht satt,
Sie fraßen dich selber zu aller Graus
Und nagten den Namen dein überall aus.

5. Fern rudern die Schiffer um Mitternacht,
Wenn schwirrend dein irrender Geist erwacht:
Er flieht um die Zinnen im Höllenschein
Und glühende Mäuslein hinter ihm drein.

*98. Blücher am Rhein.

Die Heere blieben am Rheine stehn:
Soll man hinein nach Frankreich gehn?
Man dachte hin und wieder nach,
Allein der alte Blücher sprach:
„Generalkarte her!
Nach Frankreich gehn ist nicht so schwer.
Wo steht der Feind?“ — „Der Feind? — dahier!“
„Den Finger drauf, den schlagen wir!
Wo liegt Paris?“ — „Paris? — dahier!“
„Den Finger drauf, das nehmen wir!
Nun schlagt die Brücken übern Rhein!
Ich denke, der Champagnerwein
Wird, wo er wächst, am besten sein!“

99. Der Trompeter.

1. Wenn dieser Siegesmarsch in das Ohr mir schallt,
Kaum halt ich da die Tränen mir zurück mit Gewalt.
Mein Kamerad, der hat ihn geblasen in der Schlacht,
Auch schönen Mädchen oft als ein Ständchen gebracht;
Auch zuletzt, auch zuletzt in der grimmigsten Not
Erscholl er ihm vom Munde, bei seinem jähen Tod.
Das war ein Mann von Stahl, ein Mann von echter Art;
Gedenk ich seiner, rinnet mir die Trän in den Bart.
Herr Wirt, noch einen Krug von dem feurigsten Wein!
Soll meinem Freund zur Ehr, ja, zur Ehr getrunken sein.
2. Wir hatten musiziert in der Frühlingsnacht
Und kamen zu der Elbe, wie das Eis schon erkracht;
Doch schritten wir mit Lachen darüber unverwandt,
Ich trug das Horn und er die Trompet in der Hand.
Da erknarrte das Eis, und es bog, und es brach,

Ihn riß der Strom von dannen, wie der Wind so jach;
Ich konnt ihn nimmermehr erreichen mit der Hand,
Ich mußte selbst mich retten mit dem Sprung auf den Sand.
Er aber trieb hinab, auf die Scholle gestellt,
Und rief: „Nun geht die Reis in die weite, weite Welt!“
3. Drauf setzt er die Trompet an den Mund und schwang
Den Schall, daß rings der Himmel und die Erde erklang!
Er schmetterte gewaltig mit vollem Mannesmut,
Als gält es eine Jagd mit dem Eis in der Flut.
Er trompetete klar, er trompetete rein,
Als gings mit Vater Blücher nach Paris hinein.
Da donnerte das Eis, die Scholle, sie zerbrach,
Und wurde eine bange, bange Stille danach!
Das Eis verging im Strom und der Strom in dem Meer:
Wer bringt mir meinen Kriegskameraden wieder her?

Karl Theodor Körner (1791—1813).

*100. Zur Nacht.

1. Gute Nacht!
Allen Müden sei's gebracht.
Neigt der Tag sich still zum Ende,
Ruhen alle fleißgen Hände,
Bis der Morgen neu erwacht.
Gute Nacht!
2. Geht zur Ruh!
Schließt die müden Augen zu!
Stiller wird es auf den Straßen,
Und den Wächter hört man blasen,
Und die Nacht ruft allen zu:
Geht zur Ruh!
3. Gute Nacht!
Schlummert, bis der Tag erwacht!

Schlummert, bis der neue Morgen
Kommt mit seinen neuen Sorgen!
Ohne Furcht: der Vater wacht!
Gute Nacht!

101. Lützows wilde Jagd.

1. Was glänzt dort vom Walde im Sonnenschein?
Hör's näher und näher brausen;
Es zieht sich herunter in düsteren Reihn,
Und gellende Hörner schallen darein
Und erfüllen die Seele mit Grausen.
Und wenn ihr die schwarzen Gesellen fragt:
Das ist Lützows wilde, verwegene Jagd.

2. Was zieht dort rasch durch den finstern Wald
Und streift von Bergen zu Bergen?
Es legt sich in nächtlichen Hinterhalt;
Das Hurra jauchzt, und die Büchse knallt,
Es fallen die fränkischen Schergen.
Und wenn ihr die schwarzen Jäger fragt:
Das ist Lützows wilde, verwegene Jagd.

3. Wo die Reben dort glühen, dort braust der Rhein,
Der Wütrich geborgen sich meinte;
Da naht es schnell wie Gewitterschein
Und wirft sich mit rüstgen Armen hinein
Und springt ans Ufer der Feinde.
Und wenn ihr die schwarzen Schwimmer fragt.
Das ist Lützows wilde, verwegene Jagd.

4. Was braust dort im Tale die laute Schlacht,
Was schlagen die Schwerter zusammen?
Wildherzige Reiter schlagen die Schlacht,
Und der Funke der Freiheit ist glühend erwacht
Und lodert in blutigen Flammen.
Und wenn ihr die schwarzen Reiter fragt:
Das ist Lützows wilde, verwegene Jagd!

5. Wer scheidet dort röchelnd vom Sonnenlicht,
Unter winselnde Feinde gebettet?

Es zuckt der Tod auf dem Angesicht,
Doch die wackern Herzen erzittern nicht;
Das Vaterland ist ja gerettet!
Und wenn ihr die schwarzen Gefallnen fragt:
Das war Lützows wilde, verwegene Jagd.
6. Die wilde Jagd und die deutsche Jagd
Auf Henkersblut und Tyrannen!
Drum, die ihr uns liebt, nicht geweint und geklagt!
Das Land ist ja frei, und der Morgen tagt,
Wenn wir's auch nur sterbend gewannen.
Und von Enkeln zu Enkeln sei's nachgesagt:
Das war Lützows wilde, verwegene Jagd!

102. Gebet während der Schlacht.

1. Vater, ich rufe dich!
Brüllend umwölkt mich der Dampf der Geschütze,
Sprühend umzucken mich rasselnde Blitze.
Lenker der Schlachten, ich rufe dich;
Vater du, führe mich!
2. Vater du, führe mich!
Führ mich zum Siege, führ mich zum Tode:
Herr, ich erkenne deine Gebote;
Herr, wie du willst, so führe mich!
Gott, ich erkenne dich!
3. Gott, ich erkenne dich!
So im herbstlichen Rauschen der Blätter,
Als im Schlachtendonnerwetter,
Urquell der Gnade, erkenn ich dich.
Vater du, segne mich!
4. Vater du, segne mich!
In deine Hand befehl ich mein Leben,
Du kannst es nehmen, du hast es gegeben:
Zum Leben, zum Sterben segne mich!
Vater, ich preise dich!
5. Vater, ich preise dich!
's ist ja kein Kampf für die Güter der Erde!

Das Heiligste schützen wir mit dem Schwerte:
Drum, fallend und siegend, preis ich dich.
Gott, dir ergeb ich mich!
6. Gott, dir ergeb ich mich!
Wenn mich die Donner des Todes begrüßen,
Wenn meine Adern geöffnet fließen:
Dir, mein Gott, dir ergeb ich mich!
Vater, ich rufe dich!

Friedrich Adolf Krummacher (1767—1845).

*103. Das Lied vom Samenkorn.

1. Der Sämann streut aus voller Hand
Den Samen auf das weiche Land,
Und, wundersam! was er gesät,
Das Körnlein, wieder aufersteht.
2. Die Erde nimmt es in den Schoß,
Da wird es seiner Windeln los;
Ein zartes Keimchen kommt hervor
Und hebt sein rötlich Haupt empor.
3. Es steht und frieret, nackt und klein,
Und fleht um Tau und Sonnenschein;
Die Sonne schaut von hoher Bahn
Der Erde Kindlein freundlich an.
4. Bald aber dräuet Frost und Sturm,
Und schon verbirgt sich Mensch und Wurm;
Das Körnlein kann ihm nicht entgehn,
Es muß in Wind und Wetter stehn.
5. Doch schadet ihm kein Leid noch Weh,
Der Himmel deckt mit weichem Schnee
Der Erde nacktes Kindlein zu;
Dann schlummert es in guter Ruh.
6. Bald fleucht des Winters trübe Nacht;
Die Lerche singt, das Korn erwacht;

Der Lenz heißt Bäum und Wiesen blühn
Und schmückt das Feld mit frischem Grün.

7. Nun müssen Halm an Halm erstehn,
Und Ähr an Ähre läßt sich sehn,
Und wie ein leise wallend Meer
Im Winde wogt es hin und her.

8. Dann schaut vom hohen Himmelszelt
Die Sonne auf das Ährenfeld;
Die Erde ruht in stillem Glanz,
Geschmückt mit goldnem Erntekranz.

9. Die Ernte naht, die Sichel klingt,
Die Garbe rauscht, gen Himmel dringt
Der Freude lauter Jubelsang,
Des Herzens stiller Preis und Dank.

Franz Kugler (1808—1858).

*104. Rudelsburg.

1. An der Saale hellem Strande
Stehen Burgen stolz und kühn,
Ihre Dächer sind gefallen,
Und der Wind streicht durch die Hallen,
Wolken ziehen drüber hin.

2. Zwar die Ritter sind verschwunden,
Nimmer klingen Speer und Schild;
Doch dem Wandersmann erscheinen
Auf den altbemoosten Steinen
Oft Gestalten zart und mild.

3. Droben winken holde Augen,
Freundlich lacht manch roter Mund,
Wandrer schaut wohl in die Ferne,
Schaut in holder Augen Sterne,
Herz ist heiter und gesund.

4. Und der Wandrer zieht von dannen,
Denn die Trennungsstunde ruft;
Und er singet Abschiedslieder,
Lebewohl! tönt ihm hernieder,
Tücher wehen in die Luft.

Hermann Lingg (geboren 1820).

*105. Feierabend.

1. Feierabend! alle Glocken
Läuten Friede, Ruh und Rast —
Kerzen funkeln, und es locken
Volle Kannen schon den Gast.
2. In der Werkstatt schweigt das Hämmern,
Und der Meister im Gemach
Sinnt bei letztem Tagesdämmern
Froh getaner Arbeit nach.
3. Nur den Schiffer draus im Hafen
Weckt nach tagelanger Ruh
Guter Fahrwind. Statt zu schlafen,
Eilt er fernen Ländern zu.

106. Heerbannlied.

1. Ernst ist mein Sinn und schlicht und recht,
Mein Bart ist gleich dem Flachse.
In Dün und Wald blüht mein Geschlecht,
Daß übers Meer es wachse. —
Ich bin der Sachse.
2. Mein Bart ist rot, der Berg mein Schloß,
Mir blüht des Liedes Gabe;
Die Sturmfahn schwing ich; Schwert und Roß,
Sie gehn mit mir zu Grabe. —
Ich bin der Schwabe.

3. Mein Mark ist stark, ist Löwenmark,
Kein andrer Stamm ist freier;
Kommt her! kein Teufel ist so stark,
Und schlägt ein Herz getreuer? —
Ich bin der Baier.

4. Ein blanker Stahl ist meine Brust,
Doch fröhlich mein Gedanke,
Am Reigen hab ich meine Lust
Und einem firnen Tranke. —
Ich bin der Franke.

5. Nach Süd, Ost, West, Nord stehn wir vier
Zum Schutz der deutschen Eiche,
Und rauscht Sankt Michaels Panier,
Sind unsre Schwerterstreiche
Ein Hort dem Reiche.

6. Die Feinde schicken wir nach Haus,
Bedeckt mit Blut und Schrammen;
Und kommt die Hölle selbst zum Strauß,
Wir lachen ihrer Flammen
Und stehn zusammen.

Hans Ferdinand Maßmann (1797—1874).

*107. Gelübde.

1. Ich hab mich ergeben mit Herz und mit Hand
Dir, Land voll Lieb und Leben, mein deutsches Vaterland!
2. Mein Herz ist entglommen, dir treu zugewandt,
Du Land der Frein und Frommen, du herrlich Hermannsland!
3. Will halten und gläuben an Gott fromm und frei!
Will, Vaterland, dir bleiben auf ewig fest und treu!
4. Ach, Gott, tu erheben mein jung Herzensblut
Zu frischem, freudigem Leben, zu freiem, frommem Mut!
5. Laß Kraft mich erwerben in Herz und in Hand,
Zu leben und zu sterben fürs heilge Vaterland!

Johann Martin Miller (1750—1814).

*108. Zufriedenheit.

1. Was frag ich viel nach Geld und Gut,
Wenn ich zufrieden bin?
Gibt Gott mir nur gesundes Blut,
So hab ich frohen Sinn
Und sing aus dankbarem Gemüt
Mein Morgen= und mein Abendlied.

2. So mancher schwimmt im Überfluß,
Hat Haus und Hof und Geld
Und ist doch immer voll Verdruß
Und freut sich nicht der Welt:
Je mehr er hat, je mehr er will;
Nie schweigen seine Klagen still.

3. Da heißt die Welt ein Jammertal
Und deucht mir doch so schön;
Hat Freuden ohne Maß und Zahl,
Läßt keinen leer ausgehn.
Das Käferchen, das Vögelein
Darf sich ja auch des Maien freun.

4. Und uns zuliebe schmücken ja
Sich Wiese, Berg und Wald,
Und Vögel singen fern und nah,
Daß alles widerhallt:
Bei Arbeit singt die Lerch uns zu,
Die Nachtigall bei süßer Ruh.

5. Und wenn die goldne Sonn aufgeht
Und golden wird die Welt
Und alles in der Blüte steht
Und Ähren trägt das Feld,
Dann denk ich: alle diese Pracht
Hat Gott zu meiner Lust gemacht.

6. Dann preis ich Gott und lob ich Gott
Und schweb in hohem Mut
Und denk: Es ist ein lieber Gott
Und meint's mit Menschen gut!
Drum will ich immer dankbar sein
Und mich der Güte Gottes freun.

Mises (Gustav Theodor Fechner) (1809—1887).

109. Rätsel.

1.

Ein Häuslein ist es, wohlbekannt,
Aus lauter Fenstern seine Wand;
Doch der drin wohnet, erst erwacht,
Wenn rings umher ist finstre Nacht;
Sieht durch die Fenster dann sich um,
Geht mit dem Häuslein selbst herum.

2.

Wer mögen die kleinen Leutlein wohl sein
Mit dickem Kopf und dickem Bein,
Doch einem Leib, ach! fadendünn;
In den größten Köpfen ist nichts drin.
Auch fußlos siehst du einzelne stehn,
Doch wenn sie hintereinander gehn,
Bekommt gleich Füße das ganze Heer,
Je rascher sie laufen, desto mehr.

3.

Die Ersten sind ein Untertan,
Die Letzte ist ein Untertan,
Das Ganze ist ein Untertan,
Der von dem letzten Untertan
Wird unter den ersten Untertan
Ganz untertänigst getan.

4.

Ein Kopf und ein Bein
Ist alles, was mein;
Der Kopf hat keine Mütze,
Das Bein hat eine Spitze.

5.

Die beiden Ersten beschmutzen die Sachen,
Die Dritte dient, sie rein zu machen;
Das Ganze ist schön weiß und rot
Und trägt doch in sich Gift und Tod.

6.

Ich bin ein erquickliches Sauerbrönnlein,
Gefaßt in ein zierliches goldnes Tönnlein,
Entsprungen im fernen Südenland,
Doch hin an alle Orte versandt.

7.

Ich habe ein Loch und mache ein Loch,
Und ich laufe durch das, was ich machte, auch noch;
Doch kaum bin ich durch, so stopft im Nu
Ein Stück meiner langen Schleppe es zu.

8.

Zuerst ein fest verschlossen Päcklein,
Dann grünes Jäcklein, rotes Röcklein,
Zuletzt von Steinen voll ein Säcklein.

9.

Das erste Paar freut sich am Flug;
Das zweite Paar freut sich am Pflug;
Das Ganze ist des ersten Fluch.

10.

Die Erste für den, der hoch hinaus will,
Der höher hinauf als das höchste Haus will,
Die Andre für den, der fleißig sein will;
Das Ganze für den, der tief hinein will.

11.
Sagt, wie das stimmt:
Die Erste schwimmt,
Die Andre läuft,
Das Ganze steift.

12.
Die erste Silbe frißt,
Die andre Silbe ißt,
Die dritte wird gefressen,
Das Ganze wird gegessen.

Julius Mosen (1803—1867).

*110. Der Trompeter an der Katzbach.

1. Von Wunden ganz bedecket,
Der Trompeter sterbend ruht,
An der Katzbach hingestrecket,
Der Brust entströmt das Blut.

2. Brennt auch die Todeswunde,
Doch sterben kann er nicht,
Bis neue Siegeskunde
Zu seinen Ohren bricht.

3. Und wie er schmerzlich ringet
In Todesängsten bang,
Zu ihm herüberdringet
Ein wohlbekannter Klang.

4. Das hebt ihn von der Erde,
Er streckt sich starr und wild —
Dort sitzt er auf dem Pferde,
Als wie ein steinern Bild.

5. Und die Trompete schmettert—
Fest hält sie seine Hand —
Und wie ein Donner wettert
Viktoria in das Land.

6. Viktoria — so klang es,
Viktoria — überall,
Viktoria — so drang es
Hervor mit Donnerschall.

7. Doch als es ausgeklungen,
Die Trompete setzt er ab;
Das Herz ist ihm zersprungen,
Vom Roß stürzt er herab.

8. Um ihn herum im Kreise
Hielt's ganze Regiment,
Der Feldmarschall sprach leise:
„Das heißt ein selig End!"

*111. Andreas Hofer.

1. Zu Mantua in Banden
Der treue Hofer war,
In Mantua zum Tode
Führt ihn der Feinde Schar.
Es blutete der Brüder Herz:
Ganz Deutschland, ach, in Schmach und Schmerz!
Mit ihm das Land Tirol!

2. Die Hände auf dem Rücken,
Andreas Hofer ging
Mit ruhig festen Schritten,
Ihm schien der Tod gering;
Der Tod, den er so manchesmal
Vom Iselberg geschickt ins Tal
Im heilgen Land Tirol.

3. Doch als aus Kerkergittern
Im festen Mantua
Die treuen Waffenbrüder
Die Händ er strecken sah,
Da rief er aus: „Gott sei mit euch,
Mit dem verratnen deutschen Reich
Und mit dem Land Tirol!"

4. Dem Tambour will der Wirbel
Nicht unterm Schlägel vor,
Als nun Andreas Hofer
Schritt durch das finstre Tor:
Andreas, noch in Banden frei,
Dort stand er fest auf der Bastei,
Der Mann vom Land Tirol.

5. Dort soll er niederknieen,
Er sprach: „Das tu ich nit!
Will sterben, wie ich stehe,
Will sterben, wie ich stritt,
So, wie ich steh auf dieser Schanz.
Es leb mein guter Kaiser Franz,
Mit ihm sein Land Tirol!"

6. Und von der Hand die Binde
Nimmt ihm der Korporal;
Andreas Hofer betet
Allhier zum letztenmal,
Dann ruft er: „Nun, so trefft mich recht!
Gebt Feuer! ach, wie schießt ihr schlecht!
Ade, mein Land Tirol!"

Albert Möser (1835—1900).

112. Wallenstein vor Stralsund.

1. Mit Hörnergetön in blitzender Wehr
Vor Stralsunds Wälle zog Friedlands Heer,
Ringsum längst zwang er die Länder ins Joch,
Nur Stralsund trotzte, das mächtige, noch;
Doch eh noch Kartaunen erdröhnten im Feld,
Entbot er zu sich die Ratsherrn ins Zelt,
Die traten gefaßt vor sein Angesicht
Und zitterten nicht.

2. Der Friedland sprach: „Ihr Herren vom Rat,
Dem Trotz nun entsagt, bevor es zu spat!
Nach Recht und Gesetz ist mein dieses Land,
So will es der Kaiser, Herr Ferdinand;
Drum fügt euch und tut, was der Mächtge gebeut!
Von Gegenwehr laßt und ergebt euch noch heut!"
Drauf sprachen die Ratsherrn, getreu der Pflicht:
„Das tun wir nicht!"

3. Das Wort, es weckte gar herben Verdruß
Dem böhmischen Generalissimus,
Doch zwang er sich noch und sprach: „Wohlan,
Geehrt stets hab ich den tapferen Mann;
Drum sei euch gelassen der Freiheit Glück,
Zahlt ihr mir Geldes ein tüchtiges Stück!"
Die Ratsherrn entgegneten ernst mit Gewicht:
„Das haben wir nicht!"

4. Da hob sich aufs höchste Friedlands Groll,
An seinen Schläfen die Ader schwoll,
Er ballte die Faust, und mit grimmigem Mut
Warf er zur Erde den Feldherrnhut,
Er nannte die Bürger verruchte Gesellen,
Schurken, Verräter und schnöde Rebellen;
Drauf sprachen die Ratsherrn gelassen und schlicht:
„Das sind wir nicht!"

5. Sie schieden hinweg, auf nahm sie das Tor,
Der Friedland indessen, der rasende, schwor:
„Und hing es mit Ketten am Himmelszelt,
Stralsund, das hohe, das trotzige, fällt!"
Viel Kugeln verschoß er in grimmigem Haß,
Bestürmte die Stadt ohne Unterlaß,
Er wollte sie strafen mit blutgem Gericht
Und nahm sie nicht!

Wilhelm Müller (1794—1827).

*113. Kinderlust.

1. Nun feget aus den alten Staub
Und macht die Laube blank,
Laßt ja kein schwarzes Winterlaub
Mir liegen auf der Bank!
2. Die erste weiße Blüte flog
Mir heut ins Angesicht.
Willkommen, Lenz! ich lebe noch
Und weiß von Leide nicht
3. Und schaue hell, wie du, hinein
In Gottes schöne Welt
Und möcht ein kleiner Bube sein
Und kollern durch das Feld.
4. O, seht! da plätschern schon am See
Die lieben Kindelein
Und ziehn die Hemdchen in die Höh
Und wollen gern hinein.
5. Wie lockt der warme Sonnenschein,
Der auf dem Spiegel ruht!
Da ist kein Fuß zu weich, zu klein,
Er probt, wie's Wasser tut.

6. Ich sitz und seh dem Spiele zu
Und spiel im Herzen auch.
Du lieber Lenz, ein Kind bist du
Und übest Kinderbrauch.
7. Wie viel du hast, du weißt es kaum
Und schüttest alles aus.
Nehmt, Kinder, nehmt! es ist kein Traum,
Es kommt aus Gottes Haus.
8. Und wenn du nun ganz fertig bist,
Hast keine Blume mehr,
Dann gehst du wieder ohne Frist,
Kein Abschied wird dir schwer,
9. Und rufst dem Bruder Sommer zu:
„Bringst du die Früchte her?
Was ich versprach, das halte du!
Ei, ei, dein Korb ist schwer!“

*114. Das Frühlingsmahl.

1. Wer hat die weißen Tücher gebreitet über das Land,
Die weißen, duftenden Tücher mit ihrem grünen Rand?
2. Und hat darüber gezogen das hohe, blaue Zelt,
Darunter den bunten Teppich gelagert über das Feld?
3. Er ist es selber gewesen, der gute, reiche Wirt
Des Himmels und der Erden, der nimmer ärmer wird,
4. Er hat gedeckt die Tische in seinem weiten Saal
Und ruft, was lebet und webet, zum großen Frühlingsmahl.
5. Wie strömt's aus allen Blüten herab von Strauch und Baum!
Und jede Blüt ein Becher voll süßer Düfte Schaum!
6. Hört ihr des Wirtes Stimme: „Heran, was kriecht und fliegt,
Was geht und steht auf Erden, was unter den Wogen sich wiegt!
7. Und du, mein Himmelspilger, hier trinke trunken dich
Und sinke selig nieder aufs Knie und denk an mich!“

*115. Der kleine Hydriot.

Ich war ein kleiner Knabe, stand fest kaum auf dem Bein,
Da nahm mich schon mein Vater mit in das Meer hinein

Und lehrte leicht mich schwimmen an seiner sichern Hand
Und in die Fluten tauchen bis nieder auf den Sand;
Ein Silberstückchen warf er dreimal ins Meer hinab,
Und dreimal mußt ich's holen, eh er's zum Lohn mir gab.

Dann reicht' er mir ein Ruder, hieß in ein Boot mich gehn,
Er selber blieb zur Seite mir unverdrossen stehn,
Wies mir, wie man die Woge mit scharfem Schlage bricht,
Wie man die Wirbel meidet und mit der Brandung ficht.

Und von dem kleinen Kahne ging's flugs ins große Schiff,
Es trieben uns die Stürme um manches Felsenriff;
Ich saß auf hohem Maste, schaut über Meer und Land:
Es schwebten Berg und Türme vorüber mit dem Strand.
Der Vater hieß mich merken auf jedes Vogels Flug,
Auf aller Winde Wehen, auf aller Wolken Zug;
Und bogen dann die Stürme den Mast bis in die Flut,
Und spritzten dann die Wogen hoch über meinen Hut,
Da sah der Vater prüfend mir in das Angesicht —
Ich saß in meinem Korbe und rüttelte mich nicht —
Da sprach er, und die Wange ward ihm wie Blut so rot:
„Glück zu auf deinem Maste, du kleiner Hydriot!"

Und heute gab der Vater ein Schwert mir in die Hand
Und weihte mich zum Kämpfer für Gott und Vaterland.
Er maß mich mit den Blicken vom Kopf bis zu den Zehn,
Mir war's, als tät sein Auge hinab ins Herz mir sehn;
Ich hielt mein Schwert gen Himmel und schaut ihn sicher an
Und deuchte mich zur Stunde nicht schlechter als ein Mann.
Da sprach er, und die Wange ward ihm wie Blut so rot:
„Glück zu mit deinem Schwerte, du kleiner Hydriot!"

116. Frühlingseinzug.

1. Die Fenster auf! die Herzen auf!
Geschwinde, geschwinde!
Der alte Winter will heraus,
Er trippelt ängstlich durch das Haus,
Er windet bang sich in der Brust
Und kramt zusammen seinen Wust.
Geschwinde, geschwinde!

2. Die Fenster auf! die Herzen auf!
Geschwinde, geschwinde!
Er spürt den Frühling vor dem Tor,
Der will ihn zupfen bei dem Ohr,
Ihn zausen an dem weißen Bart
Nach solcher wilden Buben Art.
Geschwinde, geschwinde!

3. Die Fenster auf! die Herzen auf!
Geschwinde, geschwinde!
Der Frühling pocht und klopft ja schon,
Horcht, horcht! es ist ein lieber Ton.
Er pocht und klopfet, was er kann,
Mit kleinen Blumenknospen an.
Geschwinde, geschwinde!

4. Die Fenster auf! die Herzen auf!
Geschwinde, geschwinde!
Und wenn ihr noch nicht öffnen wollt,
Er hat viel Dienerschaft im Sold,
Die ruft er sich zur Hilfe her
Und pocht und klopfet immer mehr.
Geschwinde, geschwinde!

5. Die Fenster auf! die Herzen auf!
Geschwinde, geschwinde!
Es kommt der Junker Morgenwind,
Ein bausebackig rotes Kind,
Und bläst, daß alles klingt und klirrt,
Bis seinem Herrn geöffnet wird.
Geschwinde, geschwinde!

6. Die Fenster auf! die Herzen auf!
Geschwinde, geschwinde!
Es kommt der Ritter Sonnenschein,
Der bricht mit goldnen Lanzen ein,
Der sanfte Schmeichler Blütenhauch
Schleicht durch die engsten Ritzen auch.
Geschwinde, geschwinde!

7. Die Fenster auf! die Herzen auf!
Geschwinde, geschwinde!
Zum Angriff schlägt die Nachtigall,
Und horch! und horch! ein Widerhall,
Ein Widerhall aus meiner Brust:
Herein, herein, du Frühlingslust,
Geschwinde, geschwinde!

Wolfgang Müller von Königswinter (1815—1873).

*117. Schwert und Pflug (Sage von Neuenahr).

1. Einst war ein Graf, so geht die Mär,
Der fühlte, daß er sterbe;
Die beiden Söhne rief er her,
Zu teilen Hab und Erbe.
2. Nach einem Pflug, nach einem Schwert
Rief da der alte Degen,
Das brachten ihm die Söhne wert;
Da gab er seinen Segen:
3. „Mein ältster Sohn, mein stärkster Sproß,
Du sollst das Schwert behalten,
Die Berge mit dem stolzen Schloß
Und aller Ehren walten.
4. Doch dir, nicht minder liebes Kind,
Dir sei der Pflug gegeben,
Im Tal, wo stille Hütten sind,
Dort magst du friedlich leben."
5. So starb der lebensmüde Greis,
Als er sein Gut vergeben;
Die Söhne hielten das Geheiß
Treu durch ihr ganzes Leben.
6. Doch sprecht, was ward denn aus dem Stahl,
Dem Schlosse und dem Krieger?

Was ward denn aus dem stillen Tal,
Was aus dem schwachen Pflüger?
7. O, fragt nicht nach der Sage Ziel!
Euch künden rings die Gauen:
Der Berg ist wüst, das Schloß zerfiel,
Das Schwert ist längst zerhauen.
8. Doch liegt das Tal voll Herrlichkeit
Im lichten Sonnenschimmer,
Da wächst und reift es weit und breit:
Man ehrt den Pflug noch immer.

*118. Der Mönch von Heisterbach.

1. Ein junger Mönch im Kloster Heisterbach
Lustwandelt an des Gartens fernstem Ort;
Der Ewigkeit sinnt still und tief er nach
Und forscht dabei in Gottes heilgem Wort.
2. Er liest, was Petrus, der Apostel, sprach:
„Dem Herren ist ein Tag wie tausend Jahr,
Und tausend Jahre sind ihm wie ein Tag!"
Doch wie er sinnt, es wird ihm nimmer klar.
3. Und er verliert sich zweifelnd in den Wald:
Was um ihn vorgeht, hört und sieht er nicht;
Erst wie die fromme Vesperglocke schallt,
Gemahnt es ihn der ernsten Klosterpflicht.
4. Im Lauf erreichet er den Garten schnell;
Ein Unbekannter öffnet ihm das Tor.
Er stutzt — doch sieh, schon glänzt die Kirche hell,
Und draus ertönt der Brüder heilger Chor.
5. Nach seinem Stuhle eilend tritt er ein,
Doch, wunderbar! ein andrer sitzet dort;
Er überblickt der Mönche lange Reihn:
Nur Unbekannte findet er am Ort.
6. Der Staunende wird angestaunt ringsum,
Man fragt nach Namen, fragt nach dem Begehr;
Er sagt's, da murmelt man durchs Heiligtum:
Dreihundert Jahre hieß so niemand mehr.

7. Der letzte dieses Namens, tönt es dann,
Er war ein Zweifler und verschwand im Wald,
Man gab den Namen keinem mehr fortan.
Er hört das Wort, es überläuft ihn kalt.

8. Er nennet nun den Abt und nennt das Jahr;
Man nimmt das alte Klosterbuch zur Hand,
Da wird ein großes Gotteswunder klar;
Er ist's, der drei Jahrhunderte verschwand.

9. Ha, welche Lösung! plötzlich graut sein Haar,
Er sinkt dahin und ist dem Tod geweiht,
Und sterbend mahnt er seiner Brüder Schar:
„Gott ist erhaben über Ort und Zeit.

'10. Was er verhüllt, macht nur ein Wunder klar,
Drum grübelt nicht, denkt meinem Schicksal nach!
Ich weiß: ihm ist ein Tag wie tausend Jahr,
Und tausend Jahre sind ihm wie ein Tag.“

Johann Konrad Nänny (1783—1847).

*119. Das Wassertröpflein.

Er.

Ein Tröpflein fällt aus Himmelshöh
Herunter in den stillen See,
Da wallen Ringlein, eins, zwei, drei,
Dann ist die Regung schon vorbei,
Und als ob nichts geschehen sei,
Liegt alles still in den Bezirken,
Das ist ein Bild von unserm Wirken.

Sie.

Tröpflein muß zur Erde fallen,
Muß das zarte Blümchen letzen,
Muß mit Quellen weiter wallen,
Muß das Fischlein auch ergötzen,
Muß im Bach die Mühle schlagen,

Muß im Strom die Schiffe tragen,
Und wo wären denn die Meere,
Wenn nicht erst das Tröpflein wäre? —
Scheint dein Wirken dir zu klein,
Soll dies Sprüchlein Trost dir sein!

Johann Heinrich Christian Nonne (1785—1853).

120. Beim Feuer am 18. Oktober, dem Gedächtnistag der Leipziger Schlacht.

1. Flamme empor!
Steige mit loderndem Scheine
Auf den Gebirgen am Rheine
Glühend empor!

2. Siehe, wir stehn
Treu im geweiheten Kreise,
Dich zu des Vaterlands Preise
Brennen zu sehn!

3. Heilige Glut,
Rufe die Jugend zusammen,
Daß bei den zischenden Flammen
Wachse der Mut!

4. Auf allen Höhn
Leuchte, du flammendes Zeichen,
Daß alle Feinde erbleichen,
Wenn sie dich sehn!

5. Finstere Nacht
Lag auf Germaniens Gauen;
Da ließ Jehovah sich schauen,
Der uns bewacht.

6. „Licht, brich herein!“
Sprach er; da sprühten die Flammen,
Schlugen die Gluten zusammen
Über den Rhein.
7. Und er ist frei!
Flammen umbrausen die Höhen,
Die um den Herrlichen stehen;
Jauchzt: „Er ist frei!“

Gustav Pfarrius (1800—1884).

*121. Die Gründung Kreuznachs.

1. Ein Wald im Frankenlande lag wild und schauerlich,
Ein Fluß entwand dem Schatten der Felsenklüfte sich,
Und mitten auf dem Flusse lag eine Insel klein,
Und mitten auf der Insel stand hoch ein Kreuz von Stein.
2. Und wenn der Fluß zum Strome durch Regengüsse schwoll,
Daß rings von seinem Tosen Gebirg und Tal erscholl
Und seine Hütt in Trümmer der Fischer sinken sah,
Stand hoch und unerschüttert das Kreuz im Strome da.
3. Der Meister, der's errichtet mit kunstgeübter Hand,
War übers Meer gekommen ins fränkische Heidenland;
War in die Nacht gedrungen der wüsten Barbarei,
Damit des Kreuzes Schimmer ein Licht im Finstern sei.
4. Der Fischer ohne Hütte zum fremden Meister fleht:
„O, lehr ein Haus mich bauen, das gleich dem Kreuze steht!“
Und jetzt auf Felsenboden ward Stein auf Stein gesetzt,
Das Wasser schwoll und brauste, das Haus blieb unverletzt.
5. Da kamen sie zur Insel gepilgert durch den Wald;
Belehrt durchs Kreuz, bekehret zum Kreuz ward jung und alt.
Und eine Stadt erhob sich, wo einst die Hütte stand:
Vom nahen Kreuz der Insel ward Kreuznach sie genannt.

---

*122. Der Trunk aus dem Stiefel.

1. Da droben saßen sie allzumal
Und zechten im alten Rittersaal;
Die Fackeln glänzten herab vom Stein
Und schimmerten weit in die Nacht hinein.

2. Es sprach der Rheingraf: „Ein Kurier
Ließ jüngst mir diesen Stiefel hier;
Wer ihn mit einem Zug wird leeren,
Dem soll Dorf Hüffelsheim gehören!“

3. Und lachend goß er mit eigner Hand
Voll Wein den Stiefel bis an den Rand
Und hub ihn mitten wohl in den Kreis:
„Wohlan, ihr Herren, ihr kennt den Preis!“

4. Johann von Sponheim hielt sich in Ruh
Und wünschte dem Nachbarn Glück dazu,
Und dieser, Meinhart war's von Dhaun,
Zog scheu zusammen die dunkeln Braun.

5. Verlegen den Bart sich Flörsheim strich,
Und Kunz von Stromberg schüttelte sich,
Und selbst der mutige Burgkaplan
Sah den Koloß mit Schrecken an.

6. Doch Boos von Waldeck rief von fern:
„Mir her das Schlückchen! zum Wohl, ihr Herrn!“
Und schwenkte den Stiefel und trank ihn leer
Und warf sich zurück in den Sessel schwer.

7. Und sprach: „Herr Rheingraf, ließ der Kurier
Nicht auch seinen andern Stiefel hier?
Wasmaßen in einer zweiten Wette
Auch Roxheim gerne verdienet hätte.“

8. Des lachten sie alle und priesen den Boos
Und schätzten ihn glücklich als bodenlos;
Doch Hüffelsheim mit Maus und Mann
Gehörte dem Ritter Boos fortan.

August Graf von Platen-Hallermünde (1796—1835).

123. Harmosan (637 n. Chr.)

1. Schon war gesunken in den Staub der Sassaniden alter Thron;
Es plündert Mosleminenhand das schätzereiche Ktesiphon:
Schon langt am Oxus Omar an, nach manchem durchgekämpften Tag,
Wo Chosrus Enkel Jesdegerd, auf Leichen eine Leiche, lag.

2. Und als die Beute mustern ging Medinas Fürst auf weitem Plan,
Ward ein Satrap vor ihn geführt, er hieß mit Namen Harmosan;
Der letzte, der im Hochgebirg dem kühnen Feind sich widersetzt:
Doch ach, die sonst so tapfre Hand trug eine schwere Kette jetzt.

3. Und Omar blickt ihn finster an und spricht: „Erkennst du nun, wie sehr
Vergeblich ist vor unserm Gott der Götzendiener Gegenwehr?"
Und Harmosan erwidert ihm: „In deinen Händen ist die Macht.
Wer einem Sieger widerspricht, der widerspricht mit Unbedacht.

4. Nur eine Bitte wag ich noch, abwägend dein Geschick und meins:
Drei Tage focht ich ohne Trunk, laß reichen einen Becher Weins!"
Und auf des Feldherrn leisen Wink steht ihm sogleich ein Trunk bereit;
Doch Harmosan befürchtet Gift und zaudert eine kleine Zeit.

5. „Was zagst du?" ruft der Sarazen, „nie täuscht ein Moslem seinen Gast,
Nicht eher sollst du sterben, Freund, als bis du dies getrunken hast!"
Da greift der Perser nach dem Glas, und statt zu trinken, schleudert hart
Zu Boden er's auf einen Stein mit rascher Geistesgegenwart.

6. Und Omars Mannen stürzen schon mit blankem Schwert auf ihn heran,

Zu strafen ob der Hinterlist den allzuschlauen Harmosan;
Doch wehrt der Feldherr ihnen ab und spricht sodann: „Er lebe fort!
Wenn was auf Erden heilig ist, so ist es eines Helden Wort.“

Robert Reinick (1805—1852).

*124. Juchhe!

1. Wie ist doch die Erde so schön, so schön!
Das wissen die Vögelein;
Sie heben ihr leicht Gefieder
Und singen so fröhliche Lieder
In den blauen Himmel hinein.
2. Wie ist doch die Erde so schön, so schön!
Das wissen die Flüß und Seen;
Sie malen in klarem Spiegel
Die Gärten und Städt und Hügel
Und die Wolken, die drüber gehn.
3. Und Sänger und Maler wissen es,
Und es wissen's viel andere Leut;
Und wer's nicht malt, der singt es,
Und wer's nicht singt, dem klingt es
In dem Herzen vor lauter Freud!

*125. Sonntags am Rhein.

1. Des Sonntags in der Morgenstund,
Wie wandert's sich so schön
Am Rhein, wenn rings in weiter Rund
Die Morgenglocken gehn!
2. Ein Schifflein zieht auf blauer Flut,
Da singt's und jubelt's drein;
Du, Schifflein, gelt, das fährt sich gut
In all die Luft hinein?

3. Vom Dorfe hallet Orgelton,
Es tönt ein frommes Lied.
Andächtig dort die Prozession
Aus der Kapelle zieht.

4. Und ernst in all die Herrlichkeit
Die Burg herniederschaut
Und spricht von alter, starker Zeit,
Die auf den Fels gebaut.

5. Das alles beut der prächtge Rhein
An seinem Rebenstrand
Und spiegelt recht in hellem Schein
Das ganze Vaterland —

6. Das fromme, treue Vaterland
In seiner vollen Pracht,
Mit Lust und Liedern allerhand
Vom lieben Gott bedacht.

*126. Der Strom.

1. Tief in waldgrüner Nacht
Ist ein Bächlein erwacht,
Kommt von Halde zu Halde gesprungen,
Und die Blumen, sie stehn
Ganz verwundert und sehn
In die Augen dem lustigen Jungen.

2. Und sie bitten: „Bleib hier
In dem stillen Revier!"
Wie sie drängen, den Weg ihm zu hindern!
Doch er küßt sie im Flug,
Und mit neckischem Zug
Ist entschlüpft er den lieblichen Kindern.

3. Und nun springt er hinaus
Aus dem still grünen Haus:
„O, du weite, du strahlende Ferne!
Dir gehör ich, o Welt!"
Und er dünkt sich ein Held,
Und ihm leuchten die Augen wie Sterne.

4. „Gebt mir Taten zu tun!
Darf nicht rasten, nicht ruhn,
Soll der Vater, der alte, mich loben!“
Hoch zum Flusse geschwellt,
Von dem Fels in die Welt
Braust er nieder mit freudigem Toben.

5. „Gebt mir Taten zu tun,
Kann nicht rasten, nicht ruhn!“
Und schon hört man die Hämmer ihn schmettern,
Und vorbei an dem Riff
Trägt er sicher das Schiff
In dem Kampfe mit Sturm und mit Wettern.

6. Immer voller die Lust,
Immer weiter die Brust!
Und er wächst zum gewaltigen Strome;
Zwischen rankendem Wein
Schauen Dörfer darein
Und die Städt und die Burgen und Dome.

7. Und er kommt an das Meer,
Hell leuchtet es her,
Wie verklärt von göttlichem Walten.
Welch ein Rauschen im Wind?
„Du mein Vater!“ — „Mein Kind!“
Und er ruht in den Armen des Alten.

*127. Weihnachtslied.

1. Der Winter ist gekommen
Und hat hinweggenommen
Der Erde grünes Kleid;
Schnee liegt auf Blütenkeimen,
Kein Blatt ist an den Bäumen,
Erstarrt die Flüsse weit und breit.

2. Da schallen plötzlich Klänge
Und frohe Festgesänge
Hell durch die Winternacht.

In Hütten und Palästen
Ist rings in grünen Ästen
Ein bunter Frühling aufgewacht.

3. Wie gern doch seh ich glänzen
Mit all den reichen Kränzen
Den grünen Weihnachtsbaum,
Dazu der Kindlein Mienen,
Von Licht und Lust beschienen:
Wohl schönre Freude gibt es kaum.

4. Da denk ich jener Stunde,
Als in des Feldes Runde
Die Hirten sind erwacht,
Geweckt von Glanzgefunkel,
Das durch der Bäume Dunkel
Ein Engel mit herabgebracht.

5. Und wie sie da nach oben
Den Blick erschrocken hoben
Und sahn den Engel stehn,
Da staunten sie wohl alle,
Wie wenn zum erstenmale
Die Kindlein einen Christbaum sehn.

6. Doch was ist all Entzücken
Der Kindlein, die erblicken,
Was ihnen ward beschert,
Gedenk ich, wie die Kunde
Des Heils von Engelsmunde
Die frommen Hirten angehört!

7. Und rings ob allen Bäumen
Sang in den Himmelsräumen
Der frohen Engel Schar:
„Gott in der Höh soll werden
Der Ruhm und Fried auf Erden
Und Wohlgefallen immerdar!"

8. Drum pflanzet grüne Äste
Und schmücket sie aufs beste
Mit frommer Liebe Hand,

Daß sie ein Abbild werden
Der Liebe, die zur Erden
Solch großes Heil uns hat gesandt.
9. Ja, laßt die Glocken klingen,
Daß, wie der Englein Singen,
Sie rufen laut und klar:
„Gott in der Höh soll werden
Der Ruhm und Fried auf Erden
Und Wohlgefallen immerdar!“

128. Deutscher Rat.

1. Vor allem eins, mein Kind: sei treu und wahr!
Laß nie die Lüge deinen Mund entweihn!
Von altersher im deutschen Volke war
Der höchste Ruhm, getreu und wahr zu sein.
2. Du bist ein deutsches Kind, so denke dran!
Noch bist du jung, noch ist es nicht so schwer.
Aus einem Knaben aber wird ein Mann —
Das Bäumchen biegt sich, doch der Baum nicht mehr.
3. Sprich ja und nein, und dreh und deutle nicht!
Was du berichtest, sage kurz und schlicht!
Was du gelobest, sei dir höchste Pflicht!
Dein Wort sei heilig, drum verschwend es nicht!
4. Leicht schleicht die Lüge sich ans Herz heran,
Zuerst ein Zwerg, ein Riese hinternach;
Doch dein Gewissen zeigt den Feind dir an,
Und eine Stimme ruft in dir: „Sei wach!“
5. Dann wach und kämpf! es ist ein Feind bereit:
Die Lüg in dir, sie drohet dir Gefahr.
Kind! Deutsche kämpften tapfer allezeit;
Du deutsches Kind, sei tapfer, treu und wahr!

Fritz Reuter (1810—1874).

129. De koppweihdag (niederdeutsch).

„Gun morgen, herr apteiker! seggen S'mal,
Wat is woll gaud vör koppweihdag?"
„Min sähn, dat is de düllste qual,
Dat is ne niederträchtge plag.
Na, sett di man en beten dål!
Du büst woll her ut Frugenmark?"
„Ja, herr! ik dein dor up den hoff."
„Na, sünd de koppweihdag denn stark?"
„Ja, herr! sei makent gor tau groff."
„Na, denn kumm her und dauh
Mal irst dîn beiden ôgen tau!
Süh! so is't recht! nu rük mal swinn
All, wat du kannst, in dêse buddel rin!"
De bengel deit ók ganz genau,
Wat hei em heit: makt irst de ôgen tau
Un rükt recht düchtig rinner dunn.
Bautz! föllt hei rügglings von den staul herunn.
Als hei nu wedder sik besunn,
Seggt de apteiker: „Sähn, nu segg:
Sünd dîne koppweihdag nu weg?"
„I, herr, von mî is nich de frag,
Uns frölen hett de koppweihdag!"

Koppweihdag = Kopfweh; düllste = tollste; dål = nieder; Frugenmark = Frauenmark, Name eines Hofgutes; dein = diene; tau = zu; groff = grob; rük = rieche; swinn = geschwind; buddel = Flasche; hei = er; heit = heißt; frölen = Fräulein.

Peter Rosegger (geboren 1843).

*130. Mei weifses lamperl

(steirische Mundart).

Mî gfreuts, daß î a lamperl hon!
Des hot a weißes pölzl on
Und äugla wia da lanxintau;
Und won î recht tiaf einischau,
's is gspoaßi â, kimts mir in sinn:
Ei, schod, doß î kâ lamperl bin.
's is nit zwegn, daß î hupfn kunt
Mit ondern aufn wîsngrund!
s' is nit, daß î a pölzl hätt
Fürn winta, won der olmwind gêt;
I möcht nur sein sa guat und frô,
As wia mei weißes lamperl dô!

Lamperl = Lämmchen; pölzl = Pelzchen; lanxintau = Lenztau; gspoaßi = spaßig; zwegn = deswegen; olmwind = Alpenwind.

Peter Joseph Rottmann (1799—1881).

131. Die Marktschuhe (Hunsrücker Mundart).

O, hätt dat doch de pestelenz,
Dat schuhminsch lô vun Permesens!
Eich hatt mr vor de märdesmârt
Nein batze geld sesamm gespart
Un kâfe bei em, vor se danze,
Mer schuh dervor — recht schêne ganze.
Die harr eich nôrest ähmol ân,
Do war âch schun käh sûhl meh drân:
Un vorerblâd, quadêr un kabbe
Kôrzheiligklän un laurer labbe.

Eich dâcht: nau wârt! — det johr dernô
War âch mei schuhminsch wierer dô
Und hatt sei schuhe, so wie immer,
Lô leie uff der erd erimmer.
Do sâr eich: heh! hôt der't gehôrt?
Wat hôt der meich so ângefôrt?
Und sârem dann alt rund eraus,
So säh et mit de schuhe aus.
Doruff fung nau dat schuhminsch ân
Un hot alt helle läch geschlân
Un sât: mei liewes kind, dê schâre
Häst dau dr kinne leicht erspâre:
Häst dau die schuh nit ângedôn,
Dau häst se kinne ewig hôn.
Die sin gemach, vor se verkâfe,
Un nit, vor drin erimm se lâfe.

Schuhminsch = Schuhmädchen; lô = da; Permesens = Pirmasens in der Pfalz; märdesmârt = Martinsmarkt; ein Batzen = etwa 12 Pfennig; nôrest = nur; suhl = Sohle; laurer = lauter; dâcht = dachte; leie = liegen; erimmer = herum; sâr = sagte; ângefôrt = angeführt, betrogen; sârem = sagte ihm; alt = als; läch geschlân = laut aufgelacht; schâre = Schaden; ângedôn = angetan, angezogen.

Friedrich Rückert (1788—1866).

*132. Des fremden Kindes heilger Christ.

1. Es läuft ein fremdes Kind
Am Abend vor Weihnachten
Durch eine Stadt geschwind,
Die Lichter zu betrachten,
Die angezündet sind.

2. Es steht vor jedem Haus
Und sieht die hellen Räume,
Die drinnen schaun heraus,
Die lampenvollen Bäume;
Weh wird's ihm überaus.

3. Das Kindlein weint und spricht:
„Ein jedes Kind hat heute
Ein Bäumchen und ein Licht
Und hat dran seine Freude,
Nur bloß ich armes nicht.

4. An der Geschwister Hand,
Als ich daheim gesessen,
Hat es mir auch gebrannt;
Doch hier bin ich vergessen
In diesem fremden Land.

5. Läßt mich denn niemand ein
Und gönnt mir auch ein Fleckchen?
In all den Häuserreihn
Ist denn für mich kein Eckchen,
Und wär es noch so klein?

6. Läßt mich denn niemand ein?
Ich will ja selbst nichts haben;
Ich will ja nur am Schein
Der fremden Weihnachtsgaben
Mich laben ganz allein."

7. Es klopft an Tür und Tor,
An Fenster und an Laden;
Doch niemand tritt hervor,
Das Kindlein einzuladen;
Sie haben drin kein Ohr.

8. Ein jeder Vater lenkt
Den Sinn auf seine Kinder;
Die Mutter sie beschenkt,
Denkt sonst nichts mehr noch minder;
Ans Kindlein niemand denkt.

9. „O, lieber, heilger Christ!
Nicht Mutter und nicht Vater
Hab ich, wenn du's nicht bist;
O, sei du mein Berater,
Weil man mich hier vergißt!"

10. Das Kindlein reibt die Hand,
Sie ist vom Frost erstarret;
Es kriecht in sein Gewand
Und in dem Gäßlein harret,
Den Blick hinausgewandt.

11. Da kommt mit einem Licht
Durchs Gäßlein hergewallet
Im weißen Kleide schlicht
Ein ander Kind; — wie schallet
Es lieblich, da es spricht:

12. „Ich bin der heilge Christ,
War auch ein Kind vordessen,
Wie du ein Kindlein bist;
Ich will dich nicht vergessen,
Wenn alles dich vergißt.

13. Ich bin mit meinem Wort
Bei allen gleichermaßen:
Ich biete meinen Hort
So gut hier auf den Straßen,
Wie in den Zimmern dort.

14. Ich will dir deinen Baum,
Fremd Kind, hier lassen schimmern
Auf diesem offnen Raum,
So schön, daß die in Zimmern
So schön sein sollen kaum."

15. Da deutet mit der Hand
Christkindlein auf zum Himmel,
Und droben leuchtend stand
Ein Baum voll Sterngewimmel
Vielästig ausgespannt.

16. So fern und doch so nah,
Wie funkelten die Kerzen!
Wie ward dem Kindlein da,
Dem fremden, still zu Herzen,
Das seinen Christbaum sah!

17. Es war ihm, wie ein Traum;

Da langten hergebogen
Englein herab vom Baum
Zum Kindlein, das sie zogen
Hinauf zum lichten Raum.

Zur Heimat nun gekehret,
Bei seinem heilgen Christ,
Und was hier wird bescheret,
Es dorten leicht vergißt.

18. Das fremde Kindlein ist

*133. Aus dem „Rätselmann“.

1.

Was bewegt man, um Fische zu fangen
Und in die Stube zu gelangen?

2.

Korn wird in ihnen rein gemacht,
Und eines gibt mit ihnen acht,
Doch wer mit ihnen Wasser schöpft,
Der hat Erstaunliches vollbracht.

3.

Eine nennt im Garten sich,
Wie am Himmel die vielen,
Nickt und neigt sich, wenn mit ihr
Die gleichgenannten spielen.

4.

Sie trägt ein bittres Laub,
Sie trägt viel süße Kräuter,
Auf ihr geht, unter ihr
Die Kuh mit vollem Euter.

5.

In geschickter Künstlerhand
Macht er schöne, bunte Sachen;
Als ein ungeschickter Mensch
Läßt er alles mit sich machen.

6.

Man läßt ihn sprechen, man läßt ihn stechen,
Es ist ein Vogel und ein Gebrechen.

7.

Am Haupt ist's ohne Hut, am Fuß ist's ohne Schuhe,
Besonders ist es gut am Geld in deiner Truhe.

8.

Das Gebirg hat einen, wo hindurch ich muß,
Und mein Pferd geht seinen mit geduldigem Fuß.

*134. Parabel: Tod und Leben.

Es ging ein Mann im Syrerland,
Führt ein Kamel am Halfterband.
Das Tier mit grimmigen Gebärden
Urplötzlich anfing scheu zu werden
Und tat so ganz entsetzlich schnaufen;
Der Führer vor ihm mußt entlaufen.
Er lief und einen Brunnen sah
Von ungefähr am Wege da.
Das Tier hört' er im Rücken schnauben:
Das mußt ihm die Besinnung rauben.
Er in den Schacht des Brunnens kroch,
Er stürzte nicht, er schwebte noch.
Gewachsen war ein Brombeerstrauch
Aus des geborstnen Brunnens Bauch;
Daran der Mann sich fest tat klammern
Und seinen Zustand drauf bejammern.
Er blickte in die Höh und sah
Dort das Kamelhaupt furchtbar nah,
Das ihn wollt oben fassen wieder.
Dann blickt' er in den Brunnen nieder;
Da sah am Grund er einen Drachen
Aufgähnen mit entsperrtem Rachen,
Der drunten ihn verschlingen wollte,
Wenn er hinunterfallen sollte.
So schwebend in der beiden Mitte,
Da sah der Arme noch das dritte:
Wo in die Mauerspalte ging
Des Sträuchleins Wurzel, dran er hing,
Da sah er still ein Mäusepaar:
Schwarz eine, weiß die andre war.
Er sah die schwarze mit der weißen
Abwechselnd an der Wurzel beißen.
Sie nagten, zausten, gruben, wühlten,
Die Erd ab von der Wurzel spülten;

Und wie sie rieselnd niederrann,
Der Drach im Grund aufblickte dann,
Zu sehn, wie bald mit seiner Bürde
Der Strauch entwurzelt fallen würde.
Der Mann in Angst und Furcht und Not,
Umstellt, umlagert und umdroht,
Im Stand des jammerhaften Schwebens,
Sah sich nach Rettung um vergebens.
  Und da er also um sich blickte,
Sah er ein Zweiglein, welches nickte
Vom Brombeerstrauch mit reifen Beeren;
Da konnt er doch der Lust nicht wehren.
Er sah nicht des Kameles Wut
Und nicht den Drachen in der Flut
Und nicht der Mäuse Tückespiel,
Als ihm die Beer ins Auge fiel.
Er ließ das Tier von oben rauschen
Und unter sich den Drachen lauschen
Und neben sich die Mäuse nagen,
Griff nach den Beerlein mit Behagen.
Sie deuchten ihm zu essen gut,
Aß Beer auf Beerlein wohlgemut,
Und durch die Süßigkeit im Essen
War alle seine Furcht vergessen.
  Du fragst: Wer ist der töricht Mann,
Der so die Furcht veressen kann?
So wiß, o Freund, der Mann bist du!
Vernimm die Deutung auch dazu:
  Es ist der Drach im Brunnengrund
Des Todes aufgesperrter Schlund;
Und das Kamel, das oben droht,
Es ist des Lebens Angst und Not.
Du bist's, der zwischen Tod und Leben
Am grünen Strauch der Welt mußt schweben.
Die beiden, so die Wurzel nagen,
Dich samt den Zweigen, die dich tragen,

Zu liefern in des Todes Macht,
Die Mäuse heißen Tag und Nacht:
Es nagt die schwarze wohl verborgen
Vom Abend heimlich bis zum Morgen;
Es nagt vom Morgen bis zum Abend
Die weiße, wurzeluntergrabend.
Und zwischen diesem Graus und Wust
Lockt dich die Beere Sinnenlust,
Daß du Kamel: die Lebensnot,
Daß du im Grund den Drachen: Tod,
Daß du die Mäuse: Tag und Nacht,
Vergissest und auf nichts hast acht,
Als daß du recht viel Beerlein haschest,
Aus Grabes Brunnenritzen naschest.

135. Chidher.

1. Chidher, der ewig junge, sprach:
Ich fuhr an einer Stadt vorbei,
Ein Mann im Garten Früchte brach;
Ich fragte, seit wann die Stadt hier sei.
Er sprach und pflückte die Früchte fort:
„Die Stadt steht ewig an diesem Ort
Und wird so stehen ewig fort."
Und aber nach fünfhundert Jahren
Kam ich desselbigen Wegs gefahren.

2. Da fand ich keine Spur der Stadt;
Ein einsamer Schäfer blies die Schalmei,
Die Herde weidete Laub und Blatt.
Ich fragte: Wie lang ist die Stadt vorbei?
Er sprach und blies auf dem Rohre fort:
„Das eine wächst, und das andere dorrt;
Das ist mein ewiger Weideort."
Und aber nach fünfhundert Jahren
Kam ich desselbigen Wegs gefahren.

3. Da fand ich ein Meer, das Wellen schlug,
Ein Schiffer warf die Netze frei;

Und als er ruhte vom schweren Zug,
Fragt ich, seit wann das Meer hier sei.
Er sprach und lachte meinem Wort:
„So lang als schäumen die Wellen dort,
Fischt man und fischt man in diesem Port.“
Und aber nach fünfhundert Jahren
Kam ich desselbigen Wegs gefahren.

4. Da fand ich einen waldigen Raum
Und einen Mann in der Siedelei:
Er fällte mit der Axt den Baum;
Ich fragte, wie alt der Wald hier sei.
Er sprach: „Der Wald ist ein ewiger Hort;
Schon ewig wohn ich an diesem Ort,
Und ewig wachsen die Bäume hier fort.“
Und aber nach fünfhundert Jahren
Kam ich desselbigen Wegs gefahren.

5. Da fand ich eine Stadt, und laut
Erschallte der Markt vom Volksgeschrei.
Ich fragte: Seit wann ist die Stadt erbaut?
Wohin ist Wald und Meer und Schalmei?
Sie schrieen und hörten nicht mein Wort:
„So ging es ewig an diesem Ort
Und wird so gehen ewig fort.“
Und aber nach fünfhundert Jahren
Will ich desselbigen Weges fahren!

136. Auf die Schlacht an der Katzbach.

1. Nehmt euch in acht vor den Bächen,
Die da von Tieren sprechen,
Jetzt und hernach!
Dort bei Roßbach! dort bei Roßbach!
Dort von euren Rossen
Hat man euch einst geschossen,
Ist das Blut geflossen
In rechtem Bach.

2. Nehmt euch in acht vor den Bächen,
Die da von Tieren sprechen,
Jetzt und hernach!
An der Katzbach! an der Katzbach!
Da haben wir den Katzen
Abgehaun die Tatzen,
Daß sie nicht mehr kratzen;
Kein Hieb ging flach!

137. Rätsel.

1.

Es ist der Name einer Frucht,
Die zwar dem Gaumen wohl behagt,
Doch wo sie sich dem Ohr vereint,
Da wird darüber nur geklagt;
Und wer sich die gefallen läßt,
Der ist das, was der Name sagt.

2.

Es geht ein unvernünftiges Geschöpf,
Geführt von kundger Hand, auf glatten Flächen,
Und sein gespaltner Huf drückt Spuren ein,
Worüber Denker sich den Kopf zerbrechen;
Und wenn's auf seinem Gange durstig wird,
Tränkt man dazwischen es an trüben Bächen.

3.

Wenn's in einer Schale ist, sind's der Teile zweie;
Wenn's auf einem Haufen liegt, sind es zwölf und dreie.

Max von Schenkendorf (1783—1817).

138. Muttersprache.

1. Muttersprache, Mutterlaut!
Wie so wonnesam, so traut!
Erstes Wort, das mir erschallet,
Süßes, erstes Liebeswort,

Erster Ton, den ich gelallet,
Klingest ewig in mir fort.

2. Ach, wie trüb ist meinem Sinn,
Wenn ich in der Fremde bin,
Wenn ich fremde Zungen üben,
Fremde Worte brauchen muß,
Die ich nimmermehr kann lieben,
Die nicht klingen als ein Gruß!

3. Sprache, schön und wunderbar,
Ach, wie klingest du so klar!
Will noch tiefer mich vertiefen
In den Reichtum, in die Pracht;
Ist mir's doch, als ob mich riefen
Väter aus des Grabes Nacht.

4. Klinge, klinge fort und fort,
Heldensprache, Liebeswort!
Steig empor aus tiefen Grüften,
Längst verschollnes, altes Lied!
Leb aufs neu in heilgen Schriften,
Daß dir jedes Herz erglüht!

5. Überall weht Gottes Hauch,
Heilig ist wohl mancher Brauch;
Aber soll ich beten, danken,
Geb ich meine Liebe kund,
Meine seligsten Gedanken:
Sprech ich, wie der Mutter Mund.

139. **Vaterland** (1814).

1. Im Vaterland, im Vaterland
Hat jeder seinen rechten Stand
Und rechten Grund gefunden.
Da stehe fest und halte drauf!
Und flöhest du im schnellen Lauf,
Es hält dich doch gebunden.

2. Ich ziehe nimmer weit hinaus,
Ich bin daheim in meinem Haus,

Im schönen deutschen Lande.
Im ganzen weiten Vaterland
Ist alles traut mir und bekannt
In jedem frommen Stande:
3. Die hohen Kunden alter Zeit,
Die Tage, die uns jüngst erfreut,
Das schöne, freie Leben;
Auch manches Schloß und manche Stadt,
Die deutsche Kunst erbauet hat,
Wo Vätergeister schweben.
4. Ihr Hügel, wo die Trauben blühn,
Ihr Felder, wo sich Schnitter mühn,
Sollt auf den Enkel kommen.
Ihr Kirchen, hoch und kühn und zart,
Erdacht nach alter deutscher Art,
Euch lieben alle Frommen.
5. Zum Eichenwald, zum Eichenwald,
Wo Gott in hohen Wipfeln wallt,
Möcht ich wohl täglich wandern.
Du frommes, kühnes, deutsches Wort,
Du bist der rechte Schild und Hort
Zur Scheidung von den andern.
6. Das ist das deutsche Vaterland,
Da, Jüngling, Jungfrau, sei dein Stand,
Da führe du dein Leben!
Da will ich stehn, ein grüner Baum,
Will träumen manchen selgen Traum
Und nach dem Himmel streben.

140. Soldatenmorgenlied (1813).

Nach der Weise: Frisch auf, zum fröhlichen Jagen.

1. Erhebt euch von der Erde, ihr Schläfer, aus der Ruh!
Schon wiehern uns die Pferde den guten Morgen zu.
Die lieben Waffen glänzen so hell im Morgenrot;
Man träumt von Siegeskränzen, man denkt auch an den Tod.

2. Du reicher Gott in Gnaden, schau her vom blauen Zelt!
Du selbst hast uns geladen in dieses Waffenfeld.
Laß uns vor dir bestehen, und gib uns heute Sieg!
Die Christenbanner wehen, dein ist, o Herr! der Krieg.

3. Ein Morgen soll noch kommen, ein Morgen mild und klar;
Sein harren alle Frommen, ihn schaut der Engel Schar.
Bald scheint er sonder Hülle auf jeden deutschen Mann:
O, brich, du Tag der Fülle, du Freiheitstag, brich an!

4. Dann Klang von allen Türmen und Klang aus jeder Brust
Und Ruhe nach den Stürmen und Lieb und Lebenslust.
Es schallt auf allen Wegen dann frohes Siegsgeschrei —
Und wir, ihr wackern Degen, wir waren auch dabei!

141. Auf Scharnhorsts Tod († 1813, 28. Juni).

1. In dem wilden Kriegestanze
Brach die schönste Heldenlanze:
Preußen, euer General.
Lustig auf dem Feld bei Lützen
Sah er Freiheitswaffen blitzen,
Doch ihn traf des Todes Strahl.

2. „Kugel, raffst mich doch nicht nieder!
Dien euch blutend, werte Brüder,
Führt in Eile mich gen Prag!
Will mit Blut um Östreich werben,
Ist's beschlossen, will ich sterben,
Wo Schwerin im Blute lag."

3. Arge Stadt, wo Helden kranken,
Heilge von den Brücken sanken,
Reißest alle Blüten ab!
Nennen dich mit leisen Schauern —
Heilge Stadt, nach deinen Mauern
Zieht uns manches teure Grab.

4. Aus dem irdischen Getümmel
Haben Engel in den Himmel
Seine Seele sanft geführt —
Zu dem alten deutschen Rate,

Den im ritterlichen Staate
Ewig Kaiser Karl regiert.

5. „Grüß euch Gott, ihr teuren Helden,
Kann euch frohe Zeitung melden:
Unser Volk ist aufgewacht,
Deutschland hat sein Recht gefunden;
Schaut! ich trage Sühnungswunden
Aus der heilgen Opferschlacht."

6. Solches hat er dort verkündet,
Und wir alle stehn verbündet,
Daß dies Wort nicht Lüge sei.
Heer, aus seinem Geist geboren,
Jäger, die sein Mut erkoren,
Wählet ihn zum Feldgeschrei!

7. Zu den höchsten Bergesforsten,
Wo die freien Adler horsten,
Hat sich früh sein Blick gewandt;
Nur dem Höchsten galt sein Streben,
Nur in Freiheit konnt er leben,
Scharnhorst ist er drum genannt.

8. Keiner war wohl treuer, reiner,
Näher stand dem König keiner —
Doch dem Volke schlug sein Herz.
Ewig auf den Lippen schweben
Wird er, wird im Volke leben
Besser als in Stein und Erz.

Friedrich von Schiller (1759—1805).

*142. Hoffnung.

1. Es reden und träumen die Menschen viel
Von bessern künftigen Tagen;
Nach einem glücklichen, goldenen Ziel
Sieht man sie rennen und jagen.
Die Welt wird alt und wird wieder jung,
Doch der Mensch hofft immer Verbesserung.

2. Die Hoffnung führt ihn ins Leben ein,
Sie umflattert den fröhlichen Knaben,
Den Jüngling begeistert ihr Zauberschein,
Sie wird mit dem Greis nicht begraben;
Denn beschließt er im Grabe den müden Lauf,
Noch am Grabe pflanzt er die Hoffnung auf.

3. Es ist kein leerer, schmeichelnder Wahn,
Erzeugt im Gehirne des Toren,
Im Herzen kündet es laut sich an:
Zu was Besserm sind wir geboren!
Und was die innere Stimme spricht,
Das täuscht die hoffende Seele nicht.

*143. Der Alpenjäger.

1. „Willst du nicht das Lämmlein hüten?
Lämmlein ist so fromm und sanft,
Nährt sich von des Grases Blüten,
Spielend an des Baches Ranft."
„Mutter, Mutter, laß mich gehen
Jagen nach des Berges Höhen!"

2. „Willst du nicht die Herde locken
Mit des Hornes munterm Klang?
Lieblich tönt der Schall der Glocken
In des Waldes Lustgesang."
„Mutter, Mutter, laß mich gehen
Schweifen auf den wilden Höhen!"

3. „Willst du nicht der Blümlein warten,
Die im Beete freundlich stehn?
Draußen ladet dich kein Garten,
Wild ist's auf den wilden Höhn!"
„Laß die Blümlein, laß sie blühen!
Mutter, Mutter, laß mich ziehen!"

4. Und der Knabe ging zu jagen,
Und es treibt und reißt ihn fort,
Rastlos fort mit blindem Wagen
An des Berges finstern Ort;

Vor ihm her mit Windesschnelle
Flieht die zitternde Gazelle.

5. Auf der Felsen nackte Rippen
Klettert sie mit leichtem Schwung,
Durch den Riß geborstner Klippen
Trägt sie der gewagte Sprung;
Aber hinter ihr verwogen
Folgt er mit dem Todesbogen.

6. Jetzo auf den schroffen Zinken
Hängt sie, auf dem höchsten Grat,
Wo die Felsen jäh versinken
Und verschwunden ist der Pfad —
Unter sich die steile Höhe,
Hinter sich des Feindes Nähe.

7. Mit des Jammers stummen Blicken
Fleht sie zu dem harten Mann,
Fleht umsonst, denn loszudrücken
Legt er schon den Bogen an;
Plötzlich aus der Felsenspalte
Tritt der Geist, der Bergesalte.

8. Und mit seinen Götterhänden
Schützt er das gequälte Tier.
„Mußt du Tod und Jammer senden,"
Ruft er, „bis herauf zu mir?
Raum für alle hat die Erde:
Was verfolgst du meine Herde?"

*144. Rätsel.

1.

Es steht ein groß, geräumig Haus
Auf unsichtbaren Säulen;
Es mißt's und geht's kein Wandrer aus,
Und keiner darf drin weilen.
Nach einem unbegriffnen Plan
Ist es mit Kunst gezimmert;

Es steckt sich selbst die Lampe an,
Die es mit Pracht durchschimmert.
Es hat ein Dach, kristallenrein,
Von einem einzgen Edelstein;
Doch noch kein Auge schaute
Den Meister, der es baute.

2.

Zwei Eimer sieht man ab und auf
In einem Brunnen steigen,
Und schwebt der eine voll herauf,
Muß sich der andre neigen.
Sie wandern rastlos hin und her,
Abwechselnd voll und wieder leer,
Und bringst du diesen an den Mund,
Hängt jener in dem tiefsten Grund;
Nie können sie mit ihren Gaben
In gleichem Augenblick dich laben.

3.

1. Kennst du das Bild auf zartem Grunde?
Es gibt sich selber Licht und Glanz.
Ein andres ist's zu jeder Stunde,
Und immer ist es frisch und ganz.
2. Im engsten Raum ist's ausgeführet,
Der kleinste Rahmen faßt es ein;
Doch alle Größe, die dich rühret,
Kennst du durch dieses Bild allein.
3. Und kannst du den Kristall mir nennen?
Ihm gleicht an Wert kein Edelstein;
Er leuchtet, ohne je zu brennen,
Das ganze Weltall saugt er ein;
4. Der Himmel selbst ist abgemalet
In seinem wundervollen Ring,
Und doch ist, was er von sich strahlet,
Noch schöner, als was er empfing.

4.

Ich wohne in einem steinernen Haus,
Da lieg ich verborgen und schlafe;
Doch ich trete hervor, ich eile heraus,
Gefordert mit eiserner Waffe.
Erst bin ich unscheinbar und schwach und klein,
Mich kann dein Atem bezwingen,
Ein Regentropfen schon saugt mich ein;
Doch mir wachsen im Siege die Schwingen.
Wenn die mächtige Schwester sich zu mir gesellt,
Erwachs ich zum furchtbarn Gebieter der Welt.

5.

1. Ein Vogel ist es, und an Schnelle
Buhlt es mit eines Adlers Flug;
Ein Fisch ist's und zerteilt die Welle,
Die noch kein größres Untier trug;
2. Ein Elefant ist's, welcher Türme
Auf seinem schweren Rücken trägt;
Der Spinnen kriechendem Gewürme
Gleicht es, wenn es die Füße regt;
3. Und hat es fest sich eingebissen
Mit seinem spitzgen Eisenzahn,
So steht's gleichwie auf festen Füßen
Und trotzt dem wütenden Orkan.

145. Hektors Abschied.

Andromache.

1. Will sich Hektor ewig von mir wenden,
Wo Achill mit den unnahbarn Händen
Dem Patroklus schrecklich Opfer bringt?
Wer wird künftig deinen Kleinen lehren
Speere werfen und die Götter ehren,
Wenn der finstre Orkus dich verschlingt?

Hektor.

2. Teures Weib, gebiete deinen Tränen!
Nach der Feldschlacht ist mein feurig Sehnen,
Diese Arme schützen Pergamus.
Kämpfend für den heilgen Herd der Götter
Fall ich, und des Vaterlandes Retter
Steig ich nieder zu dem stygschen Fluß.

Andromache.

3. Nimmer lausch ich deiner Waffen Schalle,
Müßig liegt dein Eisen in der Halle,
Priams großer Heldenstamm verdirbt.
Du wirst hingehn, wo kein Tag mehr scheinet,
Der Cocytus durch die Wüsten weinet,
Deine Liebe in dem Lethe stirbt.

Hektor.

4. All mein Sehnen will ich, all mein Denken
In des Lethe stillen Strom versenken,
Aber meine Liebe nicht.
Horch! der Wilde tobt schon an den Mauern,
Gürte mir das Schwert um, laß das Trauern!
Hektors Liebe stirbt im Lethe nicht.

146. Der Ring des Polykrates.

1. Er stand auf seines Daches Zinnen,
Er schaute mit vergnügten Sinnen
Auf das beherrschte Samos hin.
„Dies alles ist mir untertänig,"
Begann er zu Ägyptens König,
„Gestehe, daß ich glücklich bin!"

2. „Du hast der Götter Gunst erfahren:
Die vormals deinesgleichen waren,
Sie zwingt jetzt deines Zepters Macht.
Doch einer lebt noch, sie zu rächen:
Dich kann mein Mund nicht glücklich sprechen,
Solang des Feindes Auge wacht."

3. Und eh der König noch geendet,
Da stellt sich, von Milet gesendet,
Ein Bote dem Tyrannen dar:
„Laß, Herr, des Opfers Düfte steigen,
Und mit des Lorbeers muntern Zweigen
Bekränze dir dein festlich Haar:

4. Getroffen sank dein Feind vom Speere!
Mich sendet mit der frohen Märe
Dein treuer Feldherr Polydor" —
Und nimmt aus einem schwarzen Becken,
Noch blutig, zu der beiden Schrecken,
Ein wohlbekanntes Haupt hervor.

5. Der König tritt zurück mit Grauen.
„Doch warn ich dich, dem Glück zu trauen,"
Versetzt er mit besorgtem Blick.
„Bedenk, auf ungetreuen Wellen —
Wie leicht kann sie der Sturm zerschellen —
Schwimmt deiner Flotte zweifelnd Glück."

6. Und eh er noch das Wort gesprochen,
Hat ihn der Jubel unterbrochen,
Der von der Reede jauchzend schallt.
Mit fremden Schätzen reich beladen,
Kehrt zu den heimischen Gestaden
Der Schiffe mastenreicher Wald.

7. Der königliche Gast erstaunet:
„Dein Glück ist heute gut gelaunet,
Doch fürchte seinen Unbestand.
Der Kreter waffenkundge Scharen
Bedräuen dich mit Kriegsgefahren;
Schon nahe sind sie diesem Strand."

8. Und eh ihm noch das Wort entfallen,
Da sieht man's von den Schiffen wallen,
Und tausend Stimmen rufen: „Sieg!
Von Feindesnot sind wir befreiet,
Die Kreter hat der Sturm zerstreuet,
Vorbei, geendet ist der Krieg!"

9. Das hört der Gastfreund mit Entsetzen.
„Fürwahr, ich muß dich glücklich schätzen;
Doch,“ spricht er, „zittr ich für dein Heil:
Mir grauet vor der Götter Neide;
Des Lebens ungemischte Freude
Ward keinem Irdischen zuteil.

10. Auch mir ist alles wohl geraten,
Bei allen meinen Herrschertaten
Begleitet mich des Himmels Huld;
Doch hatt ich einen teuren Erben,
Den nahm mir Gott, ich sah ihn sterben,
Dem Glück bezahlt' ich meine Schuld.

11. Drum, willst du dich vor Leid bewahren,
So flehe zu den Unsichtbaren,
Daß sie zum Glück den Schmerz verleihn.
Noch keinen sah ich fröhlich enden,
Auf den mit immer vollen Händen
Die Götter ihre Gaben streun.

12. Und wenn's die Götter nicht gewähren,
So acht auf eines Freundes Lehren,
Und rufe selbst das Unglück her,
Und was von allen deinen Schätzen
Dein Herz am höchsten mag ergötzen,
Das nimm und wirf's in dieses Meer!“

13. Und jener spricht, von Furcht beweget:
„Von allem, was die Insel heget,
Ist dieser Ring mein höchstes Gut.
Ihn will ich den Erinnen weihen,
Ob sie mein Glück mir dann verzeihen!“
Und wirft das Kleinod in die Flut.

14. Und bei des nächsten Morgens Lichte,
Da tritt mit fröhlichem Gesichte
Ein Fischer vor den Fürsten hin:
„Herr, diesen Fisch hab ich gefangen,
Wie keiner noch ins Netz gegangen;
Dir zum Geschenke bring ich ihn.“

15. Und als der Koch den Fisch zerteilet,
Kommt er bestürzt herbeigeeilet
Und ruft mit hocherstauntem Blick:
„Sieh, Herr, den Ring, den du getragen,
Ihn fand ich in des Fisches Magen;
O, ohne Grenzen ist dein Glück!"
16. Hier wendet sich der Gast mit Grausen:
„So kann ich hier nicht ferner hausen,
Mein Freund kannst du nicht weiter sein.
Die Götter wollen dein Verderben:
Fort eil ich, nicht mit dir zu sterben."
Und sprach's und schiffte schnell sich ein.

147. Die Bürgschaft.

1. Zu Dionys, dem Tyrannen, schlich
Möros, den Dolch im Gewande;
Ihn schlugen die Häscher in Bande.
„Was wolltest du mit dem Dolche? sprich!"
Entgegnet ihm finster der Wüterich.
„Die Stadt vom Tyrannen befreien!"
„Das sollst du am Kreuze bereuen!"
2. „Ich bin," spricht jener, „zu sterben bereit
Und bitte nicht um mein Leben;
Doch willst du Gnade mir geben:
Ich flehe dich um drei Tage Zeit,
Bis ich die Schwester dem Gatten gefreit;
Ich lasse den Freund dir als Bürgen,
Ihn magst du, entrinn ich, erwürgen."
3. Da lächelt der König mit arger List
Und spricht nach kurzem Bedenken:
„Drei Tage will ich dir schenken;
Doch wisse! wenn sie verstrichen, die Frist,
Eh du zurück mir gegeben bist,
So muß er statt deiner erblassen;
Doch dir ist die Strafe erlassen."

4. Und er kommt zum Freunde: „Der König gebeut,
Daß ich am Kreuz mit dem Leben
Bezahle das frevelnde Streben;
Doch will er mir gönnen drei Tage Zeit,
Bis ich die Schwester dem Gatten gefreit:
So bleib du dem König zum Pfande,
Bis ich komme, zu lösen die Bande.“

5. Und schweigend umarmt ihn der treue Freund
Und liefert sich aus dem Tyrannen;
Der andere ziehet von dannen:
Und ehe das dritte Morgenrot scheint,
Hat er schnell mit dem Gatten die Schwester vereint,
Eilt heim mit sorgender Seele,
Damit er die Frist nicht verfehle.

6. Da gießt unendlicher Regen herab,
Von den Bergen stürzen die Quellen,
Und die Bäche, die Ströme schwellen.
Und er kommt ans Ufer mit wanderndem Stab,
Da reißet die Brücke der Strudel hinab,
Und donnernd sprengen die Wogen
Des Gewölbes krachenden Bogen.

7. Und trostlos irrt er an Ufers Rand:
Wie weit er auch spähet und blicket
Und die Stimme, die rufende, schicket,
Da stößet kein Nachen vom sichern Strand,
Der ihn setze an das gewünschte Land,
Kein Schiffer lenket die Fähre,
Und der wilde Strom wird zum Meere.

8. Da sinkt er ans Ufer und weint und fleht,
Die Hände zum Zeus erhoben:
„O, hemme des Stromes Toben!
Es eilen die Stunden, im Mittag steht
Die Sonne, und wenn sie niedergeht,
Und ich kann die Stadt nicht erreichen,
So muß der Freund mir erbleichen.“

9. Doch wachsend erneut sich des Stromes Wut,
Und Welle auf Welle zerrinnet,
Und Stunde an Stunde entrinnet.
Da treibt ihn die Angst, da faßt er sich Mut
Und wirft sich hinein in die brausende Flut
Und teilt mit gewaltigen Armen
Den Strom — und ein Gott hat Erbarmen.

10. Und gewinnt das Ufer und eilet fort
Und danket dem rettenden Gotte;
Da stürzet die raubende Rotte
Hervor aus des Waldes nächtlichem Ort,
Den Pfad ihm sperrend, und schnaubet Mord
Und hemmet des Wanderers Eile
Mit drohend geschwungener Keule.

11. „Was wollt ihr?" ruft er, vor Schrecken bleich,
„Ich habe nichts als mein Leben,
Das muß ich dem Könige geben!"
Und entreißt die Keule dem nächsten gleich:
„Um des Freundes willen, erbarmet euch!"
Und drei, mit gewaltigen Streichen,
Erlegt er, die andern entweichen.

12. Und die Sonne versendet glühenden Brand,
Und von der unendlichen Mühe
Ermattet, sinken die Kniee:
„O, hast du mich gnädig aus Räubershand,
Aus dem Strom mich gerettet ans heilige Land
Und soll hier verschmachtend verderben
Und der Freund mir, der liebende, sterben?"

13. Und horch! da sprudelt es silberhell,
Ganz nahe, wie rieselndes Rauschen,
Und stille hält er, zu lauschen.
Und sieh, aus dem Felsen, geschwätzig, schnell,
Springt murmelnd hervor ein lebendiger Quell,
Und freudig bückt er sich nieder
Und erfrischet die brennenden Glieder.

14. Und die Sonne blickt durch der Zweige Grün
Und malt auf den glänzenden Matten
Der Bäume gigantische Schatten;
Und zwei Wanderer sieht er die Straße ziehn,
Will eilenden Laufes vorüberfliehn,
Da hört er die Worte sie sagen:
„Jetzt wird er ans Kreuz geschlagen."

15. Und die Angst beflügelt den eilenden Fuß,
Ihn jagen der Sorge Qualen;
Da schimmern in Abendrots Strahlen
Von ferne die Zinnen von Syrakus,
Und entgegen kommt ihm Philostratus,
Des Hauses redlicher Hüter,
Der erkennet entsetzt den Gebieter:

16. „Zurück! du rettest den Freund nicht mehr,
So rette das eigene Leben!
Den Tod erleidet er eben.
Von Stunde zu Stunde gewartet er
Mit hoffender Seele der Wiederkehr,
Ihm konnte den mutigen Glauben
Der Hohn des Tyrannen nicht rauben."

17. „Und ist es zu spät, und kann ich ihm nicht
Ein Retter willkommen erscheinen,
So soll mich der Tod ihm vereinen.
Des rühme der blutge Tyrann sich nicht,
Daß der Freund dem Freunde gebrochen die Pflicht,
Er schlachte der Opfer zweie
Und glaube an Liebe und Treue!"

18. Und die Sonne geht unter, da steht er am Tor
Und sieht das Kreuz schon erhöhet,
Das die Menge gaffend umstehet;
An dem Seile schon zieht man den Freund empor,
Da zertrennt er gewaltig den dichten Chor:
„Mich, Henker!" ruft er, „erwürget!
Da bin ich, für den er gebürget!"

19. Und Erstaunen ergreifet das Volk umher,
In den Armen liegen sich beide
Und weinen vor Schmerzen und Freude.
Da sieht man kein Auge tränenleer,
Und zum Könige bringt man die Wundermär:
Der fühlt ein menschliches Rühren,
Läßt schnell vor den Thron sie führen —
20. Und blicket sie lange verwundert an.
Drauf spricht er: „Es ist euch gelungen,
Ihr habt das Herz mir bezwungen!
Und die Treue, sie ist doch kein leerer Wahn,
So nehmet auch mich zum Genossen an:
Ich sei, gewährt mir die Bitte,
In eurem Bunde der dritte!“

148. Pompeji und Herkulanum.

Welches Wunder begibt sich? wir flehten um trinkbare Quellen,
Erde, dich an, und was sendet dein Schoß uns herauf!
Lebt es im Abgrund auch? Wohnt unter der Lava verborgen
Noch ein neues Geschlecht? Kehrt das entflohne zurück?
Griechen, Römer, o, kommt! o, seht: das alte Pompeji
Findet sich wieder, aufs neu bauet sich Herkules Stadt.
Giebel an Giebel steigt, der räumige Portikus öffnet
Seine Hallen: o, eilt, ihn zu beleben, herbei!
Aufgetan ist das weite Theater, es stürze durch seine
Sieben Mündungen sich flutend die Menge herein!
Mimen, wo bleibt ihr? hervor! das bereitete Opfer vollende
Atreus Sohn, dem Orest folge der grausende Chor!
Wohin führet der Bogen des Siegs? Erkennt ihr das Forum?
Was für Gestalten sind das auf dem kurulischen Stuhl?
Traget, Liktoren, die Beile voran! den Sessel besteige
Richtend der Prätor, der Zeug trete, der Kläger vor ihn!
Reinliche Gassen breiten sich aus, mit erhöhetem Pflaster
Ziehet der schmälere Weg neben den Häusern sich hin.
Schützend springen die Dächer hervor, die zierlichen Zimmer
Reihn um den einsamen Hof heimlich und traulich sich her.

Öffnet die Läden geschwind und die lange verschütteten Türen!
In die schaudrige Nacht falle der lustige Tag!
Siehe, wie rings um den Rand die netten Bänke sich dehnen,
Wie von buntem Gestein schimmernd das Estrich sich hebt!
Frisch noch erglänzt die Wand von heiter brennenden Farben.
Wo ist der Künstler? Er warf eben den Pinsel hinweg.
Schwellender Früchte voll und lieblich geordneter Blumen,
Fasset der muntre Feston reizende Bildungen ein:
Mit beladenem Korb schlüpft hier ein Amor vorüber,
Emsige Genien dort keltern den purpurnen Wein,
Hochauf springt die Bacchantin im Tanz, dort ruhet sie schlummernd,
Und der lauschende Faun hat sich nicht satt noch gesehn.
Flüchtig tummelt sie hier den raschen Zentauren, auf einem
Knie nur schwebend, und treibt frisch mit dem Thyrsus ihn an.
Knaben! was säumt ihr? herbei! da stehn noch die schönen Geschirre.
Frisch, ihr Mädchen, und schöpft in den etrurischen Krug!
Steht nicht der Dreifuß hier auf schön geflügelten Sphinxen?
Schüret das Feuer! geschwind, Sklaven, bestellet den Herd!
Kauft, hier geb ich euch Münzen, vom mächtigen Titus gepräget,
Auch noch die Wage liegt hier, sehet, es fehlt kein Gewicht.
Stecket das brennende Licht auf den zierlich gebildeten Leuchter,
Und mit glänzendem Öl fülle die Lampe sich an!
Was verwahret dies Kästchen? O, seht, was der Bräutigam sendet,
Mädchen! Spangen von Gold, glänzende Pasten zum Schmuck.
Führet die Braut in das duftende Bad, hier stehn noch die Salben,
Schminke find ich noch hier in dem gehöhlten Kristall.
Aber wo bleiben die Männer? die Alten? im ernsten Museum
Liegt noch ein köstlicher Schatz seltener Rollen gehäuft.
Griffel findet ihr hier zum Schreiben, wächserne Tafeln;
Nichts ist verloren, getreu hat es die Erde bewahrt.
Auch die Penaten, sie stellen sich ein, es finden sich alle
Götter wieder; warum bleiben die Priester nur aus?
Den Caduceus schwingt der zierlich geschenkelte Hermes,
Und die Viktoria fliegt leicht aus der haltenden Hand.
Die Altäre, sie stehen noch da, o, kommet, o, zündet —
Lang schon entbehrte der Gott — zündet die Opfer ihm an!

Max Schneckenburger (1819—1849).

*149. Die Wacht am Rhein.

1. Es braust ein Ruf wie Donnerhall,
Wie Schwertgeklirr und Wogenprall:
„Zum Rhein, zum Rhein, zum deutschen Rhein!
Wer will des Stromes Hüter sein?“ — —
„Lieb Vaterland, magst ruhig sein,
Fest steht und treu die Wacht am Rhein!“
2. Durch hunderttausend zuckt es schnell,
Und aller Augen blitzen hell.
Der deutsche Jüngling, fromm und stark,
Beschirmt die heilge Landesmark:
„Lieb Vaterland, magst ruhig sein,
Fest steht und treu die Wacht am Rhein!“
3. Auf blickt er in des Himmels Blaun,
Wo tote Helden niederschaun,
Und schwört mit stolzer Kampfeslust:
„Du, Rhein, bleibst deutsch, wie meine Brust.
Lieb Vaterland, magst ruhig sein,
Fest steht und treu die Wacht am Rhein!
4. Und ob mein Herz im Tode bricht,
Wirst du doch drum ein Welscher nicht:
Reich, wie an Wasser deine Flut,
Ist Deutschland ja an Heldenblut.
Lieb Vaterland, magst ruhig sein,
Fest steht und treu die Wacht am Rhein!
5. Solang ein Tröpfchen Blut noch glüht,
Noch eine Faust den Degen zieht
Und noch ein Arm die Büchse spannt,
Betritt kein Welscher deinen Strand.
Lieb Vaterland, magst ruhig sein,
Fest steht und treu die Wacht am Rhein!“
6. Der Schwur erschallt, die Woge rinnt,
Die Fahnen flattern in dem Wind.

„Zum Rhein, zum Rhein, zum deutschen Rhein!
Wir alle wollen Hüter sein!
Lieb Vaterland, magst ruhig sein,|
Fest steht und treu die Wacht am Rhein!“

Gustav Schwab (1792—1850).

*150. Das Gewitter.

1. Urahne, Großmutter, Mutter und Kind
In dumpfer Stube beisammen sind;
Es spielet das Kind, die Mutter sich schmückt,
Großmutter spinnet, Urahne gebückt}
Sitzt hinter dem Ofen im Pfühl —
Wie wehen die Lüfte so schwül!

2. Das Kind spricht: „Morgen ist's Feiertag,
Wie will ich spielen im grünen Hag,
Wie will ich springen durch Tal und Höhn,
Wie will ich pflücken viel Blumen schön:
Dem Anger, dem bin ich hold!“
Hört ihr's, wie der Donner grollt?

3. Die Mutter spricht: „Morgen ist's Feiertag,
Da halten wir alle fröhlich Gelag;
Ich selber, ich rüste mein Feierkleid:
Das Leben, es hat auch Lust nach Leid,
Dann scheint die Sonne wie Gold!“
Hört ihr's, wie der Donner grollt?

4. Großmutter spricht: „Morgen ist's Feiertag,
Großmutter hat keinen Feiertag:
Sie kochet das Mahl, sie spinnet das Kleid,
Das Leben ist Sorg und viel Arbeit;
Wohl dem, der tat, was er sollt!“
Hört ihr's, wie der Donner grollt?

5. Urahne spricht: „Morgen ist's Feiertag,
Am liebsten morgen ich sterben mag:
Ich kann nicht singen und scherzen mehr,
Ich kann nicht sorgen und schaffen schwer,
Was tu ich noch auf der Welt?"
Seht ihr, wie der Blitz dort fällt?
6. Sie hören's nicht, sie sehen's nicht,
Es flammet die Stube, wie lauter Licht:
Urahne, Großmutter, Mutter und Kind
Vom Strahl miteinander getroffen sind,
Vier Leben endet ein Schlag —
Und morgen ist's Feiertag.

*151. Der Reiter und der Bodensee.

Der Reiter reitet durchs helle Tal,
Auf Schneefeld schimmert der Sonne Strahl.
Er trabet im Schweiß durch den kalten Schnee,
Er will noch heut an den Bodensee;
Noch heut mit dem Pferd in den sichern Kahn,
Will drüben landen vor Nacht noch an.
Auf schlimmem Weg, über Dorn und Stein,
Er braust auf rüstigem Roß feldein,
Aus den Bergen heraus, ins ebene Land,
Da sieht er den Schnee sich dehnen, wie Sand.
Weit hinter ihm schwinden Dorf und Stadt,
Der Weg wird eben, die Bahn wird glatt.
In weiter Fläche kein Bühl, kein Haus,
Die Bäume gingen, die Felsen aus;
So flieget er hin eine Meil und zwei,
Er hört in den Lüften der Schneegans Schrei;
Es flattert das Wasserhuhn empor,
Nicht anderen Laut vernimmt sein Ohr;
Keinen Wandersmann sein Auge schaut,
Der ihm den rechten Pfad vertraut.
Fort geht's, wie auf Samt, auf dem weichen Schnee,
Wann rauscht das Wasser, wann glänzt der See?

Da bricht der Abend, der frühe, herein:
Von Lichtern blinket ein ferner Schein.
Es hebt aus dem Nebel sich Baum an Baum,
Und Hügel schließen den weiten Raum.
Er spürt auf dem Boden Stein und Dorn,
Dem Rosse gibt er den scharfen Sporn.
Und Hunde bellen empor am Pferd,
Und es winkt im Dorf ihm der warme Herd.
„Willkommen am Fenster, Mägdelein,
An den See, an den See, wie weit mag's sein?"
Die Maid, sie staunet den Reiter an:
„Der See liegt hinter dir und der Kahn.
Und deckt' ihn die Rinde von Eis nicht zu,
Ich spräch, aus dem Nachen stiegest du."
Der Fremde schaudert, er atmet schwer:
„Dort hinten die Ebne, die ritt ich her!"
Da recket die Magd die Arm' in die Höh:
„Herr Gott! so rittest du über den See!
An den Schlund, an die Tiefe bodenlos
Hat gepocht des rasenden Hufes Stoß!
Und unter dir zürnten die Wasser nicht?
Nicht krachte hinunter die Rinde dicht?
Und du wardst nicht die Speise der stummen Brut,
Der hungrigen Hecht' in der kalten Flut?"
Sie rufet das Dorf herbei zu der Mär,
Es stellen die Knaben sich um ihn her;
Die Mütter, die Greise, sie sammeln sich:
„Glückseliger Mann, ja, segne du dich!
Herein zum Ofen, zum dampfenden Tisch,
Brich mit uns das Brot und iß vom Fisch!"
Der Reiter erstarret auf seinem Pferd,
Er hat nur das erste Wort gehört.
Es stocket sein Herz, es sträubt sich sein Haar,
Dicht hinter ihm grinst noch die grause Gefahr.
Es siehet sein Blick nur den gräßlichen Schlund,
Sein Geist versinkt in den schwarzen Grund.

Im Ohr ihm donnert's wie krachend Eis,
Wie die Well umrieselt ihn kalter Schweiß.
Da seufzt er, da sinkt er vom Roß herab,
Da wird ihm am Ufer ein trocken Grab.

Johann Gabriel Seidl (1804—1875).

*152. Der tote Soldat.

1. Auf ferner, fremder Aue,
Da liegt ein toter Soldat,
Ein Ungezählter, Vergeßner,
Wie brav er gekämpft auch hat.

2. Es reiten viel Generale
Mit Kreuzen an ihm vorbei;
Denkt keiner, daß, der da lieget,
Auch wert eines Kreuzleins sei.

3. Es ist um manchen Gefallnen
Viel Frag und Jammer dort,
Doch für den armen Soldaten
Gibt's weder Tränen, noch Wort.

4. Doch ferne, wo er zu Hause,
Da sitzt beim Abendrot
Ein Vater voll banger Ahnung
Und sagt: „Gewiß, er ist tot!"

5. Da sitzt eine weinende Mutter
Und schluchzet laut: „Gott helf!
Er hat sich angemeldet:
Die Uhr blieb stehn um elf!"

6. Da starrt ein blasses Mädchen
Hinaus ins Dämmerlicht:
„Und ist er dahin und gestorben,
Meinem Herzen stirbt er nicht!"

7. Drei Augenpaare schicken,
So heiß es ein Herz nur kann,

Für den armen, toten Soldaten
Ihre Tränen zum Himmel hinan.
8. Und der Himmel nimmt die Tränen
In einem Wölkchen auf
Und trägt es zur fernen Aue
Hinüber im raschen Lauf
9. Und gießt aus der Wolke die Tränen
Aufs Haupt des Toten als Tau,
Daß er unbeweint nicht liege
Auf ferner, fremder Au.

Karl Simrock (1802—1876).

*153. St. Ritza.

Jenseits Koblenz wohnte Ritza, einsam, von der Welt geschieden,
Jenes frommen Ludwigs Tochter, aber frommer noch als dieser.
Immer morgens, wenn die Glocken in St. Kastors Kirche riefen,
Schritt sie auf des Rheines Wellen freudig hin, vor Gott zu knieen.
Gerne trugen sie die Wellen, denn ihr Herz war reich an Frieden,
Und im gläubigen Gemüte wuchs ihr nur Vertraun und Liebe.
Berge könntet ihr versetzen, hättet ihr Vertraun und Liebe,
Über Meere sicher wandeln, wär euch Zuversicht beschieden.
Also ging die fromme Ritza, wie auf salzger Flut die Kiele,
Und des Rheines Schmeichelwogen freundlich ihren Fuß umspielten,
Trocknes Fußes ging sie täglich nach St. Kastor und hinwieder,
Und verdoppelt blickt ihr Antlitz aus des Stromes glattem Spiegel.
Aber einst, da wild gehoben war die Flut und Stürme bliesen,
Wollte Zagen sie beschleichen, Zweifel ihren Mut besiegen.

Standen Reben da am Ufer, sich um Kieferpfähle schmiegend,
Riß sie einen aus der Erde, daß er ihr zum Stabe diene;
Setzt den Fuß dann auf die Welle, und die Welle will sie wiegen.
Aber nur dem Pfahl vertrauend, hält sie ängstlich sich an diesen.
Sieh, da sinkt ihr Fuß zu Grunde, und der Stab versagt die Dienste,
Wasser spült um Knie und Hüfte, und noch sinkt sie tief und tiefer.
Da in Todesnöten dachte sie des Heilands, der gebieten
Kann dem Sturme, sich zu legen, und der Flut, gemach zu fließen.
Aus den hochgehobnen Händen schleudert sie den Schaft der Kiefer,
Streckt sie flehend zum Erlöser, neues Glaubens voll, und siehe!
Wieder heben sie die Wogen, und der wilden Flut entstiegen,
Tritt sie mit dem Fuß die Welle, schreitet fürder triumphierend,
Und gestärkt im Glaubensmute naht sie bald dem sichern Ziele.
In St. Kastor wirkt noch Wunder, was der Welt von ihr geblieben;
In der Schar der Selgen Gottes ist der Stuhl ihr angewiesen.

*154. Der Bauer im Himmel.

Ein Bauer kam ans Himmelstor,
Da stand ein Reicher schon davor,
Dem tat der heilge Petrus eben
Das Pförtlein auf zum ewgen Leben,
Schloß wieder zu, weil er nicht sah,
Daß noch ein andrer stünde da.
Doch pocht er und verzieht noch gern,
Denn zum Empfang des reichen Herrn
Hört er im Himmel jubilieren,
Die Engel singen und musizieren,
Dazu Geläut mit allen Glocken.
Als endlich nun die Töne stocken,
Noch einmal pocht das Bäuerlein,

Und Petrus kam und ließ ihn ein.
Wohl dachte da der gute Bauer,
Um ihn auch wäre keine Trauer,
Man würd auch ihm ein Ständchen bringen
Und alle Glocken lassen klingen.
Allein für diesmal ward nichts draus:
Man nahm ihn zwar im ganzen Haus
Gar freundlich auf, auch gingen ihm
Entgegen Engel und Cherubim,
Doch ohne allen Sang und Klang,
Und niemand zog den Glockenstrang.
Einfältig frug er: „Was bedeutet,
Daß man für mich nicht singt und läutet,
Wie bei dem Reichen ist geschehn?
Es scheint parteiisch zuzugehn
Im Himmel auch wie auf der Erde.“
Sankt Peter lächelt der Beschwerde
Und spricht: „Das ist nun hier der Brauch:
Du bist uns lieb wie jener auch
Und hast an allen Freuden teil,
Nur ruht Gesang und Glockenseil.
Es wär auch allzubald verschlissen,
Würd immerfort daran gerissen;
Denn arme Bäuerlein wie du
Gehn täglich viel dem Himmel zu;
Doch sieht man kaum in hundert Jahren
Einen Reichen gegen Himmel fahren.“

*155. **Die Siebenschläfer** (Bonner Mundart).

Et wôre drei sivveschlöfer,
De schlêfe sivve johr.
We de sivve johr herömm senn,
Do wâch den ênen op
On riev sich ens de ôgen
On sähd: „et bröllt enen ôs.“
On als hä dat jesât hatt,

Streck hä sich widder hin
On schlêf met dä zwei andre
Op e neues sivve johr.
  We de sivve johr herömm senn,
Do wâch den andern op
On riev sich ens de ôgen
On sähd: „et wor en kôh."
On als hä dat jesât hatt,
Streck hä sich widder hin
On schlêf met dä zwei andre
Alt widder sivve johr.
  We de sivve johr herömm senn,
Do wâch den dretten op
On riev sich ens de ôgen
On sähd: „wat ôs, wat kôh?
Lôt ênen eckersch schlôfe,
Mer kütt jo net derzô!"
  Dat wôren de sivveschlöfer;
Ich jlöv, se schlôfe noch.

Op e neues = aufs neue; eckersch = doch nur; kütt = kommt; jlöv = glaube.

156. Warnung vor dem Rhein.

1. An den Rhein, an den Rhein, zieh nicht an den Rhein,
Mein Sohn, ich rate dir gut:
Da geht dir das Leben zu lieblich ein,
Da blüht dir zu freudig der Mut!

2. Siehst die Mädchen so frank und die Männer so frei,
Als wär es ein adlig Geschlecht,
Gleich bist du mit glühender Seele dabei:
So dünkt es dich billig und recht.

3. Und zu Schiffe, wie grüßen die Burgen so schön
Und die Stadt mit dem ewigen Dom!
In den Bergen, wie klimmst du zu schwindelnden Höhn
Und blickst hinab in den Strom!

4. Und im Strome, da tauchet die Nix aus dem Grund,
Und hast du ihr Lächeln gesehn,
Und grüßt dich die Lurlei mit bleichem Mund,
Mein Sohn, so ist es geschehn:
5. Dich bezaubert der Laut, dich betört der Schein,
Entzücken faßt dich und Graus.
Nun singst du nur immer: am Rhein, am Rhein!
Und kehrst nicht wieder nach Haus.

Karl Philipp Spitta (1801–1859).

157. Geduld.

1. Es zieht ein stiller Engel durch dieses Erdenland,
Zum Trost für Erdenmängel hat ihn der Herr gesandt.
In seinem Blick ist Frieden und milde, sanfte Huld,
O, folg ihm stets hienieden, dem Engel der Geduld!
2. Er führt dich immer treulich durch alles Erdenleid
Und redet so erfreulich von einer schönern Zeit.
Denn willst du ganz verzagen, hat er doch guten Mut;
Er hilft das Kreuz dir tragen und macht noch alles gut.
3. Er macht zu linder Wehmut den herbsten Seelenschmerz
Und taucht in stille Demut das ungestüme Herz.
Er macht die finstre Stunde allmählich wieder hell,
Er heilet jede Wunde gewiß, wenn auch nicht schnell.
4. Er zürnt nicht deinen Tränen, wenn er dich trösten will,
Er tadelt nicht dein Sehnen, nur macht er's fromm und still.
Und wenn im Sturmestoben du murrend fragst: warum?
So deutet er nach oben, mild lächelnd, aber stumm.
5. Er hat für jede Frage nicht Antwort gleich bereit,
Sein Wahlspruch heißt: „Ertrage! die Ruhstatt ist nicht weit!"
So geht er dir zur Seite und redet gar nicht viel
Und denkt nur in die Weite, ans schöne, große Ziel.

158. Abschied.

1. Was macht ihr, daß ihr weinet und brechet mir mein Herz?
Im Herrn sind wir vereinet und bleiben's allerwärts.
Das Band, das uns verbindet, löst weder Zeit nach Ort;
Was in dem Herrn sich findet, das währt in ihm auch fort.
2. Man reicht sich wohl die Hände, als soll's geschieden sein,
Und bleibt doch ohne Ende im innigsten Verein.
Man sieht sich an, als sähe man sich zum letztenmal,
Und bleibt in gleicher Nähe dem Herrn doch überall.
3. Man spricht: „Ich hier, du dorten, du ziehest, und ich bleib!"
Und ist doch aller Orten ein Glied an einem Leib.
Man spricht vom Scheidewege und grüßt sich einmal noch
Und geht auf einem Wege in gleicher Richtung doch.
4. Was sollen wir nun weinen und so gar traurig sehn?
Wir kennen ja den einen, mit dem wir alle gehn,
In einer Hut und Pflege, geführt von einer Hand
Auf einem sichern Wege ins eine Vaterland.
5. So sei denn diese Stunde nicht schwerem Trennungsleid,
Nein, einem neuen Bunde mit unserm Herrn geweiht!
Wenn wir uns ihn erkoren zu unserm höchsten Gut,
Sind wir uns nicht verloren, wie weh auch Scheiden tut.

Karl Stieler (1842—1885).

159. An Anfrag.

1. A bauer hat drei buabn im feld.
Sie lassen goar nix hörn,
Jetzt is er halt nach Münka 'nein,
Zum fragen in d'kasern.
2. „Wie gehts mein Toni?" hat er gfragt,
Den mag er halt vor allen,
Da schaugens nach und sagens ihm:
„Der is bei Wörth drin gfallen!"

3. „O mein gott, nei! — und unser Hans?"
„Der is mit siebez'g mann
Bei Sedan gfallen." — „Und der Sepp?"
„Der liegt bei Orleans." —

4. Der alte sagt koa wort un geht.
Er hebt sich an am kasten,
Am stuhl, am türg'schloß, an der stiegn,
Er muaß a weni rasten.

5. Drunt auf der staffel vorn haus
Da is er niedergsessen,
Er halt sein hut no in der hand,
Er hat auf alls vergessen.

6. Es gengant wohl viel tausend leut,
Viel hundert wagn vorbei,
Der vader sitzt no allweil dort:
„Drei buabn und — alle drei!"

Münka = München; schaugens = schauen sie.

Adolf Stöber (1810—1892).

*160. Der große Verbündete.

1. Wer plaudert noch in tiefer Nacht
Dort an der Beiwacht Flammen?
Der große König Friedrich macht
Mit Zieten noch zusammen.

2. „Die letzten Treffen schlugen fehl,
Der Feind hat sich verschworen,"
Spricht Fritz verzagt, „ich hab's nicht Hehl,
Mir geht der Mut verloren."

3. „Nein, Majestät," spricht wohlgemut
Der Feldherr der Husaren,
„Ich bin's gewiß, es geht noch gut:
Nur herzhaft drein gefahren!"

4. „Ei, hat er denn,“ sprach König Fritz,
„Einen neuen Bundsgenossen?“
Derweil um seinen Mund wie Blitz
Des Spottes Pfeile schossen.

5. „Nicht einen neuen,“ spricht er, „doch
Den alten Alliierten.
Es lebt der alte Herrgott noch,
Des Worte nie fallierten!“

6. „Der tut ja keine Wunder mehr,“
Meint Fritz. — „Es braucht auch keine:
Gott segnet dennoch Heer und Wehr,
Ihm sei die Ehr alleine!“

7. Und Zieten, eh der Morgen graut,
Läßt die Trompeten blasen,
Daß er sein Reitervolk beschaut
Auf weichem, grünem Rasen.

8. Und nach der Mustrung, eh aufs Roß
Sich die Husaren schwingen,
Fängt an der schlachtbereite Troß
Noch den Choral zu singen:

9. „Auf Gott und nicht auf meinen Rat
Will ich mein Glücke bauen
Und dem, der mich erschaffen hat,
Mit ganzer Seele trauen!“

10. Nun geht's in Schlacht und Pulverdampf:
Wie die Husaren fliegen!
So stark der Feind, so heiß der Kampf,
Doch Preußens Waffen siegen.

11. Dem Feldherrn reicht der Fürst die Hand:
„Freund, bleib Er nur beim Alten!
Sein Alliierter hält noch stand,
Hat treu sein Wort gehalten.“

Theodor Storm (1817—1888).

*161. In Bulemanns Haus.

1. Es klippt auf den Gassen im Mondenschein:
Das ist die zierliche Kleine,
Die geht auf ihren Pantöffelein
Behend und mutterseelenallein
Durch die Gassen im Mondenscheine.

2. Sie geht in ein altverfallnes Haus;
Im Flur ist die Tafel gedecket,
Da tanzt vor dem Monde die Maus mit der Maus,
Da setzt sich das Kind mit den Mäusen zum Schmaus,
Die Tellerlein werden gelecket.

3. Und leer sind die Schüsseln; die Mäuslein im Nu
Verrascheln in Mauer und Holze;
Nun läßt es dem Mägdlein auch länger nicht Ruh,
Sie schüttelt ihr Kleidchen, sie schnürt sich die Schuh,
Dann tritt sie näher mit Stolze.

4. Es leuchtet ein Spiegel aus goldnem Gestell,
Da schaut sie hinein mit Lachen;
Gleich schaut auch heraus ein Mägdlein hell,
Das ist ihr einziger Spielgesell;
Nun wolln sie sich lustig machen.

5. Sie nickt voll Huld, ihr gehört ja das Reich;
Da neigt sich das Spiegelkindlein,
Da neigt sich das Kind vor dem Spiegel zugleich,
Da neigen sich beide gar anmutreich,
Da lächeln die rosigen Mündlein.

6. Und wie sie lächeln, so hebt sich der Fuß,
Es rauschen die seidenen Röcklein,
Die Händchen werfen sich Kuß um Kuß,
Das Kind mit dem Kinde nun tanzen muß,
Es tanzen im Nacken die Löcklein.

7. Der Mond scheint voller und voller herein,
Auf dem Estrich gaukeln die Flimmer;

Im Takte schweben die Mägdelein,
Bald tauchen sie tief in die Schatten hinein,
Bald stehn sie in bläulichem Schimmer.

8. Nun sinken die Glieder, nun halten sie an
Und atmen aus Herzensgrunde;
Sie nahen sich schüchtern und beugen sich dann
Und knien voreinander und rühren sich an
Mit dem zarten, unschuldigen Munde.

9. Doch müde werden die beiden allein
Von all der heimlichen Wonne;
Sehnsüchtig flüstert das Mägdelein:
„Ich mag nicht mehr tanzen im Mondenschein,
Ach, käme doch endlich die Sonne!"

10. Sie klettert hinunter ein Trepplein schief
Und schleicht hinab in den Garten.
Die Sonne schlief, und die Grille schlief:
„Hier will ich sitzen im Grase tief,
Und der Sonne will ich warten."

11. Doch als nun morgens um Busch und Gestein
Verhuschet das Dämmergemunkel,
Da werden dem Kinde die Äugelein klein;
Sie tanzte zu lange bei Mondenschein,
Nun schläft sie bei Sonnengefunkel.

12. Nun liegt sie zwischen den Blumen dicht
Auf grünem, blitzendem Rasen;
Und es schauen ihr in das süße Gesicht
Die Nachtigall und das Sonnenlicht
Und die kleinen, neugierigen Hasen.

Johannes Trojan (geboren 1837).

*162. Sechse und einer.

Es kommen sechs ernsthafte Leut,
Gehn schlicht und rauh im Arbeitskleid.
Die lassen dich nicht müßig ruhn,
Ein jeder bringt dir was zu tun.

Ein siebenter kommt hinter ihnen
Mit leichtem Schritt und lustigen Mienen.
Mit den sechs ernsthaften Gesellen
Tust du wohl, dich recht gut zu stellen.
Dann wird, wenn du dich brav benommen,
Der siebente so fröhlich kommen,
Daß du die sechse mit ihrer Last
Um seinetwillen auch gerne hast.

*163. Die Käferwage.

Wollten Käferchen sich wiegen lassen,
Um zu wissen es, wie schwer sie wären,
Gingen hin, besprachen's mit der Spinne;
Diese wußte Rat und unterwies sie.
Machten einige sich auf und holten
Flink herbei zwei kleine Rosenblätter,
Ganz hellrote von der Heckenrose,
Trefflich als Wagschalen zu gebrauchen.
Andre schnitten einen Wagebalken
Aus dem Waldgrashalme, welcher glänzend
Braun poliert ist, eine Rispe tragend
Mit gewundenen polierten Stielchen.
Andre wieder sorgten für Gewichte,
Holten von dem Mohn her eine Menge
Samenkörner, passend zu Gewichten.
An den Wagebalken hing die Spinne
Drauf die beiden rosenroten Schalen
Mit dem guten, selbstgedrehten Tauwerk.
Doch den Wagebalken in der Mitte
Machte fest sie ganz geschickt und richtig
An den Klöppel einer Glockenblume,
Einer großen, frischerblühten, blauen.
Fertig war die Wage; nun ans Wiegen
Konnt es gehn und ging es auch in Eile.
In die eine von den Schalen setzten
Sich die Käfer, einer nach dem andern;

Unterdessen warfen in die zweite
Korn um Korn die übrigen, mit Werfen
Schnell aufhörend, wenn einstand die Wage.
Was heraus sich stellte, war erstaunlich:
Fünfundsiebzig Körner wog ein Käfer,
Einer sechszig, zweiunddreißig einer,
Zwanzig wogen mehrere von ihnen;
Aber einer, welcher kaum zu sehn war,
Wog, der kleinste, nur ein einzig Mohnkorn.
Viel gelacht ward und gescherzt beim Wiegen,
Das kein Feind, kein böser Zufall störte —
Und zum Glück auch war es völlig windstill.
Als ein jeder, was er wog, erfahren,
Mancher wundernd sich, der Spinne dankten
Höflich sie und flogen auseinander.

*164. Zum Blumenpflücken.

1. Brichst du Blumen, sei bescheiden,
Nimm nicht gar so viele fort!
Sieh, die Blumen müssen's leiden,
Doch sie zieren ihren Ort.

2. Nimm ein paar und laß die andern
Stehn im Gras und an dem Strauch!
Andre, die vorüberwandern,
Freun sich an den Blumen auch.

3. Nach dir kommt vielleicht ein müder
Wandrer, der des Weges zieht,
Trüben Sinns — der freut sich wieder,
Wenn er auch ein Röslein sieht.

*165. Das Kornfeld.

1. Was ist schöner als das Feld,
Wenn die Halme all, die schlanken,
Leise schwanken
Und ein Halm den andern hält!

2. Wenn im Korn die Blumen blühn
Leuchtend rot und blau dazwischen
Und sich mischen
Lieblich in das sanfte Grün!

3. Wenn es flüsternd wogt und wallt,
Lerchen sich daraus erheben,
Drüber schweben,
Und ihr Lied herniederschallt!

4. Dann den schmalen Pfad zu gehn
Durch das Korn — welch eine Wonne!
Nur die Sonne,
Nur die Lerche kann uns sehn.

166. Maßliebchen.

1. Dort, wo dein Aug die Trift erblickt,
Wo Dolde schwankt und Rispe nickt,
Der Storch, ernst schreitend, oft sich bückt,
Siehst du sie blühn:
Viel tausend sind rotweiß gestickt
Ins samtne Grün.

2. Sie sitzen da so niedlich, wie
Dorfkinder, die am Sonntag früh
Zum Kirchgang sind geputzt mit Müh.
Sie warten still,
Ob Sonnenschein, ob Regen sie
Beglücken will.

3. Früh, wenn der junge Tag erglüht,
Weckt sie vom Schlaf der Lerche Lied,
Die jubelnd auf sie niedersieht
Hoch aus dem Blau.
Froh schauern sie, ganz übersprüht
Von klarem Tau.

4. Doch wenn der Tag die Flur verläßt,
Der müde Vogel sucht sein Nest,
Kornblum und Mohn sich wiegt im West:
Dann senkt zur Ruh

Sein Köpfchen jedes und schließt fest
Die Augen zu.
5. Viel andre küßt das Sonnenlicht,
Die stolzer blühn, doch holder nicht,
Die so bescheiden, die so schlicht
Im Grünen stehn:
Was rührend uns zum Herzen spricht,
Macht sie so schön.

167. Herbst.

1. Rot wird das Laub am wilden Wein,
Die Luft geht schon so herbstlich kühl;
Das Eichhorn sagt: „Jetzt fahr ich ein;
Schon lose sitzt die Nuß am Stiel."
2. Dem Sperling geht's nicht schlecht, er speist
Den ganzen Tag, bald hier, bald dort.
Er sagt: „Die Schwalb ist schon verreist.
Gut, daß sie fort! gut, daß sie fort!"
3. Im Garten um den Rosenstrauch,
Da klingt ganz anders das Gered.
Ein Blümchen spricht: „Merkt ihr's nicht auch?
Es wird so trüb, so still und öd.
4. Das Bienchen flog doch sonst so flink
Bei uns umher — wo ist es nun?
Weiß eines was vom Schmetterling?
Der hatt sonst hier so viel zu tun."
5. Ein zweites sagt: „Eh man's gedacht,
Kommt schon die Nacht und weilt so lang.
Wie lieblich war doch einst die Nacht!
Nun ist sie gar unheimlich bang.
6. Wie muß man warten morgens früh,
Bis daß die Sonn guckt übern Zaun;
Ach, und ganz anders wärmte sie,
Als sie noch gern uns mochte schaun."
7. Ein drittes drauf: „Mir sinkt der Mut,
Der Morgentau, der ist so kalt!

Die Spinne sagt: Es wird noch gut!
Ach, wenn's nur würd! und würd's nur bald!
8. Nur einmal noch so, wie es war,
Nur ein paar sonnge Tage noch.
's wird nicht mehr viel — ich seh es klar!
Und leben, leben möcht man doch!"

168. Wiederfinden.

1. Es kommt wohl um die Weihnachtszeit
Ein Tannenbäumchen in die Stadt,
Steht auf dem Markt, ganz überschneit
Und von dem Wege müd und matt.
2. Und einer kommt und sucht sich's aus —
Dies Bäumchen grade dünkt ihn gut.
Wie er's mit Vorsicht trägt nach Haus,
Wird ihm das Herz so wohlgemut.
3. Er kennt das Bäumchen schon, doch weiß
Er's nicht: es war an einem Tag,
Als er, nach einer Wandrung heiß,
Auf stiller Heide ruhend lag.
4. Da sang ein Vogel ihm sein Lied
Wohl von des Bäumchens Wipfel vor;
Und wie er nun des Weges zieht,
Klingt ihm das Lied, das Lied im Ohr.

169. Die Neiderinnen.

Am Wege steht ein armes Weib, im Arm
Die Hacke, müde von der schweren Arbeit,
Und ihr zu Füßen spielen ihre Kinder,
Ein wunderlieblich Paar, mit gelben Haaren
Und runden Wangen, deren frisches Rot
Die Armut nicht zu bleichen hat vermocht.
Und während sie so dasteht auf dem Feldrain,
Da wirbelt von der Straße Staub empor.
Ein prächtger Wagen naht sich, und darin,
Bequem zurückgelehnt, sitzt eine Frau,

Geschmückt mit allem, was der Reichtum spendet.
Die Arme starrt sie an, verzehrt von Neid,
Und mustert gierig ihres Reichtums Glanz.
Sie ahnt es nicht, wie sie beneidet wird
Von der, die stolz an ihr vorüberfährt
Und ihre Augen heftet auf das Paar
Mit rosgen Wangen und mit goldnem Haar.

Ludwig Uhland (1787—1862).

*170. Schäfers Sonntagslied (1805).

1. Das ist der Tag des Herrn!
Ich bin allein auf weiter Flur;
Noch eine Morgenglocke nur,
Nun Stille nah und fern!

2. Anbetend knie ich hier.
O, süßes Graun! geheimes Wehn!
Als knieten viele ungesehn
Und beteten mit mir.

3. Der Himmel nah und fern,
Er ist so klar und feierlich,
So ganz, als wollt er öffnen sich,
Das ist der Tag des Herrn!

*171. Die Rache (1810).

1. Der Knecht hat erstochen den edeln Herrn,
Der Knecht wär selber ein Ritter gern.

2. Er hat ihn erstochen im dunkeln Hain
Und den Leib versenket im tiefen Rhein.

3. Hat angelegt die Rüstung blank,
Auf des Herren Roß sich geschwungen frank.

4. Und als er sprengen will über die Brück,
Da stutzet das Roß und bäumt sich zurück.

5. Und als er die güldnen Sporen ihm gab,
Da schleudert's ihn wild in den Strom hinab.

6. Mit Arm, mit Fuß er rudert und ringt,
Der schwere Panzer ihn niederzwingt.

*172. König Karls Meerfahrt (1812).

1. Der König Karl fuhr über Meer mit seinen zwölf Genossen,
Zum heilgen Lande steuert er und ward vom Sturm verstoßen.
Da sprach der kühne Held Roland: „Ich kann wohl fechten und schirmen;
Doch hält mir diese Kunst nicht stand vor Wellen und vor Stürmen."

2. Dann sprach Herr Holger aus Dänemark: „Ich kann die Harfe schlagen;
Was hilft mir das, wenn also stark die Wind und Wellen jagen?"
Herr Oliver war auch nicht froh, er sah auf seine Wehre:
„Es ist mir um mich selbst nicht so, wie um die Altekläre."

3. Dann sprach der schlimme Ganelon, er sprach es nur verstohlen:
„Wär ich mit guter Art davon, möcht euch der Teufel holen!"
Erzbischof Turpin seufzte sehr: „Wir sind die Gottesstreiter;
Komm, liebster Heiland, über das Meer und führ uns gnädig weiter!"

4. Graf Richard Ohnefurcht hub an: „Ihr Geister aus der Hölle,
Ich hab euch manchen Dienst getan, jetzt helft mir von der Stelle!"
Herr Naimes diesen Ausspruch tat: „Schon vielen riet ich heuer,
Doch süßes Wasser und guter Rat sind oft zu Schiffe teuer."

5. Da sprach der graue Herr Riol: „Ich bin ein alter Degen
Und möchte meinen Leichnam wohl dereinst ins Trockne legen."
Es war Herr Gui, ein Ritter fein, der fing wohl an zu singen:
„Ich wollt, ich wär ein Vögelein, wollt mich zu Liebchen schwingen!"

6. Da sprach der edle Graf Garein: „Gott helf uns aus der Schwere!
Ich trink viel lieber den roten Wein, als Wasser in dem Meere."
Herr Lambert sprach, ein Jüngling frisch: „Gott woll uns nicht vergessen!
Äß lieber selbst 'nen guten Fisch, als daß mich Fische fressen."

7. Da sprach Herr Gottfried lobesan: „Ich laß mir's halt gefallen,
Man richtet mir nicht anders an, als meinen Brüdern allen."
Der König Karl am Steuer saß; der hat kein Wort gesprochen,
Er lenkt das Schiff mit festem Maß, bis sich der Sturm gebrochen.

*173. Schwäbische Kunde (1814).

Als Kaiser Rotbart lobesam
Zum heilgen Land gezogen kam,
Da mußt er mit dem frommen Heer
Durch ein Gebirge wüst und leer.
Daselbst erhub sich große Not,
Viel Steine gab's und wenig Brot,
Und mancher deutsche Reitersmann
Hat dort den Trunk sich abgetan.
Den Pferden war's so schwach im Magen,
Fast mußt der Reiter die Mähre tragen.

Nun war ein Herr aus Schwabenland,
Von hohem Wuchs und starker Hand,
Des Rößlein war so krank und schwach,
Er zog es nur am Zaume nach.
Er hätt es nimmer aufgegeben,
Und kostet's ihn das eigne Leben:
So blieb er bald ein gutes Stück
Hinter dem Heereszug zurück.

Da sprengten plötzlich in die Quer
Fünfzig türkische Reiter daher,
Die huben an, auf ihn zu schießen,
Nach ihm zu werfen mit den Spießen.
Der wackre Schwabe forcht sich nit,
Ging seines Weges Schritt vor Schritt,
Ließ sich den Schild mit Pfeilen spicken
Und tät nur spöttlich um sich blicken,
Bis einer, dem die Zeit zu lang,
Auf ihn den krummen Säbel schwang.

Da wallt dem Deutschen auch sein Blut,
Er trifft des Türken Pferd so gut,
Er haut ihm ab mit einem Streich
Die beiden Vorderfüß zugleich.
Als er das Tier zu Fall gebracht,
Da faßt er erst sein Schwert mit Macht,
Er schwingt es auf des Reiters Kopf,
Haut durch bis auf den Sattelknopf,
Haut auch den Sattel noch zu Stücken
Und tief noch in des Pferdes Rücken;
Zur Rechten sieht man wie zur Linken
Einen halben Türken heruntersinken.
Da packt die andern kalter Graus;
Sie fliehen in alle Welt hinaus,
Und jedem ist's, als würd ihm mitten
Durch Kopf und Leib hindurchgeschnitten
Drauf kam des Wegs 'ne Christenschar,
Die auch zurückgeblieben war,
Die sahen nun mit gutem Bedacht,
Was Arbeit unser Held gemacht.
Von denen hat's der Kaiser vernommen,
Der ließ den Schwaben vor sich kommen;
Er sprach: „Sag an, mein Ritter wert!
Wer hat dich solche Streich gelehrt?"
Der Held bedacht sich nicht zu lang:
„Die Streiche sind bei uns im Schwang;
Sie sind bekannt im ganzen Reiche,
Man nennt sie halt nur Schwabenstreiche."

*174. **Das Schloß am Meere** (1805).

1. „Hast du das Schloß gesehen, das hohe Schloß am Meer?
Golden und rosig wehen die Wolken drüber her.
2. Es möchte sich niederneigen in die spiegelklare Flut:
Es möchte streben und steigen in der Abendwolken Glut."
3. „Wohl hab ich es gesehen, das hohe Schloß am Meer,
Und den Mond darüber stehen und Nebel weit umher."

4. „Der Wind und des Meeres Wallen, gaben sie frischen Klang?
Vernahmst du aus hohen Hallen Saiten und Festgesang?“
5. „Die Winde, die Wogen alle lagen in tiefer Ruh;
Einem Klagelied aus der Halle hört ich mit Tränen zu.“
6. „Sahest du oben gehen den König und sein Gemahl,
Der roten Mäntel Wehen, der goldnen Kronen Strahl?
7. Führten sie nicht mit Wonne eine schöne Jungfrau dar,
Herrlich wie eine Sonne, strahlend im goldnen Haar?“
8. „Wohl sah ich die Eltern beide, ohne der Kronen Licht,
Im schwarzen Trauerkleide; die Jungfrau sah ich nicht.“

175. **Der blinde König** (1804 und 1814).

1. Was steht der nordschen Fechter Schar hoch auf des Meeres Bord?
Was will in seinem grauen Haar der blinde König dort?
Er ruft, in bittrem Harme auf seinen Stab gelehnt,
Daß überm Meeresarme das Eiland widertönt:
2. „Gib, Räuber, aus dem Felsverlies die Tochter mir zurück!
Ihr Harfenspiel, ihr Lied so süß war meines Alters Glück.
Vom Tanz auf grünem Strande hast du sie weggeraubt,
Dir ist es ewig Schande, mir beugt's das graue Haupt.“
3. Da tritt aus seiner Kluft hervor der Räuber groß und wild,
Er schwingt sein Hünenschwert empor und schlägt an seinen Schild:
„Du hast ja viele Wächter, warum denn litten's die?
Dir dient so mancher Fechter, und keiner kämpft um sie?“
4. Noch stehn die Fechter alle stumm, tritt keiner aus den Reihn,
Der blinde König kehrt sich um: „Bin ich denn ganz allein?“
Da faßt des Vaters Rechte sein junger Sohn so warm:
„Vergönn mir's, daß ich fechte! wohl fühl ich Kraft im Arm.“
5. „O Sohn! der Feind ist riesenstark, ihm hielt noch keiner stand.

Und doch! in dir ist edles Mark, ich fühl's am Druck der Hand.
Nimm hier die alte Klinge! sie ist der Skalden Preis,
Und fällst du, so verschlinge die Flut mich armen Greis!"

6. Und horch! es schäumet, und es rauscht der Nachen übers Meer;
Der blinde König steht und lauscht, und alles schweigt umher,
Bis drüben sich erhoben der Schild' und Schwerter Schall
Und Kampfgeschrei und Toben und dumpfer Widerhall.

7. Da ruft der Greis so freudig bang: „Sagt an, was ihr erschaut!
Mein Schwert, ich kenn's am guten Klang, es gab so scharfen Laut."
„Der Räuber ist gefallen, er hat den blutgen Lohn.
Heil dir, du Held vor allen, du starker Königssohn!"

8. Und wieder wird es still umher, der König steht und lauscht:
„Was hör ich kommen übers Meer? es rudert, und es rauscht."
„Sie kommen angefahren, dein Sohn mit Schwert und Schild
In sonnenhellen Haaren dein Töchterlein Gunild."

9. „Willkommen!" ruft vom hohen Stein der blinde Greis hinab,
„Nun wird mein Alter wonnig sein und ehrenvoll mein Grab.
Du legst mir, Sohn, zur Seite das Schwert von gutem Klang,
Gunilde, du befreite, singst mir den Grabgesang!"

176. Taillefer (1812).

1. Normannenherzog Wilhelm sprach einmal:
„Wer singet in meinem Hof und in meinem Saal?
Wer singet vom Morgen bis in die späte Nacht
So lieblich, daß mir das Herz im Leibe lacht?"

2. Das ist der Taillefer, der so gerne singt,
Im Hofe, wann er das Rad am Brunnen schwingt,
Im Saale, wann er das Feuer schüret und facht,
Wann er abends sich legt, und wann er morgens erwacht.

3. Der Herzog sprach: „Ich hab einen guten Knecht,
Den Taillefer, der dienet mir fromm und recht,

Er treibt mein Rad und schüret mein Feuer gut
Und singet so hell, das höhet mir den Mut."

4. Da sprach der Taillefer: „Und wär ich frei,
Viel besser wollt ich dienen und singen dabei.
Wie wollt ich dienen dem Herzog hoch zu Pferd!
Wie wollt ich singen und klingen mit Schild und mit Schwert!"

5. Nicht lange, so ritt der Taillefer ins Gefild
Auf einem hohen Pferde, mit Schwert und mit Schild.
Des Herzogs Schwester schaute vom Turm ins Feld;
Sie sprach: „Dort reitet, bei Gott, ein stattlicher Held."

6. Und als er ritt vorüber an Fräuleins Turm,
Da sang er bald wie ein Lüftlein, bald wie ein Sturm.
Sie sprach: „Der singet, das ist eine herrliche Lust!
Es zittert der Turm, und es zittert mein Herz in der Brust."

7. Der Herzog Wilhelm fuhr wohl über das Meer,
Er fuhr nach Engelland mit gewaltigem Heer.
Er sprang vom Schiffe, da fiel er auf die Hand:
„Hei!" rief er, „ich faß und ergreife dich, Engelland!"

8. Als nun das Normannenheer zum Sturme schritt,
Der edle Taillefer vor den Herzog ritt:
„Manch Jährlein hab ich gesungen und Feuer geschürt,
Manch Jährlein gesungen und Schwert und Lanze gerührt.

9. Und hab ich Euch gedient und gesungen zu Dank,
Zuerst als ein Knecht und dann als ein Ritter frank:
So laßt mich das entgelten am heutigen Tag,
Vergönnt mir auf die Feinde den ersten Schlag!"

10. Der Taillefer ritt vor allem Normannenheer
Auf einem hohen Pferde, mit Schwert und mit Speer;
Er sang so herrlich, das klang über Hastingsfeld,
Von Roland sang er und manchem frommen Held.

11. Und als das Rolandslied wie ein Sturm erscholl,
Da wallete manch Panier, manch Herze schwoll,
Da brannten Ritter und Mannen von hohem Mut;
Der Taillefer sang und schürte das Feuer gut.

12. Dann sprengt' er hinein und führte den ersten Stoß,
Davon ein englischer Ritter zur Erde schoß;

Dann schwang er das Schwert und führte den ersten Schlag,
Davon ein englischer Ritter am Boden lag.
13. Normannen sahen's, die harrten nicht allzulang,
Sie brachen herein mit Geschrei und mit Schilderklang.
Hei! sausende Pfeile, klirrender Schwerterschlag!
Bis Harald fiel und sein trotziges Heer erlag.
14. Herr Wilhelm steckte sein Banner aufs blutige Feld,
Inmitten der Toten spannt' er sein Gezelt,
Da saß er am Mahle, den goldnen Pokal in der Hand,
Auf dem Haupte die Königskrone von Engelland:
15. „Mein tapfrer Taillefer! komm, trink mir Bescheid!
Du hast mir viel gesungen in Lieb und in Leid;
Doch heut im Hastingsfelde dein Sang und dein Klang
Der tönet mir in den Ohren mein Lebenlang."

177. **Das Glück von Edenhall** (1834).

1. Von Edenhall der junge Lord
Läßt schmettern Festdrommetenschall;
Er hebt sich an des Tisches Bord
Und ruft in trunkner Gäste Schwall:
„Nun her mit dem Glücke von Edenhall!"
2. Der Schenk vernimmt ungern den Spruch,
Des Hauses ältester Vasall,
Nimmt zögernd aus dem seidnen Tuch
Das hohe Trinkglas von Kristall;
Sie nennen's das Glück von Edenhall.
3. Darauf der Lord: „Dem Glas zum Preis
Schenk Roten ein aus Portugal!"
Mit Händezittern gießt der Greis,
Und purpurn Licht wird überall;
Es strahlt aus dem Glücke von Edenhall.
4. Da spricht der Lord und schwingt's dabei:
„Dies Glas von leuchtendem Kristall
Gab meinem Ahn am Quell die Fei;
Drein schrieb sie: Kommt dies Glas zu Fall,
Fahr wohl dann, o Glück von Edenhall!

5. Ein Kelchglas ward zum Los mit Fug
Dem freudgen Stamm von Edenhall;
Wir schlürfen gern in vollem Zug,
Wir läuten gern mit lautem Schall:
Stoßt an mit dem Glücke von Edenhall!"

6. Erst klingt es milde, tief und voll,
Gleich dem Gesang der Nachtigall,
Dann wie des Waldstroms laut Geroll;
Zuletzt erdröhnt wie Donnerhall
Das herrliche Glück von Edenhall.

7. „Zum Horte nimmt ein kühn Geschlecht
Sich den zerbrechlichen Kristall;
Es dauert länger schon, als recht;
Stoßt an! mit diesem kräftgen — — Prall
Versuch ich das Glück von Edenhall!"

8. Und als das Trinkglas gellend springt,
Springt das Gewölb mit jähem Knall,
Und aus dem Riß die Flamme dringt;
Die Gäste sind zerstoben all
Mit dem brechenden Glücke von Edenhall.

9. Einstürmt der Feind mit Brand und Mord,
Der in der Nacht erstieg den Wall;
Vom Schwerte fällt der junge Lord,
Hält in der Hand noch den Kristall,
Das zersprungene Glück von Edenhall.

10. Am Morgen irrt der Schenk allein,
Der Greis, in der zerstörten Hall;
Er sucht des Herrn verbrannt Gebein,
Er sucht im grausen Trümmerfall
Die Scherben des Glücks von Edenhall.

11. „Die Steinwand", spricht er, „springt zu Stück,
Die hohe Säule muß zu Fall,
Glas ist der Erde Stolz und Glück,
In Splitter fällt der Erdenball
Einst, gleich dem Glücke von Edenhall."

178. Der Überfall im Wildbad*) (1815).

1. In schönen Sommertagen, wann lau die Lüfte wehn,
Die Wälder lustig grünen, die Gärten blühend stehn,
Da ritt aus Stuttgarts Toren ein Held von stolzer Art,
Graf Eberhard der Greiner, der alte Rauschebart.

2. Mit wenig Edelknechten zieht er ins Land hinaus,
Er trägt nicht Helm noch Panzer, nicht geht's auf blutgen Strauß,
Ins Wildbad will er reiten, wo heiß ein Quell entspringt,
Der Sieche heilt und kräftigt, der Greise wieder jüngt.

3. Zu Hirsau bei dem Abte, da kehrt der Ritter ein
Und trinkt bei Orgelschalle den kühlen Klosterwein.
Dann geht's durch Tannenwälder, ins grüne Tal gesprengt,
Wo durch ihr Felsenbette die Enz sich rauschend drängt.

4. Zu Wildbad an dem Markte, da steht ein stattlich Haus,
Es hängt daran zum Zeichen ein blanker Spieß heraus.
Dort steigt der Graf vom Rosse, dort hält er gute Rast,
Den Quell besucht er täglich, der ritterliche Gast.

5. Wann er sich dann entkleidet und wenig ausgeruht
Und sein Gebet gesprochen, so steigt er in die Flut;
Er setzt sich stets zur Stelle, wo aus dem Felsenspalt
Am heißesten und vollsten der edle Sprudel wallt.

6. Ein angeschoßner Eber, der sich die Wunde wusch,
Verriet voreinst den Jägern den Quell in Kluft und Busch;
Nun ist's dem alten Recken ein lieber Zeitvertreib,
Zu waschen und zu strecken den narbenvollen Leib.

7. Da kommt einsmals gesprungen sein jüngster Edelknab:
„Herr Graf! es zieht ein Haufe das obre Tal herab,
Sie tragen schwere Kolben, der Hauptmann führt im Schild
Ein Röslein rot von Golde und einen Eber wild."

8. „Mein Sohn! das sind die Schlegler, die schlagen kräftig drein.

---

*) Graf Eberhard von Württemberg, genannt der Greiner, auch der Rauschebart († 1392), und dessen Sohn Ulrich († 1388), sind im Chor der Stiftskirche in Stuttgart beigesetzt (Anmerkung des Dichters).

Gib mir den Leibrock, Junge! das ist der Eberstein.
Ich kenne wohl den Eber, er hat so grimmen Zorn,
Ich kenne wohl die Rose, sie führt so scharfen Dorn."

9. Da kommt ein armer Hirte in atemlosem Lauf:
„Herr Graf! es zieht 'ne Rotte das untre Tal herauf.
Der Hauptmann führt drei Beile, sein Rüstzeug glänzt und gleißt,
Daß mir's wie Wetterleuchten noch in den Augen beißt."

10. „Das ist der Wunnensteiner, der gleißend Wolf genannt.
Gib mir den Mantel, Knabe! der Glanz ist mir bekannt.
Er bringt mir wenig Wonne, die Beile hauen gut.
Bind mir das Schwert zur Seite! der Wolf, der lechzt nach Blut.

11. Ein Mägdlein mag man schrecken, das sich im Bade schmiegt,
Das ist ein lustig Necken, das niemand Schaden fügt;
Wird aber überfallen ein alter Kriegesheld,
Dann gilt's, wenn nicht sein Leben, doch schweres Lösegeld."

12. Da spricht der arme Hirte: „Des mag noch werden Rat,
Ich weiß geheime Wege, die noch kein Mensch betrat,
Kein Roß mag sie ersteigen, nur Geißen klettern dort,
Wollt Ihr sogleich mir folgen, ich bring Euch sicher fort."

13. Sie klimmen durch das Dickicht den steilsten Berg hinan;
Mit seinem guten Schwerte haut oft der Graf sich Bahn.
Wie herb das Fliehen schmecke, noch hatt er's nie vermerkt,
Viel lieber möcht er fechten, das Bad hat ihn gestärkt.

14. In heißer Mittagsstunde bergunter und bergauf;
Schon muß der Graf sich lehnen auf seines Schwertes Knauf.
Darob erbarmt's den Hirten des alten, hohen Herrn,
Er nimmt ihn auf den Rücken: „Ich tu's von Herzen gern."

15. Da denkt der alte Greiner: „Es tut doch wahrlich gut,
So sänftlich sein getragen von einem treuen Blut.
In Fährden und in Nöten zeigt erst das Volk sich echt,
Drum soll man nie zertreten sein altes, gutes Recht."

16. Als drauf der Graf gerettet zu Stuttgart sitzt im Saal,
Heißt er 'ne Münze prägen als ein Gedächtnismal.

Er gibt dem treuen Hirten manch blankes Stück davon,
Auch manchem Herrn von Schlegel verehrt er eins zum Hohn.

17. Dann schickt er tüchtge Maurer ins Wildbad allsofort,
Die sollen Mauern führen rings um den offnen Ort,
Damit in künftgen Sommern sich jeder greise Mann,
Von Feinden ungefährdet, im Bade jüngen kann.

179. Normännischer Brauch.

(Dem Freiherrn de la Motte Fouqué zugeeignet.)

Fischerhütte auf einer Insel an der Küste der Normandie.

Balder, ein Seefahrer. Richard, ein Fischer. Thorilde.

Balder.

Dies auf dein Wohlsein, vielgeehrter Wirt!
Fürwahr, ich hab's dem tollen Sturme Dank,
Der mich in deiner Insel Bucht gejagt;
Denn solch ein traulich Mahl am stillen Herd
Hat mich seit langer Zeit nicht mehr gelabt.

Richard.

Man trifft's in Fischerhütten besser nicht;
Hat's dir behagt, viel Ehr und Freude mir!
Insonders wert ist mir so edler Gast,
Der aus dem nordschen Heimatlande kommt,
Von wannen unsre Väter hergeschifft,
Davon man noch so vieles sagt und singt.
Doch muß ich dir eröffnen, edler Herr,
Wer bei mir einkehrt, sei er noch so arm,
Wird angesprochen um ein Gastgeschenk.

Balder.

Mein Schiff, das in der Bucht vor Anker liegt,
Es hegt der seltnen Waren mancherlei,
Die ich vom Mittelmeere hergeführt,
Goldfrüchte, süße Weine, bunte Vögel;
Auch wahrt es Waffen, nordscher Schmiede Werk,
Zweischneidge Schwerter, Harnisch, Helm und Schild.

Richard.

Nicht solches meint ich, du verstehst mich falsch.
Es ist ein Brauch in unsrer Normandie:
Wer einen Gast an seinem Herd empfing,
Verlangt von ihm ein Märchen oder Lied
Und gibt sofort ein gleiches ihm zurück.
Ich halt in meinen alten Tagen noch
Die edeln Sagen und Gesänge wert,
Darum erlaß ich dir die Fordrung nicht.

Balder.

Ein Märchen ist oft süß wie Zyperwein,
Wie Früchte duftig und wie Vögel bunt,
Und manch ein altertümlich Heldenlied
Ertönt wie Schwertgeklirr und Schildesklang,
Drum war mein Irrtum wohl nicht allzugroß.
Zwar weiß ich nicht so Herrliches zu melden,
Doch ehrt ich gern den löblichen Gebrauch.
Vernimm denn, was in heitrer Mondnacht jüngst
Ein Schiffsgenoß auf dem Verdeck erzählt!

Richard.

Noch einen Trunk, mein Gast! Beginne dann!

Balder.

Zween nordsche Grafen hatten manches Jahr
Das Meer durchsegelt mit vereinten Wimpeln,
Vereint bestanden manch furchtbaren Sturm,
Manch heiße Schlacht zur See und am Gestad,
Auch manchesmal im Süden oder Osten
Auf blühndem Strand zusammen ausgeruht;
Jetzt ruhten sie daheim auf ihren Burgen,
In gleiche Trauer beide tief versenkt,
Denn jeder hatt ein treues Ehgemahl
Unlängst begleitet nach der Ahnengruft.
Doch sproßt auch jedem aus dem düstern Gram
Ein süßes, ahnungsvolles Glück herauf:
Dem einen blüht ein muntrer Sohn,
Der andre pflegt ein liebes Töchterlein.

Um ihren alten Freundschaftsbund zu krönen
Und dauerndes Gedächtnis ihm zu stiften,
Beschlossen sie, die teuern Sprößlinge
Dereinst durch heilge Bande zu verknüpfen.
Zween goldne Ringe ließen sie bereiten,
Die man, den zarten Fingern noch zu weit,
An bunten Bändern um die Hälschen hing.
Ein Saphir, wie des Mägdleins Auge, blau,
War in des jungen Grafen Ring gefügt,
Im andern glüht ein rosenroter Stein,
Recht wie des Knaben frisches Wangenblut.

Richard.

Ein rosenroter Stein im goldnen Reif,
Das war des Mädchens Schmuck? Verstand ich's wohl?

Balder.

Ja, wie du sagst, doch kommt's darauf nicht an.
Schon wuchs der Knabe hoch und schlank herauf,
In Waffenspielen ward er früh geübt,
Schon tummelt er ein kleines, schmuckes Roß.
Nicht soll er, wie der Vater, einst das Meer
Auf abenteuerlicher Fahrt durchschweifen,
Beschirmen soll er einst mit starker Hand
Das mächtige Gebiet, die hohen Burgen,
Vereintes Erbtum beider Grafenstämme.
Des jungen Ritters Bräutlein lag indes
Noch in der Wieg im dämmernden Gemach,
Von treuen Wärterinnen wohl besorgt.
Nun kam ein milder Frühlingstag ins Land,
Da trugen sie das ungeduldge Kind
Zum sonnig heitern Meeresstrand hinab
Und brachten Blum und Muschel ihm zum Spiel.
Die See, von leisem Lufthauch kaum bewegt,
Sie spiegelte der Sonne klares Bild
Und warf den Zitterschein aufs junge Grün.
Am Strande lag gerad ein kleiner Kahn,
Den schmücken jetzt die Fraun mit Schilf und Blumen

Und legen ihren holden Pflegling drein
Und schaukeln ihn am Ufer auf und ab.
Das Kindlein lacht, die Frauen lachen mit,
Doch eben unterm fröhlichsten Gelächter
Entschlüpft das Band, daran sie spielend ziehn,
Und als sie es bemerken, kann ihr Arm
Das Schifflein nicht vom Strande mehr erreichen.
So scheinbar still die See, so wellenlos,
Doch spült sie weiter stets den Kahn hinaus.
Man höret noch des Kindes herzlich Lachen,
Die Frauen aber sehn verzweifelt nach,
Mit Händeringen, wildem Angstgeschrei.
Der Knabe, der sein Liebchen zu besuchen
Gekommen war und jetzt das leichte Roß
Auf grüner Uferwiese tummelte,
Er sprengt auf das Geschrei im Flug heran,
Er treibt sein Pferdchen mutig in die See
Und meint, das blumge Fahrzeug zu erschwimmen.
Kaum aber prüft das Tier die kalte Flut,
So schüttelt sich's und wendet störrig um
Und reißt den Reiter an den Strand zurück.
Derweil hat schon der Nachen mit dem Kinde
Hinausgetrieben aus der stillen Bucht,
Und frisches Wehen auf der offnen See
Entführt ihn bald den Blicken.

Richard.

Armes Kind!
Die heilgen Engel mögen dich umschweben!

Balder.

Dem Vater kommt die Schreckensbotschaft zu;
Gleich läßt er alle Schiffe, groß und klein,
Auslaufen, und das schnellste trägt ihn selbst.
Doch spurlos ist das Meer, der Abend sinkt,
Die Winde wechseln, nächtlich tobt der Sturm.
Von mondenlangem Suchen bringen sie

Den leeren, morschen Nachen nur zurück,
Mit abgewelkten Kränzen — — —

Richard.

Was stört dich in der Rede, werter Gast?
Du stockst, du atmest tief.

Balder.

Ich fahre fort.
Seit jenem Unfall freute sich der Knabe
Nicht mehr des Rosselenkens, wie zuvor;
Viel lieber übt er sich im Schwimmen, Tauchen,
Am Ruder prüft er gerne seinen Arm.
Als er zum kräftgen Jüngling nun erstarkt,
Da heischt er Schiffe von dem Vater.
Nichts hat das feste Land, was er begehrt,
Kein Fräulein auf den Burgen reizet ihn,
Dem wilden Meere scheint er anverlobt,
Darein das Mägdlein und der Ring versank.
Auch rüstet er sein Hauptschiff seltsam aus
Mit Purpurwimpeln, goldnem Bilderschmuck,
Wie einer, der die Braut meerüber holt.

Richard.

Fast wie das deine drunten in der Bucht,
Nicht wahr, mein wackrer Seemann?

Balder.

Wenn du willst.
Mit jenem reichgeschmückten Hochzeitschiff
Hat er in manchem grausen Sturm geschwankt.
Wenn so zu Donnerschlag und Sturmgebraus
Die Wogen tanzen, seiner Hochzeittanz!
Manch blutge Seeschlacht hat er durchgekämpft
Und ist davon im Norden wohlbekannt.
Mit sondrem Namen ward er dort belegt:
Springt er hinüber mit geschwungnem Schwert
Auf ein geentert Schiff, dann schreit das Volk:
„Weh uns! vertilg uns nicht, M e e r b r ä u t i g a m!“
Das ist mein Märchen.

Richard.

Habe Dank dafür!
Es hat mir recht mein altes Herz bewegt;
Nur, dünkt mir, fehlt ihm noch der volle Schluß.
Wer weiß, ob wirklich denn das Kind versank,
Ob nicht ein fremdes Schiff vorüberfuhr,
Das flugs an Bord den armen Findling nahm,
Den morschen Kahn der Meerflut überließ?
Vielleicht auf einer Insel, wie die unsre,
Ward dann das schwache Kindlein abgesetzt,
Von frommen Händen sorgsamlich gepflegt,
Und ist zur holden Jungfrau nun erblüht.

Balder.

Du weißt geschickt ein Märchen auszuspinnen.
So laß nun deines hören, wenn's beliebt!

Richard.

In vorgen Tagen wußt ich manche Mär
Von unsern alten Herzogen und Helden
Und sonderlich vom Richard Ohnefurcht,
Der nachts so hell als wie am Tage sah,
Der durch den öden Wald allnächtlich ritt
Und mit Gespenstern manchen Strauß bestand;
Doch jetzt ist mein Gedächtnis alterschwach,
Verworren schwankt mir alles vor dem Sinn.
Drum soll das junge Mädchen mich vertreten,
Das dort so still und abgewendet sitzt
Und Netze strickt beim trüben Lampenschein.
Die hat sich manches gute Lied gemerkt
Und hat 'ne Kehle wie die Nachtigall.
Thorilde! darfst den edlen Gast nicht scheun.
Sing uns das Lied vom Mägdlein und vom Ring,
Das einst der alte Sänger dir gereimt!
Ein feines Lied! ich weiß, du singst es gern.

Thorilde (singt).

Wohl sitzt am Meeresstrande
Ein zartes Jungfräulein,

Sie angelt manche Stunde,
Kein Fischlein beißt ihr ein.
  Sie hat 'nen Ring am Finger
Mit rotem Edelstein,
Den bindt sie an die Angel,
Wirft ihn ins Meer hinein.
  Da hebt sich aus der Tiefe
'ne Hand, wie Elfenbein,
Die läßt am Finger blinken
Das goldne Ringelein.
  Da hebt sich aus dem Grunde
Ein Ritter jung und fein,
Er prangt in goldnen Schuppen
Und spielt im Sonnenschein.
  Das Mägdlein spricht erschrocken:
„Nein, edler Ritter, nein!
Laß du mein Ringlein golden!
Gar nicht begehrt ich dein."
  „Man angelt nicht nach Fischen
Mit Gold und Edelstein:
Das Ringlein laß ich nimmer,
Mein eigen mußt du sein!"

Balder.

Was hör ich? seltsam ahnungsvoller Sang!
Was seh ich? welch ein himmlisch Angesicht
Hebt süß errötend sich aus goldnen Locken
Und mahnt mich an die ferne Kinderzeit!
Ha! an der Rechten blinkt der goldne Ring,
Der rote Stein; du bist's, verlorne Braut!
Ich bin's, den sie Meerbräutigam genannt,
Hier ist der Saphir, wie dein Auge blau,
Und drunten liegt das Hochzeitschiff bereit.

Richard.

Das hab ich längst gedacht, verehrter Held!
Ja, nimm sie hin, mein teures Pflegekind!

Halt sie nur fest in deinem starken Arm!
Du drückst ein treues Herz an deine Brust.
Doch sieh einmal! du hast dich ganz verwirrt
Im Netze, das mein fleißig Kind gestrickt.

Johann Nepomuk Vogl (1802—1866).

180. Das Erkennen.

1. Ein Wanderbursch, mit dem Stab in der Hand,
Kommt wieder heim aus dem fremden Land.
Sein Haar ist bestäubt, sein Antlitz verbrannt;
Von wem wird der Bursch wohl zuerst erkannt?

2. So tritt er ins Städtchen durchs alte Tor,
Am Schlagbaum lehnt just der Zöllner davor.
Der Zöllner, der war ihm ein lieber Freund,
Oft hatte der Becher die beiden vereint.

3. Doch sieh — Freund Zollmann erkennt ihn nicht,
Zu sehr hat die Sonn ihm verbrannt das Gesicht.
Und weiter wandert nach kurzem Gruß
Der Bursche und schüttelt den Staub vom Fuß.

4. Da schaut aus dem Fenster sein Schätzel fromm:
„Du blühende Jungfrau, viel schönen Willkomm!"
Doch sieh — auch das Mägdlein erkennt ihn nicht,
Die Sonn hat zu sehr ihm verbrannt das Gesicht.

5. Und weiter geht er die Straß entlang,
Ein Tränlein hängt ihm an der braunen Wang.
Da wankt von dem Kirchsteig sein Mütterchen her,
„Gott grüß Euch!" so spricht er und sonst nichts mehr.

6. Doch sieh — das Mütterchen schluchzet voll Lust:
„Mein Sohn!" — und sinkt an des Burschen Brust.
Wie sehr auch die Sonne sein Antlitz verbrannt,
Das Mutteraug hat ihn doch gleich erkannt.

Volkslieder.

*181. Nachtwächterlied.

1. Hört, ihr Herrn, und laßt euch sagen:
Unsre Glock hat zehn geschlagen.
Zehn Gebote setzt Gott ein;
Ach, laßt uns gehorsam sein!

2. Menschenwachen wird nichts nützen,
Gott muß wachen, Gott muß schützen.
Herr, durch deine Huld und Macht
Gib uns eine gute Nacht!

3. Hört, ihr Herrn, und laßt euch sagen:
Unsre Glock hat elf geschlagen.
Nur elf Jünger blieben treu;
Gib, daß gar kein Abfall sei!

4. Hört, ihr Herrn, und laßt euch sagen:
Unsre Glock hat zwölf geschlagen.
Zwölf, das ist das Ziel der Zeit;
Mensch, bedenk die Ewigkeit!

5. Hört, ihr Herrn, und laßt euch sagen:
Unsre Glock hat eins geschlagen.
Eins ist Not; du treuer Gott,
Gib uns einen selgen Tod!

6. Hört, ihr Herrn, und laßt euch sagen:
Unsre Glock hat zwei geschlagen.
Zwei Weg hat der Mensch für sich:
Herr, den schmalen führe mich!

7. Hört, ihr Herrn, und laßt euch sagen:
Unsre Glock hat drei geschlagen.
Drei ist eins, was göttlich heißt,
Vater, Sohn und heilger Geist.

8. Hört, ihr Herrn, und laßt euch sagen:
Unsre Glock hat vier geschlagen.
Vierfach ist das Ackerfeld:
Mensch, wie ist dein Herz bestellt?

9. Auf! ermuntert eure Sinnen,
Denn es weicht die Nacht von hinnen.
Danket Gott, der uns die Nacht
Hat so väterlich bewacht!

182. **Prinz Eugenius vor Belgrad** (1717).

1. Prinz Eugenius, der edle Ritter,
Wollt dem Kaiser wiedrum kriegen
Stadt und Festung Belgerad;
Er ließ schlagen eine Brucken,
Daß man kunnt hinüberrucken
Mit der Armee wohl für die Stadt.

2. Als die Brucken nun war geschlagen,
Daß man kunnt mit Stuck und Wagen
Frei passiern den Donaufluß:
Bei Semlin schlug man das Lager,
Alle Türken zu verjagen,
Ihnen zum Spott und zum Verdruß.

3. Am einundzwanzigsten August soeben
Kam ein Spion bei Sturm und Regen,
Schwur's dem Prinzen und zeigt's ihm an,
Daß die Türken futragieren,
Soviel als man kunnt verspüren,
An die dreimalhunderttausend Mann.

4. Als Prinz Eugenius dies vernommen,
Ließ er gleich zusammenkommen
Sein Genral und Feldmarschall;
Er tät sie recht instruieren,
Wie man sollt die Truppen führen
Und den Feind recht greifen an.

5. Bei der Parole tät er befehlen,
Daß man sollt die Zwölfe zählen
Bei der Uhr um Mitternacht;
Da sollt alles zu Pferd aufsitzen,
Mit dem Feinde zu scharmützen,
Was zum Streit nur hätte Kraft.

6. Alles saß auch gleich zu Pferde,
Jeder griff nach seinem Schwerte,
Ganz still ruckt man aus der Schanz;
Die Musketier wie auch die Reiter
Täten alle tapfer streiten:
Es war fürwahr ein schöner Tanz!

7. „Ihr Konstabler auf der Schanzen,
Spielet auf zu diesem Tanzen
Mit Kartaunen groß und klein,
Mit den großen, mit den kleinen
Auf die Türken, auf die Heiden,
Daß sie laufen all davon!“

8. Prinz Eugenius wohl auf der Rechten
Tät als wie ein Löwe fechten
Als General und Feldmarschall;
Prinz Ludwig ritt auf und nieder:
„Halt euch brav, ihr deutschen Brüder,
Greift den Feind nur herzhaft an!“

9. Prinz Ludwig der mußt aufgeben
Seinen Geist und junges Leben,
Ward getroffen von dem Blei;
Prinz Eugenius war sehr betrübet,
Weil er ihn so sehr geliebet,
Ließ ihn bringen nach Peterwardein.

183. **Die Prager Schlacht** (1757).

1. Als die Preußen marschierten vor Prag,
Vor Prag, die wunderschöne Stadt,
Auf dem weißen Berg ward's Lager geschlagen,
Mit Pulver und Blei ward's betragen,
Kanonen wurden draufgeführt.
Schwerin hat sie da kommandiert.

2. Drauf schickten sie einen Trompeter hinein:
Ob sie Prag wollten geben ein,
Oder ob sie's sollten einschließen;
Das tät den Bischof verdrießen:

Sie wollten die Stadt nicht geben ein,
Es sollt und müßt geschossen sein.
3. Drauf rückte Prinz Heinrich heran
Wohl mit achtzigtausend Mann:
Mit Donner, Hagel, Feur und Flammen
Schossen sie die Regimenter zusammen;
Schwerin trug die Fahne, ach, Angst und Not:
Schwerin der ward geschossen tot!
4. Als der König von Preußen das vernahm:
„O weh, was habe ich getan!
Meine halbe Armee wollt ich drum geben,
Wenn mein Schwerin noch wär am Leben!
Er ist gewest ein tapfrer Kriegesheld,
Stund allezeit bereit im Feld.“
5. Wer hat sich denn das Liedlein erdacht?
Es haben's drei Husaren gemacht,
Unter Seidlitz sind sie gewesen,
Sind auch bei Prag selbst mit gewesen.
Triumph, Triumph, Viktoria!
Der König von Preußen ist schon da!

184. Altes Soldatenlied.

1. Fridericus Rex, unser König und Herr,
Der rief seine Soldaten allesamt ins Gewehr:
Zweihundert Bataillons und an die tausend Schwadronen,
Und jeder Grenadier kriegte sechzig Patronen.
2, „Ihr tollen Jungens,“ sprach Seine Majestät,
„Daß jeder in der Bataille seinen Mann mir steht!
Sie gönnen mir nicht Schlesien und die Grafschaft Glatz
Und hundert Millionen in meinem Schatz.
3. Die Kaiserin hat sich mit den Franzosen alliiert
Und das römische Reich gegen mich revoltiert;
Die Russen sind gefallen in Preußen ein;
Auf! laßt uns zeigen, daß wir brave Landeskinder sein!
4. Meine Generale, Schwerin und der Feldmarschall Keith
Und der Generalmajor von Zieten sind allemal bereit.

Potz Mohren, Blitz und Kreuz-Element,
Wer den Fritz und seine Soldaten noch nicht kennt!

5. Nun adieu, Luise, wisch ab dein Gesicht,
Eine jede Kugel, die trifft ja nicht;
Denn träf jede Kugel apart ihren Mann,
Wo kriegten die Könige ihre Soldaten dann?

6. Die Musketenkugel macht ein kleines Loch,
Die Kanonenkugel macht ein weit größeres noch;
Die Kugeln sind alle von Eisen und Blei,
Und manche Kugel geht manchem vorbei.

7. Unsere Artillerie hat ein vortrefflich Kaliber,
Und von den Preußen geht keiner zum Feinde nicht über,
Die Schweden, die haben verflucht schlechtes Geld,
Wer weiß, ob der Östreicher besseres hält.

8. Mit Pomade bezahlt den Franzosen sein König,
Wir kriegen's alle Woche bei Heller und Pfennig,
Potz Mohren, Blitz und Kreuz-Element,
Wer den Fritz und seine Soldaten noch nicht kennt!

Wilhelm Wackernagel (1806—1869).

*185. Geduld bringt Rosen.

1. Es ist Geduld ein rauher Strauch,
Voll Dornen aller Enden,
Und wer ihm naht, der merkt das auch
An Füßen und an Händen.

2. Und dennoch sag ich: laß die Müh
Dich nimmermehr verdrießen,
Sei's auch mit Tränen, spät und früh
Ihn treulich zu begießen.

3. Urplötzlich wird er über Nacht
Dein Mühen dir belohnen,
Wenn über all den Dornen lacht
Ein Strauß von Rosenkronen.

Friedrich Wilhelm Weber (1813—1894).

186. Marienblume.

1. Wer singt ein Lied zu deinem Preis,
Du Ringelröschen rot und weiß
Mit goldnem Herzen?
Doch weil dein Herz so rein wie Gold,
Bin ich dir hold,
Du Blume der Freuden und Schmerzen.

2. Marienblume nennt man dich,
Als lieb Maßliebchen kennt man dich
Und Tausendschönchen.
Wie lächelst du so wonnesam
In holder Scham
Und neigst dein silbernes Krönchen!

3. Du ärmstes Kräutlein auf der Au,
Du bist geweiht der heilgen Frau:
Weißt du, weswegen?
Du bist wie sie so rein und mild,
Der Demut Bild
Und reich an heimlichem Segen.

4. Die Ros ist manchem lieb und wert,
Auch Tulp und Nelke hochgeehrt,
Als Fraun von Stande:
Doch du, im schlicht bescheidnen Kleid
Der Dürftigkeit,
Du bist ein Mädchen vom Lande.

5. Sobald die Sonne geht zur Ruh,
Machst du die klaren Äuglein zu,
Um früh zu wachen:
Die Hirtin und die Schnittermaid
Sind so gescheit,
Maßliebchen es nachzumachen.

6. Den Schwestern tut der Winter weh;
Du grünst im Eis, du blühst im Schnee,

Gleichwie im Maien:
Im Stübchen klagt das Stadtfräulein
Und mummt sich ein;
Das Dorfkind jubelt im Freien.

187. Morgen ist es besser.

1. Überkam dich Sorg und Weh,
Denk, es sei ein Frühlingsschnee:
Morgen ist es besser.
2. Frühlingsschnee vom kalten Nord,
Morgen bläst der Süd ihn fort:
Morgen ist es besser.
3. Wie dein Gram dich quälen mag,
Warte nur noch einen Tag:
Morgen ist es besser.
4. Einen Tag und einen noch,
Endlich kommt die Hilfe doch:
Morgen ist es besser.
5. Gottes Werk ist weise Huld;
Harre nur und in Geduld:
Morgen ist es besser.
6. Seine Boten wandeln sacht,
Kommen zu dir in der Nacht:
Morgen ist es besser.
7. Klopfen an dein Fensterlein,
Flüstern Rat und Trost hinein:
Morgen ist es besser.
8. Morgen oder gleich darauf,
Gib nur nicht die Hoffnung auf:
Morgen ist es besser.
9. Überkam dich Sorg und Weh,
Denk, es sei ein Frühlingsschnee:
Morgen ist es besser.

Peter Zirbes (1825—1901).

188. Der Dreizehnte.

1. Es hatte Karl der Große mit starker Hand
Das Friesenvolk bezwungen im eigenen Land.
Sie sollten zu ihm schwören und taten's nicht;
Da saß der stolze Kaiser gar strenge zu Gericht:

2. Zwölf Richter aus dem Volke, im Zorne schwer
Hieß sie der Kaiser setzen ins hohe Meer.
Dem Boot gab er kein Ruder, kein Tau noch Mast,
Auf daß beim ersten Sturme Verderben es erfaßt.

3. Da flehten sie zum Himmel: „O Herr der Welt,
Nur dir sei unsre Sache anheimgestellt:
Den Dreizehnten uns sende in unsrer Not,
Wenn uns in Meereswogen ein frühes Grab bedroht!"

4. Und wie die Helden fahren in ihren Tod,
Da hüpfen alle Wellen im Abendrot,
Als hätte sich geöffnet des Himmels Tor,
Und Silberfischlein schnellen aus goldner Flut empor.

5. Es schlägt noch einmal freier der Helden Herz!
Es netzen sich die Augen, doch nicht vor Schmerz.
Der Freiheit treu zu sterben, o, welche Lust!
Sie sinken voll Entzücken einander an die Brust.

6. Und sieh! wer sitzt am Steuer, welch Heldenbild,
Im Blicke heilges Feuer, und doch so mild!
Ums hehre Haupt ihm strahlet ein lichter Schein.
Doch jeder meint, es müsse von ihnen einer sein.

7. Es floß ihm von der Lippe das Wort so süß,
Als er gesetzeskundig sie unterwies.
Froh lauschten ihre Herzen der Rede Lauf,
Aus jedem seiner Worte ein neues Licht ging auf.

8. Solch keinen wohl im Volke fänd ihre Wahl!
Schon kor ihn still zum König der Richter Zahl —
Da, unsichtbar gelenket, schwebt leicht gewandt
Das Fahrzeug längs den Klippen ans feste, sichre Land.

9. Doch als sie ausgestiegen, sind's zwölfe nur,
Der Dreizehnte verschwunden ohn alle Spur:
Er war's, der einst beim Sturme im Schifflein schlief,
Als ihn die Schar der Jünger verzagt um Hilfe rief.

10. Er lenkt auch unser Schifflein durch Sturm und Nacht
Des bangen Erdenlebens, wenn's blitzt und kracht,
Und wer in Kampf und Nöten ihm fest vertraut,
Im Hafen seiner Liebe die ewge Heimat schaut.

Erläuterungen

findet man u. a. in folgenden Werken: Dietlein, Gosche und Polack (DP), Aus deutschen Lesebüchern, Gera, Hofmann, 1. Bd. 1897, 4. Aufl.; 2 Bd. 1896, 4. Aufl.; 3. Bd. 1893, 3. Aufl. — Förster (F.), Das Volkslied in der Volksschule, 3. Aufl., Breslau, 1879. — Götzinger (Gö), Deutsche Dichter, 2 Bd., 5. Aufl., Aarau, 1876—77. — Gude (Gu), Erläuterungen deutscher Dichtungen, 5 Reihen, Leipzig, 1881, 7. Aufl. — Hiecke (Hi), Gesammelte Aufsätze, Hamm, 1864. — Kriebitzsch (Kr), Zum Lesebuch, Gotha, 1881. — Leimbach (Lb), Ausgewählte deutsche Dichtungen, erläutert, Leipzig, Kesselring, 1880—1896, bis jetzt 10 Bde. erschienen. — Lüben und Nacke (LN), Einführung in die deutsche Literatur, 3 Teile, Leipzig, 1882—1883, 9. Auflage. Die Gedichte von Goethe und Schiller in den Erläuterungen von Düntzer und Viehoff.

Verwandte Stoffe in französischer und englischer Sprache vgl. man bei Kühn (K), Französisches Lesebuch, Unterstufe, 6. Aufl., Leipzig. Velhagen u. Klasing, 1897 und Vietor u. Dörr (VD), Englisches Lesebuch, Unterstufe, 6. Aufl., Leipzig, Teubner, 1900.

Nr.
2: DP 2, 262; F 162; Gu 4, 37; Kr 161; LN 3, 102.
3: DP 2, 656; Gu 4, 37.
6: DP 2, 658; LN 3, 560.
8: DP 3, 455; Lb 1, 1.
9: DP 2, 314; Lb 1, 7; LN 3, 162.
10: Gö 1, 296; Kr 13; Lb 1, 18; LN 2, 154.
11: DP 3, 180; Gu 4, 244; Lb 1, 118; LN 3, 235.
12: DP 2, 590; F 108; Gu 3, 231; Lb 1, 82; LN 3, 227.
13: DP 2, 536; F 49; Gö 1, 369; Lb 1, 130; LN 2, 18.
14: DP 1, 392; Lb 1, 153; LN 2, 20.
15: DP 2, 583; Lb 1, 128.
17: DP 2, 478; F 33.
18: DP 2, 706; F 30; LN 3, 218. VD, S. 43, The Holiday.
19: DP 2, 617; F 67.
25: F 62; VD, S. 127 und 131, The Three Fishers; Night Hymn at Sea.
26: LN 3, 668.
27: DP 2, 307; Lb 1, 214; LN 3, 537.

Nr.
28: DP 2, 664; F 151; Gu 1, 295; Lb 1, 199.
29: DP 3, 531; Lb 1, 238; LN 3, 551; VD, S. 136, The Charge of the Light Brigade.
31: DP 2, 81; LN 3, 509.
32: DP 2, 72; LN 3, 509.
33: LN 3, 510.
34: DP 2, 80; LN 3, 510.
35: DP 2, 75; LN 3, 510.
36: Lb 1, 253; LN 3, 510.
37: DP 3, 576; Lb 2, 5.
38: DP 2, 429; F 99; Lb 1, 274; LN 3, 582.
39: DP 2, 454; Lb 2, 8; LN 3, 584; K, Nr. 29, Voici venu. — VD, S. 199, May.
40: DP 2, 705; Lb 2, 11; LN 3, 577.
41: DP 2, 194.
43: DP 3, 228.
46: DP 3, 277.
48: DP 2, 276; Lb 1, 33; VD, S. 118, Tom's First Adventure.
51: DP 3, 401; Gö 1, 696; Lb 2, 120; LN 2, 415.

Nr.

52: DP 2, 121; Gö 1, 675; Lb 2, 201; LN 2, 395.
55: DP 3, 441; Gö 1, 655; Lb 2, 158; LN 2, 397.
56: Lb 6, 476.
67: Gu 4, 179; LN 3, 32.
68: DP 2, 467; LN 3, 48.
69: Gu 4, 179; LN 3, 29; VD, S. 50, The Spider and the Thy.
70: F 95; LN 3, 18.
72: DP 2, 606; F 118; Gu 4, 209; Lb 2, 300.
74: DP 2, 159; Gu 4, 209; Kr 86; Lb 2, 291; LN 3, 445.
75: DP 2, 272; Gu 4, 269; Lb 2, 307; LN 3, 447.
76: DP 2, 634; Lb 3, 72; K, Nr. 143, La France est belle. — VD, S. 91, The Homes of England.
77: DP 2, 649.
78: Lb 3, 74; VD, S. 67, Home, Sweet Home.
79: LN 3, 504; K, Nr. 133, L'Aurore.
82: DP 2, 636; Lb 3, 73.
84: DP 3, 143; Lb 3, 70; LN 3, 504; VD, S. 147, How Dear to me the Hour.
87: DP 2, 584; Gö 1, 212.
88: DP 1, 129; LN 2, 144; K, Nr. 29, Voici venu. — VD, S. 199, May.
89: DP 3, 131; Gö 1, 203; LN 2, 144.
90: DP 2, 201; F 186; Gu 4, 165; Kr 137; Lb 3, 83; LN 3, 414.
91: DP 2, 615.
92: DP 2, 197; Lb 3, 87.
93: DP 2, 344; F 38; Gu 4, 165: Kr 141; Lb 3, 86; LN 3, 415.
94: DP 2, 151; Gu 4, 286; Lb 2, 138; LN 3, 513.
98: DP 2, 267.
99: DP 3, 535.
101: DP 2, 246; F 170; Gu 4, 69; Kr 72; LN 3, 190.
102: DP 2, 681; F 172.
103: DP 2, 513.
104: DP 3, 224.
107: DP 2, 649.

Nr.

108: DP 2, 718; F 73.
110: DP 2, 675; Lb 3, 238.
111: DP 2, 228; LN 3, 526.
114: DP 1, 435; F 17; Gu 4, 138.
115: DP 2, 364; Gu 3, 252; LN 3, 434.
116: DP 2, 439; Kr 179; LN 3, 434.
117: DP 2, 157.
118: DP 2, 136; Lb 3, 254.
123: Lb 3, 276; LN 3, 473.
124: DP 1, 110.
126: DP 2, 548; VD, S. 64, The Brook.
128: DP 2, 650.
132: DP 2, 577; Lb 3, 314; LN 3, 299.
134: DP 2, 115; LN 3, 112.
135: DP 3, 584; LN 3, 303.
136: DP 2, 256.
138: DP 2, 644; Kr 1; LN 3, 182.
140: DP 2, 669; Gu 4, 87; LN 3, 183.
141: DP 2, 243; Gu 4, 87.
142: Gö 2, 255.
143: DP 3, 379; Gö 2, 367; Gu 1, 161; Kr 10.
144: DP 2, 562; Gö 2, 329; LN 2, 640.
146: DP 3, 322; Gö 2, 190; Gu 1, 116; Lb 4, 67; LN 2, 520.
147: DP 3, 334; Gö 2, 276; Gu 1, 204; Kr 7; Lb 4, 58; LN 2, 560.
148: Gö 2, 150; Lb 4, 20.
149: DP 2, 652.
150: DP 2, 336; Gu 4, 153; Kr 135; Lb 4, 242; LN 3, 422.
151: DP 2, 383; Gu 4, 153; LN 3, 427.
156: VD, S. 92, My Heart's in the Highlands.
157: LN 3, 605.
170: F 21; Gu 1, 313; Hi 1; LN 3, 333.
171: DP 3, 102; Kr 134; LN 3, 336.
172: Hi 20.
173: Gu 3, 263; Hi 233; Lb 4, 280; LN 3, 342.
174: Lb 4, 271.
175: Gu 1, 248; Hi 14; Lb 2, 274.
177: Kr 54.

178: Gu 3, 277; Lb 4, 286; LN 3, 386.
180: VD, S. 87 und 88, When all the world is young; The Dream of Home.
182: DP 3, 77.
166, 186: K, Nr. 133, La Marguerite.

Zu Nr. 4 (Arndt, Die Leipziger Schlacht): Der Anfang ist nach Jesaias 63 (Wer ist der, so von Edom kommt, mit rötlichen Kleidern von Bozra?); der Name Leipzig, slavischen Ursprungs, wird „Lindenstadt" gedeutet.

Zu Nr. 9 (Brentano, Die Gottesmauer): Die teils russischen, teils polnischen Ausdrücke in Strophe 9 bedeuten: stupai = vorwärts; boschka = Dummkopf; kurwa = Dirne; rack = berauschendes Getränk der Baschkiren aus Pferdemilch, aber auch = Arrak.

Zu Nr. 21 (Engelhard, Das Ritterfräulein auf der Burg Nideck): Chamissos Gedicht „Das Riesenspielzeug" ist nach vorliegendem Gedicht bearbeitet, ebenso die Darstellung in Grimms deutschen Sagen.

Zu Nr. 24 (Fouqué, Kriegslied): In den Freiheitskriegen spielte dies Lied eine ähnliche Rolle, wie 1870 die Wacht am Rhein.

Zu Nr. 47 (Gellert, Die Ehre Gottes): Strophe 1 und 2 liegt Psalm 19 zu Grunde, den folgenden Jesaias Kap. 40.

Zu Nr. 50 (Gleim, Siegeslied): Heinrich ist Prinz Heinrich, Bruder des Königs; Panduren sind die ungarischen Fußsoldaten; Stück ist die alte Bezeichnung für Kanone.

Zu Nr. 71 (Heine, Kinderspiele): Das Gedicht ist an seine Schwester Charlotte gerichtet; die Verteuerung des Kaffees zu Heines Kinderzeit war eine Folge der Kontinentalsperre.

Zu Nr. 95 (Kopisch, Das grüne Tier): Hanerau liegt in Hademarschen in Holstein, Thaden ist ein Dörfchen in der Nähe.

Zu Nr. 117 und 118 (Müller, Schwert und Pflug; Der Mönch von Heisterbach): Neuenahr ist im Ahrtal, das zerfallene Schloß ist Altenahr; Heisterbach ist die berühmte Benediktinerabtei im Siebengebirge, wo der Mönch Cäsarius lebte, der in seinen an Wundererzählungen reichen Schriften jene Legende berichtet.

Zu Nr. 121 (Pfarrius, Die Gründung Kreuznachs): Der Name Kreuznach, römisch Crucenacum ist noch nicht genügend gedeutet, die Endung -nach ist keltisch, wie in Andernach, Echternach, Rübenach u. a.

Zu Nr. 122 (Pfarrius, Der Trunk aus dem Stiefel): Der Rheingrafenstein liegt an der Nahe bei Kreuznach, gegenüber dem Dorfe Münster am Stein. Die Dörfer Boos, Hüffelsheim und Norheim sind in der Nähe. Der Nahedichter Heinrich Kaufmann hat in den 20er Jahren zu Kaiserslautern einen Glashumpen in Stiefelform gesehen, an den sich diese Sage knüpfte.

Zu Nr 134 (Rückert, Parabel): Zu Zeile 60 (veressen) beklagte sich schon Rückert selbst, daß man ihm beharrlich den Druckfehler „vergessen" wiederhole.

Zu Nr. 141 (Schenkendorf, Auf Scharnhorsts Tod): Heldenlanze ist nicht etwa Akkusativ, wie manche es deuten, sondern Nominativ. Schenkendorf liebt das Wort Lanze und gebraucht es mehrmals als Synonym von Held, so sagt er vom König Friedrich Wilhelm: „Wie herrlich strahlt dein Angesicht — Im Siegesglanze — Du Königslanze!" — Den Namen Scharnhorst bringt der Dichter in

Strophe 6 wortspielend zusammen mit Aar und Horst, gleichsam „Des Aaren Horst".

Zu Nr. 153 (Simrock, St. Ritza): Die St. Kastorkirche liegt im Winkel zwischen Rhein und Mosel; die fränkische Königsburg, wo auch König Ludwig der Fromme mit den Seinen wiederholt weilte, lag im heutigen Koblenz, von der Kastorkirche damals durch einen Flußarm getrennt. Diesen Arm hat nach der ursprünglichen Legende Ritza durchwandert.

Zu Nr. 154 (Simrock, Der Bauer im Himmel): Vgl. Grimms Märchen „Das bürli im himel" Prosa III, Nr. 45.

Zu Nr. 158 (Spitta, Abschied): Der Anfang ist wörtlich der Apostelgeschichte 21, 13 entlehnt, nach Luthers Übersetzung.

Zu Nr. 176 (Uhland, Taillefer): Der Name bedeutet „Eisenschneid"; der Stoff ist aus dem Roman von Rollo entnommen, von Robert Wace, einem normännischen Dichter des 12. Jahrhunderts.

Zu Nr. 177 (Uhland, Das Glück von Edenhall): Das Schloß Edenhall im Norden von England, Cumberland, ist nie zerstört worden, der Pokal wird als Familienschatz noch heute daselbst verwahrt, die tragische Wendung hat Uhland nach Heines Belsazer (Gedichte III, Nr. 74) geschaffen. Die Inschrift ist: If that glass should break or fall, Farewell the luck of Edenhall!

Zu Nr. 188 (Zirbes, Der Dreizehnte): Die Sage ist nach Dullers Darstellung in dessen „Geschichte des deutschen Volks" erzählt.

Lebensabriß der Dichter.

Arndt Ernst Moritz, geb. 26. Dezember 1769 zu Schoritz auf Rügen, unter schwedischer Herrschaft, † 29. Januar 1860 als Professor der Geschichte zu Bonn.

Becker Nikolaus, geb. 15. Januar 1810 zu Geilenkirchen, † 28. August 1845 zu Hunshofen. Er studierte in Bonn die Rechte und war später am Friedensgericht zu Köln angestellt. Als 1840 ein Krieg mit Frankreich drohte, dichtete er das Rheinlied.

Bornemann Wilhelm, geb. 2. Februar 1766 zu Gardelegen i. d. Altmark, † 23. Mai 1851 als Lotteriedirektor zu Berlin. Er studierte Theologie, fand aber keine Anstellung und wurde darum Beamter. Seine plattdeutschen Gedichte erlebten 1891 die 8. Auflage.

Brachmann Luise, geb. 9. Febr. 1777 zu Rochlitz in Sachsen, † 17. September 1822 zu Halle a. d. Saale. Durch Novalis angeregt, dichtete sie bereits in sehr jugendlichem Alter. Öfter schwermütig, suchte und fand sie ihren Tod in den Fluten der Saale.

Brentano Klemens, geb. 8. September 1778 zu Ehrenbreitstein, † 28. Juli 1842 zu Aschaffenburg.

Bürger Gottfried August, geb. 31. Dezember 1747 zu Molmerschwende am Harz, † 8. Juni 1794 zu Göttingen. Er studierte die Rechte, wurde Amtmann, später Universitätslehrer in Göttingen.

von Chamisso Adelbert, geb. 31. Januar 1781 auf Schloß Boncourt in der Champagne, † 21. August 1838 zu Berlin. Mit seiner Familie floh er vor der französischen Revolution, war Page am Berliner Hof, kurze Zeit Offizier, dann Vorsteher des botanischen Gartens zu Berlin.

Claudius Matthias, geb. 15. August 1740 zu Reinfeld in Holstein, † 21. Januar 1815 zu Hamburg. Sein Vater war Pfarrer, er studierte Rechtswissenschaft, wohnte aber seit 1777 in Wandsbeck bei Hamburg als Privatmann. Er gab die Zeitung „Wandsbecker Bote" heraus, in der ein großer Teil seiner Werke, aus kleinern Aufsätzen und Gedichten bestehend, erschien. Seine Tochter Christiane starb im Alter von 20 Jahren.

Deinhardstein Joseph Ludwig Franz, geb. 21. Juni 1794 zu Wien, † 12. Juni 1859 daselbst. Er studierte die Rechte, wurde Professor der Literatur in seiner Vaterstadt, später Direktor des Burgtheaters. Er verfaßte Gedichte und viele Dramen.

von Eichendorff Joseph, geb. 10. März 1788 zu Lubowitz in Oberschlesien, † 26. November 1857 zu Neiße. Er studierte die Rechte, machte den Freiheitskrieg mit und wurde später geheimer Ministerialrat in Berlin.

Engelhard Charlotte, geb. 4. Mai 1781 zu Straßburg, † 1864. Ihr Vater war der angesehene Professor Johannes Schweighäuser. Sie vermählte sich 1804 mit dem Altertumsforscher Engelhard.

Fischer Wilhelm, geb. 28. Februar 1833 zu Wermelskirchen. Er studierte Philologie und wirkte von 1865—1882 als Rektor zu Ottweiler. Jetzt lebt er in Bückeburg. Mehr noch als durch seine Gedichte ist Fischer durch volkstümliche Erzählungen bekannt.

Fouqué Friedrich Baron de la Motte, geb. 12. Februar 1777 zu Brandenburg, † 23. Januar 1843 zu Berlin. Als Kürassierkornet machte er den Feldzug am Rhein 1794 mit, nahm dann den Abschied, trat 1813 als Offizier beim Lützower Korps wieder ein und lebte später als Schriftsteller in Halle und Berlin. Außer zahreichen Gedichten schrieb er auch Erzählungen, so Undine.

Franz Agnes, geb. 8. März 1794 zu Militsch in Schlesien, † 13. Mai 1843 zu Brandenburg. Sie wirkte lange als Vorsteherin einer wohltätigen Anstalt zu Wesel, lebte aber später zu Breslau.

Freiligrath Ferdinand, geb. 17. Juni 1810 zu Detmold, † 18. März 1876 zu Kannstatt. Er war Kaufmann. Die Unterstützung Friedrich Wilhelm IV. erlaubte ihm, sich ganz der Dichtkunst zu widmen. Die Revolution 1848 trieb ihn ins Ausland, wo er als Kaufmann lebte, bis er 1866 wieder nach Deutschland zurückkehrte.

Fröhlich Abraham Emanuel, geb. 1. Februar 1796 zu Brugg in der Schweiz, † 1. Dezember 1865 zu Gabenstorf bei Aarau. Er studierte Theologie in Zürich und wirkte als Lehrer und Pfarrer an verschiedenen Orten seines Vaterlandes. Er dichtete vorzugsweise Fabeln und Parabeln.

Geibel Emanuel, geb 18. Oktober 1815 zu Lübeck, † 6. April 1884 ebendaselbst. Er studierte in Bonn und Berlin Philologie und veröffentlichte 1840 seine Gedichte. Er lebte als Professor in München, seit 1868 jedoch als Ehrenbürger in seiner Vaterstadt.

Gellert Christian Fürchtegott, geb. 4. Juli 1715 zu Hainichen im Erzgebirge, † 13. Dezember 1769 zu Leipzig. Sein Vater war Pfarrer, er studierte in Leipzig Theologie und hat dort bis zu seinem Tode als Professor der Theologie und Moral gewirkt.

Giesebrecht Ludwig, geb. 5. Juli 1792 zu Mirow in Mecklenburg, † 18. März 1873 zu Jasenitz. Als Student machte er 1813 und 1815 die Kriege mit. Er war bis 1866 als Lehrer am Gymnasium zu Stettin tätig.

Gleim Johann Wilhelm Ludwig, geb. 2. April 1719 zu Ermsleben bei Halberstadt, † 18. Februar 1803 zu Halberstadt. Er studierte die Rechte, machte als Beamter den zweiten schlesischen Krieg mit und lebte von 1747 ab als Sekretär des Domkapitels und Kanonikus zu Halberstadt. Er dichtete die Kriegslieder eines preußischen Grenadiers, auch viele Fabeln und Gedichte. Als aufopfernder Freund aufstrebender Dichter hieß er allgemein „Vater Gleim".

von **Goethe** Johann Wolfgang, geb. 28. August 1749 zu Frankfurt a. M., † 22. März 1832 zu Weimar. Er studierte Rechtswissenschaft in Leipzig und Straßburg, lebte in seiner Vaterstadt und ward 1775 vom Herzog Karl August nach Weimar berufen.

Greif Martin, geb. 18. Juni 1839 zu Speier. Bis 1867 war er bairischer Offizier, nahm aber dann seinen Abschied, um ganz der Dichtkunst zu leben. Er wohnt in München und hat außer vielen Gedichten auch eine Reihe von Dramen gedichtet, deren Stoffe meist der deutschen Geschichte entnommen sind.

Groth Klaus, geb. 24. April 1819 zu Heide in Schleswig, † 2. Juni 1899 zu Kiel. Als Volksschullehrer machte er sich durch seine Gedichte in plattdeutscher Sprache bekannt (ditmarscher Mundart). Seit 1866 lebte er als Professor der Literatur in Kiel.

Gruppe Otto Friedrich, geb. 15. April 1804 zu Danzig, † 7. Januar 1876 zu Berlin. Er war Philosoph, Altertumsforscher und Dichter, seit 1844 Professor der Philosophie an der Berliner Universität.

Güll Friedrich, geb. 1. April 1812 zu Ansbach, † 23. Dezember 1879 als Lehrer an der protestantischen Pfarrschule zu München. Er ist einer unserer beliebtesten Kinderliederdichter.

Hebel Johann Peter, geb. 10. Mai 1760 zu Basel, † 22. September 1826 zu Schwetzingen. Seine Eltern waren Bauersleute und wohnten zu Hausen, im Tal der Wiese im südlichen Schwarzwald. Er studierte in Erlangen Theologie, hat aber hauptsächlich als Lehrer gewirkt, seit 1792 am Gymnasium zu Karlsruhe. 1814 kam er in das Ministerium, 1819 erhielt er den Titel Prälat. Berühmt sind seine Gedichte in der allemannischen Mundart seiner Heimat; seine Erzählungen sind meist in dem Kalender des „rheinländischen Hausfreundes" erschienen.

Heine Heinrich, geb. 13. Dezember 1797 zu Düsseldorf, † 17. Februar 1856 zu Paris. Anfänglich Kaufmann, studierte er dann die Rechte, widmete sich aber bald ganz der schriftstellerischen Laufbahn. 1831 siedelte er nach Paris über.

Hoffmann von Fallersleben August Heinrich, geb. 2. April 1798 zu Fallersleben (Hannover), † 19. Januar 1874 zu Korvey an der Weser. Er studierte in Göttingen und Bonn Philologie und wirkte als Professor in Breslau. Aus politischen Gründen 1842 seines Amtes enthoben, lebte er lange unstet an verschiedenen Orten, seit 1860 als Bibliothekar in Korvey.

von Holtei Karl, geb. 24. Januar 1797 zu Breslau, † 12. Februar 1880 daselbst. Anfänglich für bie gelehrte Laufbahn bestimmt, zog er es vor, sich der Bühne zu widmen und lebte als Schauspieler und Dramendichter an verschiedenen Orten. Besonders bekannt ist er durch seine Gedichte in schlesischer Mundart.

Hölty Ludwig Heinrich Christoph, geb. 21 Dezember 1748 zu Mariensee bei Hannover, † 1. September 1776 zu Hannover. Sein Vater war Geistlicher. Er studierte in Göttingen Theologie, schloß sich dort dem Hainbund an und blieb nach vollendeten Studien in Göttingen. Nachdem er jahrelang lungenleidend gewesen war, starb er in jugendlichem Alter.

Kerner Justinus, geb. 18. September 1786 zu Ludwigsburg, † 22 Februar 1862 zu Weinsberg. Er lebte als Arzt in Weinsberg und war mit Uhland innig befreundet.

Kopisch August, geb. 26. Mai 1799 zu Breslau, † 6. Februar 1853 zu Berlin. Er war Landschaftsmaler und brachte die Jahre von 1823—1828 in Italien zu, wo er besonders mit Platen befreundet war. Er lebte später vorzugsweise in Berlin und Potsdam. Die Stoffe seiner Dichtungen sind meist deutschen Geistersagen entnommen.

Körner Karl Theodor, geb. 23. September 1791 zu Dresden, † 26. August 1813 bei Gadebusch in Mecklenburg. Er studierte Bergwissenschaft, ging aber bereits 1811 als Theaterdichter nach Wien. Er trat 1813 in das Lützowsche Freikorps ein und fiel in einem Gefechte.

Krummacher Friedrich Adolf, geb. 13. Juli 1767 zu Tecklenburg, † 4. April 1845 zu Bremen. Er wirkte als Lehrer und Geistlicher an verschiedenen Orten, 1800—1807 als Professor an der damals zu Duisburg bestehenden Universität, dann wieder als Pfarrer, seit 1824 an St. Ansgar in Bremen. Berühmt sind seine Parabeln und sein mit vielen Liedern durchwobenes „Festbüchlein".

Kugler Franz, geb. 19. Januar 1808 zu Stettin, † 18. März 1858 zu Berlin. Er hat sich als Dichter nur durch einzelne Gedichte Ruf erworben, mehr als Geschichtsschreiber durch seine Gedichte Friedrichs des Großen und am meisten als Kunsthistoriker. Er war seit 1849 vortragender Rat im preußischen Kultusministerium.

Lingg Hermann, geb. 22. Januar 1820 zu Lindau am Bodensee, war bis 1851 baierischer Militärarzt, lebt aber seitdem als Dichter in München.

Maßmann Hans Ferdinand, geb. 15. August 1797 zu Berlin, † 3. August 1874 zu Muskau. Er studierte Theologie, machte als Freiwilliger 1815 den Feldzug mit, wirkte als Lehrer an verschiedenen Orten, von 1826 ab als Turnlehrer am Kadettenhaus zu München. Er wurde 1842 nach Berlin berufen, um das Turnen in Preußen wiederum einzurichten; seit 1846 war er außerordentlicher Professor für deutsche Literatur an der Universität zu Berlin.

Miller Johann Martin, geb. 3. Dezember 1750 zu Ulm, † 21. Juni 1814 daselbst. Er studierte in Göttingen, war dort Mitglied des Hainbundes und wirkte dann als Prediger in seiner Vaterstadt. Berühmt wurde sein Roman „Siegwart, eine Klostergeschichte".

Mises, mit seinem richtigen Namen Gustav Theodor Fechner, geb. 19. April 1809 zu Groß-Särchen i. d. Lausitz, † 18. November 1887 zu Leipzig. Er war Professor der Naturwissenschaft an der Universität zu Leipzig, hat aber auch schönwissenschaftliche und witzige Werke veröffentlicht.

Mosen Julius, geb. 8. Juli 1803 zu Marienei im Voigtlande, † 10. Oktober 1867 zu Oldenburg. Er studierte Rechtswissenschaft, ward Advokat und machte sich gleichzeitig als lyrischer und dramatischer Dichter berühmt, so daß der Großherzog von Oldenburg ihn 1844 nach Oldenburg berief. Bald darauf ergriff ihn unheilbare Lähmung, welche ihn 22 Jahre lang an das Krankenlager fesselte.

Möser Albert, geb. 7. Mai 1835 zu Göttingen, † 27. Februar 1900 zu Dresden. Er studierte Jurisprudenz und Philologie, wirkte als Lehrer in Hannover und Dresden. Er hat viele, besonders lyrische Dichtungen veröffentlicht.

Müller Wilhelm, geb. 7. Oktober 1794 zu Dessau, † 30. September 1827 daselbst. Er machte den Befreiungskrieg mit und war von 1819 ab Gymnasiallehrer in seiner Vaterstadt.

Müller Wolfgang, geb. 5. März 1815 zu Königswinter, † 29. Juni 1873 zu Neuenahr. Er war Arzt in Düsseldorf und Köln und hat mit Vorliebe die rheinischen Sagen dichterisch behandelt.

Nänny Jakob Konrad, geb. 24. September 1783 zu Herisau i. d. Schweiz, † 24. Mai 1847. Er war zuerst Lehrer an der Musterschule zu Frankfurt a. M., seit 1819 Gymnasiallehrer zu Kreuznach. Wegen Geisteskrankheit wurde er 1837 pensioniert.

Nonne Johann Heinrich Christian, geb. 26. August 1785 zu Lippstadt, † 29. April 1853 zu Schwelm, wirkte als Pfarrer am Niederrhein und in Westfalen und hat zahlreiche Aufsätze, Dichtungen und Jugendschriften veröffentlicht.

Pfarrius Gustav, geb. 31. Dezember 1800 zu Heddesheim bei Kreuznach, † 15. August 1884 zu Köln. Er lebte als Gymnasiallehrer von 1834—1863 in Köln und hat sich besonders durch sein „Nahetal in Liedern" bekannt gemacht.

Platen August Graf von Hallermünde, geb. 24. Oktober 1796 zu Ansbach, † 5. Dezember 1835 zu Syrakus. Erst Offizier, studierte er dann Philosophie und lebte seit 1826 in Italien.

Reinick Robert, geb. 22. Februar 1805 zu Danzig, † 7. Februar 1852 zu Dresden. Er lebte als Maler in Berlin und Düsseldorf, hielt sich von 1838—1841 in Italien auf, von 1844 ab in Dresden. Als Liederdichter ist er am meisten Wilhelm Müller verwandt, besonders sind auch seine Kinderlieder sehr verbreitet.

Reuter Fritz, geb. 7. November 1810 zu Stavenhagen in Mecklenburg, † 12. Juli 1874 zu Eisenach. Er studierte in Jena die Rechte, mußte dann aus politischen Gründen sieben Jahre Festungshaft erdulden und lebte erst als Landwirt und Privatlehrer, dann als Schriftsteller in seiner Heimat und später in Eisenach. Er schrieb ausschließlich in niederdeutscher Mundart.

Rosegger Peter, geb. 31. Juli 1843 zu Alpel b. Krieglach in Steiermark. Seine Eltern waren Bauersleute, er selbst anfänglich Schneider, dann Volksdichter. Seine zahlreichen Erzählungen schildern meist Land und Volk seiner Heimat. Er lebt in Graz.

Rottmann Peter Joseph, geb. 9. April 1799 zu Simmern, † 27. Februar 1881 daselbst. Er war lange Jahre Bürgermeister in seiner Vaterstadt und ist in seiner engeren Heimat gefeiert wegen seiner mundartlichen Gedichte aus dem Hunsrücker Leben.

Rückert Friedrich, geb. 16. Mai 1788 zu Schweinfurt, † 31. Januar 1866 zu Neuseß. Er studierte Philologie und lebte als Professor der orientalischen Sprachen zu Erlangen und Berlin; seit 1849 zog er sich nach Neuseß zurück.

von Schenkendorf Max, geb. 11. Dezember 1783 zu Tilsit, † 11. Dezember 1817 zu Koblenz. Er studierte die Rechte, machte den Freiheitskrieg mit und wurde danach Regierungsrat in Koblenz.

von Schiller Friedrich, geb. 10. November 1759 zu Marbach am Neckar, † 9. Mai 1805 zu Weimar. Er studierte auf der Karlsschule in Stuttgart Medizin, widmete sich aber bald ganz der Dichtkunst und nahm seinen Aufenthalt an verschiedenen Orten. 1789 wurde er Professor der Geschichte in Jena, zog aber 1799 nach Weimar, wo er in engem Verkehr mit Goethe stand.

Schneckenburger Max, geb. 17. Februar 1819 zu Talheim in Württemberg, † 3. Mai 1849 zu Burgdorf. Er lebte als Kaufmann seit 1840 zu Burgdorf im Kanton Bern. Die Wacht am Rhein entstand zur selben Zeit wie das Rheinlied von Nikolaus Becker.

Schwab Gustav, geb. 19. Juni 1792 zu Stuttgart, † 4. November 1850 daselbst. Er studierte in Tübingen Theologie, war seit 1817 als Lehrer am Gymnasium zu Stuttgart tätig; 1837 zog er sich auf eine Landpfarre zurück und wurde 1841 als Pfarrer nach Stuttgart gezogen. Außer seinen Balladen sind besonders seine deutschen Volksbücher und die Sagen aus dem Altertum verbreitet.

Seidl Johann Gabriel, geb. 21. Juni 1804 zu Wien, † 18. Juli 1875 daselbst. Er war Gymnasiallehrer zu Cilli in Steiermark, später Hofrat in Wien.

Simrock Karl, geb. 18. August 1802 zu Bonn, † 18. Juli 1876 daselbst. Er studierte in Bonn und Berlin Rechtswissenschaft; er wandte sich später jedoch dem Studium der älteren deutschen Sprache und Literatur zu und wurde 1850 in Bonn Professor. Er machte sich verdient durch seine Übersetzung des Nibelungenliedes und anderer altdeutscher Dichtungen; als Dichter ist er besonders durch seine Rheinsagen bekannt.

Spitta Karl Philipp, geb. 1. August 1801 zu Hannover, † 28. September 1859 zu Burgdorf. Er war Geistlicher an verschiedenen Orten Hannovers, zuletzt in Burgdorf bei Celle. Seine geistlichen Lieder haben den Titel „Psalter und Harfe".

Stieler Karl, geb. 15. Dezember 1842 zu München, † 6. April 1885 daselbst. Er studierte die Rechtswissenschaft und war seit 1870 am bairischen Archiv zu München angestellt, daneben als Dichter und Schriftsteller tätig.

Stöber Adolf, geb. 7. Juli 1810 zu Straßburg, † 8. November 1892 zu Mülhausen im Elsaß, wo er als Geistlicher und Präsident des protestantischen Konsistoriums seit 1840 gewirkt hatte. Auch als französischer Untertan hat er seine deutsche Gesinnung in zahlreichen Dichtungen und anderen Werken klar zum Ausdruck gebracht.

Storm Theodor, geb. 14. September 1817 zu Husum, † 4. Juli 1888 zu Hademarschen. Er war Rechtsanwalt in seiner Vaterstadt, lebte eine Zeitlang als Richter an verschiedenen Orten, von 1864—1880 als Amtsrichter wieder in Husum. Er hat in Gedichten und Novellen besonders seine Heimat Schleswig geschildert.

Trojan Johannes, geb. 14. August 1837 zu Danzig. Er studierte Medizin und Philologie zu Göttingen, Bonn und Berlin, widmete sich dann ganz der schriftstellerischen Tätigkeit und ist gegenwärtig Schriftleiter des „Kladderadatsch" in Berlin.

Uhland Ludwig, geb. 26. April 1787 zu Tübingen, † 13. November 1862 daselbst. Er studierte die Rechte, lebte von 1830 ab als Professor der Literatur und seit 1833 als Privatmann in seiner Vaterstadt.

Vogl Johann Nepomuk, geb. 1. Februar 1802 zu Wien, † 16. November 1866 daselbst. Er war Beamter bei den niederösterreichischen Landständen in Wien und ist als Balladendichter bekannt.

Wackernagel Wilhelm, geb. 23. April 1806 zu Berlin, † 21. Dezember 1869 als Universitätsprofessor zu Basel.

Weber Friedrich Wilhelm, geb. 16. Dezember 1813 zu Alhausen in Westfalen, † 5. April 1894 zu Nieheim bei Höxter, wo er lange als Arzt gewirkt hatte. Bekannt wurde er durch das Epos Dreizehnlinden.

Zirbes Peter, geb. 20. Januar 1825 zu Niederkail bei Trier, † 14. November 1901 daselbst. Er war, wie seine Eltern, wandernder Steinguthändler und lebte später zurückgezogen in seinem Heimatsdorfe. Von großer und ursprünglicher dichterischer Begabung hat er besonders auch Sagen der Eifel poetisch bearbeitet.

Nachweis der Quellen.

Arndt: Gedichte, Leipzig, 1840 (Nr. 1 um eine Strophe gekürzt).

Becker: Gedichte, Köln, Du Mont-Schauberg, 1841, dort mit dem Zusatz: An Alphons de Lamartine, 1840.

Bornemann: Plattdeutsche Gedichte, 8. Aufl., Berlin, Decker, 1891 (Teil eines längeren Gedichts).

Brachmann: Auserlesene Dichtungen, herausg. von Schütz, Leipzig, Weygand, 1824, Bd. 2.

Brentano: Gesammelte Schriften in 7 Bden., Frankfurt a. M., Sauerländer, 1852, Bd. 1.

Bürger: Sämtliche Gedichte, Berlin, Hempel, o. J. (um 5 Strophen gekürzt)

Chamisso: Werke. 6 Bde., Leipzig, Weidmann, 1836—39, 3. Bd.

Claudius: Sämtliche Werke, 8 Teile, Wandsbeck, 1774—1812, beim Verfasser, Bd. 4 und Bd. 7.

Deinhardstein: Gedichte, Berlin, Duncker und Humblot, 1844 (um eine Strophe gekürzt).

Eichendorff: Gedichte, 9. Aufl., Leipzig, Günther, 1875 (Nr. 20 um eine Strophe gekürzt).

Engelhard: Aus dem Elsässer Schatzkästel, Straßburg, Schulz, 1877.

Fischer: Gedichte, Bonn, Weber, 1862.

Fouqué: Gedichte, 2 Bde., Stuttgart, Cotta, 1817.

Franz: Gedichte, erste Sammlung, 2. Aufl., Essen' Bädeker, 1836.

Freiligrath: Gesammelte Dichtungen, Stuttgart, 1871, 6 Bde.

Fröhlich: Gesammelte Schriften, Frauenfeld, 1853, 2 Bde.

Geibel: Gesammelte Werke in 8 Bden., Stuttgart, Cotta, 1883.

Gellert: Werke, Berlin, Hempel o. J., Bd. 2.

Giesebrecht: Gedichte, Leipzig, Serig, 1836.
Gleim: Sämtliche Werke, Originalausgabe nach des Dichters Handschriften durch Körte, Halberstadt, 1811—13, 7 Bde.
Goethe: Werke, herausg. von Strehlke, Berlin, Hempel, o. J.
Greif: Gedichte, 5. Aufl., Stuttgart, Cotta, 1889.
Groth: Quickborn, 7. Aufl., Hamburg, Perthes, 1857 (Nr. 59 u. 64); 2. Teil, Leipzig, Engelmann, 1871 (Nr. 60—63).
Gruppe: Vaterländische Gedichte, Neuruppin, 1866.
Güll: Kinderheimat, Gütersloh, Bertelsmann, 1875.
Hebel: Allemannische Gedichte. Ins Hochdeutsche übertragen von R. Reinick, 2. Aufl., Leipzig, Wigand, 1853. — Werke, Karlsruhe, Müller, 1843, Bd. 2. — Allemannische Gedichte, herausgeg. von Götzinger, Aarau, Sauerländer, 1873 (Nr. 69, 70). — Echtermeyer, Auswahl deutscher Gedichte, 17. Aufl., Halle, Waisenhaus (Nr. 69).
Heine: Sämtliche Werke, herausgeg. von Elster, Leipzig, o. J., Bd. 1.
Hoffmann: Gedichte. Auswahl von Frauenhand. Halle, Gesenius, o. J. — Unpolitische Lieder, Hamburg, Hoffmann und Campe, 1840 (Nr. 77, 84).
Holtei: Nr. 85: Lenore. Vaterländisches Schauspiel. Berlin, Dunker und Humblot, 1829. — Schlesische Gedichte, 5. Aufl., Breslau, Trewendt, 1869.
Hölty: Gedichte, herausg. von Halm, Leipzig, Brockhaus, 1869 (Nr. 87 um eine Strophe gekürzt).
Kerner: Ausgewählte poetische Werke, 2 Bde., Stuttgart, 1878, Bd. 1.
Kopisch: Gesammelte Werke, Berlin, Weidmann, 1856, Bd. 1.
Körner: Sämtliche Werke, Berlin, Grote, 1885, Bd. 1.
Krummacher: Festbüchlein, 2 Bde., Essen, Bädeker, 4. Aufl., 1846.
Kugler: Gedichte, Stuttgart, Cotta, 1840.
Lingg: Gedichte, 2 Bde., Stuttgart, Cotta, 1868 (in Nr. 110, vorletzte Zeile „ihren" ist nach des Dichters Mitteilung ein Druckfehler).
Maßmann: Lieder für Knaben und Mädchen, München, Jaquet, 1832.
Miller: Wustmann, Liederbuch für altmodische Leute, Leipzig 1887, 2. Aufl.
Mises: Rätselbüchlein, 3. Aufl., Leipzig, Schlicke, 1865.
Mosen: Sämtliche Werke, 6 Bde., Leipzig, Friedrich, 1880, Bd. 6.
Möser: Schauen und Schaffen. Neue Gedichte, Stuttgart, 1881.
Müller Wilhelm: Gedichte, 2 Teile, Berlin, Grote, 1874, 2 Bde.
Müller Wolfgang: Gedichte, Frankfurt a. M., 1847.
Nänny: Gedichte, Frankfurt a. M., Sauerländer 1833.
Nonne: Der Text ist so gegeben, wie er als Familien-Überlieferung durch Herrn Oberstleutnant Nonne in Bonn bezeugt ist.
Pfarrius: Das Nahetal in Liedern, Bonn, Habicht, 1864.
Platen: Gesammelte Werke, Stuttgart, Cotta, 1839.
Reinick: Lieder, Berlin, Grote, 8. Aufl., 1885. — Märchen-, Lieder- und Geschichtenbuch, Bielefeld, 7. Aufl., 1884.
Reuter: Läuschen un Riemels, 12. Aufl., Wismar, 1873, Bd. 1.
Rosegger: Waldferien, Wien, Hartleben, 2. Aufl., o. J.
Rottmann: Gedichte in Hunsrücker Mundart, Kreuznach, 5. Aufl., 1877.
Rückert: Gesammelte Gedichte, 6 Bde., 3. Aufl., Erlangen, Heyder, 1838—39; Bd. 2 (Nr. 136); Bd. 5 (Nr. 133). Neue Auswahl, 22. Aufl. Frankfurt a. M., Sauerländer, 1886 (Nr. 132, 134, 135).

Schenkendorf: Gedichte, 3. Aufl., Stuttgart, Cotta, 1862 (Nr. 141 unter Weglassung der letzten Strophe).
Schiller: Werke, herausg. von Kurz, Leipzig, o. J.
Schneckenburger: Nach des Dichters Handschrift, bei Engelien u. Fechner, deutsches Lesebuch, 3. Teil, 16. Aufl., Berlin, Schultze.
Schwab: Gedichte, Gesamtausgabe, Leipzig, Reclam, 1882.
Seidl: Abgedruckt aus den Vaterlandsliedern. Leipzig, Grunow, 1889.
Simrock: Rheinsagen, Bonn, Weber, 10. Aufl., besorgt von Karl Hessel, 1891. — Legenden, 3. Aufl., Bonn, Weber 1876 (Nr. 154).
Spitta: Psalter und Harfe, Bremen, Heinsius, 51. Aufl., 1885.
Stieler: Drei Buschen. Gedichte in oberbairischer Mundart, Stuttgart, Bonz, 1886.
Stöber: Abgedruckt aus Stühlen, Deutsche Feierklänge, Jena, Costenoble, o. J.
Storm: Gedichte, 4. Aufl., Berlin, Schindler, 1864.
Trojan: Gedichte, Leipzig, Liebeskind, 1883. — Für gewöhnliche Leute, Berlin, Freund u. Jeckel, 1893 (Nr. 165, 169).
Uhland: Gedichte und Dramen, 3 Teile, Stuttgart, Cotta, 1885.
Vogl: Balladen, Romanzen ꝛc. 3. Aufl., Wien, Wallishauser, 1851.
Volkslieder: Aus Scherer, Jungbrunnen (Nr. 181—183); Nr. 184 rührt von W. Alexis her und ist hier abgedruckt aus den Vaterlandsliedern, Leipzig, Grunow, 1889, mit Weglassung der letzten Strophe und Abänderung der letzten Zeile der vorletzten Strophe.
Wackernagel: Gedichte, Auswahl, Basel, Schweighäuser, 1873.
Weber: Gedichte, 19. Aufl., Paderborn, Schöningh, 1895.
Zirbes: Eifelsagen, Lieder und Gedichte, 4. Aufl., Koblenz, 1902.

Inhalt I.

Zusammenstellung gleichartiger Gedichte.

(Die Zahlen sind die Nummern der Gedichte.)

I. Nach dem Inhalt.

Die Natur.

1. Frühling.

10 Bürger, Das Lied vom braven Mann. — *30 Fröhlich, Vorfrühling. — *38, *39 Geibel, Hoffnung; Der Mai ist gekommen. — *66 Güll, Frühling. — *88 Hölty, Frühlingslied. — *113, *114, 116 Wilhelm Müller, Kinderlust; Das Frühlingsmahl; Frühlingseinzug. — *124 Reinick, Juchhe.

2. Sommer.

23 Fouqué, Brandenburgisches Erntelied 1810. — 68 Hebel, Sommerlied. — *150 Schwab, Das Gewitter. — *165 Trojan, Das Kornfeld.

3. Herbst.

20 Eichendorff, Herbst. — *57 Greif, Das Hüterkind. — 167 Trojan, Herbst.

— 48 Giesebrecht, Der Lotse. — 25 Fouqué, Turmwächters Lied. — 45 Geibel, Lübeck. — *85 Holtei, Mantellied. — *87 Hölty, Der alte Landmann an seinen Sohn. — 180 Vogl, Das Erkennen.

11. Deutsche Geschichte und Sage.

178 Uhland, Der Überfall im Wildbad. — 112 Möser, Wallenstein vor Stralsund. — 65 Gruppe, Der große Kurfürst zur See. — 182 Prinz Eugen vor Belgrad. — 183 Die Prager Schlacht. — 50 Gleim, Siegeslied nach der Schlacht bei Prag. — *111 Mosen, Andreas Hofer. — 23 Fouqué, Brandenburgisches Erntelied 1810. — 120 Nonne, Beim Feuer am 18. Oktober.

*171—173 Uhland, Die Rache; König Karls Meerfahrt; Schwäbische Kunde. — *117, *118 Wolfgang Müller, Schwert und Pflug; Der Mönch von Heisterbach. — *121, *122 Pfarrius, Die Gründung Kreuznachs; Der Trunk aus dem Stiefel. — *153, *155 Simrock, St. Ritza; Die Siebenschläfer. — *94, *96, *97 Kopisch, Die Heinzelmännchen; Puck; Der Mäuseturm. — 92 Kerner, Kaiser Rudolfs Ritt zum Grabe. — *72 Heine, Lorelei. — *51 Goethe, Der getreue Eckart. — *41 Geibel, Friedrich Rotbart. — *95 Kopisch, Das grüne Tier und der Naturkenner. — 21 Engelhard, Das Ritterfräulein auf der Burg Nideck. — *9 Brentano, Die Gottesmauer.

12. Deutsche Freiheitskämpfe und Freiheitssänger.

*1, 2—4 Arndt, Deutscher Trost; Das Lied vom Feldmarschall; Vaterlandslied; Die Leipziger Schlacht. — 19 Eichendorff, Der Jäger Abschied. — 24 Fouqué, Kriegslieder für die freiwilligen Jäger. — 101, 102 Körner, Lützows wilde Jagd; Gebet während der Schlacht. — *110, 111 Mosen, Der Trompeter an der Katzbach; Andreas Hofer. — 120 Nonne, Beim Feuer am 18. Oktober. — 136 Rückert, Auf die Schlacht an der Katzbach. — 140, 141 Schenkendorf, Soldaten-Morgenlied; Auf Scharnhorsts Tod. — *98, 99 Kopisch, Blücher am Rhein; Der Trompeter. — *149 Schneckenburger, Die Wacht am Rhein. — 29 Freiligrath, Die Trompete von Vionville. — 159 Stieler, An Anfrag.

13. Charakterbilder deutscher Männer und Frauen.

2 Arndt, Das Lied vom Feldmarschall. — 7 Bornemann, Der alte Fritz. — 65 Gruppe, Der große Kurfürst zur See. — *90, 92 Kerner, Der reichste Fürst; Kaiser Rudolfs Ritt zum Grabe. — *98 Kopisch, Blücher am Rhein. — 111 Mosen, Andreas Hofer. — 112 Möser, Wallenstein vor Stralsund. — 141 Schenkendorf, Auf Scharnhorsts Tod. — 160 Stöber, Der große Verbündete. — 184 Altes Soldatenlied.

14. Charakterbilder deutscher Dichter. Poesie.

11 Chamisso, Das Schloß Boncourt. — 46 Geibel, Gebet. — *78 Hoffmann, Heimat. — *124 Reinick, Juchhe.

15. Ferne Zeiten und Lande.

145—148 Schiller, Hektors Abschied; Der Ring des Polykrates; Die Bürgschaft; Pompeji und Herkulanum. — 22 Fischer, Kleobis und Biton. — 123 Platen, Harmosan. — *134, 135 Rückert, Tod und Leben; Chidher. — *173, 175—177, 179 Uhland, Schwäbische Kunde; Der blinde König; Taillefer; Das Glück von Edenhall; Normännischer Brauch. — 8 Brachmann, Kolumbus. — 10 Bürger, Das Lied vom braven Mann. — 75 Heine, Die Grenadiere. — *115 Müller, Der kleine Hydriot. — *37 Geibel, Der Zigeunerbube im Norden.

Menschenleben.

16. Gottvertrauen. Lebensweisheit.

17. Kinderleben.

18. Familienleben. Frauenleben.

19. Feste.

20. Heimat. Abschied. Wanderschaft.

21. Tod. Grab. Ewigkeit.

Ritt zum Grabe; Der Wandrer in der Sägemühle. — *97, 99 Kopisch, Der Mäuseturm; Der Trompeter. — *110, *111 Mosen, Der Trompeter an der Katzbach; Andreas Hofer. — *134 Rückert, Tod und Leben. — 141 Schenkendorf, Auf Scharnhorsts Tod. — *142 Schiller, Hoffnung. — *150, *151 Schwab, Das Gewitter; Der Reiter und der Bodensee. — *152 Seidl, Der tote Soldat. — 159 Stieler, An Anfrag. — *171 Uhland, Die Rache.

II. Nach Gattungen der Dichtkunst.

Lehrdichtung (Didaktik).

22. Fabel.

49 Gleim, Der Fischreiher.

23. Gleichnis (Parabel. Allegorie).

26 Franz, Kaiserkrone. — *31—33, 34—36 Fröhlich, Parabeln. — *38 Geibel, Hoffnung. — *134, 135 Rückert, Parabeln; Chidher.

24. Rätsel*).

109 Mises, Rätsel. — *133, 137 Rückert, Aus dem Rätselmann; Rätsel. — *144 Schiller, Rätsel.

25. Spruchdichtung. Epigramm.

*1 Arndt, Deutscher Trost. — *30 Fröhlich, Vorfrühling. — 46 Geibel, Gebet. — 128 Reinick, Deutscher Rat. — 139 Schenkendorf, Vaterland. — *162, *164 Trojan, Sechse und einer; Zum Blumenpflücken. — *185 Wackernagel, Geduld bringt Rosen.

Erzählende Dichtung (Epik).

26. Märchen.

*161 Storm, In Bulemanns Haus.

27. Sage.

*172, 176 Uhland, König Karls Meerfahrt; Taillefer. — *41 Geibel, Friedrich Rotbart. — *90 Kerner, Der reichste Fürst. — *51 Goethe, Der getreue Eckart. — 21 Engelhard, Das Ritterfräulein auf der Burg Nideck. — 43 Geibel, Rheinsage. — *97 Kopisch, Der Mäuseturm — *72 Heine, Lorelei. — *117 Wolfgang Müller, Schwert und Pflug (Neuenahr). — *121, *122 Pfarrius, Die Gründung Kreuznachs; Der Trunk aus dem Stiefel. — 155 Simrock, Die Siebenschläfer. — *94, *96 Kopisch, Die Heinzelmännchen; Puck.

28. Fromme Sage (Legende).

*52 Goethe, Legende vom Hufeisen. — *56 Greif, der fromme Hirtenknabe. — *153 Simrock, St. Ritza. — *118 Wolfgang Müller, Der Mönch von Heisterbach. — *9 Brentano, Die

---

*) Auflösung dieser Rätsel. **109:** Apfelsine. Bergwerk. Fischbein. Fliegenschwamm. Hagebutte. Laterne. Nähnadel mit Faden. Noten. Sauerkraut. Stecknadel. Stiefelknecht. Vogelbauer. **133 und 137:** Angel. Bar. Feige. Mandel. Paß. Pinsel. Schreibfeder. Sieben. Star. Weide. Winde. **144:** Auge. Funke. Schiff. Tag und Nacht. Weltall.

Gottesmauer. -- *132 Rückert, Des fremden Kindes heilger Christ. — *154 Simrock, Der Bauer im Himmel. — 188 Zirbes, Der Dreizehnte.

29. Ballade und Romanze.

*51, 55 Goethe, Der getreue Eckart; Der Zauberlehrling. — *143, 146, 147 Schiller, Der Alpenjäger; Der Ring des Polykrates; Die Bürgschaft. — *171, 175—177 Uhland, Die Rache; Der blinde König; Taillefer; Das Glück von Edenhall. — 74, 75 Heine, Belsazer; Die Grenadiere. — *151 Schwab, Der Reiter und der Bodensee. — 8 Brachmann, Kolumbus. — 92 Kerner, Kaiser Rudolfs Ritt zum Grabe.

30. Geschichtliche Erzählung (Rhapsodie).

123 Platen, Harmosan. — 178 Uhland, Der Überfall im Wildbad. — 8 Brachmann, Kolumbus. — 112 Möser, Wallenstein vor Stralsund. — 65 Gruppe, Der große Kurfürst zur See. — 160 Stöber, Der große Verbündete. — *110, *111 Mosen, Der Trompeter an der Katzbach; Andreas Hofer.

31. Poetische Erzählung.

*115 Wilhelm Müller, Der kleine Hydriot. — 5 Arndt, Des Schiffers Traum. — 10 Bürger, Das Lied vom braven Mann. — 48 Giesebrecht, Der Lotse. — 11 Chamisso, Die alte Waschfrau. — *150 Schwab, Das Gewitter. — 159 Stieler, An Anfrag.

32. Launige Erzählung. Schwank.

*95 Kopisch, Das grüne Tier und der Naturkenner. — 129 Reuter, De Koppweihdag. — *154 Simrock, Der Bauer im Himmel. — *173 Uhland, Schwäbische Kunde. — 184 Altes Soldatenlied.

33. Idylle.

*89 Hölty, Das Feuer im Walde. — *163, 168 Trojan, Die Käferwage; Wiederfinden.

Gefühlsdichtung (Lyrik).

34. Lied.

2, 3 Arndt, Vaterlandslieder. — 13 Claudius, Abendlied. — *17—20 Eichendorff, Lieder. — 23—25 Fouqué, Erntelied; Kriegslied; Turmwächters Lied. — *39, *40, 44 Geibel, Wanderlieder. — 50 Gleim, Siegeslied. — *53 Goethe, Schweizerlied. — 68 Hebel, Sommerlied. — *76—81, 82—84 Hoffmann, Lieder. — *85 Holtei, Mantellied. — *88 Hölty, Frühlingslied. — *91 Kerner, Wanderlied. — *103 Krummacher, Lied vom Samenkorn. — *104 Kugler, Rudelsburg. — *105 Lingg, Heerbannlied. — *113, *114, 116 Wilhelm Müller, Frühlingslieder. — *124—126 Reinick, Lieder. — 140 Schenkendorf, Soldatenlied. — *170 Uhland, Schäfers Sonntagslied. — *181, 182—184 Volkslieder.

Außerdem sind noch manche Gedichte Lieder, ohne daß die Dichter sie ausdrücklich so bezeichnet haben.

35. Volkslied.

*181 Nachtwächterlied. — 182 Prinz Eugenius vor Belgrad. — 183 Die Prager Schlacht. — 184 Altes Soldatenlied.

36. Geistliches Lied. Ode, Hymne.

47 Gellert, Die Ehre Gottes aus der Natur. — 102 Körner, Gebet während der Schlacht. — 157 Spitta, Geduld.

Dramatische Dichtung.

37. Gespräch (Dialog). Monolog.

4 Arndt, Die Leipziger Schlacht. — 11 Chamisso, Das Schloß Boncourt. — 26 Franz, Kaiserkrone. — *27 Freiligrath, Aus dem schlesischen Gebirge. — *37 Geibel, Der Zigeunerbube im Norden. — 55 Goethe, Der Zauberlehrling. — *67 Hebel, Das Habermus. — *115 Müller, Der kleine Hydriot. — *119 Nänny, Das Wassertröpflein. — 145 Schiller, Hektors Abschied. — *174, 179 Uhland, Das Schloß am Meere; Normännischer Brauch.

III. Nach Formen der Dichtung.

Deutsche Formen.

38. Kurze Reimpaare.

*1 Arndt, Deutscher Trost. — 7 Bornemann, Der alte Fritz. — *52 Goethe, Legende vom Hufeisen. — 69, 70 Hebel, Das Spinnlein; Der Winter. — 74 Heine, Belsazer. — *97, *98 Kopisch, Der Mäuseturm; Blücher am Rhein. — *103 Krummacher, Das Lied vom Samenkorn. — *122 Pfarrius, Der Trunk aus dem Stiefel. — *130 Rosegger, Mei weißes Lamperl. — 131 Rottmann, Die Marktschuhe. — *134 Rückert, Parabel. — *149 Schneckenburger, Die Wacht am Rhein. — *151 Schwab, Der Reiter und der Bodensee. — *154 Simrock, Der Bauer im Himmel. — *162 Trojan, Sechse und einer. — *171, *173 Uhland, Die Rache; Schwäbische Kunde. — 180 Vogl, Das Erkennen. — *181, 183, 184 Volkslieder.

39. Hildebrandston. Nibelungenstrophe.

2 Arndt, Das Lied vom Feldmarschall. — *6 Becker, Der deutsche Rhein. — 11 Chamisso, Das Schloß Boncourt. — 15 Claudius, Christiane. — *17 Eichendorff, Reiselied. — 24 Fouqué, Kriegslied. — *39, 43, 44 Geibel, Der Mai ist gekommen; Rheinsage; Deutsche Wanderschaft. — *56 Greif, Der fromme Hirtenknabe. — 65 Gruppe, Der große Kurfürst zur See. — *71, *72 Heine, Kinderspiele; Lorelei. — *78—80, 82 Hoffmann, Heimat; Morgenlied; Vergißmeinnicht; Mein Lieben. — 93 Kerner, Der Wandrer in der Sägemühle. — *107 Maßmann, Gelübde. — *110 Mosen, Der Trompeter an der Katzbach. — *114, *115 Wilhelm Müller, Das Frühlingsmahl; Der kleine Hydriot. — *121 Pfarrius, Die Gründung Kreuznachs. — 140 Schenkendorf, Soldaten-Morgenlied. — *152 Seidl, Der tote Soldat. — 157, 158 Spitta, Geduld; Abschied. — *174, 176, 178 Uhland, Das Schloß am Meere; Taillefer; Der Überfall im Wildbald.

40. Dreiteilige Strophe (Zwei Stollen und ein Abgesang).

4 Arndt, Die Leipziger Schlacht. — *9 Brentano, Die Gottesmauer. — 10 Bürger, Das Lied vom braven Mann. — 12 Chamisso, Die alte Waschfrau. — 25 Fouque', Turmwächters Lied. — *40 Geibel, Morgenwanderung. — 55 Goethe, Der Zauberlehrling. — *81 Hoffmann, Geleitslied. — *94, *95, Kopisch, Die Heinzelmännchen; Das grüne Tier und der Naturkenner. — 106 Lingg, Heerbannlied. — *108 Miller, Zufriedenheit. — *111 Mosen, Andreas Hofer. — 135 Rückert, Chidher. — *142, *143 Schiller, Hoffnung; Der Alpenjäger. — *150 Schwab, Das Gewitter.

Der Druck der dreiteiligen Strophen ist so angeordnet, daß der Abgesang als solcher auch für das Auge hervortritt.

41. Mundartliches.

7 Bornemann, Der alte Fritz (niederdeutsch). — *59—63, 64 Groth, Niederdeutsche Gedichte. — 129 Reuter, De Koppweihdag (niederdeutsch). — *155 Simrock, Die Siebenschläfer (Bonner Mundart). — 131 Rottmann, Die Marktschuhe (Hunsrücker Mundart). — 86 Holtei, Frumme Wünsche (schlesisch). — *130 Rosegger, Mei weißes Lamperl (steirisch). — *67, 69, 70 Hebel, allemannische Gedichte. — 21 Engelhard, Das Ritterfräulein auf der Burg Nideck (elsässisch). — *66 Güll, Frühling (oberbairisch). — 159 Stieler, An Anfrag (oberbairisch). — *53 Goethe, Schweizerlied (schweizerdeutsch).

Fremde Formen.

42. Antike Formen.

*67 Hebel, Das Habermus (Hexameter). — 148 Schiller, Pompeji und Herkulanum (Distichen).

43. Italienische Formen (fünffüßige Jamben).

*118 Wolfgang Müller, Der Mönch von Heisterbach. — 128 Reinick, Deutscher Rat.

44. Französische Form (Alexandriner).

49 Gleim, Der Fischreiher. — *132 Rückert, Des fremden Kindes heilger Christ.

45. Englische Form (Blankvers).

169 Trojan, Die Neiderinnen. — 179 Uhland, Normännischer Brauch.

46. Morgenländische Form.

46 Geibel, Gebet (Ghasel).

47. Andere angeeignete Formen.

145 Schiller, Hektors Abschied (fünffüßige Trochäen). — *153 Simrock, St. Ritza (Trochäen mit Assonanzen). — *163 Trojan, Die Käferwage (reimlose Trochäen).

Inhalt II.

Die Anfänge der Rätsel sind nicht verzeichnet. — Die für das 6. Schuljahr geeigneten Gedichte haben ein Sternchen (*).

Inhalt III.

Verzeichnis der Dichter.

Nachtrag.

Der im Prosateil dieses Bandes als noch lebend aufgeführte Schriftsteller Hermann Allmers ist am 9. März 1902 zu Rechtenfleth gestorben.

Deutsches Lesebuch

für

höhere Mädchenschulen

herausgegeben

von

Karl Hessel.

Dritter Teil.

Zweite Abteilung: Prosa.

Siebente, durchgesehene Auflage.

Bonn 1902,

A. Marcus und E. Webers Verlag.

Zweite Abteilung:

Prosa.

Hermann Allmers (geboren 1821).

1. Das niedersächsische Bauernhaus.

Bis auf den heutigen Tag wohnt der Marschbauer nach uralt traulicher Sitte mit seinem gesamten Vieh unter einem Dache, und auch noch eine tüchtige Masse Getreide bergen die Wände des Hauses. — Alle ältesten Gebäude bestehen aus Fachwerk; in den Bauernhäusern der Elbmarschen ist dasselbe noch jetzt in Anwendung, in den Wesermarschen dagegen längst durch massives Backstein-Mauerwerk verdrängt worden. — Das hohe, mächtige Dach besteht immer aus Rohr oder Stroh und bedeckt in den Wesermarschen (mit Ausnahme des Landes Wursten) als ein kleiner Walm auch den oberen Teil der beiden Giebel. — Zwei Drittel des Hauses sind der Wirtschaft, das hintere Drittel den Wohnräumen gewidmet. Durch eine große Doppeltür in der Fronte, über der ein alter, frommer und kerniger Spruch zu lesen ist, tritt man auf die große Tenne (Dreschdiele) von gestampftem Ton; rechts und links blicken in langer Reihe die Köpfe der Rinder, Kühe und Pferde aus ihren Ställen; oben sind die Balken hoch mit Getreide belastet, denn es liegt hier trocken und wärmt das Haus. In den alten Häusern auf der Geest finden wir die schöne, malerische und patriarchalische Sitte des offenen Herdfeuers, der wie ein Altar des Hauses sich in der Mitte des Hintergebäudes zeigt, wo die Viehställe aufhören und der Raum zu beiden Seiten weiter wird. Rechts und links ist die „Howand“, vielleicht gleichbedeutend mit „Hochwand“, jener helle Raum, wo die Kojen des Gesindes angelegt sind, vor welchen nach alter Weise das Mittagsmahl eingenommen wird.

Über dem Herdfeuer und etwas seitwärts befindet sich der „Speckwiem", behängt mit mächtigen Schinken, Speckseiten, Rauchfleischstücken und Würsten, stets umwallt von Rauchwolken; haben diese erst hier ihre Dienste getan, dann müssen sie über die Diele und durchs Korn ziehen, um es recht trocken und haltbar zu machen; denn man hütet sich wohl, Schornsteine anzulegen. An den Wänden zur Seite und hinter dem Herde stehen die großen Truhen und Schränke, glänzen in langen Reihen mächtige, blanke Zinnschüsseln, Krüge, Teller und anderes Gerät, und erst hinter dieser Wand sind die Zimmer, die aber nur bei feierlichen Gelegenheiten, bei Hochzeiten und Kindtaufen gebraucht werden; denn für gewöhnlich sitzt alt und jung traulich um die lodernden Feuerflammen. Das ist das uralte niedersächsische Bauernhaus.

2. Ein Tag auf dem Marschhof.

Möge mich der geneigte Leser auf einen großen Marschhof echter Art, wie er mir im Geiste vorschwebt, begleiten, um ein anschauliches Bild vom Leben und Treiben desselben zu erhalten. Wählen wir zu unserem Besuche die Zeit gegen Ostern, wo noch Winter- und Frühlingsarbeit zusammenfallen. — Es ist früh morgens. Die alte Hausuhr im Vorplatz, deren hohes, schnörkelreiches Holzgehäuse im Laufe der Jahre fast ganz schwarzbraun geworden ist, und die dem Hause schon manche frohe und traurige Stunde gemeldet hat, schlägt eben fünf, aber seit länger als einer Stunde herrscht schon überall das rührigste Treiben. Auf der Diele dreschen eben vier Tagelöhner das letzte Korn, eine Magd schlägt die Garben um und schwingt dann und wann auch wohl selbst rüstig den Flegel. Die andere Magd hat eben gemolken und trägt die Milch in die Küche, wo die zwanzigjährige älteste Tochter des Hauses, ein umsichtiges und still emsiges Mädchen, sie in Empfang nimmt und durch ein blankes Messingsieb mit eingelegtem Tuche in flache Baljen (hölzerne Bütten) seihet. Auf dem Herde aber flammt schon unter dem Kessel mit der Morgensuppe ein lustiges Feuer. Im Oldenburgischen ist meistens Buttermilchsuppe, in Osterstade aber Grütze oder heiße süße Milch, in welche Schwarzbrot gebrockt wird, die gewöhnliche Morgenkost. Diese älteste Tochter ist allein zu Hause und führt den ganzen Haushalt, denn die jüngere ist noch in Oldenburg bei einer alten Dame in Pension.

Aus dem Pferdestalle dringt Lärm, Wiehern und Schlagen der Ackerpferde, dann lautes Schelten des Großknechts mit dem vierzehnjährigen „Schwöpenjungen“ (wörtlich Peitschenjungen, wie die Buben, welche man auf den Marschhöfen nur zum Fahren mietet, genannt werden), denn schon seit zehn Minuten hat die alte Lotte kein Futter mehr in ihrer Krippe. Auch der Sohn des Hausherrn, der unterdes aufgestanden, tritt in den Stall, sieht alles nach und nimmt redlich am Schelten mit teil.

Aber plötzlich ertönt ein Zauberwort, das allem Leben und Treiben eine andere Gestalt gibt. Aus der halb geöffneten Vorplatztür steckt nämlich die eine Magd ihren Kopf und ruft laut und mit heller Stimme die Diele hinab: „Rinkamen! — wat eten!“ Noch ein paar Schläge — und das Geklapper der Drescher verstummt; schnell wird noch einigen Pferden neues, wohlgenäßtes Häcksel eingeschüttet, und in wenigen Minuten sitzt alles um die große, dampfende Zinnschüssel mit süßer, aufgekochter Milch und wartet, bis der Großknecht, der eben mit gewaltiger Arbeit vom mächtigen Schwarzbrot daumdicke Schnitte „knigt“, mit seinem Werke fertig ist. Schnell ist die Schüssel voll gebrockt und nun alles in vollem Essen, kaum ein Wort wird gewechselt; noch eine halbe Stunde — und man ist satt. Was noch in der Schüssel blieb, bekommt der mächtige Hofhund, der Liebling des Großknechts. Die hölzernen und zinnernen Löffel werden jetzt am Tischtuche abgewischt, und mit Gepolter bricht man auf.

Der Sohn des Hauses hat indes seine Morgenkost allein verzehrt, denn nur im Felde ißt er mit den Leuten. Und wieder geht's zum Stall. — Die Krippen sind alle leer gefressen. Jetzt die Pferde heraus und angeschirrt! Zwei werden vor den Wagen gespannt, auf den man eben ein paar Eggen und Säcke mit Saatgerste gelegt hat; der Sohn fährt, der Großknecht und zwei Jungen reiten hinterdrein, und so trabt die Kavalkade dem unfernen Ackerfelde zu, wo gepflügt und gesäet werden soll.

Der Sohn hält den einen, der Knecht den andern Pflug,

jeder mit vier Pferden bespannt, die ein Junge treibt. Zu Hause haben auch die Drescher wieder begonnen, und ein Knecht mistet das Vieh. Eine Magd arbeitet am Butterfasse, und eine andere kleinere wäscht erst die Baljen und geht dann in der Küche der Tochter zur Hand. Diese bereitet den Kaffee, denn auch die Alten haben sich jetzt erhoben und machen beide ihren morgendlichen Inspektionsgang; er im Flausrock, in gewirkter Schlafmütze und Pantoffeln durch Diele, Stall und Scheunen; die gute Mutter aber, angetan mit sauberem dunkelfarbigem Morgenrock von Kattun, durch Küche und Keller, Milch- und Speisekammer, bis der duftende Kaffee, in blanker Messingkanne auf dem Sofatische stehend, Eltern und Tochter auf ein halbes behagliches Stündchen in der saubern und sehr einfachen Wohnstube wieder vereinigt. Schließlich langt der Alte nach seiner langen Morgenpfeife, die letzten Zeitungen und Anzeigeblätter hervorsuchend, die Mutter aber beratet mit ihrer Tochter den Mittagstisch.

Wieder eine Weile später — und die gute Mutter hat sich ans Spinnrad gesetzt und spinnt weiche Wolle, zu warmen Socken für den lieben Sohn bestimmt; die Tochter ist in der Küche, und den Vater sehen wir mit langem „Klubenstocke" auf der Schulter das Haus verlassen.

Eine stattliche, achtunggebietende Erscheinung ist der Alte. Ein echtes, selbstbewußtes Patriziertum prägt sich auf seinem Gesichte aus; Milde, herzgewinnende Treuherzigkeit schauen ihm aus den Augen, aber doch gepaart mit dem würdigsten Ernst. In seiner Jugend, ja bis an sein vierzigstes Jahr war er der tüchtigste Arbeiter; oft und gern redet er davon, wie er habe schaffen müssen; wie strenge er von seinem seligen Vater in Zucht gehalten worden; wie kein anderer im Dorfe so akkurat habe pflügen können. Aber nun hat er seit langen Jahren keinerlei Arbeit mehr angerührt. Er ist jetzt ein Sechziger, seine Gestalt ist sehr ins Korpulente gegangen, die Farbe seines Gesichtes weiß und zart, die Haut seiner Hände äußerst dünn und weich geworden; aber den echten Hausmann sieht man ihm doch auf den ersten Blick an, denn nur ein freier, reicher Bauernstand vermag solche imponierende Gestalten zu erzeugen und auszuprägen. Folgen wir jetzt seinen Schritten.

Er springt mit seinem Klubenstock zwar behutsam, indes trotz seiner sechzig Jahre noch immer recht behende über ein paar Gräben und wendet sich zuerst nach seinen Weiden. Allerlei Jungvieh ist bereits draußen; aber seine dreijährigen Ochsen, die nächsten Herbst, so Gott will, ihm in England gute Guineen lösen sollen, und die Milchkühe und jungen Kälber sind noch im Stalle. Aber prächtiges Gras schon und ein herrliches Wetter — wenn das noch etwas anhält, denkt er, will er vor Maitag alles „hinausjagen".

Er springt wieder über einige Gräben und kommt zu seinem Acker, wo sein Sohn säet und der Knecht gerade beim letzten Stück zu pflügen ist. — „Na, wo geit jo dermit?" fragt er. „Got, Herr, dat Land ward fein," antwortet freundlich und kurz der blonde, kräftige Knecht, ohne aufzuhalten, „vor Middag krieg ick rum." — „Paßt man got op!" — „Ja, Herr!"

Jetzt redet er mit seinem Sohne, der eben das Stück voll gesäet hat und sich nun kräftig und gewandt auf eines der Pferde schwingt, die vor die Egge gespannt sind. Fort geht's wieder und der Junge mit der zweiten Egge hinterdrein.

Lange schaut der Alte dem Sohne zu. Er mag sich wohl still in der Seele freuen, zu sehen, wie der schlanke und kraftvolle Junge so nobel und stattlich zu Pferde sitzt; wie frisch und arbeitsfreudig er von früh bis spät drauf und dran ist, und wie er gepflügt und die Furchen gelegt hat, eine um nichts breiter als die andere und alle so schnurgerade, daß man in Haarbreite eine Büchsenkugel an jeder hinschießen könnte, vor allem aber, wie brav und wacker er ist, welch ein Herz in ihm steckt. — Ja, das weiß er sicher, der wird dem uralten, unbefleckten Namen seiner Familie keine Schande machen.

„Na, ade, Kinners, seht to, dat jü't got kriegt!" ruft er zum Abschiede. „Ade, Herr!" ruft der Großknecht zurück. So verläßt er seinen Acker, sich wieder dem Dorfe zuwendend.

Aber nach Hause geht's noch nicht gleich. Zuvor wird noch ein Stündchen im Wirtshause verplaudert und ein „Schiedamer" oder ein Magenbitterer zur Erhöhung des Appetits genossen. Da kommt denn gleich die Rede auf Wettermutmaßungen, auf den Stand des Winterkorns, auf die schöne Saatzeit, auf Land-, Vieh- und Kornpreise, auf die letzten Verordnungen des Amts oder der Wasserbaubehörde u. s. w. Oft werden auch Handel abgeschlossen, so daß man diese Morgenzusammenkünfte recht wohl die Börsenstunde der Hausleute nennen könnte. Mit der heranrückenden Mittagsstunde geht die Versammlung regelmäßig auseinander, denn zwölf Uhr ist in jedem Hause stehende Essenszeit.

Seit einer halben Stunde sind auch die Pflüger heimgekehrt, und eifrig wühlen die Pferde in den vollen Krippen. Von den Lippen einer Magd ertönt abermals hell der herzerfreuende Ruf: „Rinkamen! wat eten!" — Alles eilt an den „Soot" (Brunnen), Hände und Gesicht zu waschen, dann in die Gesindestube, wo auf blanker, mächtiger Zinnschüssel ein wahrer Berg von „Klütjen" (Klößen), Kartoffeln und Wurzeln und dabei auf einer anderen Schüssel ein paar dicke, leckere Speckstreifen dampfen. Der Großknecht führt wie immer den Vorsitz, schneidet Brot und teilt den Speck; ihm zunächst sitzt der zweite Knecht, dann die Jungen, dann die Tagelöhner und an der anderen Seite die Mägde. In der Wohnstube ißt die Familie des Hauses ebenfalls sehr einfache, derbe Kost, oft dasselbe, was die Leute bekommen, wohl etwas feiner zubereitet.

Bis zwei Uhr ist Rastzeit, denn die Pferde müssen doch mit Ruhe fressen. Die Mägde waschen die Schüsseln, die andern Leute ruhen oder schlendern umher; Vater und Mutter schlafen ein Stündchen, und der Sohn nimmt vielleicht ein Buch zur Hand.

Bald ist alles von neuem in Tätigkeit. Die Diele dröhnt wieder vom Takt der Drescher, später vom rollenden Getöse der Staubmühle, denn noch heute soll das letzte reine Korn auf den Boden. Vater und Mutter sind auch wieder da; gegen drei Uhr bringt die Tochter den Kaffee und nimmt eine weibliche Handarbeit vor. Neben ihr sitzt die wieder emsig spinnende Hausfrau; der Alte schlürft behaglich zur langen Pfeife den Inhalt seiner großen Geburtstagstasse, schlendert hierhin und dorthin und steht wohl später mit Kreide und Streichholz in der Hand auf der Diele, das Getreide „aufmessend“.

So wird's Abend; das Pferdegetrappel meldet die heimkehrenden Ackerer, und bald sitzen die Leute wieder um ihre Schüssel mit der Abendmilchspeise. In Osterstade besteht diese Mahlzeit fast täglich aus Gerstengraupen, in Buttermilch dick gekocht und mit süßer Milch übergossen, aus der sogenannten „Schälgerste“. Wie schon vom Mittagsmahl regelmäßig ein paar arme Kinder des Dorfes ihr Teil erhielten, so sehen wir auch jetzt wieder einige derselben in der Küche oder auf dem Vorplatze ihre Teller leeren. Auch ein Töpfchen voll süßer Milch bekommen sie mit nach Hause für ihre Eltern, denn jeder ordentliche Bauernhof hat immer einige bestimmte Arme, die sich auf ihn stützen und tausend Wohltaten von ihm genießen.

Der kleine Rest des Abends wird auf verschiedene Weise hingebracht. Die Tagelöhner verlassen den Hof; in behaglich warmer Gesindestube sitzen die Mägde beim schnurrenden Spinnrade; der Junge schält für morgen Kartoffeln oder schneidet Futterrüben; der Großknecht, nachdem er draußen sein Häcksel geschnitten, nimmt vielleicht noch eine Drehspindel zur Hand und dreht mit Hilfe des andern Jungen Stricke von Hede (Werg) zum häuslichen Gebrauch, oder er sitzt mit ein paar besuchenden Bekannten beim Kartenspiel, vielleicht auch mit der dampfenden Pfeife bei einem Buche voll schöner Geschichten.

Ich selbst hatte so einen lieben, wackern Knecht, welcher an solchen Abenden meistens den andern vorlas, mit ihnen auch wohl ein Lied sang, und meine lampenhelle, warme Gesindestube bot oft das erquicklichste Bild eines friedlichen, man könnte fast sagen familienhaften Zusammenlebens, so daß ich oft und gern darin geweilt habe.

Auch in der Wohnstube drüben sitzt man traulich um die Lampe des Tisches, auch dort tönt die Stimme eines Vorlesers, denn man ist für den Winter bei einer Leihbibliothek in Oldenburg oder Bremen abonniert. Aber so klein das Lesepublikum des Hauses ist, geht es doch mit seinen Neigungen auseinander. Mutter und Tochter wollen immer Romane, Vater und Sohn dagegen nichts als Reisebeschreibungen, zumal recht abenteuerliche. Doch der Alte ist nicht immer zugegen, denn gar zu gerne macht er im Wirtshause seine Partie Whist oder Lhombre und hat auch oft genug Gemeindeversammlung, in welcher das Wohl und Weh des Dorfes beraten wird; vielleicht ist er im Ausschuß oder im Vorstand, wenn nicht gar in eigener Person Vogt (Gemeindevorsteher) des Orts.

Zum Abendessen ist er wieder daheim; mit dem Schlage zehn begibt sich alles zur Ruhe, und tiefe Stille herrscht alsdann im ganzen weiten, sonst so rührigen Hause. Nur die gute, sorgsame Mutter macht noch einen späten Rundgang durch die Räume, überall nach Feuer und Licht schauend. Ein Mutterauge ist scharf und wacht gern am längsten.

Das ist ein Tag auf dem Marschhofe — ein Stück norddeutschen Bauernlebens.

Johann Wilhelm von Archenholz (1745—1812).

3. Gemälde der preußischen Armee vor und unter Friedrich dem Großen.

Erst unter Friedrich Wilhelm I. wurde die preußische Armee durch Truppenzahl, Ordnung und Kriegszucht der Welt merkwürdig. Bei dem Tode Friedrich I. war Berlin eine glänzende Königsstadt, die Pflanzschule emporkeimender Künste. In wenig Jahren aber war aller Glanz verschwunden. Dagegen sah man jetzt hier ein Nachbild von Sparta, so wie man noch keins auf Erden gesehen hatte. Die Residenz glich einem Lager; nur der Soldatenstand wurde geehrt. Täglich sah man Waffenübungen, und der Soldat schien nur für die Parade zu existieren. Reiche Leute flohen nun Berlin, diese dem Mars geweihte Stadt, wo die Menschen nur nach ihrer Länge geschätzt wurden, wo die Armut und Sparsamkeit herrschten, wo die ersten des Volks wie in Sparta lebten, und wo man in allen Winkeln das Geklirr der Waffen hörte.

In den Provinzen war es nicht anders. Besonders stellte Potsdam ein erstaunungswürdiges Bild dar. Des Königs Leidenschaft, Soldaten von außerordentlicher Größe zu haben, wurde hier aufs höchste getrieben. Seine 2400 Mann starke Garde war eine Art Riesenschar, wozu man nicht allein in Europa, sondern selbst in anderen Weltteilen die Menschen aufgesucht hatte. Alles, was nur Geld, in großen Summen verschwendet, alles, was nur menschliche List vermochte, wurde dabei angewandt. Reisende von großem Wuchs, die aus fremden Ländern in die preußischen Staaten kamen oder sie nur auf ihrem Wege nach andern Gegenden berührten, wurden ohne Rücksicht auf Stand, Glücksumstände und andere Verhältnisse mit Gewalt zu Soldaten gemacht. Offiziere reisten oft einige hundert Meilen, um einem Handwerker, einem Hirten von seltener Größe mit Gefahr ihres Lebens Werbeanträge zu tun und seinen Paradedienst mit großen Kapitalien zu erkaufen.

So entstand dies sonderbare, fast unglaubliche lebendige Naturalien-Kabinet in Potsdam, wo Menschen aus den entlegensten Ländern der Erde des außerordentlichen Wuchses halber in den Ringmauern einer kleinen Stadt, die eigentlich eine prächtige Kaserne war, aufbehalten und in der Untätigkeit genährt wurden; die einzige Torheit ihrer Art und überhaupt eine der seltsamsten, die man je aufgezeichnet hat. Ein Irländer namens Kirchland, der noch nicht der größte dieser Leibwache war, hatte eine Länge von sieben Fuß und fünf Zoll. Die kleinsten, selbst die Trommelschläger, hatten die ohnehin schon ungewöhnliche Länge von sechs Fuß. Die Kapitalien, die diese Soldaten zum Handgeld bekamen, waren oft so ansehnlich und der ausgedungene Sold so beträchtlich, daß der zum Paradieren bestimmte Sklave nicht selten ein wohlhabender Mann war, der sich einen Bedienten hielt, bestimmt, ihm aufzuwarten und das Gewehr auf die Parade zu tragen. Diese gemeinen Soldaten hatten zu jeder Stunde Zutritt zum Könige, der sich aller ihrer Angelegenheiten sowohl innerhalb als außerhalb seiner Staaten annahm, der ihre Prozesse führte, ihre Heiraten machte, ihren Hochzeiten beiwohnte und ihre Kinder aus der Taufe hob.

Auf diese Weise wurden die ursprünglich kriegerischen Tugenden der Preußen jetzt geformt, die jungen Einwohner aller preußischen Staaten in Städten und Dörfern durch Einteilung in Kantons zu Soldaten gestempelt, eine bisher ganz unbekannte Ordnung und Reinlichkeit unter den Truppen eingeführt, die Disziplin in ein System gebracht und die militärische Ehre auf den Thron gesetzt.

Nach diesen Vorbereitungen trat Friedrich der Große auf. Er fand ein Heer von 60000 Mann, durchaus so beschaffen, wie es sich der größte nach Eroberungen dürstende Feldherr im Taumel seiner Phantasie nur wünschen konnte. Nur allein der Krieg, und was noch sonderbarer ist, die Kriegskunst war diesem so ausgezeichneten Heere fremd. Friedrichs großer Geist wußte das Fehlende bald zu ergänzen: er machte die zweckmäßigsten Verbesserungen, die alle auf dem Grundsatz beruhten, bei Angriffen im Felde die feindlichen Scharen irre zu machen, die größte Macht auf einen Punkt zu konzentrieren, dabei aber den schwächern Teil der Armee in Stellungen zu bringen, wo er, immer den Feind bedrohend, so lange ohne alle Gefahr untätig sein kann, bis der verstärkte angreifende Teil den Entwurf des Heerführers vollzogen hat. Dabei waren die Kommandowörter kurz und kraftvoll und die Bewegungen der Truppen im Angesichte des Feindes neu, kühn und entscheidend.

Ernst Moritz Arndt (1769—1860).

4. Das preußische Volk und Heer im Jahre 1813.

Unvergeßlich jedem, dem ein deutsches Herz in der Brust schlägt, wird der Frühling und Sommer des Jahres 1813 bleiben. Wir können nun zu jeder Stunde sterben; wir haben auch in Deutschland das gesehen, weswegen es allein wert ist zu leben, daß Menschen in dem Gefühl des Ewigen und Unvergänglichen mit der freudigsten Hingebung alle ihre Zeitlichkeit und ihr Leben darbringen können, als seien sie nichts. Kaum war der königliche

Wille erschollen, so erkannte das Volk ihn durch die Art, wie es gehorchte, ja, wie es dem königlichen Befehl vorauslief, als seinen Willen. Von Memel bis Demmin, von Kolberg bis Glatz war nur eine Stimme, ein Gefühl, ein Zorn und eine Liebe: das Vaterland zu retten, Deutschland zu befreien und den französischen Übermut einzuschränken. Jünglinge, die kaum wehrhaft waren, Männer mit grauen Haaren und wankenden Knieen, Offiziere, die wegen Wunden und Verstümmelungen lange ehrenvoll entlassen waren, reiche Gutsbesitzer und Beamte, Väter zahlreicher Familien und Verwalter weitläufiger Geschäfte, in Hinsicht jedes Kriegsdienstes entschuldigt, wollten sich selbst nicht entschuldigen; ja, selbst Jungfrauen unter mancherlei Verstellungen und Verlarvungen drängten sich zu den Waffen: alle wollten sich üben, rüsten und für das Vaterland streiten und sterben. Preußen war wieder das Sparta geworden, als welches seine Dichter es einst besangen; jede Stadt, jeder Flecken, jedes Dorf schallte von Kriegslust und Kriegsmusik und war in einen Übungsplatz und Waffenplatz verwandelt; jede Feueresse war eine Waffenschmiede.

Das war das Schönste bei diesem heiligen Eifer und fröhlichen Gewimmel, daß alle Unterschiede von Ständen und Klassen, von Alter und Stufen vergessen und aufgehoben waren, daß jeder sich demütigte und hingab zu dem Geschäft und Dienst, wo er der brauchbarste war, daß das eine große Gefühl des Vaterlandes und seine Freiheit und Ehre alle anderen Gefühle verschlang, alle andern sonst erlaubten Rücksichten und löblichen Verhältnisse aufhob. Die Menschen fühlten es, sie waren gleich geworden durch das lange Unglück, sie wollten auch gleich sein im Dienst und im Gehorsam. Und so sehr erhob die große Pflicht und das gemeinsame Streben, wovon sie beseelt waren, alle Herzen, daß das Niedrige, Gemeine und Wilde, dem in getümmelvollen Zeiten der Bewaffnung und Kriege eine so weite Bahn geöffnet ist, nicht aufkommen konnte. Die heilige Begeisterung dieser unvergeßlichen Tage ist durch keine Ausschweifung und Wildheit entweiht worden: es war, als fühlte auch der Kleinste, daß er ein Spiegel der Sittlichkeit, Bescheidenheit und Rechtlichkeit sein müsse, wenn er den Übermut, die

Unzucht und Prahlerei besiegen wollte, die er an den Franzosen so sehr verabscheut hatte.

Was die Männer so unmittelbar unter den Waffen und für die Waffen taten, das tat das zartere Geschlecht der Frauen durch stille Gebete, brünstige Ermahnungen, fromme Arbeiten, menschliche Sorgen und Mühen für die Ausziehenden, Kranken und Verwundeten. Wer kann die unzähligen Opfer und Gaben dieses großen Sommers zählen, die zum Teil unter den rührendsten Umständen dargebracht sind? wer kann die dem Vaterlande ewig teuren Namen der Frauen und Jungfrauen aufrechnen, welche in einzelnen Wohnungen oder in Krankenhäusern die Nackenden gekleidet, die Hungrigen gespeist, die Kranken gepflegt und die Verwundeten verbunden haben? So geschah es von einem Ende des Reichs bis zum andern; doch gebührte Berlin der Vorrang. Sie hat bewiesen, daß sie verdient, der Sitz ihrer Herscher zu sein: freue dich deiner Ehren, wackere Stadt! Die alten Sünden sind versöhnt, die alten Unbille vergessen, Ruhm und Glück werden wieder ihren Wohnsitz bei dir aufschlagen. Ich sage nur das eine: es war plötzlich wie durch ein Wunder Gottes ein großes und würdiges Volk entstanden.

5. Drei deutsche Männer.

I. Blücher.

Meine Breslauer Frühlingsmonate (1812) waren zuerst ebenso lebendig und fast auf ähnliche Weise lebendig, wie mein Februar in Berlin gewesen war. Das bewegte sich einige Wochen in einem Kreise zusammen, bis es nach verschiedenen Seiten hin auseinander floß. Hier hinein kam zuweilen auch der alte General Blücher, der auch bei fröhlichen Gelagen etwas vom Feldmarschall hatte. Trotz seines Alters trug er eine herrliche Gestalt, groß und schnell, mit den schönsten, rundesten Gliedern vom Kopf bis zum Fuß, seine Arme, Beine und Schenkel noch fast wie eines Jünglings scharf und fest gezeichnet.

Am meisten erstaunte sein Gesicht. Es hatte zwei verschiedene Welten, die selbst bei Scherz und Spaß, welchen er sich ganz frisch und soldatisch mit jedem ergab, ihre Farben nicht wechselten: auf Stirn, Nase und in den Augen konnten Götter wohnen, um Kinn und Mund trieben die gewöhnlichen Sterblichen ihr Wesen. Daß ich es sage: in jener oberen Region war nicht allein Schönheit und Hoheit ausgedrückt, sondern auch eine tiefe Schwermut, die ich der schwarzdunklen Augen wegen, die der finstern Meeresbläue glichen, fast eine Meerschwermut nennen möchte; denn wie freundlich diese Augen auch zu lachen und zu winken verstanden, sie verdunkelten sich oft auch plötzlich zu einem fürchterlichen Ernst und Zorn. War der alte Held ja auch nach dem Unglück von 1806 und 1807, als er in Hinterpommern befahl, eine Zeitlang durch seinen dunklen Zorn verrückt gewesen und hatte auf alle Fliegen und schwarze Flecke an der Wand mit dem Rufe „Napoleon!" mit dem gezückten Schwerte gestoßen. Mund und Kinn aber gaben einen ganz anderen Eindruck, obgleich in den äußeren Formen mit den oberen Teilen des Gesichts in Übereinstimmung. Hier saß immer die Husarenlist gesammelt, deren Zügenspiel bisweilen sogar bis in die Augen hinauflief, und etwas wie von einem Marder, der auf seinen Fang lauscht.

II. Scharnhorst.

Hier sah ich auch Scharnhorst, der vor den neuen Dingen aus Berlin entwichen war, und seine unvergeßliche, ihm ähnliche Tochter, die mit allen hohen Gefühlen bis in den siebenten Himmel aufflog, die Gräfin Julie zu Dohna. Ihr Gemahl, der Rittmeister Burggraf Friedrich zu Dohna, gegenwärtig Obergeneral der pommerschen Heerabteilung, holte mich ab und führte mich zu Vater und Tochter. Ich war hinfort viel mit ihnen, und sie nahmen mich oft mit in die grüne Einsamkeit der umliegenden Dörfer und Wälder, wo man sich freier und menschlicher ergehen und über das Leid und die Hoffnung des Augenblicks besprechen konnte. Wie war das nun wieder ein gar anderer Mann, als der Blücher! Schlank und eher hager, als wohlbeleibt, trat er, ja, schlenderte er sogar unsoldatisch einher, gewöhnlich etwas vornüber geneigt. Sein Gesicht war von edler Form und mit stillen, edlen Zügen ausgeprägt; sein blaues Aug groß, offen, geistreich und schön. Doch hielt er das Visier seines Antlitz gewöhnlich geschlossen, selbst das Aug halb geschlossen, gleich einem Manne, der nicht Ideen in sich aufjagt, sondern über Ideen ausruht. Doch tummelten sich die Ideen in diesem hellen Kopfe immer herum; er hatte aber gelernt, seine Gefühle und Gedanken mit einem nur halb durchsichtigen, ruhigen Schleier zu umhängen, während es in seinem Innern kochte.

Doch wie sicher und fest geschlossen er sein Angesicht und die Gebärden desselben auch hielt, er machte den Eindruck des schlichten, besonnenen Mannes; man sah keine Vorlegeschlösser vor denselben. So war sein Wesen; er hatte es wohl gewonnen durch sein Schicksal sowohl, als durch seinen Verstand. Er hatte sich aus niederm Stande emporgerungen und von unten auf viel gehorchen, auch der Not gehorchen lernen müssen. Seine Stellung in Preußen war bei aller Anerkennung seiner Verdienste durch seinen König und durch viele Edle doch die eines Fremdlings, eines beneideten Fremdlings geworden; denn in der bösen Zeit, seit den Jahren 1805 und 1806, hatte er, von den Eigenen und Fremden belauert und den welschen Spähern längst verdächtig, auch wo er Großes und Kühnes schuf und vorbereitete, immer den Unscheinbaren und Unbedeutenden spielen, sich freiwillig gleichsam zu einem Brutus machen müssen.

Auch seine Rede war diesem gemäß: langsam und fast lautlos schritt sie einher, sprach aber im langsam dehnenden Ton kühnste Gedanken oft mit sprichwörtlicher Kürze aus. Schlichteste Wahrheit in Einfalt, geradeste Kühnheit in besonnener Klarheit, das war Scharnhorst: er gehörte zu den wenigen, die glauben, daß man vor den Gefahren von Wahrheit und Recht auch keinen Strohhalm breit zurückweichen soll. Soll ich noch erinnern, daß dieser edle Mensch, durch dessen Hände als des stillen und geheimen Schaffers und Bereiters Millionen hingeglitten waren, auch nicht den Schmutz eines Kupferpfennigs daran hatte kleben lassen? Er ist ein Vir innocens im Sinn der großen Alten gewesen: er ist arm gestorben.

Solche war die Art und Gebärde dieses ernsten und tugendhaften Mannes, der tiefer, als irgend einer, des Vaterlandes Weh gefühlt und mehr, als irgend einer, zur Heilung desselben gestrebt und gewirkt hat.

III. Stein.

Ich habe oben von zwei Welten in Blüchers Angesicht gesprochen. Dergleichen mag sich wohl in den meisten Gesichtern finden, oft wohl drei, vier oder gar mehrere, die miteinander streiten. Wenn ihrer aber so viele sind, dürfen sie nicht Welten heißen, sondern hadernde und einander zersetzende und zerfetzende Temperamente und Leidenschaften. Auf dem obern Teil des Steinschen Antlitzes wohnten fast immer die glanzvollen und sturmlosen Götter. Seine prächtige, breite Stirn, seine geistreichen, freundlichsten Augen, seine gewaltige Nase verkündigten Ruhe, Tiefsinn und Herrschaft. Davon machte der untere Teil des Gesichts einen großen Abstich; der Mund war offenbar der oberen Macht gegenüber zu klein und fein geschnitten, auch das Kinn nicht stark genug. Hier hatten gewöhnliche Sterbliche ihre Wohnung, hier trieben Zorn und Jachzorn ihr Spiel und oft die plötzliche Heftigkeit, die gottlob, wenn man ihr fest begegnete, sich bald wieder beruhigte. Aber das ist wahr, daß, wenn dieser schwächere untere Teil im Zorn zuckte und der kleine, bewegliche Mund mit ungeheurer Geschwindigkeit seine Aussprudelungen vollführte, die oberen Teile wie ein schöner, sonniger Olymp noch zu lächeln und selbst die blitzenden Augen nicht zu dräuen schienen; so daß, wer vor der unteren Macht erschrak, durch die obere Macht getröstet ward.

Sonst sprach aus allen Zügen, Gebärden und Worten dieses herrlichen Mannes Redlichkeit, Mut und Frömmigkeit. Er war ein herrischer Mann, wäre ein geborner Fürst und König gewesen, kurz ein Nummer-Eins-Mann. Ich will hiemit nicht gesagt haben, daß einer als ein Nummer-Zwei-Mann nicht auch vortrefflich sein und wirken könne. Das versteht sich ja von selbst; aber Stein war dazu nicht geschaffen. Es war eine zu mächtige Eigentümlichkeit in ihm, seine Natur überhaupt aus einem so strengen Metallgusse, daß er sich einer fremden Natur nicht leicht anschmiegen, viel schwerer noch sich ihr unterschmiegen konnte, was die edelsten Menschen für gute Zwecke oft getan haben und tun müssen.

6. Aus Arndts Kinderzeit.

Mein Vater war der Sohn eines Hirten, ein Freigelassener, der bei einem großen Herrn gedient und durch die Gunst der Umstände sich ein bißchen aus dem Staube herausgebildet hatte. Er war ein schöner, stattlicher Mann und hatte sich durch Reisen und Verkehr mit Gebildeten soviel Bildung zugeeignet, als ein Ungelehrter damals in Deutschland überhaupt gewinnen konnte. Er war an Verstand und Lebensmut vielen überlegen und war in vielen Dingen geschickter, schrieb sein Deutsch und seinen Namen richtiger und schöner, als die meisten Landräte und Generale jener Zeit. Kurz, er war ein hübscher, anständiger Mann, wenigstens für das Ländchen Rügen, wie die Menschenkinder dort damals mit einander verkehrten, und hielt mit den würdigsten Geistlichen, Beamten und kleineren Edelleuten der Nachbarschaft Umgang. Man behalf sich da, wie die arme Zeit, wo alles äußerst wohlfeil und das Geld also sehr teuer war, mit der leichten nordischen Gastlichkeit, welche in unserer Landschaft durch die schwedischen Sitten, woran sie sich in anderthalb Jahrhunderten hatte gewöhnen müssen, vielleicht im ganzen Norddeutschland die frohherzigste war. In Jagd, Spiel und Verkehr ging alles auf das freundschaftlichste und herzigste miteinander um.

Versteht sich, daß die Jungen des Pächters Ludwig Arndt Pächterjungen blieben, arme, kleine Geelschnäbel, die in eigengemachten Jäckchen und Höschen und in geflickten Schnürstiefelchen vor den Herren ihre Bücklinge machen mußten. Aber die armen Schelme mußten doch schon ihre Bücklinge machen, und wie! Bei alltäglichen Gelegenheiten ging es alltäglich her, aber bei festlichen Gelegenheiten, bei Feierschmäusen, Hochzeiten u. s. w. was waren das für Anstalten und Zurüstungen auch bei so kleinen Leuten, als die meinigen waren! Ich erzähle aus den Jahren 1770 und 1780. Also stehe es!

Es ging bei solchen Gelegenheiten in dem Hause eines guten Pächters oder eines schlichten Dorfpfarrers ganz ebenso her, wie in dem eines Barons oder Herrn Majors Von, mit derselben Feierlichkeit und Verzierung des Lebens; aber freilich steifer und ungelenker, also lächerlicher und alberner. Es war nur der Parukenstil oder der heuchlerisch welsch verzierlichte und vermanierlichte Schnörkel- und Arabeskenstil, der von Ludwig dem Vierzehnten bis an die französische Umwälzung hinab gedauert hat. Noch lächelt mir's im Herzen, wenn ich der Putzzimmer der damaligen Zeiten gedenke. Langsam, feierlich, mit unlieblichen Schwenkungen und Knicksungen bewegte sich die rundliche Frau Pastorin und Pachterin mit ihren Mamsellen Töchtern gegeneinander, um die Hüften wulstige Poschen geschlagen, das oft falsche, dicht eingepuderte Haar zu drei Stockwerken Locken aufgetürmt, die Füße auf hohen Absätzen chinesisch in die engsten Schuhe eingezwängt, wacklig einhertrippelnd.

Die Männer nach ihrer Weise ebenso steif, aber doch tüchtiger. Bei diesen hatten die großen Bilder des siebenjährigen Krieges den welschen Geschmack etwas durchbrochen. Man mochte mit Recht sagen: es waren die komischen Transfigurationen Friedrichs des Zweiten und seiner Helden. Mächtige Stiefeln, bis über die Kniee aufgezogen, schwere silberne Sporen daran, um die Kniee weiße Stiefelmanschetten, in den Händen ein langes spanisches Rohr mit vergoldetem Knopf, ein großer dreieckiger Hut über den steif einpomadierten und eingewächseten Locken und der langen Haarpeitsche — da war doch noch etwas Männliches darin. Und die Jungen? Selbst diese kleinen, unbedeutenden Kreaturen mußten schon mit heran. O, es war eine schreckliche Kopfmarter bei solchen Festlichkeiten. Oft bedurfte es einer vollen, ausgeschlagenen Stunde, bis der Zopf gesteift und das Toupet und die Locken mit Wachs, Pomade, Nadeln und Pulver geglättet und aufgetürmt waren. Da ward, wenn drei, vier Jungen in der Eile fertig gemacht werden sollten, mit Wachs und Pomade draufgeschlagen, daß die hellen Tränen über die Wangen liefen. Und wann die armen Knaben nun in die Gesellschaft traten, mußten sie bei jedermänniglich, bei Herren und Damen, mit tiefer Verbeugung die Runde machen und Hand küssen.

Das Possierlichste bei diesen Akonterfeiungen und Nachkonterfeiungen des feinen und vornehmen Lebens war noch der Gebrauch der hochdeutschen Sprache, welcher damals in jenem Inselchen auch für etwas Überaußes und Ungemeines galt und auch wohl gelten mußte, weil wenige damit ordentlich umzugehen verstanden, ohne dem Dativ und Akkusativ in einer Viertelstunde wenigstens einige hundert Maulschellen zu geben. Es gehörte nämlich unerläßlich zum guten Ton, wenigstens die ersten fünf bis zehn Minuten der Eröffnung und Versammlung einer Gesellschaft hochdeutsch zu radbrechen; erst wann die erste Hitze der feierlichen Stimmung abgekühlt und die ersten Beklemmungen, welche der Überfluß von Komplimenten verursacht, über einer Tasse Kaffee verseufzet waren, stieg man wieder in den Alltagssocken seines gemütlichen Plattdeutsch hinunter. Auch französische Brocken wurden hin und wieder ausgeworfen, und ich weiß, wie ich mich in mir erlächelte, als ich das Welsche ordentlich zu lernen anfing, wenn ich an das Wun schur! Wun schur! (bon jour) und alawundör! (à la bonne heure), oder an die Fladrun (flacon), wie das gnädige Fräulein B. ihre Wasserflasche nannte, zurückdachte, und wie die Jagdjunker und Pächter, wann sie zu Roß zusammenstießen, sich mit solchen und ähnlichen Floskeln zu begrüßen und vornehm zu bewerfen pflegten.

Ferdinand Bäßler (1816–1879).

*7. Wineta.

An der nordöstlichen Küste der Insel Usedom sieht man häufig bei stillem Wetter in der See die Trümmer einer alten großen Stadt. Es hat dort die einst weltberühmte Stadt Wineta gelegen, die schon vor tausend und mehr Jahren wegen ihrer Laster und Wollust ein schreckliches Ende genommen hat.

Die Einwohner trieben einen überaus großen Handel; ihre Läden waren angefüllt mit den seltensten und kostbarsten Waren, und es kamen jahrein jahraus Schiffe und Kaufleute aus allen Gegenden und aus den entferntesten Enden der Welt dahin.

Deshalb floß denn auch in der Stadt ein über die Maßen großer Reichtum zusammen, daß man ihn kaum noch unterzubringen wußte. Die Stadttore waren aus Erz und Glockengut, die Glocken aber aus Silber, und das Silber war überhaupt so gemein in der Stadt, daß man es zu den gewöhnlichsten Dingen gebrauchte und die Kinder auf den Straßen mit harten Talern spielten. Dafür traf sie denn der gerechte Zorn Gottes, und die üppige Stadt wurde urplötzlich von dem Ungestüm des Meeres zu Grunde gerichtet und von den Wellen verschlungen. Darauf kamen die Schweden von Gotland her mit vielen Schiffen und holten fort, was sie von den Reichtümern der Stadt aus dem Meere herausfischen konnten.

Die Stelle, wo die Stadt gestanden, kann man noch heutiges Tages sehen. Wenn man nämlich von Wolgast über die Peene in das Land zu Usedom ziehen will und gegen das Dorf Damerow, zwei Meilen von Wolgast, gelangt, so erblickt man bei stiller See bis tief, wohl eine Viertelmeile in das Wasser hinein, eine Menge großer Steine, marmorner Säulen und Fundamente. Das sind die Trümmer der versunkenen Stadt Wineta.

In der Stadt ist noch immer ein wundersames Leben. Wenn das Wasser ganz still ist, so sieht man oft unten im Grunde des Meeres in den Trümmern ganz wunderbare Bilder. Große, seltsame Gestalten wandeln dann in den Straßen auf und ab, in langen, faltigen Kleidern. Oft sitzen sie auch in goldenen Wagen oder auf großen, schwarzen Pferden. Manchmal gehen sie fröhlich und geschäftig einher, manchmal bewegen sie sich in langsamen Trauerzügen, und man sieht dann, wie sie einen Sarg zum Grabe geleiten.

Die silbernen Glocken der Stadt kann man noch jeden Abend, wenn kein Sturm auf der See ist, hören, wie sie tief unter den Wellen die Vesper läuten. Wenn es aber Nacht oder stürmisches Wetter ist, dann darf kein Mensch und kein Schiff sich den Trümmern der alten Stadt nahen. Ohne Gnade wird das Schiff an die Felsen geworfen, an denen es rettungslos zerschellt, und keiner, der darin gewesen, kann aus den Wellen sein Leben erretten.

*8. Wittekinds Taufe.

Es war im Winter und eine Waffenruhe eingetreten. Wittekind streifte am andern Ufer der Elbe in der Nähe des fränkischen Heeres umher; da ward er von wunderbarer Sehnsucht ergriffen, zu schauen, wie die Christen ihren vielgepriesenen Gott verehrten. Das Weihnachtsfest kam heran, da hüllte sich Wittekind in Bettlerkleider und schlich sich beim Hereinbrechen des Morgenrots ins fränkische Lager. Unerkannt schritt er durch die Reihen der Krieger, die sich zum Gottesdienste anschickten, und betrat die Kirche. Da wurden nicht Pferde und Rinder geopfert, wie bei den Heiden, sondern andächtig kniete Karl mit allen seinen Großen vor dem Altare, das Sakrament zu empfangen; der Weihrauchsduft wallte empor, und die Gesänge der Priester priesen die geweihte Nacht, wo die Herrlichkeit des Heilandes sich den Menschen offenbarte.

Da wurde Wittekind tief ergriffen von der Herrlichkeit des Gottesdienstes der Christen, seine Augen füllten sich mit Tränen, und stumm faltete er die Hände. Es war ihm, als ob das Christuskind auf dem Arme der Jungfrau Maria ihm winkte und spräche: „Komm her zu mir!" Er warf sich vor dem Altar nieder auf die Kniee, und als alle verwundert und erstaunt ihn umringten, rief er: „Ich bin Wittekind, der Sachsenherzog; gebt auch mir die Taufe, daß ich ein Christ werde, wie ihr!" Da umarmte ihn Karl, und lauter Jubel erscholl durch das Frankenheer, denn dieser eine war ihnen mehr wert, als zehn gewonnene Schlachten. Kaiser Karl hielt ihn, so lang er lebte, hoch in Ehren, und gab ihm ein neues Wappenschild, indem er das schwarze Pferd ohne Zügel und Gebiß, welches Wittekind bis dahin in seinem Schilde geführt hatte, in ein weißes verwandelte, damit die weiße Farbe ein Zeichen seines aufrichtigen Glaubens und seiner Wiedergeburt durch Christum Jesum sei.

*9. Der Sängerkrieg auf der Wartburg.

Am Hofe des edeln Landgrafen Hermann und seiner Gemahlin Sophia auf Schloß Wartburg stellten im Jahre 1207 sechs meisterliche Minnesänger ein Wettsingen an. Die Namen dieser Meister waren: Walther von der Vogelweide, Wolfram von Eschenbach, Reinhart von Zwetzen, Biterolf, Heinrich, genannt der tugendhafte Schreiber, und Heinrich von Osterdingen. Sie hatten aber untereinander bedungen, wer im Streit des Singens unterliege, der solle sterben durch des Henkers Hand. Sie sangen aber alle ihrem edeln Wirte, Hermann, dem Landgrafen von Thüringen und Hessen, zu Ehren, verglichen ihn dem hellen Tage und erhoben ihn über alle Fürsten. Nur Heinrich von Osterdingen pries Leopolden, den Herzog von Österreich, noch höher und stellte ihn der Sonne gleich. Darüber wurden die andern, die ihn ohnehin aus Neid am Thüringer Hofe nicht gern sahen, gegen ihn erbittert; und da sie alle sich wider ihn vereinten, mußte er trotz seiner hohen Kunst den Gegnern endlich unterliegen. Diese riefen nun Stempfel, den Henker, der sollte Heinrichen an einen Baum knüpfen. Der geängstete Sänger floh in die Gemächer der Landgräfin und barg sich vor den Verfolgern unter ihren Mantel. Da mußten sie von ihm abstehen; und er dingte mit ihnen, daß sie ihm ein Jahr Frist gäben, er wolle von dannen reisen gen Ungarn und Siebenbürgen und Meister Klingsor holen, der solle urteln und richten und ihren Streit entscheiden. Dieser nämlich galt für den berühmtesten deutschen Minnesänger jener Zeit und war zugleich ein großer Zauberer.

Auf die Fürsprache der Fürstin wurde Heinrichen diese Frist von seinen Gegnern bewilligt, und so machte er sich auf und kam erst zum Herzog von Österreich, seinem geliebten Herrn, um dessentwillen er sich in diese tödliche Gefahr gebracht hatte; und von da ging er mit Briefen des Herzogs gen Siebenbürgen zu Klingsor, dem er die Ursache seiner Fahrt erzählte und seine Lieder vorsang. Der Meister war mit diesen Proben seiner Kunst wohl zufrieden und versprach, mit ihm nach Thüringen zu ziehen und den Streit zu schlichten. Doch hielt er seinen Gast unter allerlei Kurzweil fast ein ganzes Jahr hin, und die bewilligte Frist lief ihrem Ende zu. Weil aber Klingsor noch immer keine Anstalt zur Reise machte, wurde Heinrich bange und sprach: „Meister, ich fürchte, Ihr lasset mich im Stich, und ich muß allein und traurig meine Straße ziehn und werde zur bestimmten Zeit die Wartburg nicht wieder erreichen; dann bin ich ehrenlos und darf zeitlebens nimmermehr nach Thüringen." Klingsor sagte lächelnd: „Sei unbesorgt! wir haben starke Pferde und einen leichten Wagen und wollen den Weg kürzlich gefahren haben."

Als es Abend geworden, gab er ihm einen Trank ein, davon er augenblicklich in tiefen Schlummer sank, legte ihn auf eine lederne Decke und sich daneben und befahl seinen Geistern, daß sie ihn schnell nach Eisenach im Thüringer Lande tragen und daselbst im besten Wirtshaus niedersetzen sollten. Die Geister taten, wie ihnen befohlen war, und brachten noch in selbiger Nacht den Meister mit seinem Gefährten gen Eisenach in den Hellegrafenhof, der zu Eisenach am St. Georgentor liegt, zur linken Hand, wenn man aus der Stadt geht.

Als nun der Tag anbrach, erwachte Heinrich; er hörte die Glocken zur Frühmesse läuten und sprach verwundert: „Mir ist, als hätt ich diese Glocken schon mehr gehört, und deucht mich, daß ich zu Eisenach wäre." Der Meister sprach: „Dir träumt wohl!" Aber Heinrich stand auf und trat ans Fenster, da merkte er, daß er wirklich zu Thüringen wäre. „Gottlob!" rief er, „daß wir hier sind, das ist Helgrevenhaus, und hier sehe ich St. Jürgentor und die Leute, die davor stehn und über Feld gehn wollen."

Sobald die Ankunft der beiden Gäste denen auf der Wartburg kund wurde, befahl der Landgraf, sie ehrlich zu empfahen. Klingsor behielt seine Herberge in Hellegrafenhof zu Eisenach; und als er des Abends im Garten seines Wirts saß und viele ehrbare Leute aus des Fürsten Hofe und ein Teil der Bürger aus der Stadt bei ihm saßen und tranken den Abendtrank, da baten sie ihn, daß er ihnen etwas Neues sagen wollte, wie er denn immer dergleichen wußte, und darum so war man gern bei ihm. Da stund er vor ihnen auf und sah das Gestirne mit Fleiß eine Weile an und sprach darauf: „Ich will euch neue und fröhliche Mär sagen: heint in dieser Nacht wird meinem Herrn, dem Könige Andreas von Ungarn, eine Tochter geboren; die wird schön, tugendreich und heilig und dem Sohne eures Herrn, des Landgrafen, vermählt werden." Wie die Kunde hiervon vor den Landgrafen Hermann und seine Gemahlin kam, freuten sie sich dieser Weissagung überaus und entboten den weisen Meister aufs neue zu sich auf die Wartburg und an den fürstlichen Tisch. Nach dem Mahle begab man sich in das Ritterhaus, wo die Sänger zur Austragung ihres Wettstreites sich versammelt hatten. Klingsor machte Heinrich von Ofterdingen ledig und versöhnte die Sänger miteinander; und nachdem er alles gut und wohl ausgerichtet, nahm er Urlaub vom Landgrafen und fuhr, mit Geschenken reich belohnt, samt seinen Knechten in der Decke wieder weg, wie und woher er gekommen war.

*10. Der heiligen Elisabeth Rosen.

Elisabeth, die fromme Landgräfin von Thüringen, war eine Mutter der Armen; täglich ging sie hinaus vor das Schloß, wo die Armen, die Lahmen und Blinden ihrer warteten, und verteilte unter sie Speisen und Gaben, nachdem jedermann not war. Aber ihre Schwiegermutter, die verwitwete Landgräfin Sophie, nahm daran ein Ärgernis und redete ihrem Sohne Ludewig ein, solches Tun wolle einer Fürstin nicht geziemen; darum solle er es seiner Gemahlin wehren. Als nun wieder eines Tages Elisabeth durch das Burgtor schüchtern hinausschritt und hatte ein Körblein mit Broten, Eiern und anderen Speisen unter dem Mantel am Arm, trat ihr der Landgraf, welcher just aus der Stadt Eisenach den Schloßberg herauf kam, entgegen und frug sie barsch: „Was trägst du da?" — Elisabeth erbebte und konnte kein Wort sprechen. „Zeige her!" sprach der Landgraf und hob den Deckel vom Korbe — und siehe, da war der Korb mit eitel Rosen angefüllt. Da stand der Fürst beschämt vor seinem frommen Gemahl und merkte die Weisung des Himmels, daß er das mildtätige Herz seiner Gattin nicht wieder in die Versuchung führen sollte; und hinfort, wenn seine Mutter wieder gegen die Freigebigkeit ihrer Tochter sich auslassen wollte, als werde sie damit ihn selbst noch zum armen Manne machen, sprach er: „Laßt sie gewähren! wenn ich nur Wartburg, Eisenach und Neuenburg behalte, so hab ich genug."

*11. Der treue Eckart.

Zu Eisleben und im ganzen Land Mansfeld ist vor Zeiten alle Jahr auf den Fastnacht-Donnerstag das wütende Heer vorübergezogen, und die Leute sind zusammengelaufen und haben darauf gewartet, nicht anders, als sollte ein großer, mächtiger Kaiser oder König vorüberziehn; da man denn in der Luft einen reisigen Haufen zu Fuß und zu Roß gesehen: einer hat geritten auf einem Pferd mit zween Füßen; der andre ist auf einem Rad gebunden gelegen, und das Rad ist von selbst umgelaufen; der dritte hat einen Schenkel über die Achsel genommen und ist gleich sehr gelaufen; ein anderer hat keinen Kopf gehabt. Aber vor dem ganzen Haufen her ist ein alter Mann gegangen mit einem weißen Stab, der hat sich selbst den treuen Eckart geheißen, der hat die Leute heißen aus dem Weg weichen, hat auch etliche heißen heim gehen, sie würden sonst Schaden nehmen. Daher ist das Sprichwort: „Der treue Eckart warnet jedermann.“

In einem thüringischen Dorfe, Schwarza genannt, zog einstens am Weihnachtsfeste die Frau Hulda oder Holla mit ihrem wütenden Heere vorüber, und der treue Eckart ging vor ihm her, die Leute zu warnen. Da hat es sich getroffen, daß just zwei Knaben, welche aus dem nächsten Dorfe Bier geholt hatten, dem Gespensterzuge begegneten. Als diese die Schatten ansichtig wurden, versteckten sie sich in einen Winkel, aber einige Unholdinnen eilten ihnen nach, nahmen die Kannen und schlürften mit großer Begierde das Bier aus. Als nun alles hinweg und vorbei war, kamen die Knaben aus ihrem Versteck wieder hervor, waren aber sehr bekümmert, was sie zu Hause vorwenden sollten, weil sie kein Bier mitbrächten. Indem sie nun also bei sich ratschlagten, trat der treue Eckart herbei und sagte: „Das riet euch Gott, daß ihr das Bier freiwillig hergegeben und kein Wörtchen darwider geredet habt, sonst hätten euch die Unholdinnen die Hälse umgedreht. Geht nun flugs heim und seid getrost, aber sagt keinem Menschen etwas von der Geschichte, so werden eure Kannen immer voll Bier sein und wird ihnen nie gebrechen.“

Dies taten die Knaben, und es geschah, wie ihnen der Alte gesagt hatte. Die Kannen waren voll Bier, und soviel man auch davon trank, sie wurden niemals leer. Drei Tage nahmen sie das Wort in acht; endlich aber konnten sie's nicht länger bergen, sondern erzählten aus Vorwitz ihren Eltern den Verlauf der Sache: da war es aus, und die Krüglein versiegten.

Wilhelm Baur (1826–1897).

12. Vier Freiheitssänger.

I. Körner.

Die Glut und Flamme der kriegerischen Begeisterung, welche in den besten deutschen Streitern des Jahres 1813 waltete, gibt sich am meisten in Körners Liedern zu erkennen. Er dichtete mehr als die andern mitten im Kriegsgetümmel. Im Lager ersannen wohl auch Schenkendorf und Arndt ihre Lieder, Körner aber, wenn er nachts Wache stand, wenn er morgens ausritt zum Gefechte, und wenn er verwundet im Walde lag. Und sein kriegerisches Feuer ward durch den Atem der Jugend in ihm noch besonders angefacht. Er war zweiundzwanzig Jahre alt, als er von der Braut sich losriß, als er von den Eltern sich segnen ließ, als er der Schwester Gebet mitnahm in den Kampf für die Freiheit, und ehe er dreiundzwanzig geworden, hatten ihn seine Kampfgenossen unter der Eiche in Mecklenburg begraben. Seine Lieder haben den kecken Wurf eines jugendlichen Reiters, in welchem die Flamme der Vaterlandsliebe so heiß brennt, daß er das süßeste Glück für die Freiheit hingibt; es durchdringt sie der feste Glaube, daß Gott die Feinde zum Spott machen werde, aber auch die weiche, tröstende Liebe zu den Geliebten, die er verlassen, und die Ahnung eines frühen Todes für das Vaterland. Das gibt ihnen etwas überaus Hinreißendes und Rührendes, Gewaltiges und Zartes, das flößt dem, der sie singt, heiligen Schauer durch die Seele. Was für ein Geist ist in den Liedern: „Frisch auf, mein Volk, die Flammenzeichen rauchen! — Was zieht ihr die Stirne finster und kraus? — Vater, ich rufe dich! — Was glänzt dort vom Walde im Sonnenschein? — Das Volk steht auf, der Sturm bricht los! — Schlacht, du brichst an! — Du Schwert an meiner Linken!“ — Diese Lieder muß man nicht lesen, sondern singen und am besten in Gemeinschaft mit Gleichgesinnten singen, wenn man die Stimmung nachfühlen will, welche im Frühling und Sommer 1813 in Landsturm und Landwehr geherrscht hat, ehe der Leipziger Sieg erfochten ward. Denn von ihm hat Körner nur im andern Leben gehört.

II. Schenkendorf.

Anders klingt das Lied des Max von Schenkendorf. Er ist der ritterlichste unter den Sängern, er stammt aus dem fernen Preußenlande, in welchem einst die deutschen Ritter das Kreuz Christi aufgepflanzt, in welchem zu Anfang dieses Jahres 1813 die alten Rittergeschlechter sich an die Spitze des Volks stellten, um Landsturm und Landwehr aufzurufen gegen den Feind. Er hat sich tief in die Zeiten versenkt, da unter dem deutschen Kaiser die deutschen Ritter für deutsche Ehre gestritten haben, und nach einer solchen Zeit sehnt er sich. Keiner hat soviel wie er vom Kaiser und vom Reich gesungen. Aber nicht, als ob er wie ein übermütiger Ritter über die andern Stände sich erhübe. Er preist Gelehrte, Bürger und Bauern, daß sie alle sich geeinigt haben, um das Vaterland zu befreien. Ja, er singt: „O Bauernstand, o Bauernstand, du liebster mir von allen!“ Nichts Übermütiges ist in ihm, sondern eine innige, tiefe, zarte Frömmigkeit, denn er hat von allen, die mit ihm gesungen haben, am innigsten den Heiland ins Herz geschlossen, und darum beugt er sich auch gerne in Demut mit seinem ganzen Volke um der Sünden willen, die es getan. Wie fromme Lieder hat er während der Jahre 1813 und 1814 als Gebete zum Himmel gesandt, und als die Freiheit aufgegangen war, wie hat er Gott dafür gepriesen! „In dem wilden Kriegestanze — Erhebt euch von der Erde — Freiheit, die ich meine — Wie mir deine Freuden winken — Wenn alle untreu werden“ — und so manches Lied auf die Helden jener Zeit sollen unvergessen bleiben.

III. Rückert.

Wieder ein ganz andrer ist Friedrich Rückert. Er ist ein Dichter von solchem Reichtum, daß er zehn arme ordentlich ausstatten könnte und behielte doch noch für sich etwas Tüchtiges zurück. Er hat zugleich die Gabe, der deutschen Sprache alle Weisen anderer Völker anzupassen, wenn's ihm beliebt, und doch deutsch zu bleiben. Man liest seine „geharnischten Sonette", seine kriegerischen Spott- und Ehrenlieder mit Lust, mit Segen, denn wie sie von der echtesten Vaterlandsliebe eingegeben sind, so regen sie dieselbe immer aufs neue auf. Aber zum Singen, zumal für das Volk, sind sie fast zu reich an Gedanken, zu witzig, zu scharf, oder durchbrechen im Überschwang des Jubels zu mächtig die Schranken des Liedes. Darum sind auch Rückerts Lieder am wenigsten unter dem Volke bekannt geworden.

IV. Arndt.

Was für Ehre bleibt aber, nachdem wir die andern gepriesen, für Arndt übrig? Ehre genug! Aus ihm spricht am meisten das Gemeingefühl des gesamten deutschen Volkes, er trifft am besten den deutschen Volkston. Es hat seine Frucht getragen zu seines Volkes Heil, daß seine Mutter, die Bauerntochter, ihn früh die alten Kirchenlieder gelehrt, daß sein Oheim, der unter Friedrich dem Großen gedient, ihm die Soldatenlieder aus dem siebenjährigen Kriege vorgesungen, daß er mit braven Knechten einen herzlichen Umgang gehabt, die ihn in die Weise des Volks eingeführt haben. Arndt litt auch eine Weile an der Krankheit seiner Zeit und spielte in seinen Gedichten, die er sonst verfaßt, mit griechischen Göttern und Göttinnen, mit allerlei Träumen und Gefühlen. Wie aber die große Zeit anbrach, in welcher das deutsche Volk das fremde Joch abwerfen sollte, da warf er auch in Gedicht und Lied das Fremdländische ab, und die starke, frische, lebendige, fröhliche Art des deutschen Volksliedes ward in ihm wieder wach.

Wollte Arndt die Deutschen zur Befreiung ihres Vaterlandes aufwecken, so mußte er vor allem ihnen Lieder geben, in welchen dieses Vaterlandes Herrlichkeit gesungen wird. Das hat er getan, und obenan steht das Lied „des Deutschen Vaterland" aus dem Ruhmesjahr 1813. Da fragt er: „Was ist des Deutschen Vaterland?" Denn unter der Herrschaft Napoleons, der Deutschland in Stücke gerissen, hatten es viele vergessen. Und er antwortet: nicht ein deutsches Land für sich allein, auch nicht mehrere deutsche Länder im Verein, sondern alle deutschen Länder, das ganze Deutschland soll es sein! „So weit die deutsche Zunge klingt und Gott im Himmel Lieder singt," ist des Deutschen Vaterland. Und wie er den Deutschen zeigt, wie groß ihr Vaterland ist, so zeigt er ihnen auch die innerliche Kraft und Tugend, worauf seine wahre Größe beruht. Das ist die Treue, die Redlichkeit, der Glaube, der Mut, die Liebe zur Freiheit. Wie Körner ausgerufen hatte: „Es ist ein Kreuzzug, ist ein heiliger Krieg," so ist Arndt gewiß, daß Deutschlands Kampf gegen Frankreich ein Kampf ist des Rechts gegen das Unrecht, der Freiheit gegen die Knechtschaft, der Wahrheit gegen die Lüge, der Tugend gegen die Weichlichkeit, des Glaubens gegen den Unglauben. Und weil er weiß, daß es Gottes Sache ist, um die es gilt, daß es Gottes Rache ist, die nun genommen werden soll, darum scheut er sich nicht, zur Rache zu rufen. Es war der heilige Zorn über die Gefährdung der höchsten Güter, es war der Zorn der Liebe, der in Arndt brannte, wenn er in gewaltigen Liedern ausrief: „Der Gott, der Eisen wachsen ließ, der wollte keine Knechte!"

Und weil immer aus der Menge des tapferen Heeres einzelne Heldengestalten hervorleuchten, so singt er Heldenlieder auf die Besten, die wir in jener Zeit hatten. Vom Schill singt Arndt ein Lied in der Weise des Volksliedes: „Es zogen drei Reiter zum Tore hinaus". Der mutige Mann, der die Zeit nicht erwarten konnte, bis sein König zum Kampfe gegen Napoleon aufrief, der auf eigene Gefahr Berlin verließ, den Krieg zu beginnen, in der Hoffnung, ganz Deutschland würde brennen, wenn an einem Punkte das Feuer einmal angezündet würde, wird uns vorgeführt, wie er kämpft, und wie er stirbt. Vor allem aber die Großen, die er ganz besonders seine Helden nennt, wie lebendig stehn sie uns vor der Seele durch Arndts Preis: Scharnhorst, der Waffenschmied deutscher Freiheit, der Stille, Sinnende,

Redliche, Unbeugsame, den Gott zum Boten erlesen, um den früher Heimgegangenen Kunde zu bringen, daß Deutschland aufgewacht sei, Gneisenau — wie lustig klingt das Lied von ihm, wie er Kolberg geschützt gegen die Franzosen, wie ein tapferer Bräutigam die Braut, wie herzlich klingt der Gruß: „Komm nun zurück aus Engelland! Komm, laß dein Spiel erklingen, komm, laß die Welschen springen, wie du sie springen ließest auf Kolbergs grüner Au!“ der alte Blücher — „so frisch blüht sein Alter, wie greisender Wein“ im Lied vom Feldmarschall! In den Liedern bewahren die Völker ihre Taten. Darum soll, wo deutsche Männer und Jünglinge zusammen sind, aus den Befreiungskriegen ein heller Ton sich erschwingen.

13. Prinzeß Wilhelm von Preußen, geborene Prinzeß Marianne von Hessen-Homburg.

[Die Prinzessin Marianne war die Tochter des Landgrafen Friedrich V. von Hessen-Homburg. Ihre Mutter war aus dem Hause der Landgrafen von Hessen-Darmstadt, eine Tochter der Landgräfin Karoline, die als die „große Landgräfin“ allgemein bekannt und auch Großmutter und Erzieherin der Königin Luise von Preußen gewesen ist. Prinzessin Marianne ist am 14. Oktober 1785 zu Homburg geboren, als das dreizehnte von fünfzehn Geschwistern. Am 12. Januar 1804 vermählte sie sich mit dem Prinzen Wilhelm von Preußen, dem Bruder des Königs. Nach dem Tode der Königin Luise wurde sie die erste Frau Preußens, auf die in den schweren Zeiten, die nun kamen, viele tausend Augenpaare sich richteten.]

I. Stiftung des Frauenvereins zum Wohle des Vaterlandes.

Die Prinzeß ließ sich nicht damit genügen, daß sie den Gang der vaterländischen Geschichte mit brennender Vaterlandsliebe beobachtete und mit dem Geschicke der einzelnen das herzlichste Mitleid fühlte — sie erkannte ihren Beruf, zur Linderung der Not an die Spitze der Frauen zu treten. Ihr Name ist der erste unter dem „Aufruf der königlichen Prinzessinnen an die Frauen im preußischen Staate,“ der vom 23. März 1813 datiert und am 1. April in den Zeitungen erschienen ist:

„Das Vaterland ist in Gefahr! so sprach der König zu seinen getreuen, ihn liebenden Untertanen, und alles eilt herbei, um es dieser Gefahr zu entreißen. Männer ergreifen das Schwert und reißen sich los aus dem Kreise ihrer Familien, Jünglinge entwinden sich der zärtlichen Umarmung liebender Mütter, und diese, voll edlen Gefühls, unterdrücken die heilige Muttertränе. Alles strömt zu den Fahnen, rüstet sich zu dem blutigen Kampfe für Freiheit und Selbständigkeit. Die Flamme, die in dem Busen eines jeden lodert, sichert den glücklichen Ausgang. Aber auch wir Frauen müssen mitwirken, die Siege befördern helfen, auch wir müssen uns mit den Männern und Jünglingen vereinen zur Rettung des Vaterlandes. Darum gründe sich ein Verein, er erhalte den Namen: der Frauenverein zum Wohle des Vaterlandes. Gern stellen wir uns, die wir dem Vaterlande angehören, an die Spitze dieses Vereins. Wir hegen das feste Vertrauen, es wollen die edelmütigen Frauen und Töchter jeden Standes mit dazu beitragen, daß Hilfe geleistet werde den Männern und Jünglingen, die für das Vaterland kämpfen, damit es wieder in der Reihe der geachteten Staaten stehe, in welchen der Friede seine Segnungen ausströmen könne.

Nicht bloß bares Geld wird unser Verein, als Opfer dargebracht, annehmen, sondern jede entbehrliche wertvolle Kleinigkeit — das Symbol der Treue, den Trauring, die glänzende Verzierung des Ohres, den kostbaren Schmuck des Halses. Gern werden monatliche Beiträge, Materialien, Leinwand gesponnen, Wolle und Garn angenommen, und selbst unentgeltliche Verarbeitung dieser rohen Stoffe als Opfer angesehen werden. Solche Gaben, Geschenke und Leistungen geben fortan das Recht, sich „Teilgenossen des Frauenvereins zum Wohle des Vaterlandes“ zu nennen.

Alles, was auf diese Art gesammelt wird, gehört dem Vaterlande. Diese Opfer dienen dazu, die Verteidiger, die es bedürfen, zu bewaffnen, zu bekleiden, auszurüsten, und wenn die reiche Wohltätigkeit der Frauen uns in den Stand gesetzt, noch mehr zu tun, dann sollen die Verwundeten gepflegt, geheilt und dem dankbaren Vaterlande wiedergegeben werden, damit auch von unsrer Seite erfüllet werde das Große, das Schöne, damit das

Vaterland, das in Gefahr ist, auch durch unsere Hilfe gerettet werde, sich neu gestalte und durch Gottes Kraft aufblühe."

Dieser Aufruf ist ein sehr bedeutsames Blatt in der Geschichte unseres Volkes. Er bezeugte zunächst die innige Zusammengehörigkeit der deutschen Fürstinnen mit den andern deutschen Frauen in der Linderung der Volksnot; er hatte die unmittelbare Wirkung, daß die deutsche Frauenwelt in flammender Begeisterung und ernster Opferwilligkeit das zeitliche Gut, die Kraft des Gemütes, die Geschicklichkeit der Hand auf den Altar des Vaterlandes brachte; er ist der Anfang gewesen zu all den Aufrufen, in welchen bis auf den heutigen Tag edle deutsche Frauen ihre Schwestern aufwecken, nicht bloß in großen Nöten, die dann und wann über das ganze Land oder einen Teil desselben hereinbrechen, sondern zum beständigen Werke der Barmherzigkeit an Kindern und Alten, Armen und Kranken, Verschütteten und Überschwemmten. Es war ein Neues, das Gott zunächst der Prinzeß auferlegte. Sie nahm es mit Demut und Zagen, aber als einen heiligen Beruf auf sich. Hätte die Königin Luise noch gelebt — wie gern hätte sie unter ihrer Führung in bescheidenerer Stellung das Werk getan! Aber da es Gott gefallen hatte, diese persönliche Erscheinung des besten deutschen Wesens und des tiefsten deutschen Wehes vor dem Sonnenaufgang der Befreiung des Vaterlandes heimzurufen und im Könighause und Volke die schmerzlichste Lücke zu lassen, so trat die Prinzeß ein. Zwischen den Aufregungen, welche die großen Ereignisse bringen, fühlt sie die Last, die ihr als Vorsteherin der Frauenvereine obliegt. Sie bittet sich die andern Prinzessen als Mitvorsteherinnen aus, um ja recht demütig zu bleiben. Die Empfangnahme der Beiträge ist ihr oft schmerzlich, weil sie in einer Menge einzelner Fälle sehen muß, wie es wirkliche Opfer sind, was die Menschen bringen.

Große Freude aber hat sie, den energischen Dr. Gräfe in Einrichtung der Lazarette mit Kochgeschirren, Bettüchern und andern Nützlichkeiten unterstützen zu können. Obwohl sie einen Schauder empfindet bei dem Gedanken, die wohleingerichteten Räume nun bald mit Verwundeten aller Art gefüllt zu sehen, rafft sie sich zur Tätigkeit auf und betritt die Räume, in welchen beim Fortschritt des Krieges immer mehr Verwundete Pflege finden. „Am Sonntag, den 25. April, war ich zum erstenmal in unserem Hospital, seitdem es gefüllt ist; so mutvoll und freundlich und dankbar fand ich alle, daß es recht rührend war mir, die ich mit Überwindung und Selbstverläugnung zu kämpfen hatte, nun hineinzutreten. Einer freute sich nur, daß er die Wunden nicht gegen die Russen erhalten hatte; einer mit einem zerschmetterten Bein wünschte nur mit Lachen, wieder auf den Beinen stehen zu können, dann wollte er bald wieder nach sein — das Traurigste war mir einer, der durch die Brust geschossen war, wohl sterben wird, der gerade gegenüber seinem verwundeten Bruder lag, der ihm nun zusah sterben."

II. Heldentod des Prinzen Leopold von Hessen-Homburg.

Am 1. Mai 1813 hatte die Prinzeß Marianne den Freiwilligen eine Fahne übergeben, die sie mit anderen Frauen gestickt hatte. Am Tage darauf ward ihr von dem wunderbaren Gott, den sie immer, auch in den schwersten Tagen, als die Liebe gepriesen, ein Opfer zugemutet, das von keinem anderen, das sie hätte bringen können, an Herrlichkeit und Wert übertroffen wurde. In der Schlacht bei Großgörschen (2. Mai) fiel ihr um zwei Jahre jüngerer Lieblingsbruder Leopold. Die neu entstandene preußische Kraft kämpfte dort mit einem Ansturm des vaterländischen Zornes, daß Napoleons Feldherrnruhm sich unsicher fühlte. „Glaubt Ihr, daß mein Stern untergeht?" fragte er Berthier, und beim Anblick des Todesmutes der Preußen entfuhr ihm der Ausruf: „Diese Tiere haben etwas gelernt." Es war die Schuld der üblen Führung durch den russischen Oberbefehl, daß der Sieg der Preußen nur ein halber blieb. „Alle Orden und mein Leben gäbe ich für das Kommando eines Tages!" seufzte der verwundete Scharnhorst. Der Hingang des Mannes von stiller Größe, der Preußens niedergetretenes Volk zu einem „Volk in Waffen," zu einem Volk unverwüstlichen Kriegsmutes und unerhörten Siegesjubels umgeschaffen, war das größte, das tragischste Opfer, das Großgörschen verlangte.

Neben dem vielerfahrenen Schlachtendenker darf der jugendliche Schlachtenstürmer mit Ehren genannt werden, dessen Blut das Feld bei Großgörschen rötete — der sechsundzwanzigjährige Prinz Leopold von Hessen-Homburg. Er ging in den Kampf mit der Sehnsucht und der Ahnung, für das Vaterland zu sterben. Wundersam war es, daß der Heldentod ihn auf dem Schlachtfeld von Lützen erreichte, auf welchem sein Lieblingsheld Pappenheim gefallen war. Der Prinz fiel beim Angriff der preußischen Truppen auf das Dorf Großgörschen, dessen die Franzosen sich bemächtigt hatten. Das Gewehrfeuer war fürchterlich, und der General von Zieten, in der Absicht, ihn aus dem Feuer zu entfernen, gab ihm einen Auftrag. „Wenn das Dorf gewonnen ist!" antwortete der Prinz. Der General bat ihn, sich nicht ohne Not der Gefahr auszusetzen. „Dies ist der Platz, der mir geziemt," war die standhafte Erwiderung. Dann solle er wenigstens seinen Ordensstern abnehmen. „Das tue ich nicht," sprach er, und die Kartätsche traf ihn durch den rechten Arm und die rechte Brusthöhle. General von Zieten ließ den Schwerverwundeten aus dem noch umkämpften Dorfe bringen. Oberst von Natzmer, der Adjutant des Königs, eilte herbei. Der Prinz reichte ihm die schon krampfhaft zuckende Hand und verschied nach wenigen Augenblicken.

Der Leichnam wurde zunächst in der Kirche zu Pegau beigesetzt, später auf dem Friedhofe des Dorfes, das nach dem Rückzug der Verbündeten in Napoleons Händen war, mit allen von diesem bewilligten Ehren bestattet. Auf die Schwester in Berlin wirkte schon die erste Nachricht von der großen Schlacht. Bange Ahnung legt sich schwer auf ihre Seele. Da sie anfangs nur von einer Verwundung hört, so sieht sie mit ängstlicher Spannung weiteren Nachrichten entgegen. „Wo mag Leopold sein? Dieses Schlachtfeld von Lützen, wie oft nannte er's und wir zusammen, es zog mich stets so an, wie freute ich mich, es ihm zum erstenmal zu zeigen 1806. Das letztemal, daß ich darüber fuhr, schien der Vollmond so herrlich darauf, und wie ich hinzu reiste, da las ich Pappenheims Tod; wie oft beneidete ihm Leopold diesen schönen Tod! — O, mein Gott, schicke mir morgen eine gute Botschaft beim Erwachen — doch ich kann keine erwarten." Und in der Tat muß sie am Tage darauf schreiben: „Er ist wirklich tot — gleich zu Anfang der Schlacht traf ihn eine Kugel ins Herz — er blieb so ruhig auf dem Pferde, daß man ihn nur ohnmächtig glaubte; ein Kürassier setzte sich hinter ihn, ihn haltend; als man ihn herunternahm, sah man, daß er längst gestorben war .... Die Blumen blühen noch, die Nachtigallen singen, und er ist nicht mehr." Immer genauere Kunde erhielt sie: wie er sich geweigert, sich vom General Zieten an einen weniger gefährlichen Ort schicken zu lassen, wie er seinen Stern nicht abnehmen wollte, und wie er, die Kugel in der Brust, nur noch gesagt: „Macht nur, daß ich nicht unter die Franzosen komme."

Später schrieb die trauernde Schwester, die sich doch gerne aus der Tiefe der göttlichen Liebe trösten ließ, aus Rudolstadt, wo sie mit ihren beiden Schwestern alle die Erinnerungen an den Bruder auffrischte: „Ich gönne ihm den schönen, frühen Tod! Es war ja sein Wunsch! Aber die armen Eltern! und wir alle, wie arm sind wir nun geworden! Wie weh, weh, weh wird es uns allen tun, ein so schönes Familienband so bald zerrissen, ein so schönes Glied an einer so schönen und seltenen Geschwisterkette fehlen zu sehen! Starb er, wohl ihm! Er starb einen beneidenswerten Tod fürs Vaterland, als Held, ja sogar als Sieger!!! .... Er ist gleich geblieben, hat gar nicht gelitten, hatte alles, was er wünschte, nämlich er war wieder in dem Dienst angestellt, man hatte ihn nicht verkannt, der König war versöhnt, also seine Wünsche waren erfüllt*), und er starb als ein reines Opfer. Ach, wie rein war seine kindliche Seele! Ach, was wollen wir ihm seine jetzige Seligkeit gönnen!"

Als ein Zeugnis, in welcher Liebe Bruder und Schwester und die ganze Familie, aus welcher noch immer fünf Söhne, einer in preußischem, vier in österreichischem Dienst, gegen Na-

*) Im Jahre 1812 hatte der Prinz seinen Abschied als preußischer Offizier genommen, weil er nicht in Rußland auf Napoleons Seite kämpfen wollte. Zu Beginn des Befreiungskrieges trat er wieder in das Heer ein, und zwar als Major.

poleon kämpften, im deutschen Volke stand, mögen hier einige Strophen aus dem Liede stehen, das Schenkendorf der Prinzeß nach dem Tode des Bruders gesungen:

Fürstenblut geflossen
In der Lützner Schlacht,
Wie so gern vergossen,
Willig dargebracht:
Kattenblut, Hessenblut,
Schönes, deutsches Blut.

Und es tönt kein Wehe
In des Vaters Schloß —
Homburg an der Höhe
Zeugt noch manchen Sproß,
Reiches Blut, junges Blut,
Schönes Prinzenblut.

Wendet schnell die Rosse,
Boten, heimatswärts,
Auf dem Königsschlosse
Zagt ein Schwesternherz,
Stolzes Blut, mildes Blut,
Schönes Frauenblut.

Du von Homburgs Höhen,
Herrlich Fürstenkind,
Wirst ihn wiedersehen,
Lebenslust gewinnt.
Freudig Blut, Heldenblut,
Schönes Bruderblut!

Ludwig Bechstein (1801—1860).

*14. Aschenbrödel.

Ein Mann und eine Frau hatten zwei Töchter, und war auch noch eine Stieftochter da, des Mannes erstes liebes Kind, gar fromm und gut, aber nicht gern gesehen von ihrer Stiefmutter und Stiefschwestern, deshalb wurde es auch schlecht behandelt. Es mußte in der Küche den ganzen Tag über wohnen, alle Küchenarbeit tun, früh aufstehen, kochen, waschen und scheuern, und nachts mußte es in der Bodenkammer schlafen. Da kroch es bisweilen lieber in die Asche am Küchenherd und wärmte sich, und da es davon nicht sauber aussehen konnte, so wurde es von der Mutter und den Schwestern noch obendrein Aschenbrödelchen genannt, aus Spott und Bosheit.

Einst war der Vater zur Messe gereist und hatte die Mädchen gefragt, was er ihnen mitbringen solle: da hatte die eine schöne Kleider, die andere Perlen und Edelsteine gewünscht, Aschenbrödel aber nur ein grünes Haselreis. Diese Wünsche hatte der Vater auch erfüllt. Die Schwestern putzten und schmückten sich, Aschenbrödel aber pflanzte das Reis auf das Grab ihrer Mutter und begoß es alle Tage mit ihren Tränen. Da wuchs das Reis sehr schnell und wurde ein schönes Bäumlein, und wenn Aschenbrödel auf dem Grabe ihrer Mutter weinte, so kam allemal ein Vöglein geflogen, das sah sie mitleidig an.

Da begab's sich, daß der König ein Fest anstellte und dazu alle Jungfrauen des Landes einladen ließ, denn sein Sohn sollte sich aus ihnen eine Braut wählen. Und da schmückten sich die Schwestern überaus reizend, und Aschenbrödel mußte ihnen die Haare kämmen und schöne Zöpfe flechten, und daß sie auch gern zum Tanz mitgehen mochte, das fiel gar niemand ein. Als sie endlich es wagte, um Erlaubnis zu bitten, ward sie schrecklich ausgelacht, daß sie sich einfallen ließe, zum Tanze gehen zu wollen, da sie doch keine schönen Kleider habe und nicht einmal Schuhe. Die böse Stiefmutter nahm geschwind eine Schüssel voll Linsen, warf diese in die Asche und sagte: „So, so, Aschenbrödel, mache dir etwas zu tun, lies erst die Linsen! dann sollst du mitgehen, mußt aber in zwei Stunden fertig sein."

Das arme Kind ging in den Garten und rief dem Vöglein auf ihrem Haselnußbaum und auch den Täubchen, daß sie alle lesen sollten, die guten ins Töpfchen, die schlechten ins Kröpfchen, und bald wimmelte es von Tauben und andern Vögeln; da währte es gar nicht lange, so war die Schüssel voll Linsen ganz rein gelesen. Aber wie das gute Mädchen voller Freude die Linsen brachte, ärgerte sich die Stiefmutter und schüttete jetzt zwei Schüsseln voll Linsen in die Asche, und die sollte es nun auch noch in zwei Stunden lesen. Aschenbrödel weinte, rief aber die Vöglein wieder, und bald war auch diese Arbeit getan. Es wurde ihr aber dennoch nicht Wort gehalten, sondern sie wurde ausgelacht, denn sie habe ja keine Kleider und Schuhe, und wie sie sei, könnte sie sich nimmermehr sehen lassen, auch müsse der Königssohn und jeder andere einen schlechten Geschmack haben, der mit ihr tanze, und da gingen jene Stolzen fort und ließen Aschenbrödel tiefbetrübt zurück. Die ging zu ihrem Bäumchen und weinte bitterlich; da kam das Vöglein geflogen und rief:

„Mein liebes Kind, o, sage mir!
Was du wünschest, schenk ich dir!“

Da rief Aschenbrödel, indem sie das Bäumchen anfaßte:

„O, liebes Bäumchen, rüttle dich!
O, liebes Bäumchen, schüttle dich!
Wirf schöne Kleider über mich!“

Da flog ein schönes Kleid herunter und kostbare Strümpfe und Schuhe, das zog Aschenbrödel geschwind an und ging damit auf den Ball, und das Mädchen war so schön, ach, so schön, daß es gar niemand kannte, auch nicht einmal seine Schwestern, und der Königssohn tanzte nur mit ihm und mit keiner andern Jungfrau, und als es abends nach Hause ging, wollte er ihm folgen; es entwich ihm aber, zog geschwind Kleider und Schuhe aus auf dem Grabe unter dem Bäumchen und legte sich in seine Asche. Kleider und Schuhe verschwanden augenblicklich.

So ging es noch zweimal, immer kam Aschenbrödel unerkannt und in stets schönern Kleidern zum Tanze, immer tanzte der Königssohn nur mit ihm, und immer folgte er ihm, und beim dritten Mal verlor es von ungefähr den einen kleinen goldnen Schuh; der Königssohn hob ihn auf, bewunderte seine Zierlichkeit und sprach es laut, ließ es auch durch die Herolde kund tun: nur die Jungfrau, an deren Fuß der kleine Schuh passe, solle seine Gemahlin werden, und ritt von Haus zu Haus, die Probe zu machen.

Vergebens probierten die beiden Schwestern den kleinen Schuh: es war, als ob ihre Füße ordentlich größer würden; da fragte der Königssohn, ob nicht drei Töchter da wären, und der Mann sagte: „Ja, Herr Prinz, noch ein kleines Aschenbrödelchen!“ und die Mutter setzte gleich hinzu: „Die sich nicht sehen lassen kann.“ Der Königssohn wollte sie aber doch sehen; Aschenbrödel wusch sich fein und rein und trat ein, auch in ihrem aschgrauen Kittelchen durch ihre Schönheit die Schwestern überstrahlend. Und wie es den goldnen Schuh anzog, so paßte er prächtig, wie angegossen. Und der Königssohn erkannte sie nun auch gleich wieder und rief: „Das ist meine holde Tänzerin, meine liebe Braut!“ nahm sie, führte sie aufs Schloß und befahl, ein stattliches Hochzeitsfest zuzurüsten.

Beim Kirchgang hatte Aschenbrödel ein ganz goldenes Kleid an und ein goldnes Krönlein auf dem Kopfe; ihre Schwestern gingen ihr voll Neid zur Rechten und zur Linken. Da kam das Vöglein vom Haselbäumchen und pickte jeder ins Auge, daß dies erblindete. Als nun die Braut aus der Kirche ging, kam wieder das Vöglein und pickte wieder jeder das andere Auge aus, und so waren sie für ihren Neid und ihre Bosheit mit Blindheit geschlagen ihr lebelang.

Johann Christoph Biernatzki (1795—1840).

15. Die Hallig.

An der Westküste des Herzogtums Schleswig finden sich, umflutet von den Wogen der Nordsee, mehrere Inseln, die als Überreste einer zusammenhängenden Landstrecke, welche dem Meere zum Raube geworden ist, den Bewohner des festen Küstenlandes daran erinnern, sich mit allen ihm zu Gebote stehenden Mitteln der Fluten zu erwehren.

Die größeren dieser Eilande sind teils durch Deiche (künstliche Seedämme), teils durch Dünen (natürliche Höhen von Meersand) vor den Wogen geschützt, die, täglich mit Flut und Ebbe kommend und gehend, immer neue Versuche zu machen scheinen, die letzten Brocken ihres großen Raubes in den gierigen Schlund des Meeres hinunterzuziehen. Bei der Ebbe geht die See so weit zurück, daß ein meilenweiter Schlickgrund bloßgelegt wird, der noch in kräuselnden Zügen das Bild der Wogen darstellt, die ihn vor wenigen Stunden überfluteten. Einzelne Rinnen und andere Senkungen werden aber auch dann nicht wasserleer, und besonders winden sich, für jene Zeit sichtbar, rings um die Inseln die miteinander und dem zurückgewichenen Ozean zusammenhängenden sogenannten Tiefen, gleichsam Schlangenarme, mit denen der eine Zeitlang an andern Gestaden kämpfende Riese die nie vergessene Beute umschlungen hält, daß sie nicht einen Augenblick der Hoffnung sich überlasse, von ihm aufgegeben zu sein. Diese Tiefen, welche dem einsamen Wanderer, der auf dem weichen, seinem Fußtritt für eine kurze Zeit überlassenen Meeresgrunde Krabben, Rochen oder einen von dem schnellen Abfluß der Wogen überraschten Seehund sucht, auch bei der hohlsten Ebbe unüberschreitbare Grenzen setzen, verhindern die Verbindung zwischen den Inseln zu Lande selbst dann, wenn sie am scheinbarsten ist.

Nur einzelne kleinere Eilande erfreuen sich beim Rückgange des Meeres einer kurzen Gemeinschaft miteinander oder mit dem festen Lande, auch ohne das umständliche Mittel der Schiffahrt; aber wehe dem Wanderer, der zu viel dem trügerischen Riesen vertraute! Dieser kehrt oft mit ungewöhnlicher Schnelligkeit zurück, führet den Nebel mit sich als Bundesgenossen, und der Schlickläufer — so nennt man den, welcher die Ebbe zu größeren Wanderungen benutzt — siehet das heimische Gestade vor seinen Blicken verschwinden, er fühlt die Flut um seine Füße spielen, Entsetzen sträubt sein Haar bei diesem Spiel, er eilt mit Todesangst vorwärts, die schon ganz gefüllten Rinnen versperren seinen Weg, er wendet sich seitwärts, um sie zu umgehen, er verliert dadurch seine Richtung, läuft hin und her, ist gefangen ohne Ausweg, und mit jedem Augenblick kriecht die Flut höher an ihn hinan, sein Geschrei verhallt in der großen, weiten Wasserwüste und wird zuletzt von den ihn überrauschenden Wogen ganz erstickt, die bald seine Leiche bedecken; denn ein tiefflutendes Meer ist da, wo noch vor kurzem die Fußstapfen des Armen sichtbar waren.

Im Gegensatz der größeren, durch Deiche und Dünen gesicherten Inseln werden die kleineren Eilande Halligen genannt. Eine solche Hallig ist ein flaches Grasfeld, das kaum zwei bis drei Fuß höher liegt, als der Strand der gewöhnlichen Flut des Meers, und daher, weder durch Kunst noch durch Natur beschützt, sehr oft, und besonders in den Wintermonaten sogar wohl zweimal an einem Tage, von der wogenden See überschwemmt wird. Die bedeutendsten dieser Halligen sind noch keine halbe Quadratmeile groß; die kleineren, oft nur von einer Familie bewohnten, kaum ein paar tausend Fuß lang und breit; die kleinsten und unbewohnten dienen nur dazu, ein wenig kurzes und feines Heu zu gewinnen, das aber sehr oft, ehe es geborgen werden kann, von der Flut weggespült wird. Das geborgene Heu wird in Diemen zusammengehäuft, über die ein Flechtwerk von Stroh, an beiden Enden mit Steinen belastet, herabhängt, wodurch sie eine solche Festigkeit gewinnen, daß nur mit eisernen Spaten das zum jedesmaligen Gebrauche nötige abgestochen werden kann und diese Heuberge an der Seite des Hauses oft noch eine Zuflucht geben, wenn die Mauern vor der Gewalt der Wellen niederbrechen. Auf künstlichen Erderhöhungen oder Werften stehen die einzelnen Wohnungen, die selten mehr Raum auf der sich schräge absenkenden Höhe lassen, als zu einem schmalen Gang um die Hütte erforderlich ist.

Daher trifft man denn auch auf fast allen Halligen keinen Fleck Gartenland für ein wenig Gemüse, keinen einzigen Strauch mit einer erquickenden Beere, keinen Baum zu einem Ruheplatz im Schatten. Für solche Genüsse müßte die Werfte größer sein, deren Aufführung und Unterhaltung aber schon, so klein sie ist, mehr Kosten erfordert, als das einfache Gebäude, das darauf steht. Auf der Ebene sproßt der Überschwemmungen wegen kein fröhliches Gewächs, keine nährende Frucht. Sie ist eine Wüste, die freilich durch ihr fahles Grün, das noch dazu vielfach von schmutziggrau überschlickten Stellen unterbrochen wird, andeutet, wie das genügsame Schaf hier wohl seine spärliche Nahrung finden mag, die aber keineswegs jenen frischen, duftigen Graswuchs kennt, in welchen sich behaglich die fette Kuh hinstreckt, oder über welchem das wiehernde Roß mutwillig hin und hersprengt. Suchst du sprudelnde Quellen, die einen Labetrunk geben könnten, da, wo die Sonnenstrahlen, ohne durch eine buschige Blätterkrone gebrochen zu werden, auf das matte Grasfeld brennen? Wohl findest du vom Wellenschlag zerrissene Ufer; wohl tiefe Einbrüche des Meeres, die sich oft in langen Krümmungen weit ins Land hinein erstrecken, als wollten sie es in noch kleinere Stücke zerteilen, um leichter desselben Herr zu werden; wohl viele stehende Lachen, ein Nachlaß der letzten Überschwemmung, zur Erinnerung, daß das Land schon halb dem Ozean gehörte und ihm bald ganz zufallen werde: aber Trinkwasser? Auf der Werfte wird ein Behältnis ausgegraben und ringsum mit Grassoden ausgesetzt; dahin mag sich Regenwasser von obenher sammeln oder von den Seiten durchsickern, es dient den Schafen zur Tränke und ihren Herren zur Bereitung ihres Thees, obwohl es von dem mit Meersalzteilen durchdrungenen Boden den widerlichsten Geschmack angenommen hat, der es für den nicht daran Gewöhnten ungenießbar macht. Vielleicht bringt auch gar einmal ein Boot ein Tönnchen Wasser mit vom festen Lande, und in Zeiten der Dürre kann solche Zufuhr zur dringendsten Notwendigkeit werden.

Eine Freude hat doch wohl der Halligbewohner: das muntere Treiben eines täglichen und reichen Fischfangs? Nein, nicht einmal den schönen Anblick eines in hellen, grünlichen Wellen flutenden Meeres hat er; ein widriges, trübes Gelb in Grau ist die gewöhnliche Farbe der Gewässer um ihn her, und vor dem Aufenthalt in einer Meeresstrecke, die bei der Ebbe stundenweit ihren Schlammboden aufdeckt, hüten sich die Fische und überlassen gern dem Seehund und der häßlichen Roche allein das wenig einladende Gebiet. Und dies Meer, das die Halligen umgibt und so oft überwogt, und das auf seinen verschiedenen Punkten nach den Namen der im Lauf der Jahrhunderte darin begrabenen Landstellen und ihrer Eigner bezeichnet wird, dies an Gaben so arme und an Raub so reiche Meer ist noch dazu fortwährend ein Räuber, der bald mit langsamer, still untergrabender Macht, bald mit wildstürmender Gewalt ein Stück Land nach dem andern von dem Eilande abbricht, so daß der Halligbewohner schon die Jahre zählen kann, wann den Hütten und den Herden der letzte Raum genommen sein wird.

Doch glücklich die Hallig, wenn hiermit ihr Bild vollständig gezeichnet wäre! Aber es bleibt noch eine furchtbare Seite übrig. Zur Gewohnheit sind die Überschwemmungen geworden, die, alles flache Land überwogend, an die Werfte hinaufsteigen und an die Mauern und Fenster der Hütten mit ihrem weißen Schaum anschlagen. Da blicken denn diese Wohnungen aus der weiten, umrollenden Wasserfülle nur noch als Strohdächer hervor, von denen man nicht glaubt, daß sie menschliche Wesen bergen, daß Greise, Männer, Frauen und Kinder unterdessen vielleicht ruhig um ihren Theetisch hersitzen und kaum einen flüchtigen Blick auf den umdrängenden Ozean werfen. Manch ein fremdes, aus seiner Bahn verschlagenes Schiff segelte schon in solchen Zeiten bei nächtlicher Weile über eine Hallig weg, und die erstaunten Seeleute glaubten sich von Zauberei umgeben, wenn sie auf einmal neben sich ein freundliches Kerzenlicht durch die hellen Fenster einer Stube schimmern sahen, die, halb von den Wellen bedeckt, keinen andern Grund als diese Wellen zu haben schien. Aber es bricht der Sturm zugleich mit der Flut auf das bange Eiland ein. Die Wasser steigen gegen zwanzig Fuß über ihren gewöhnlichen Stand hinauf. Die Wogen dehnen sich zu Berg und Tal, und das Meer sendet in immer neuen, langen Zügen seine volle, breite Gewalt gegen die einzelnen Werften, um sie aus seiner Bahn wegzuschieben. Der Erdhügel, der nur eine Zeitlang zitternd widerstand, gibt nach; bei den unausgesetzten Angriffen bricht ein Stück nach dem andern ab und schießt hinunter. Die Pfosten des Hauses, welche die Vorsicht eben so tief in die Werfte hineinsenkte, als sie darüber hervorstehen, werden dadurch entblößt; das Meer faßt sie, rüttelt sie. Der erschreckte Bewohner des Hauses rettet erst seine besten Schafe hinauf auf den Boden, dann flieht er selbst nach; und hohe Zeit war es! Denn schon stürzen die Mauern, und nur noch einzelne Ständer halten den schwankenden Dachboden, die letzte Zuflucht.

Mit furchtbarem Siegesübermut schalten nun die Wogen in dem untern Teil des Hauses, sie werfen Schränke, Kisten, Betten, Wiegen mit wildem Spiel durcheinander, schlagen sich immer freieren Durchgang, um alles hinauszureißen auf den weitern Tummelplatz ihrer unbändigen Kraft, und der Stützpunkte des Daches werden immer weniger, des Daches, dessen Niedersturz rettungslos einer noch vor wenigen Stunden in häuslicher Geschäftigkeit miteinander wirkenden oder im sanften Arm des Schlummers nebeneinander ruhenden Familie ein schäumendes Grab bereitet. Ängstlich lauscht das Ohr, ob nicht das Brausen des Sturmes abnehme; ängstlich pocht das Herz bei jeder Erschütterung; immer enger drängen die Unglücklichen sich zusammen. In der Finsternis sieht keiner das entsetzenbleiche Antlitz des andern: im Donnergeroll der tobenden Wogen verhallt das bange Gestöhn; aber jeder kann an seiner eigenen Qual die marternde Angst seiner Lieben ermessen. Der Mann preßt das Weib, die Mutter ihre Kinder mit verzweiflungsvoller Todesgewißheit an sich; die Bretter unter ihren Füßen werden von der drängenden Flut gehoben; aus allen Fugen quellen die Wasser auf; das Dach wird durchlöchert vom Wogensturz; ein irrer Mondstrahl dringt durch die zerrissenen Wolken, fällt hinein auf die Jammerszene, die, von seinem bleichen, zuckenden Lichte beleuchtet, in all ihrer Furchtbarkeit erscheint und die angstverzerrten Gesichter einander spiegelt. Da kracht ein Balken. Ein furchtbarer Schreckruf! Noch eine marterwolle Minute! Noch eine! Der Dachboden senkt sich nach einer Seite; ein neuer Flutenberg schäumt herauf, und im Sturmgeheul verhallt der letzte Todesschrei. Die triumphierenden Wogen schleudern sich einander Trümmer und Leichen zu.

Dennoch liebt der Halligbewohner seine Heimat, liebt sie über alles, und der aus der Sturmflut Gerettete baut sich nirgends sonst wieder an, als auf dem Fleck, wo er alles verlor, und wo er in kurzem wieder alles, und sein Leben mit, verlieren kann.

Klemens Brentano (1778—1842).

16. Das Märchen von Komanditchen.

Es war einmal ein sehr reicher Kaufmann, der hatte eine sehr schöne Tochter, die hieß Komanditchen, und diese mußte ihm alle Morgen die Zeitung und den Kalender vorlesen, wenn er sein Täßchen Cichorienkaffee trank und dazu sein Pfeifchen Runkelrübenkanaster rauchte, wobei er große Spekulationen und Pläne zu Kauf und Verkauf machte.

Aus der Zeitung merkte er sich Krieg und Frieden, Todesfälle und Heiraten, und ob einer ein General, ein Kaiser, ein Papst, ein Doktor, ein Fürst geworden sei u. s. w.; aus dem

Kalender merkte er sich die Geburts- und Namenstage aller vornehmen Leute, und wie das Wetter durch das ganze Jahr hindurch sein werde. Stand im Kalender: der Sommer wird sehr heiß sein, so ließ er gleich viele Zitronen aus Italien kommen, weil er gleich spekulierte: die Leute werden viel Limonade trinken und viele Zitronen kaufen. Stand im Kalender: es wird viel Regenwetter sein, so ließ er gleich sehr viele Regenschirme kommen. Stand im Kalender: es wird sehr viel Wein wachsen, aber er wird etwas sauer sein, so ließ er sich gleich sehr viele Heringe aus Hamburg senden, denn er spekulierte, die Leute würden auf den gesalzenen Hering den sauern Wein lieber trinken. Stand im Kalender: es wird kein gutes Kornjahr sein, so kaufte er gleich alle Katzen zusammen, die er auftreiben konnte; denn er spekulierte: wenn wenig Korn da ist, wird man sehr besorgt sein, die Mäuse abzuhalten, damit sie das bißchen nicht gar auffressen. Stand im Kalender: es wird eine große Trockenheit sein, so kaufte er viele Gießkannen. Und so benutzte er auch alle Zeitungsnachrichten. Fing ein großer Herr an zu kränkeln, so kaufte er gleich schwarzes Tuch ein, um es zur Hoftrauer verkaufen zu können.

Alle diese Geschäfte gelangen ihm, und er ward täglich reicher. Es war Anno elf, da kam der neue Kalender auf das Jahr zwölf und die Zeitung morgens an, und er rief seiner Tochter: „Komanditchen! Komanditchen! komm spekulieren!" Da kam Komanditchen mit dem Kaffee und der Pfeife und las aus der Zeitung und sprach in großer Freude: „Ach, teurer Vater, hier steht etwas, o, das mußt du mir kaufen!" — „Kaufen, kaufen!" sagte der Vater, „gewiß wieder ein schwärmerisches Buch. Komanditchen! Komanditchen! ich habe dir viele schöne Lesebücher gegeben; ich fürchte, ich fürchte, du wirst mir von dem vielen Romanlesen am Ende gar krank werden." — „Lieber Vater!" sagte Komanditchen, „höre nur den Titel dieses vortrefflichen Buches, du wirst es mir gewiß kaufen:

Der altdeutsche Spritzkuchen
aus den Papieren einer perfekten Köchin.

ach! das Buch muß ich haben!"

„Ei, ei! aus den Papieren einer perfekten Köchin, der altdeutsche Spritzkuchen!" sagte der Kaufmann kopfschüttelnd, „es wird mir ganz wunderlich bei diesem Titel; wer mag diese Papiere deiner Mutter bekannt gemacht haben?"

„Meiner Mutter?" rief Komanditchen. „Ja, deine Mutter," erwiderte der Kaufmann, „welche gestorben, da du auf die Welt kamst, war eine geborne perfekte Köchin und brachte einstens, um sich zu zerstreuen und zu bilden, den altdeutschen Spritzkuchen zu Papier, eine Arbeit von vielem Geschmack. Da sie es aber in ihr Ausgabebüchlein zwischen Semmel, Milch, Butter, Eier, Licht, Petersilie, Meerrettig, Knoblauch geschrieben, so ist dieses herrliche Schriftchen meinen Ladenjungen in die Hände geraten, welche Schnupftabaksdüten daraus gemacht haben; gewiß hat ein Gelehrter, der den Schnupftabak bei mir kauft, die herrlichen Gedanken deiner Mutter aus diesen Düten benützt und dieses Buch herausgegeben. Wir wollen es sogleich bei dem Buchhändler holen lassen. Aber da kommt der Briefträger; laß mich allein, Komanditchen: ich muß spekulieren!"

Da machte Komanditchen einen Knicks, schlich sich zur Haustüre hinaus, fort in den Buchladen, kaufte sich den altdeutschen Spritzkuchen aus den Papieren einer perfekten Köchin, küßte und drückte das Buch tausendmal und setzte sich damit in ein großes, leeres Kaffeefaß, welches der Lehrjunge ihres Vaters ihr zu ihrem Geburtstage in ein schönes, wohlriechendes Kabinet verwandelt hatte.

Dieses Kaffeefaß stand aufrecht auf dem Heuboden des Hauses, mitten in dem duftenden Heu wie eine Ritterburg zwischen grünen Bergen. Auswendig sah es noch ganz aus wie ein Faß, und die Türe war so geschickt darin angebracht, daß man sie nicht bemerkte. Wenn man hineintrat, sah man durch ein Fenster, das mit einer Bohnenlaube umzogen war, die aus einer alten Zuckerkiste an Bindfäden hinaufwuchs, auf die Dächer des Hauses und in den Taubenschlag. Das ganze Faß war inwendig mit Matten und Tuch von Ingwer- und Pfeffer- und Anisballen ausgeschlagen; oben herum hing eine Girlande von

Morcheln, gedörrten Pflaumen, Mandeln und Rosinen, Feigen, Zitronat, verzuckerten Pomeranzenschalen und Kakaobohnen. An der Wand ringsherum war ein Sitz von alten Zitronenkistenbrettern angebracht, auf welchem Polster lagen von den Binsensäcken, worin die smyrnaschen Feigen gepackt werden, und diese waren mit Safran ausgestopft. Der Tisch, der mitten in dem Faß stand, war eine aufgerichtete Zimtkiste, auf diese war ein Brett genagelt, auf dem einstens Schokolade war gemacht worden. Ein blechernes Vanillekästchen stand hierauf als Schreibzeug; das Tintenfäßchen, eine ausgetrocknete Zitronenschale, war auf die Galläpfel fest geleimt; und das Sandfäßchen, worin der Sand der wohlriechendste Gewürzstaub war, bestand aus einer trockenen Pomeranzenschale mit Muskatnüssen beleimt.

Oben an der Decke hing ein Kronleuchter, aus den Brettern einer Syrupstonne künstlich zusammengefügt. Als Gemälde hingen an der Wand herum Papierbogen, auf welchen Biskuit, Anisschnittchen, Pfeffernüsse, Honigkuchen, Zuckerbretzeln, Schokoladeküchlein waren gebacken worden; auf dem Tisch stand als Lampe ein Pomadeglas voll feinem Öl, worauf ein brennender Mandelkern schwamm, und daneben stand ein Senftopf voll der schönsten Rosen als Blumenurne. Vor dem Fenster hing ein Eichhörnchen in einem Trillerhäuschen und ein Star, der sprechen konnte, in seinem Vogelbauer, und auch eine Wachtel in ihrem grünen Haus.

An der Wand stand auf Goldpapierbogen geschrieben: „Tempel der Liebe und Freundschaft, der Dankbarkeit und Erinnerung geweiht!“ und: „Ruheplätzchen holder Schwärmerei und Lieblingsörtchen der Sehnsucht, wandle auf Rosen und Vergißmeinnicht! Komanditchens-Ruh, Hüttchen für Komanditchen“ und allerlei solche bedeutende Sprüche deutscher Lieblingsdichter. Und was das Allerlustigste hier war, war ein kleines Loch im Boden des Fasses, welches hinunter in das Besuchzimmer des Vaters ging, und durch welches man alles hören und sehen konnte, was da vorging.

Der Kaufmann wußte gar nichts von diesem einzigen Faßkabinetchen. Der gute Ladenpeter, so hieß der Lehrjunge, hatte für Komanditchen diesen reizenden Aufenthalt in seinen Feierstunden eingerichtet, aus Dankbarkeit, weil sie einstens ihm eine Tracht Schläge bei ihrem Vater abgebeten, da er einem Landkrämer, der Syrup kaufte, diesen in ein Heringsfäßchen einpackte, wodurch er verdarb.

Hier pflegte Komanditchen, umgeben von den süßesten Wohlgerüchen, oft stundenlang mit ihrem Strickstrumpf ihrem lustigen Eichhorn zuzusehen und auf den Schlag ihrer Wachtel zu hören oder mit dem Star zu plaudern, welchem der gute Ladenpeter die artigsten Sprüche und Redensarten eingelehrt hatte, z. B.: „Komanditchen! Favoritchen! Biskuitchen! komm ins Hüttchen!" oder:

„Arm und klein ist dieses Hüttchen,
Aber Ruh und Einsamkeit
Findet hier das Komanditchen
An der Hand der Dankbarkeit!"

oder: „Der ich verbleibe bis in das Grab dero untertänigster Ladenpeter."

Auch sah sie hier den Tauben zu, wie sie in der Sonne auf dem Dach spielten, und den Katzen, wie sie auf die Tauben lauerten, und dem Rauch, wie er aus den Schloten in die Luft wirbelte. Kurz, wenn sie in ihrer Faßeinsiedelei saß, war sie ganz glücklich und vergnügt und hätte es nicht mit einem königlichen Palaste vertauscht.

In diesen Tempel der Erinnerung verschloß sich nun Komanditchen und las die Geschichte des altdeutschen Spritzkuchens aus den Papieren einer perfekten Köchin mit der größten Begierde, weil ihr der Vater gesagt hatte, daß ihre verstorbene Mutter die perfekte Köchin gewesen sei. Und wie schön muß die Geschichte gewesen sein: es kam eine alte böse Königin Waffeleisen drin vor und eine Prinzessin Marzipan und ein Prinz Mandelwandel und viele andere schöne Sachen, die gar nicht zu beschreiben sind.

Während nun Komanditchen ganz in ihrem Buch vertieft saß, ging der Kaufmann in seinem braunen damastnen

Schlafrock unten in seiner Stube auf und ab und spekulierte über alle Nachrichten, die er heute erhalten hatte.

Komanditchen saß aber von nun an alle Tage einige Stunden in ihrer wohlriechenden Faßeinsiedelei und hatte das schöne Buch vom altdeutschen Spritzkuchen aus den Papieren der perfekten Köchin unter bittern Tränen der Erinnerung an ihre gute Mutter beinahe auswendig gelernt.

Einstens hörte sie durch das Loch im Faßboden, daß Besuch unten im Zimmer sei, sie legte sich an die Erde und sah hinunter. Es war der alte Graf Vogelleim und sein Sohn; sie warteten auf ihren Vater, und der Graf sagte zu seinem Sohn: „Du sollst dich nur wegen dem Gelde mit dem Fräulein Komanditchen verbinden."

Nun kam der Vater, und der Graf hielt um die Hand Komanditchens an. Das freute den Vater sehr, und er ließ Komanditchen rufen. Sie kam zu der Stube herein und sagte gleich zu ihrem Vater: „Ich mag den Grafen Vogelleim nicht." Da machte der Graf seinen Diener und zog ab. Da küßte Komanditchen ihrem Vater die Hand und ging wieder in ihre Einsiedelei.

Noch sehr viele vornehme Herren kamen und baten um die Hand Komanditchens; aber sie belauschte sie immer und sagte immer zu ihrem Vater: „Ich mag diesen und jenen nicht." Da sagte endlich der Vater ungeduldig: „Wenn dir keiner recht ist, so back dir einen!" Das zog sich Komanditchen zu Herzen und saß ganze Tage tiefsinnig in ihrem Faßkabinet und las in dem altdeutschen Spritzkuchen, worin der Prinz Mandelwandel ihr besonders wohlgefiel.

Nun reiste ihr Vater einstens auf die Messe nach Leipzig und fragte Komanditchen, was er ihr mitbringen sollte. Da sagte sie: „Bringe mir mit ein silbernes Nudelbrett, eine goldene Teigrolle, eine silbernen Mörser und einen goldenen Stößel, einen Sack voll von dem feinsten Warschauer Weizenmehl, 50 Eier von Perlhühnern und 50 Eier von Goldfasanen, 50 Pfund frische süße Mandeln, ein Fäßchen voll Rosenöl, ein Fäßchen voll Rosenwasser, ein Fäßchen voll Rosenhonig, ein

Fäßchen voll Maibutter, zwei Pfund feine Vanille, eine Schachtel voll Zitronen, eine Schachtel voll verzuckerten Anis, eine Schachtel voll Muskatnüsse, eine Schachtel voll Gewürznägelein, frische Feigen und Traubenrosinen, zwölf Pfund Gerstenzucker, zwölf Pfund Kakaobohnen und ein schönes indianisches Vogelnest." Der Vater wunderte sich über diese Bestellung, weil Komanditchen ihn aber sehr bat, so schrieb er sich alles in sein Büchelchen, versprach es ihr mitzubringen und reiste ab.

Komanditchens Vater brachte ihr alles mit, was sie sich ausgebeten hatte: Kuchenbrett, Teigwalze und Mörser von Gold und Silber und das Warschauer Mehl und alle Gewürze und Süßigkeiten und Wohlgerüche.

Komanditchen trug vor allem Nudelbrett und Mörser in ihr Kabinetchen und nahm das Warschauer Mehl und die Fasanen und die Perlhühnereier und die Maibutter und den Rosenhonig und alle die herrlichen Sachen und schürzte ihren seidenen Ärmel auf und knetete mit ihren weißen Händen den allerköstlichsten Teig auf dem Nudelbrett zusammen, und in dem Mörser stieß sie die Gewürze und Mandeln und knetete sie mit in den Teig.

Als dieser unschätzbare Teig fertig war, fiel sie in ein tiefes Nachdenken und sah den Teig an, wie ein Bildhauer den Ton, aus welchem er eine herrliche Bildsäule gestalten will. In dem Buche ihrer Mutter, genannt „der altdeutsche Spritzkuchen aus den Papieren einer perfekten Köchin" war die Gestalt des sehr angenehmen, sanften, schönen und tugendhaften Prinzen Mandelwandels beschrieben, welcher Komanditchen immer vor Augen schwebte, und weil ihr der Vater gesagt hatte: „Wenn dir kein Bräutigam recht ist, so back dir einen!" so fing sie nun an, mit großer Aufmerksamkeit und Liebe zur Sache und mit außerordentlicher Geschicklichkeit aus dem Teige sich diesen Prinzen Mandelwandel zu kneten, während welcher ganzen Arbeit sie ununterbrochen folgendes Lied sang:

Einen Teig will ich mir rollen,
Ganz nach meinem eignen Sinn,
Daß gleich alle merken sollen,
Daß ich in der Küch die Tochter
Der perfekten Köchin bin.

Rein die Hände, blank die Schürze,
Unterm Häubchen fest das Haar,
Knet ich in den Teig die Würze,
Stelle mich so ganz als Tochter
Der perfekten Köchin dar.

Aus dem edelsten der Teige
Knet ich einen Zuckermann,
Der den stolzen Herren zeige,
Daß man fechten für die Tochter
Der perfekten Köchin kann.

Mandelzahn im Himbeermunde,
Augen von Wachholderbeer:
Denn das Süße und Gesunde
Liebt im Angesicht die Tochter
Der perfekten Köchin sehr.

Der Dichter Brentano hat das Märchen von Komanditchen leider nicht zu Ende erzählt; es ist und bleibt also Fragment, zu deutsch ein Bruchstück, so daß jeder, wer es liest, ganz nach Gutdünken sich einen Schluß selbst ausdenken darf. Vielleicht ist der gebackene Bräutigam durch die gute Fee Conditoria — denn es ist ja ein Märchen — in einen wirklichen, lebendigen Bräutigam verwandelt worden, und Komanditchen ist dann Prinzessin Mandelwandel geworden. — Wer weiß?

Karl Heinrich Caspari (1815—1861).

*17. Willegis.

Willegis, Bischof und erster Kurfürst von Mainz, ist aus Sachsen gebürtig und eines Wagners Sohn gewesen. Er war ein frommer und gelehrter Mann und darum dem Kaiser Otto II. sehr lieb, von welchem er auch war zum Bistum befördert worden. Seine Hofjunker aber und geistlichen Räte neideten ihn deswegen, und eines Morgens hatten sie ihm zu sonderlichem Schimpf und Spott an die Wände seines Schlosses Räder gemalt, seine Abkunft ihm aufrückend. Er aber ließ sich das nicht anfechten, sondern schrieb selber darunter diesen Reim:

Willegis, Willegis,
Denk, woher du kommen sis!

Ja, er hat auch sein Rad in das mainzische Wappen gegeben, und der Kaiser Heinrich II. hat's also bestätigt für ewige Zeiten.

*18. Die Weiber von Weinsberg.

Als Kaiser Konrad Krieg führte mit Herzog Welf in Baiern und der Herzog mit all seiner Macht in die Stadt Weinsberg sich warf, belagerte ihn der Kaiser darin so lang, bis die

Belagerten den Hunger nicht mehr ertragen konnten und der Herzog samt den Rittern und Bürgern sich dem Kaiser auf Gnade und Ungnade ergeben mußte. Ehe das nun geschah, ließen die sorglichen Weiber eine Bitte tun an den Kaiser, er möge ihnen vergönnen, mit ihrer besten Habe sicher aus der Stadt zu ziehen. Da nun der Kaiser darein willigte, in der Meinung, sie würden etwa ihre Kleider und Kleinodien mitnehmen, nahm eine jede ihren Ehemann auf den Rücken und ihre Kinderlein bei der Hand und ging also zur Stadt hinaus. Ob nun wohl des Kaisers Gewaltige dawider murrten, als wäre die Zusage nicht also gemeint, so gefiel dem frommen Kaiser diese Liebe und Treue so wohl, daß er seine Zusage hielt, die Weiber samt ihren Männern zu gaste lud und einen beständigen Frieden mit der Stadt aufrichtete.

*19. Der hartgeschmiedete Landgraf.

Landgraf Ludwig zu Thüringen und Hessen war anfänglich ein gar milder und weicher Herr, demütig gegen jedermann; da huben seine Junker und Edelinge an stolz zu werden, verschmähten ihn und seine Gebote, aber die Untertanen drückten und schatzten sie aller Enden. Es trug sich nun einmal zu, daß der Landgraf jagen ritt in den Wald und traf ein Wild an; dem folgte er nach so lange, daß er sich verirrte, und ward von der Nacht überfallen. Da gewahrte er eines Feuers durch die Bäume, richtete sich darnach und kam in die Ruhla zu einer Hammer- oder Waldschmiede. Der Fürst war mit schlechten Kleidern angetan und hatte sein Jagdhorn umhängen. Der Schmied fragte, wer er wäre. „Des Landgrafen Jäger.“ Da sprach der Schmied: „Pfui des Landgrafen! wer ihn nennet, sollte allemal das Maul wischen! des barmherzigen Herrn!“ Ludwig schwieg, und der Schmied sagte zuletzt: „Herbergen will ich dich heut: in dem Schuppen da findest du Heu, magst dich mit deinem Pferde behelfen, aber um deines Herrn willen will ich dich nicht beherbergen.“ Der Landgraf ging bei Seite und konnte nicht schlafen.

Die ganze Nacht aber arbeitete der Schmied, und wenn er so mit dem großen Hammer das Eisen zusammenschlug, sprach er bei jedem Schlag: „Landgraf, werde hart! Landgraf, werde hart wie dies Eisen!“ und schalt ihn und sprach weiter: „Du böser, unseliger Herr! siehst du nicht, wie deine Räte das Volk plagen?“ und erzählte also die liebe, lange Nacht, was die Beamten für Untugend mit den Untertanen übeten; klagten dann die Untertanen, so wäre niemand, der ihnen Hilfe täte, denn der Herr nähme es nicht an, die Ritterschaft spottete seiner hinterrücks, nennten ihn Landgraf Metz und hielten ihn gar unwert. „Unser Fürst und seine Jäger treiben die Wölfe ins Garn und die Amtleute die roten Füchse (die Goldmünzen) in ihre Beutel“; mit solchen und anderen Worten redete der Schmied die ganze, lange Nacht zu dem Schmiedegesellen, und wenn die Hammerschläge kamen, schalt er den Herrn und hieß ihn hart werden, wie das Eisen. Das trieb er bis zum Morgen; aber der Landgraf faßte alles zu Ohren und Herzen und ward seit der Zeit scharf und ernsthaft in seinem Gemüt, begann die Widerspenstigen zu zwingen und zum Gehorsam zu bringen. Die Unbändigsten unter den Adeligen, welche von der Beraubung der Untertanen nicht lassen wollten, fing er zusammen und spannte sie je vier und vier an einen Pflug; er selbst stand dabei und trieb sie mit der Geißel zum Ziehen. Da kam große Furcht über die Bösen im Land, und er ward nicht mehr der Landgraf Metz genannt, sondern von nun an hieß er der eiserne Landgraf.

Wilhelm Curtman (1802—1875).

20. Maria Prochaska.

Daß im Jahre 1813, als sich zuerst Preußen gegen die französische Unterdrückung erhob, die Begeisterung für Freiheit und Vaterland auch in den niedrigsten Hütten empfunden wurde, davon gibt folgende Erzählung Zeugnis:

Maria Prochaska war die Tochter eines alten preußischen Grenadiers. Oft hatte er ihr von seinen eigenen Feldzügen unter dem alten Fritz, oft von dem rühmlichen Kampf der Tiroler und spanischer Frauen und Jungfrauen gegen die französische Zwingherrschaft erzählt, und ihre junge Seele glühte von Bewunderung der Heldinnen und von Haß gegen den Tyrannen. Als daher Maria die ergreifenden Worte, in welchen der König sein Volk zum Kampfe aufrief, gelesen hatte und sah, wie begeistert jung und alt dem Rufe Folge leistete, da hatte sie keine Ruhe mehr im Vaterhause; ihr Geschlecht vergessend, beschloß sie, am Kampfe selbst teilzunehmen. Wegen des Ungewöhnlichen ihres Entschlusses fürchtete sie von ihrem Vater Hindernisse. In der Stille verkaufte sie daher alles, was sie an Sachen von Wert besaß, und schaffte sich von dem erlösten Gelde eine anständige Mannskleidung, einen Hirschfänger, eine Büchse und ein Tschako an. So ausgerüstet, ließ sich die Jungfrau in die Schar der Lützowschen Jäger unter dem Namen August Renz aufnehmen und erwarb sich bald durch ihre Bescheidenheit, Kraft und Anstelligkeit die Achtung der Offiziere. Ihrem alten Vater schrieb sie jetzt durch ihren Bruder: sie bat ihn um Verzeihung, daß sie diesen Schritt heimlich vor ihm getan. Da sie jedoch seine Vaterlandsliebe kenne, zweifle sie nicht an seiner Zustimmung, und wenn es ihr auch Kummer mache, ihn für jetzt allein lassen zu müssen, so fordere doch die Rettung des Vaterlandes jedes Opfer; der Herr werde ihn auch nicht verlassen.

Bald erging nun der Ruf, ins Feld zu rücken. Das Lützowsche Freikorps erhielt Befehl, in Eilmärschen die Elbe hinabzuziehen, um Hamburg den Franzosen zu entreißen. Maria Prochaska war unter dem Vortrab. Es galt die Erstürmung einer Anhöhe, die der Feind stark mit Geschütz besetzt hielt, weil er damit das Ufer des Stromes bestreichen konnte. Den Tag vorher hatte Maria, von Todesahnungen ergriffen, ihren zu Hause gelassenen Lieben ein rührendes Lebewohl zugerufen, und wirklich hatte die Hand, welche über Leben und Tod gebietet, ihr nicht bestimmt, mit Siegeskränzen geschmückt in das teuere Vaterland zurückzukehren.

Man stand nun dem Feinde gegenüber. Die Hörner gaben endlich das Zeichen zum Angriff: der Kanonendonner des Feindes antwortete, und ganze Haufen der Heranstürmenden sanken zu Boden. Auch Maria wurde leicht verwundet; aber sie achtete des strömenden Blutes nicht. Siegreich mit ihren Waffenbrüdern stieg sie die Anhöhe hinan. Fürchterlich wütete der Kartätschenhagel in ihren Reihen. Da sank der Oberjäger Heidrich, von einer Kanonenkugel getroffen, an ihrer Seite nieder. Sie sprang herzu, ihm Beistand zu leisten; da zerschmetterte eine Kanonenkugel auch ihr das rechte Bein. Ohnmächtig sank sie neben dem Verwundeten nieder und blieb in ihrem Blute liegen, bis einer ihrer Kameraden ihr zu Hilfe kam und sie bei Seite bringen ließ. Jetzt war es nicht mehr Zeit, ihr Geheimnis zu verschweigen; sie entdeckte dem mitleidsvollen Kampfgenossen ihr Geschlecht und bat ihn, sie mit Schonung zu behandeln und auch dem Wundarzt zu empfehlen. Beides wurde ihr heilig versprochen. Unter unbeschreiblichen Schmerzen wurde Maria nach Danneberg gebracht; aber mit männlicher Gelassenheit ertrug sie ihre Leiden. Sie sollten nicht von langer Dauer sein. Sie war zu spät unter die Hände eines Wundarztes gekommen. Der Brand hatte um sich gegriffen. Sie verschied schon nach wenigen Tagen. Keine Klage war über ihre Lippen gekommen. Ihr letztes Wort war ein Gebet um Trost für ihren Vater, um Glück für die Waffen ihres Königs.

Rulemann Friedrich Eylert (1770—1852).

21. Königin Luise von Preußen.

I. Eindruck ihrer Persönlichkeit.

So war die Ehe des Königs und der Königin: er ernst, sie freundlich; er kurz, sie erklärend; er voll Sorgen, sie erheiternd; er vertieft, sie teilnehmend; er prosaisch, sie poetisch; er schwer belastet, sie erleichternd; er einfach, sie holdselig; beide ein Herz und eine Seele, eine Ehe in stiller Würde und seliger

Eintracht, die erste und beste im ganzen Vaterlande. Dem Hofe gab sie Glanz und dem häuslichen Leben, wie allem, was sie umgab, den reinen Ton der Harmonie. Wie als wenn Gott sie für ihn geschaffen hätte, so war sie ganz für ihn gemacht: die beste Frau in der Ehe, eine herzgewinnende Königin auf dem Throne, eine sorgsame, zärtliche Mutter im abgeschlossenen Kreise ihrer Kinder — und doch auch begabt mit allen glänzenden Eigenschaften und Naturgaben, welche eine so hohe Stellung nach allen Richtungen hin verlangt.

Der angenehme Eindruck, den ihre ganze Persönlichkeit machte, ist nicht zu beschreiben und wiederzugeben. Waren die Eingeladenen versammelt und aller Blicke still und erwartungsvoll nach der Flügeltür, durch welche sie kommen würde, gerichtet, so war es, wenn sie an der Seite des Königs eintrat, als ob ein glänzendes, mildes Licht den ganzen Saal erfüllte. Ihr blaues, freundliches, seelenvolles Auge, schnell den ganzen Kreis durchlaufend, hatte eine so eigentümliche, heitere Lebendigkeit und doch dabei eine so vertrauende Innigkeit und Ruhe, eine so herzgewinnende Huld, daß alle hätten meinen können, jeder für sich habe nur allein den freundlichen Gruß: „Willkommen!" empfangen. Und so war es auch; ihr grüßender Blick galt bei großer Rangverschiedenheit allen und doch auch jedem besonders einzeln; denn jeder empfing einen Strahl dieses landesmütterlichen Blickes. Als der verewigte Herzog Ferdinand von Braunschweig ihr wohlgetroffenes Bild empfing, sprach er: „Recht schön, wohl getroffen! aber ganz ähnlich kann die Königin Luise doch nicht gemalt werden; denn kein Künstler vermag es, ihren herzgewinnenden Blick, voll Geist und Güte, so darzustellen, wie er ist, besonders, wenn er im Gespräche sich belebt und lächelt. Dem, welcher sie kennt, tut kein Bild, auch das beste nicht, Genüge!"

II. **Die Königin in Magdeburg.**

Bei einer großen Kur in Magdeburg, wo sie sehr gerne war und die oft Vorgestellten persönlich genau kannte, wurde ihr die noch ganz unbekannte, seit kurzem erst verheiratete Gemahlin des damaligen Majors v. N., die Tochter eines hochgeachteten, reichen Kaufmanns in Magdeburg, also bürgerlicher Herkunft, vorgestellt. Die Königin, unbekannt mit diesen Verhältnissen, fragte unbefangen die junge Frau: „Was sind Sie für eine Geborene?" Und ängstlich und verlegen, zum erstenmal vor einer Königin stehend, antwortete kaum hörbar die beklommene junge Frau mit zitternder Stimme: „Ach, Ihro Majestät — ich bin gar keine — Geborene." Ein spöttisches, höhnendes Lächeln zuckte auf den Gesichtern der meisten andern Damen. Dies würde die Königin, als nicht bemerkt, mit Stillschweigen haben hingehen lassen; da sie aber, alles genau beachtend, hören mußte, daß eine nicht fernstehende Dame vornehmer Abkunft leise zu ihrer Nachbarin bitter sprach: „Also eine Mißgeburt!" da fühlte die Königin ihr Gefühl verletzt und konnte und durfte nicht schweigen. Angeregt, hob sie, wie sie zu tun pflegte, ihr schönes, lockiges, mit einem Diadem geschmücktes Haupt, und heiter umherschauend, sprach sie, allen im großen Saale Umherstehenden hörbar:

„Ei, Frau Majorin, Sie haben mir naiv-satirisch geantwortet. Ich gestehe, mit dem herkömmlichen Ausdruck von Geburt sein, wenn damit ein angeborener Vorzug bezeichnet werden soll, habe ich nie einen vernünftigen Begriff verbinden können, denn in der Geburt sind sich alle Menschen ohne Ausnahme gleich. Allerdings ist es von hohem Werte, von guter Familie zu sein und von Vorfahren und Eltern abzustammen, die sich durch Tugend und Verdienste auszeichneten, aber dies findet man gottlob in allen Ständen; innere persönliche Würdigkeit, worauf am Ende doch alles ankommt, muß jeder für sich erwerben. Ich danke Ihnen, liebe Frau Majorin, daß Sie mir Gelegenheit gegeben haben, diese, wie ich glaube, fürs Leben nicht unwichtigen Gedanken unbefangen auszusprechen, und wünsche Ihnen in Ihrer Ehe viel Glück, dessen Quelle doch immer nur allein im Herzen liegt." — Indem die Königin so sprach, bewegte sie lebhaft den kleinen Fächer, den sie gewöhnlich und gern in der rechten Hand zu tragen pflegte. Sie bewegte ihn nach dem Gedankenflusse, hebend und senkend, schnell und langsam wie im Takte, und wie ihr alles schön stand, so lag besonders ein ganz eigentümlicher Zauber darin, wenn sie mit dem Fächer das Zeichen der Entlassung gab. Und so entließ denn auch die erleuchtete, würdevolle Königin diesmal nicht ohne Warnungsfächerzeichen die versammelten Damen in Magdeburg. Keine hatte sie verletzt. Die Ungeborne fühlte sich wie neugeboren, und alle waren von der, die über allen am höchsten stand, in des Lebens rechte, feste Mitte geführt.

Ferdinand Christian Falkmann (1782–1844).

*22. Der Tag eines Jägers.

Kaum beginnt der Oktobertag zu dämmern, so wird es in der Försterei lebendig; die Läden gehn auf, dem Schornsteine entquillt eine dicke Rauchsäule, und aus der rasselnd geöffneten Haustür springen bellend ein paar Hühnerhunde hervor. Bald ist das Frühstück drinnen verzehrt, und der Förster tritt mit seinen Burschen, im kurzen Jagdkleide, die blanken Gewehre nebst der Weidtasche um die Schultern, aus der Wohnung. Sie schreiten rüstig durch den dicken Morgennebel, der sich in Tropfen an ihre Haare und Kleider hängt. Erst geht es zu den Dohnen in dem Unterholze, das jene nach Osten offene Höhe bedeckt. Man findet reichliche Beute in ihnen, und ein Knecht trägt einen Korb voll Krammetsvögel nach Hause.

Jetzt beginnt in der angrenzenden Feldmark ein Treiben. Jener mit Haselstauden und Schlehdorn bewachsene Hügel wird umstellt. Laut ertönt durch die herbstlich rauhe Luft das Geschrei und das Klappern der aufgebotenen, treibenden Landleute, vermischt mit dem Klaffen der Hunde und ihrer Führer kunstverständigem Zurufe. Aufgeschreckt aus ihrem Lager, stürzen verschiedene Hasen hervor, Schüsse fallen, Hunde springen hinzu, und das erlegte Wild belastet bald, ausgeweidet, die Taschen der Jäger. Nachdem nun noch zwei andere Dickichte abgesucht worden sind, sammelt sich alles neben einer alten Eiche, um unter dem heiter gewordenen Himmel ein Mahl von Butterbrot nebst Wurst und Schinken, gewürzt mit einem Schluck gebrannten Wassers, zu verzehren. Man unterhält sich dabei von den Vorfällen des Morgens, lobt den einen Schuß, tadelt den andern, und auch Tiras und Waldmann, die schnellsten und geschicktesten unter den Hunden, erhalten ihren gebührenden Ruhm.

Dann steht der geschäftige Förster auf, sendet einen Teil seiner Begleiter mit den geschossenen Hasen nach Hause und verfügt sich mit dem andern wieder in den Wald, um kürzlich errichtete Klaftern zu besehen und neue Bäume mit dem Waldhammer zu diesem Zwecke anzuschlagen. Einige Köhler erscheinen und zahlen für das empfangene Holz; Arme aus der Gegend erhalten auf ihre Bitte Erlaubnis, Reisig aufzusuchen oder dürres Laub nach Hause zu tragen. So vergeht der Nachmittag, und bald ist es Zeit, den Rückweg anzutreten. Nachdem der Jäger erst einen Trunk aus dem Hubertusquell, unter jenem mit Rottannen bewachsenen Felsen, getan und in der Nähe desselben der Fährte eines Ebers nachgespürt hat, erschallt das Horn und ru t zum Abzuge. Unterwegs rauscht plötzlich aus einem Kartoffelfelde ein Volk Rebhühner empor — es knallt, und sechs Stück vermehren die Beute des Weidmanns. Fruchtlos bleibt indes sein Lauern auf Schnepfen dort in den Erlenbüschen auf dem Moore. Ist der Nebel am Abend nicht stark genug wiedergekehrt, oder hat sonst eine Störung stattgefunden: man bekommt keinen dieser Vögel zum Schusse. Doch zufrieden mit dem Ertrage des Tages, führt der Förster seine Leute bald völlig heim. Als sie wieder an der Tür des einsamen Waldhauses stehen, verhüllt schon dichtes Dunkel die Erde; aber gastlich leuchten die hellen Fensterchen. Bald sitzt, nach eingenommener Abendmahlzeit, der Förster am wärmenden Ofen und hört behaglich dem Winde zu, der in den Wipfeln der Ulmen saust, und dem Geschrei der in ihnen horstenden Eulen.

*23. Die Mühle.

Wie schön windet sich dieser klare Bach durch das dichte, von Blumen durchduftete, von Nachtigallen belebte Gebüsch! Ich will seinen anmutigen Krümmungen folgen, neugierig, zu sehen, wohin sie den Wanderer führen werden. — Aber welches Geräusch schallt in mein Ohr? Hat ein Wasserfall den ebenen Lauf meines Baches unterbrochen und den stillen, plätschernden zu diesem Brausen genötigt, das ich immer stärker vernehme? Nein, ich sehe es, die Menschen haben den Sohn des Berges zur Dienstbarkeit gezwungen: er muß ihnen eine Mühle treiben und ihnen ihr Korn zum Brote mahlen. Seht! hier schließen ihn statt der blumigen Ufer schon schnurgerade Mauern ein. Durch jene hölzernen Kasten ziehend, besucht er seine Mitgefangenen, die Fische. Dort aber hemmt eine Querwand von Balken und Brettern seinen Lauf, und nur durch einzelne, von seinem Beherrscher, dem Müller, geöffnete Stellen darf er hinabspringen auf die Schaufeln des untenstehenden gewaltigen Rades, um es herumzudrehen durch sein Gewicht und durch seinen Fall. Seht! die durchsichtig grüne Flut ist in einen sprudelnden Silberstrom verwandelt, der, alles umher benetzend und bestäubend, sich zwischen den alterschwarzen, moosbedeckten Speichen der neuen Freiheit zudrängt, die ihm dort unten in der sonnigen Aue winkt. Aber welche Bewegung, welches Getöse erregt der Sprung des Baches hier in diesem Gebäude!

Ich trete hinein und sehe, daß das rastlos kreisende Rad seine gewaltige Welle durch die Grundmauer des Hauses streckt und in dessen unterm Geschoß vermittelst der hölzernen Zacken eines kleinern Rades eine dicke Eisenstange, die sich in der Decke verliert, in Schwung setzt. Ich steige in das obere Stockwerk, und nun zittert der Boden unter mir von dem Kreislaufe eines mächtigen, in diesem runden Kasten verborgenen Steines. Ich sehe die bräunlich gelbe Körnerflut aus einem andern, schwebenden Kasten, dessen beweglicher Boden durch einen vom schwingenden Steine geschüttelten Stab in steter Bewegung gehalten wird, immer neu zufließen. Dort ist ein drittes Behältnis, das der schüttelnde Beutel mit milchweißem Mehle füllt, während aus seinem Ende die gröbere Kleie strömt. Wie rasselt es, wie klopft es überall! Wie stäubt ein feiner Mehlstaub im ganzen Hause umher und pudert dem Müller und seinen Gesellen Gesicht und Kleider! Horch, da erschallt ein Glöckchen! Der Lehrbursch springt zu und gießt neues Korn in jenes hangende Gefäß. Zugleicherzeit öffnet der Geselle die Klappe des Mehlkastens und füllt jener wartenden Dirne den Sack mit dem zarten Marke des Weizens. Vor der Türe langen eben zwei Esel mit neuem Vorrate von Getreide an, und die Mahlgäste, denen sie gehören, treten grüßend in die Mühle.

Wilhelm Fischer (geboren 1833).

*24. Zachur mit dem Sacke. Ein allegorisches Märchen.

Über den volkreichen Bazar von Bagdad wandelte langsam ein stattlicher Mann, der auf seiner linken Seite an einem starken Tragriemen einen unscheinbaren grauen Sack trug und einen wohlgefüllten Lederbeutel auf der rechten. Vor dem Gewölbe eines Zeughändlers blieb er stehen und handelte den größten und weichsten bunten Teppich ein. Der Kaufmann wunderte sich im stillen, den reichgekleideten Fremdling ganz ohne Begleitung zu sehen, und sprach höflich: „Herr, deine Sklaven sind nicht zur Hand; ich will dir einen meiner Burschen mitgeben, der die Bürde trage.“ — „Unnötig!“ sagte der Käufer, indem er ihm den Preis in funkelnden Goldstücken aufzählte. Behend ergriff er die ungeheure Rolle und schob sie langsam, aber sicher in den Sack hinein. Dann schritt er ruhig weiter. Seine Kauflust schien nun erst recht erwacht zu sein. Zwölf Kristallflaschen mit Rosenöl von Schiras wanderten in den Sack, und unbesorgt warf er ihnen ein zierlich mit Kupfer beschlagenes Kästchen von Ebenholz nach. Er machte Aufsehen trotz des Marktgewühls, und schon längst war ihm ein vornehm blickender Mann beobachtend gefolgt, ohne indes bis dahin ein Wort an ihn zu richten. Als er aber jetzt auf die Mitte des Bazars gelangt war, wo die besten und kostbarsten Waren feilstehen, und rechts und links die verschiedensten Dinge erfaßte und unermüdlich in den alles verschlingenden Sack hineinschob: Perlen und Ballen von Seidenstoff, Datteln und Ringe, Sättel und Diamanten, da konnte sich der Kalif — denn kein geringerer war's, der ihm folgte — nicht länger halten und sprach: „Viel der Wunder hab ich gesehen, o Fremdling, und beim Barte des Propheten! du bist das kleinste nicht. Hat dein Beutel keinen Boden und dein Sack keinen Grund? Wie kannst du nur eins der tausend Dinge wiederfinden, die du ohne Ordnung unaufhörlich hineinstopfst? Und sage mir, wie soll's den armen zarten Perlen, die mir zu teuer waren — denn sonst hätte ich sie für Zuleika gekauft — unter den Tonnen und Kisten ergehen?"

Zachur, so hieß der Fremde, legte die Arme kreuzweis über die Brust und beugte sich tief. „Beherrscher der Gläubigen!" sprach er, „denn umsonst verbirgst du deine edle Gestalt unter einem schlichten Kleid; ich habe dein Bildnis auch in meinem Sack und erkenne dich sofort; Allah ist groß, und seine Gaben sind wunderbar. Du sorgst um die lieblichen Töchter der Muschel? Sieh her!" Er fuhr behend mit der Rechten in den Sack und holte unversehrt die Doppelreihe großer milchweißer Perlen hervor, die er ehrerbietig dem Kalifen darbot. „Erzeige mir die Gnade und nimm diese Schnur an! laß deine schönste Sklavin sie tragen, ich werde nicht ärmer darum."

Der Kalif war erstaunt über Zachurs Geschick, erfreut über das Geschenk und die Rede und begierig, noch mehr zu erfahren. „Dann wollen wir uns niedersetzen dort auf den breiten Marmorplatten am Fuße des plätschernden Brunnens!" sagte Zachur, und schon hatte er den weichen Teppich ausgebreitet. Sie hockten sich hin mit untergeschlagenen Beinen, und er begann seine Erzählung:

„Ich bin eines armen Mannes Sohn, o Herr, und schien zur Armut bestimmt. Aber an meiner Wiege stand eine gütige Fee und legte diesen Sack und diesen Beutel darauf. Wachse,

Zachur, sprach sie, und schau dich um in der Welt! was dir gefällt, das kaufe! bezahl es aus diesem Beutel, der nicht leer wird, und verwahr es in diesem Sack, der nicht voll wird! doch packe kostbares bedächtig ein — du trägst dich nicht müde daran! Sie hat mehr gehalten, als sie versprach; alles, was ich jemals besessen und geliebt, ist in diesem Sacke, unverlierbar und jederzeit zur Hand. Willst du das erste Schwert sehen, das mein Vater mich zu schwingen lehrte? Sieh her! — er holte es hurtig tief vom Grunde hervor — noch glänzt die krumme Klinge, wie am ersten Tage, und erfreut mein altes Herz. Willst du den Koran sehen, in dem der fromme Scheich Abdallah mich unterwies? Sieh, wie frisch die zierlichen Purpurbuchstaben und die grüngoldigen Arabesken noch leuchten! Willst du das Lied hören, das mein Weib als Braut mir sang? — aber leise! wir sind auf dem Bazar." Ein schmelzender Wohllaut quoll wundersam aus der Tiefe auf, wie aus weiter Ferne, und verhallte nur zu schnell. „Wunderbar, höchst wunderbar!" sagte der Kalif, „aber erzähle weiter, Freund!"

„Des einzelnen würde zu viel, und das ganze ist bald gesagt," erwiderte Zachur. „Du hast dich heute über meine Eile beim Kaufen gewundert, da hättest du mich erst in meinen jungen Tagen sehen sollen! Als die Welt noch so hell und so sonnig vor meinen großen Augen lag, als tausend und aber tausend Dinge mich reizten, da kam meine Hand fast nicht aus dem Beutel und dem Sacke heraus. Ich machte weite Reisen, und was mir gefiel, das kaufte ich und steckte es vergnügt in den allumfassenden Sack. Ja, selbst ohne mein Zutun füllte er sich; grünschillernde Vögel flogen, weißschimmernde Blüten schneiten in den offenen hinein. Zuweilen überschlich mich ein Gefühl der Sättigung und des Übermutes, und ich ging ungerührt am Schönsten vorbei, weil ich schon solch eine Fülle des Schönen besaß. Die Gelegenheit kommt schon wieder! dachte ich. Aber sie kam nicht wieder, und manche Versäumnis reut mich jetzt. Ich hätte einst Kohinur kaufen können, den Berg des Lichts, gegen den alle meine anderen Diamanten schlechte Kiesel sind. Ich hätte die blaue Wunderblume erhalten können, das Meisterwerk der Natur; sie duftete lieblicher, als alle Wohlgerüche Arabiens, und wenn der leichte Wind sie rührte, so klang und läutete es wie die herrlichste Musik. Ich hätte ein ganzes Königreich erwerben können fern in Hindostan hinter den Schneebergen, und zweimal bin ich umgekehrt und habe es wieder gesucht. Aber ich finde den Weg nicht mehr. Das macht mir nun wohl Kummer in einer schlaflosen Nacht. Doch dann tröste ich mich des Vielen, das ich besitze, und hole aus meinem Sacke altes und neues hervor, je nach Wunsch und Neigung. Auch ist die Welt noch groß und Zachur noch kein Greis, ich kann noch vieles kaufen, und manchmal regt sich gewaltig die alte Lust. So heut, als ich in deine herrliche Stadt kam, o Herr, und Allah für die Gnade pries, die er dem Menschen gegeben hat, daß er aus der schmutzigen Wolle des Schafes den farbenglühenden Teppich wirkt, auf dem wir sitzen, daß er aus den Tiefen der Erde das Gold, aus den Tiefen des Meeres die Perlen holt. Und wacker habe ich zugegriffen, bis das Auge deiner Gnade mich traf, o Herr, und mir etwas zuteil werden ließ, das um Gold und Silber nicht käuflich ist: die Ehre und Wonne deiner Gegenwart."

„Wohl gesprochen!" entgegnete der Kalif vergnügt, „man sieht, daß du an Höfen gewesen bist, Freund Zachur. Aber eins, eh ich's wieder vergesse über all dem Staunenswerten: der Prophet hat zwar verboten, ein Bildnis des Menschen, des Ebenbildes Allahs, zu machen; aber da du doch das meinige einmal besitzest, von irgend einem Ungläubigen gefertigt — ich begreife zwar nicht, wie er Zeit und Gelegenheit dazu gefunden hat . . ." — „Sie malen geschwind," fiel Zachur ein, „und sind zu allen bösen Künsten schnell." — „Wahr, sehr wahr!" sprach der Kalif und strich sich nachdenklich den Bart, „doch was ich sagen wollte: ich möchte das Ding wohl einmal sehen!" — „Dein Wunsch ist mir Befehl," erwiderte Zachur und kramte geschäftig im Sacke. Aber eine Zeitlang vergeblich. „Nun," rief der Kalif, die Stirne runzelnd, „reut dich dein Versprechen oder . . . ?" — „Hier ist es, Herr!" sagte Zachur, und der Zorn des Herrschers verschwand vor der Neugierde, mit welcher er das kleine, mattglänzende Bild musterte. „Ich bin's und bin's doch wieder nicht," sprach er kopfschüttelnd, „mein Fes ist's und die Stickerei, aber wo sind die bräunlichen Wangen, wo des Auges Glanz, wo die Farbe? Und das Ding ist geborsten! ein Riß läuft quer durch und trennt die Füße meines Rosses vom Rumpf. Du kannst also doch die Sachen in deinem Sack nicht unbeschädigt erhalten, du findest sie auch nicht immer gleich im Augenblick; gesteh, du hast auch schon einige ganz verloren." — „Ich bin eines armen Mannes Sohn", antwortete Zachur errötend, „aber zweierlei habe ich schon als Knabe gelernt: die Waffen führen und die Wahrheit sagen. Verzeih, o Herr, daß ich sie soeben unbedachtsam verletzte. Ja, ich hab das ein und andere verloren, und wenn ich mich vorhin berühmte, noch alles in meinem Sacke zu haben, so habe ich mich einer Übertreibung schuldig gemacht, wie's uns Menschen gewöhnlich beim Gebrauche der beiden Wörtchen alles und nichts ergeht. Ich hätte: das meiste sagen sollen. Doch war der Verlust vielfach meine eigene Schuld. Zuweilen hab ich in der Jugendhitze allzuschnell und eifrig eingepackt, da quoll, während ich ein folgendes nachschob, das schlechtversorgte vorige wieder heraus, oder es wurde zerdrückt, anderes liegt auch wohl noch tief unten in einer Falte, aber ich kann's nicht beliebig hervorholen. Stoße ich jedoch einmal zufällig darauf, dann freue ich mich des wiedergefundenen und staue es für die Zukunft an den rechten Ort.

Den größten Ärger und Verlust aber erlitt ich in Frankistan. Dort sind die Händler auf den Märkten nicht so würdevoll, wie die Kaufleute hier, die den Mund nur öffnen, um einsilbig den festen Preis zu sagen, und keine Miene verziehen, wenn der Kunde ungekaufter Sache weitergeht. Nein, dort preisen viele ihren Trödel aufs unverschämteste an, um so mehr, je schlechter er ist. Da hab ich mir manch wertlos Stück für schweres Geld aufschwätzen lassen, das meiste aber nur lose zwischen Sack und Kaftan gesteckt, so daß es bei der ersten Regung wieder in den Kot fiel, wohin es gehörte. Fiele nur auch anderes hinein oder ins Meer, wo es am tiefsten ist! aber ich soll's wohl mit mir schleppen müssen mein lebenlang." — „Wovon redest du?" fragte lebhaft der Kalif, „hast du auch häßliche Dinge in deinem Sack?" — „Ich habe den Stein noch drin, den ich im Zorn nach einem armen Hunde warf," sagte Zachur traurig, „und das Tier war mager und matt und fiel nieder und sah mich an und starb. Und einen Dolch hab ich drin, mit dem Blute meines Herzfreundes gefärbt — doch es war nicht zum Tode, gelobt sei Allah!" In diesem Augenblicke flog ein goldstrotzender Wagen über den Platz, mit vier Berberrossen bespannt, und hielt am Brunnen. Zachurs Traurigkeit war verschwunden. „Wem gehört diese Pracht?" fragte er mit funkelnden Augen. „Doch wie kann ich fragen? Wem anders als dir! O, daß dies Gespann feil wäre!" — „Fürsten handeln nicht," sagte der Kalif, „aber du hast mir ein kostbares Geschenk gemacht, Freund Zachur, und was mehr ist, eine angenehme Stunde: nimm hin, was dir so sehr gefällt!"

Zachur kreuzte die Arme über die Brust, neigte sich tief und erwiderte: „Deine Gnade ist Tau auf dürres Land. Aber Roß und Wagen, so blink und blank, sollen nicht durch den Staub der Vorstädte ziehen." Damit schob er alles ruhig in den Sack hinein, neigte sich nochmals bis zur Erde und schritt dann leicht und aufrecht dem Tore zu.

Der Kalif sah ihm kopfschüttelnd nach, ging sinnend heim und hängte Zuleika die doppelte Perlenschnur um. Dann ließ er seinen Geheimschreiber rufen und sprach: „Nimm eine Schwanenfeder und ein Blatt des feinsten Pergamentes, und schreibe zierlich nieder, was ich dir sagen warde: Die Geschichte Zachurs mit dem Sacke!"

*25. Das Wasser.

Gottlob, daß unser liebes Vaterland so viele köstliche Quellen hat! — wir wissen kaum, wie gut wir daran sind. Nicht alle Länder schwimmen in solchem Überfluß, um so höher schätzen ihre Bewohner einen frischen Quell. Die alten Perser wuschen sich nicht einmal die Hände in einem Bach, um ihn nicht zu verunreinigen. Reiche Türken vermachen wohl eine Summe zur Einfassung und Überwölbung eines Brunnens am Wege, daß die gierige Sonne ihn nicht auflecke, daß der müde Wanderer an ihm niedersitzen und schöpfen und trinken und dabei des frommen Stifters freundlich gedenken möge. Wenn vom ehernen Himmel die große Feuerkugel ihre glühenden Strahlen senkrecht herniederwirft, wenn von der versengten Erde die zurückprallende Hitze fast sichtbar wieder nach oben wallt, wenn kein Lüftchen sich rührt oder der Wind nur Staub, nicht Kühlung bringt, wenn die Zunge am Gaumen klebt und der matte Fuß sich nur mühsam fortschleppt, wie wohl tut dann den Augen der Anblick eines endlich auftauchenden Hains! wie raffen die müden Wanderer ihre letzte Kraft zusammen, um den Schatten, den wasserverheißenden Rasen zu erreichen! wie erquickend weht ihnen der feuchte Lebenshauch des kühlen Borns entgegen! wie freudig bücken sie sich nieder und saugen in tiefen Zügen das langentbehrte Labsal ein! Ja, Wasser ist das Beste.

Auch aus vielen Stellen der Bibel weht uns anmutend frischer Quellenhauch an. Die Hebräer bewohnten ein sonniges, wasserarmes Land. Ihre Brunnen hatten ihre eigenen Namen und ihre Geschichte. Elieser fand am Brunnen Rebekka, und es war nicht einmal ein fließender Brunnen, wie der, welcher vor meiner Tür lustig rauscht bei Tag und Nacht, sondern man mußte hinuntersteigen viele Stufen und schöpfen und heben, und dennoch ließ das freundliche und fleißige Mädchen auf die Bitte des fremden Mannes schnell ihren Krug von der Achsel herab und sprach: „Trinke, Herr, ich will deinen Kamelen auch schöpfen!“ Es wurde ihr freilich auch wohl vergolten; sie bekam goldene und silberne Spangen und einen braven Mann. Und wiederum traf Jakob am Brunnen seine Rahel, um die er vierzehn Jahre dienen mußte, und wälzte ihr den Stein ab, den man zur Schonung über das köstliche Naß zu decken pflegte. Auch Moses fand an einem Brunnen die Töchter des Priesters in Midian, samt den groben Hirten, welche die armen Mädchen immer wegdrängten und bis zuletzt warten ließen, während es doch heißt: „Wer zuerst in die Mühle kommt, kriegt zuerst gemahlen.“ Da ergrimmte er und schaffte den Schwachen Recht, wie er denn überhaupt ein starker und zornmütiger Held war und Unbill nie ruhig ansehen konnte. Und endlich hatte der Herr Jesus an einem Brunnen die Unterredung mit der Samariterin und knüpfte an das klare Wasser eine schöne Gleichnisrede an.

Auch aus den Psalmen klingt uns die Wertschätzung des Wassers entgegen. „Wie der Hirsch schreit nach frischem Wasser, so schreit meine Seele, Herr, zu dir. — Du feuchtest die Berge von oben her. — Gottes Brünnlein hat Wassers die Fülle. — Dennoch soll die Stadt Gottes fein lustig bleiben mit ihren Brünnlein.“ Aus diesen und ähnlichen Bildern und Wendungen merken wir, wie sehr man im heißen Morgenlande eine kühle, frische Quelle zu würdigen weiß. Und wir tun zuweilen gut, durch solche Betrachtungen unsere Empfänglichkeit und Dankbarkeit für den reichen Wassersegen wieder zu beleben, die durch die Gewohnheit so leicht abgeschwächt werden.

Deutschland mag an Reichtum und Fruchtbarkeit hinter anderen Ländern zurückstehen; aber welch herrliche Ströme rauschen von seinen Bergen ins Meer! wie viel hundert und tausend Flüsse und Bäche winden sich kristallklar um seine Hügel und durch seine Auen! wie unzählige Quellen spenden uns nie versiegend ihren kalten, klaren Trank! Viele sprudeln gar perlend und prickelnd auf, mit natürlicher Kohlensäure innig gemischt; andere, in dunkler Tiefe gekocht, heiß und heilkräftig — sie alle seien gesegnet, die kalten und warmen, die schlichten und die berühmten!

Theodor Fontane (1819—1898).

26. Im Spreewald.

I. Lehde.

Nach kurzem Gange durch Stadt und Park Lübbenau erreichten wir den Haupt-Spreearm, auf dem die für uns bestimmte Gondel bereits im Schatten eines Buchenganges lag. Drei Bänke mit Polster und Rücklehne versprachen möglichste Bequemlichkeit, während ein Flaschenkorb von bemerkenswertem Umfang — aus dem, so oft der Wind das Decktuch ein wenig zur Seite wehte, verschiedene rot und gelb gesiegelte Flaschen hervorlugten — auch noch für mehr als bloße Bequemlichkeit sorgen zu wollen schien. Am Stern des Bootes, das lange Ruder in der Hand, stand Christian Birkig, ein Fünfziger mit hohen Backenknochen und eingedrückten Schläfen, dem für gewöhnlich die nächtliche Sicherheit Lübbenaus, heut aber der Ruder- und Steuermannsdienst in unserem Spreeboot oblag.

Wir stiegen ein, und die Fahrt begann. Gleich die erste halbe Meile ist ein landschaftliches Kabinetstück und wird in soweit durch nichts Folgendes übertroffen, als es die Besonderheit des Spreewaldes: seinen Netz- und Insel-Charakter, am deutlichsten zeigt. Dieser Netz- und Insel-Charakter ist freilich überall vorhanden, aber er verbirgt sich vielfach, und nur derjenige, der in einem Luftballon über das vieldurchschnittene Terrain hinwegflöge, würde die zu Maschen geschlungenen Flußfäden allerorten in ähnlicher Deutlichkeit wie zwischen Lübbenau und Lehde zu seinen Füßen sehen.

Der Boden dieses Inselgewirrs ist fast überall eine Gartenerde. Der reiche Viehstand der Dörfer schuf hier von Alters her einen Dünger-Untergrund, auf dem dann die Mischungen und Verdünnungen vorgenommen werden konnten, wie sie dieses oder jenes Produkt des Spreewaldes erforderte.

Es ist Sonntag, die Arbeit ruht, und die große Fahrstraße zeigt sich verhältnismäßig leer; nur selten treibt ein mit frischem Heu beladener Kahn an uns vorüber, und Bursche handhaben das Ruder mit großem Geschick. Sie sitzen weder auf der Ruderbank, noch schlagen sie taktmäßig das Wasser, vielmehr stehen sie grad aufrecht am Hinterteile des Boots, das sie nach Art der Gondoliere vorwärts bewegen. Dies Aufrechtstehen und mit ihm zugleich ein beständiges Anspannen all ihrer Kräfte hat dem ganzen Volksstamm eine Haltung und Straffheit gegeben, die man bei der Mehrzahl unserer sonstigen Dorfbewohner vermißt, und zwar in den armen Gegenden am meisten. Der Knecht, der vornüber im Sattel hängt oder auf dem Strohsack seines Wagens sitzend mit einem schläfrigen „Hoi" das Gespann antreibt, kommt kaum je dazu, seine Brust und Schulterblätter zurechtzurücken oder sein halb krummgebogenes Rückgrat wieder gerade zu biegen, der Spreewäldler aber, dem weder Pferd noch Wagen ein Sitzen und Ausruhen gönnt, befindet sich eigentlich immer auf dem Qui vive. Das Ruder in der Hand, steht er wie auf Posten und kennt nicht Hindämmern und Halb-Arbeit.

Wenn es schon ein reizender Anblick ist, diese schlanken und stattlichen Leute in ihren Booten vorüberfahren zu sehn, so steigert sich dieser Reiz im Winter, wo jeder Bootfahrer ein Schlittschuhläufer wird. Das ist dann die eigentliche Schaustellung ihrer Kraft und Geschicklichkeit. Dann sind Fluß und Inseln eine gemeinschaftliche Eisfläche, und ein paar Bretter unter den Füßen, die halb Schlitten, halb Schlittschuh sind, dazu eine sieben Fuß lange Eisstange in der Hand, schleudert sich jetzt der Spreewäldler mit mächtigen Stößen über die blinkende Fläche hin. Dann tragen sie auch ihr nationales Kostüm: kurzen Leinwandrock und leinene Hosen, beide mit dickem Fries gefüttert, und Spreewald-Stiefel, die fast bis an die Hüfte reichen.

Es ist Sonntag, sagte ich, und die Arbeit ruht. Aber an Wochentagen ist die Straße, die wir jetzt still hinauffahren, von früh bis spät belebt, und alles nur Denkbare, was sonst auf Knüppeldamm und Landstraße seines Weges zieht, das zieht dann auf dieser Wasserstraße hinab und hinauf. Selbst die reichen Herden dieser Gegenden wirbeln keinen Staub auf, sondern werden ins Boot getrieben und gelangen in ihm von Stall zu Stall oder von Wiese zu Wiese. Der tägliche Verkehr bewegt sich auf diesem endlosen Flußnetz und wird nur unterbrochen, wenn auf blumengeschmücktem Kahn, Musik vorauf, die Braut zur Kirche fährt, oder wenn still und einsam, von Leidtragenden in zehn und zwanzig Kähnen gefolgt, ein schwarzverhangenes Boot stromabwärts gleitet.

Einzelne Häuser werden sichtbar; wir haben Lehde, das erste Spreewalds-Dorf, erreicht. Es ist die Lagunenstadt in Taschenformat, ein Venedig, wie es vor 1500 Jahren gewesen sein mag, als die ersten Fischerfamilien auf seinen Sumpf-Eilanden Schutz suchten. Man kann nichts Lieblicheres sehn als dieses Lehde, das aus eben so vielen Inseln besteht, als es Häuser hat.

Die Spree bildet die große Dorfstraße, darin schmalere Gassen von links und rechts her einmünden. Wo sonst Heckenzäune sich ziehn, um die Grenzen eines Grundstückes zu markieren, ziehen sich hier vielgestaltige Kanäle, die Höfe selbst aber sind in ihrer Grundanlage meistens gleich. Dicht an der Spreestraße steht das Wohnhaus, ziemlich nahe daran die Stallgebäude, während klafterweis aufgeschichtetes Erlenholz als schützender Kreis um das Inselchen herläuft. Obstbäume und Düngerhaufen, Blumenbeete und Fischkasten teilen sich im übrigen in das Terrain und geben eine Fülle der reizendsten Bilder. Das Wohnhaus ist jederzeit ein Blockhaus mit kleinen Fenstern und einer tüchtigen Schilfdach-Kappe; das ist das Wesentliche; seine Schönheit aber besteht in seiner reichen und malerischen Einfassung von Blatt und Blüte: Kürbis rankt sich auf, und Geißblatt und Winde schlingen sich mit allen Farben hindurch. Endlich zwischen Haus und Ufer breitet sich ein Grasplatz aus, an den sich ein Brückchen oder ein Holzsteg schließt, und um ihn herum gruppieren sich die Kähne, kleiner und größer, immer aber dienstbereit, sei es, um bei Tag einen Heuschober in den Stall zu schaffen oder am Abend einem Liebespaare bei seinem Stelldichein behilflich zu sein.

II. Die Leber ist von einem Hecht.

Die letzten Häuser von Lehde liegen hinter uns, und wieder dehnen sich Wiesen zu beiden Seiten aus, nur hier und da durch Erlengruppen oder ein paar einzeln stehende Eichen unterbrochen. In südöstlicher Richtung geht es stroman, eine Biegung noch und jetzt eine zweite, bis sich unser Flachkahn durch allerlei Tang und Kraut in einen schmalen und gradlinigen Kanal einschiebt, der die Verbindungsstraße zwischen den zwei Hauptarmen der Spree bildet.

Dieser Kanal, eine halbe Meile lang, zählt mit zu den besonderen Schönheiten des Spreewaldes. Im allgemeinen wird sich sagen lassen, daß eine mit dem Lineal gezogene Linie landschaftlich ohne Reiz sei, jede Regel aber hat ihre Ausnahme — gewißlich hat sie sie hier — und ein Vergleich mag diese Wasserstraße beschreiben. Jeder kennt die langgestreckten Laubgänge, die sich unter dem Namen Poetensteige in allen altfranzösischen Parkanlagen vorfinden. Ein solcher Poetensteig ist nun der Kanal, der eben jetzt in seiner ganzen Länge vor uns liegt: ein niedriges und dicht gewölbtes Laubdach über uns, so gleiten wir im Boot die Straße hinauf, die nach Art einer Tute sich zuspitzend an ihrem äußersten Ausgang ein phantastisch verkleinertes und nur noch halb erkennbrres Pflanzengewirre zeigt, alles in einem wunderbaren Licht.

Endlich erreichen wir diesen Ausgang und fahren in abermaliger scharfer Biegung in einen breiten, aber überall mit Schlangenkraut überwachsenen Flußarm ein, der uns in weniger als einer Stunde nach der „Eiche", einem mitten im Spreewald gelegenen und von der Frau Schenker in gutem Ansehen erhaltenen Wirtshause führt. Inzwischen ist die Tafel gedeckt worden; der Tisch mit dem weißen Linnen steht unter einer mächtigen und prächtigen Linde, zwischen uns und dem Fluß aber wölbt sich eine hohe Laube von Pfeifenkraut, vor deren Eingange — wie Puck auf seinem Pilz — Frau Schenkers jüngste Enkelin auf einem Baumstumpf sitzt und das lachende Gesicht, unter dem roten Kopftuch halb verborgen, in Neugier auf die fremden Gäste herüberblickt.

Und nun das Mahl selber! Das wäre kein echtes Spreewalds-Mahl, wenn nicht ein Hecht auf dem Tische stünde.

Die Leber ist von einem Hecht und nicht von einer Schleie,
Der Fisch will trinken, gebt ihm was, daß er vor Durst nicht schreie!

27. Friedrich der Große im Dossebruch.

Die Dosse entspringt an der Grenze von Priegnitz und Mecklenburg und geht an Wittstock, Wusterhausen und Neustadt vorüber, in fast ununterbrochen südlicher Richtung in Rhin und Havel. Etwa bei Wusterhausen, wenn wir dem Lauf des Flusses folgen, beginnt das Dossebruch. Es hatte vordem so ziemlich denselben Sumpf-Charakter wie das Oderbruch, alles lag wüst und befand sich in einem Urzustande. Werftweiden, Elsen und anderes Gebüsch bedeckten den größten Teil der Niederung, und nur hier und da lagen Stellen über dem Wasser, die nun als Wiesen und Weide dienten. Kolonisations-Versuche wurden ziemlich früh gemacht, aber erst unter dem großen Könige kamen die Dossebruch-Arbeiten zu verhältnismäßigem Abschluß. 1778 endigten die Vorarbeiten: 15 000 Morgen Land waren gewonnen, 25 neue Dörfer und Ortschaften gegründet, 1500 Ansiedler angesetzt. Der König wollte nunmehr mit eignen Augen sehen, was hier geschaffen worden sei.

Den 23. Juli 1779 brach er zu diesem Behufe 5 Uhr morgens von Potsdam auf und ging zunächst bis Seelenhorst.

Hier trat der König in den Fehrbelliner Amtsbezirks ein, und statt des Königshorster Amtsrats erschien nunmehr der Oberamtmann Fromme neben dem Wagen des Königs, um S. M. durch das Fehrbelliner Revier hin zu geleiten. Der König fand Wohlgefallen an ihm, stellte viele Fragen und behielt ihn mehrere Stunden lang an seiner Seite.

Fromme hat in einem Schreiben an den alten Vater Gleim, der sein Onkel war, alles aufgezeichnet, was er in diesen denkwürdigen Stunden erlebt und aus dem Munde des Königs vernommen hat, und es ist nunmehr Fromme, den ich in Nachstehendem sprechen lasse.

Um 8 Uhr morgens kam Ihro Majestät auf Seelenhorst an und hatten den Herrn General Grafen von Görz im Wagen bei sich. Ihro Majestät sprachen bei der Umspannung mit den zietenschen Husaren-Offiziers, die auf den umliegenden Dörfern auf Grasung standen, und bemerkten mich nicht. Weil die Dämme zu schmal sind, konnte ich neben dem Wagen nicht reiten (Fromme ritt also vorauf oder hinterher). In Dechtow bekamen Ihro Majestät den Herrn Rittmeister v. Zieten, dem Dechtow gehört, zu sehen, und behielten ihn — der Weg war hier breiter — neben sich, bis dahin, wo die Dechtowsche Feldmark zu Ende geht. Hier wurde wieder umgespannt, und Hauptmann von Rathenow auf Karwesee, ein alter Liebling des Königs, trat an den Wagen heran:

Untertänigster Knecht, Ihro Majestät! „Wer seid Ihr?“

— Ich bin der Hauptmann von Rathenow*) aus Karwesee. — König (die Hände faltend): „Mein Gott! lieber Rathenow, lebt Er noch? ich dacht, Er wäre längst tot. Wie geht es Ihm? ist Er gesund?" — O, ja, Ihro Majestät. — „Aber, mein Gott! wie dick ist Er geworden." — Ja, Ihro Majestät, Essen und Trinken schmeckt immer noch; nur die Füße wollen nicht fort. — „Ja! das geht mir auch so. Ist Er verheiratet?" — Ja, Ihro Majestät! — „Ist Seine Frau mit unter den Damen dort?" — Ja, Ihro Majestät! —

„Laß Er sie doch herkommen!" (sogleich den Hut ab). „Ich find an Ihrem Herrn Gemahl einen guten, alten Freund." — Frau von Rathenow: Sehr viel Gnade für meinen Mann. — „Was sind Sie für eine geborene?" — Ein Fräulein von Kröcher! — „Haha! eine Tochter vom General von Kröcher!" — Ja, Ihro Majestät. — „O, den hab ich recht gut gekannt. Hat Er auch Kinder, Rathenow?" — Ja, Ihro Majestät! meine Söhne sind in Diensten, und dies sind meine Töchter! — „Na! das freut mich. Leb Er wohl, mein lieber Rathenow! leb Er wohl!" —

Nun ging der Weg auf Fehrbellin, und Förster Brand ritt als Forstbedienter mit. Als wir an einen Fleck von Sandschellen kamen, die vor Fehrbellin liegen, sagten Ihro Majestät: „Förster, warum sind die Sandschellen nicht besäet?" — Ihro Majestät, sie gehören nicht zur königlichen Forst; sie gehören mit zum Acker. Zum Teil besäen die Leute sie mit allerlei Getreide. Hier, rechter Hand, haben sie Kienäpfel gesäet! — „Wer hat die gesäet?" — Hier der Oberamtmann! — König (zu mir): „Na! sagt es meinem geheimden Rat Michaelis, daß die Sandschellen besäet werden sollen. (zum Förster): Wißt Ihr aber auch, wie Kienäpfel gesäet werden müssen?" — O, ja, Ihro

*) von Rathenow stand 1732 und die folgenden Jahre als Leutnant beim Kronprinzlichen Regimente in Neu-Ruppin und war einer aus dem näheren Umgangskreise des Prinzen. Überhaupt werden wir im Verlauf des Aufsatzes sehen, daß der König überall alte Bekanntschaften erneuert und die fast ein halbes Jahrhundert zurückliegenden Ruppiner Tage wieder lebendig werden fühlt (Anmerkung des Verf.).

Majestät! — „Na! wie werden sie gesäet? von Morgen gegen Abend, oder von Abend gegen Morgen?“ — Von Abend gegen Morgen. — „Das ist recht; aber warum?“ — Weil aus dem Abend die meisten Winde kommen. — „Das ist recht!“

Nun kamen Ihro Majestät zu Fehrbellin an, sprachen daselbst mit dem Leutnant Probst vom zietenschen Husaren-Regiment (schon sein Vater stand als Rittmeister bei den Zietenschen) und mit dem fehrbellinischen Postmeister, Hauptmann von Mosch. Als angespannt war, wurde die Reise fortgesetzt, und da Ihro Majestät gleich danach an meinen Gräben, die im fehrbellinschen Luch auf königliche Kosten gemacht sind, vorbeifuhren, so ritt ich an den Wagen und sagte: Ihro Majestät, das sind schon zwei neue Gräben, die wir durch Ihro Majestät Gnade hier erhalten haben, und die das Luch uns trocken erhalten. — „So, so? das ist mir lieb! Wer seid Ihr?“ — Ihro Majestät, ich bin der Beamte hier von Fehrbellin. — „Wie heißt Ihr?“ — Fromme. — „Ha-ha! Ihr seid ein Sohn von dem Landrat Fromme.“ — Ihro Majestät halten zu Gnaden, mein Vater ist Amtsrat im Amte Lähme gewesen. — „Amtsrat? Amtsrat? das ist nicht wahr! Euer Vater ist Landrat gewesen; ich habe ihn recht gut gekannt. Sagt mir einmal, hat Euch die Abgrabung des Luchs hier viel geholfen?“ — O, ja, Ihro Majestät! — „Haltet Ihr mehr Vieh als Euer Vorfahr?“ — Ja, Ihro Majestät! Auf diesem Vorwerk halt ich vierzig, auf allen Vorwerken siebenzig Kühe mehr! — „Das ist gut. Die Viehseuche ist doch nicht hier in der Gegend?“ — Nein, Ihro Majestät! — „Habt Ihr die Viehseuche hier gehabt?“ — Ja! — „Braucht nur fein fleißig Steinsalz, dann werdet Ihr die Viehseuche nicht wieder bekommen.“ — Ja, Ihro Majestät, das brauch ich auch; aber Küchensalz tut beinah eben die Dienste. — „Nein, das glaubt nicht! Ihr müßt das Steinsalz nicht klein stoßen, sondern es dem Vieh so hinhangen, daß es dran lecken kann.“ — Ja, es soll geschehen. — „Sind sonst hier noch Verbesserungen zu machen?“ — O, ja, Ihro Majestät. Hier liegt die Kremmensee. Wenn selbige abgegraben würde, so bekämen Ihro Majestät an achtzehnhundert Morgen Wiesenwachs, wo Kolonisten könnten angesetzt werden, und würde dadurch die ganze Gegend hier schiffbar, welches dem Städtchen Fehrbellin und der Stadt Ruppin ungemein aufhelfen würde; auch könnte vieles aus Mecklenburg zu Wasser nach Berlin kommen. — „Das glaub ich! Euch wird aber wohl bei der Sache sehr geholfen, viele dabei ruiniert, wenigstens die Gutsherren des Terrains: nicht wahr?" — Jhro Majestät halten zu Gnaden: das Terrain gehört zum königlichen Forst, und stehen nur Birken darauf. — „O, wenn weiter nichts ist, wie Birkenholz, so kann's geschehen! Allein Jhr müßt auch nicht die Rechnung ohne den Wirt machen, daß nicht die Kosten den Nutzen übersteigen." — Die Kosten werden den Nutzen gewiß nicht übersteigen; denn erstlich können Jhro Majestät sicher darauf rechnen, daß achtzehnhundert Morgen von dem See gewonnen werden; das wären sechsunddreißig Kolonisten, jeder zu fünfzig Morgen. Wird nun ein kleiner, leidlicher Zoll auf das Floßholz gelegt und auf die Schiffe, die den neuen Kanal passieren, so wird das Kapital sich gut verzinsen. — „Na! sagt es meinem geheimden Rat Michaelis! der Mann versteht's, und ich will Euch raten, daß Jhr Euch an den Mann wenden sollt in allen Stücken, und wenn Jhr wißt, wo Kolonisten anzusetzen sind. Jch verlange nicht gleich ganze Kolonien; sondern wenn's nur zwo oder drei Familien sind, so könnt Jhr's immer mit dem Mann abmachen!" — Es soll geschehen, Jhro Majestät. — „Kann ich hier nicht Wustrau liegen sehen?" — Ja, Jhro Majestät; hier rechts, das ist's. — „Jst der General zu Hause?" — Ja! — „Woher wißt Jhr das?" — Jhro Majestät, der Rittmeister von Lestocq liegt in meinem Dorf auf Grasung, und da schickten der Herr General gestern einen Brief durch den Reitknecht an ihn. Da erfuhr ich's. — „Hat der General von Zieten auch bei der Abgrabung des Luchs gewonnen?" — O, ja; die Meierei hier rechts hat er gebaut und eine Kuh-Molkerei angelegt, welches er nicht gekonnt hätte, wenn das Luch nicht abgegraben wäre. — „Das ist mir lieb! Wie heißt der Beamte zu Alten-Ruppin?" — Honig! — „Wie lang ist er da?" — Seit Trinitatis. — „Seit Trinitatis? Was ist er vorher gewesen?" — Kanonikus. — „Kanonikus? Kanonikus? Wie führt der Teufel zum Beamten den Kanonikus?" — Jhro Majestät, er ist ein junger Mensch, der Geld hat und gern die Ehre haben will, Beamter von Jhro Majestät zu sein. — „Warum ist aber der alte nicht geblieben?" — Jst gestorben. — „So hätte doch die Witwe das Amt behalten können." — Jst in Armut geraten! — „Durch Frauenswirtschaft?" — Jhro Majestät verzeihen, sie wirtschaftete gut, allein die vielen Unglücksfälle haben sie zu Grunde gerichtet; die können den besten Wirt zurücksetzen. Jch selber habe vor zwei Jahren das Viehsterben gehabt und habe keine Remission erhalten; ich kann auch nicht wieder vorwärts kommen. — „Mein Sohn, heut hab ich Schaden am linken Ohr, ich kann nicht gut hören." — Das ist schon eben ein Unglück, daß der geheimde Rat Michaelis den Schaden auch hat. (Nun blieb ich ein wenig vom Wagen zurück: ich glaubte, Jhro Majestät würden die Antwort ungnädig nehmen.) — „Na! Amtmann, vorwärts! bleibt beim Wagen, aber nehmt Euch in acht, daß Jhr nicht unglücklich seid. Sprecht nur laut, ich verstehe recht gut. (Diese mit gesperrten Lettern gedruckten Worte wiederholten Jhro Majestät wenigstens zehnmal auf der Reise.) Sagt mir mal, wie heißt das Dorf da? rechts." — Langen. — „Wem gehört's?" — Ein Drittel Jhro Majestät, unter dem Amte Alten-Ruppin; ein Drittel dem Herrn von Hagen; und dann hat der Dom zu Berlin auch Untertanen darin. — „Jhr irrt Euch, der Dom zu Magdeburg." — Jhro Majestät halten zu Gnaden, der Dom zu Berlin. — „Es ist aber nicht wahr, der Dom zu Berlin hat keine Untertanen." — Jhro Majestät halten zu Gnaden, der Dom zu Berlin hat in meinem Amtsdorfe Karvesee drei Untertanen. — „Jhr irrt Euch, das ist der Dom zu Magdeburg." — Jhro Majestät, ich müßte ein schlechter Beamter sein, wenn ich nicht wüßte, was in meinen Amtsdörfern für Obrigkeiten sind. — „Ja, dann habt Jhr Recht! Sagt mir einmal: hier rechts muß ein Gut liegen, ich kann mich nicht auf den Namen besinnen; nennt mir die Güter, die hier rechts liegen." — Buschow, Radensleben, Sommerfeld, Beetz, Karwe. — „Recht! Karwe. Wem gehört das Gut?" — Dem Herrn von Knesebeck. — „Jst er in Diensten gewesen?" — Ja! Leutnant oder Fähnrich unter der Garde. — „Unter der Garde? (an den Fingern zählend). Ihr habt recht, er ist Leutnant unter der Garde gewesen! Das freut mich sehr, daß das Gut noch in Knesebeckschen Händen ist. Na! sagt mir einmal, der Weg, so hier den Berg hinauf geht, geht nach Ruppin, und hier links ist die große Straße nach Hamburg?" — Ja, Ihro Majestät! — „Wißt Ihr, wie lang es ist, daß ich nicht bin hier gewesen?" — Nein. — „Das sind dreiundvierzig Jahre. Kann ich Ruppin liegen sehen?" — Ja, Ihro Majestät, der Turm, so hier rechts über die Tannen herübersieht, ist Ruppin! — König (mit dem Glase aus dem Wagen lehnend): „Ja, ja, das ist er, ich kennne ihn noch. Kann ich Tramnitz liegen sehen?" — Nein, Ihro Majestät. Tramnitz liegt zu weit links, dicht an Kyritz. — „Werden wir's nicht sehen, wenn wir besser hinkommen?" — Es könnte sein, bei Neustadt, aber ich zweifle. — „Das ist schade! Kann ich Bechlin liegen sehen?" — Jetzt nicht, Ihro Majestät; es liegt zu sehr im Grunde. Wer weiß, ob es Ihro Majestät gar werden sehen können? — „Na! gebt Achtung, und wenn Ihr's seht, so sagt's! Wo ist der Beamte von Alten-Ruppin?" — In Protzen beim Vorspann wird er sein! — „Können wir noch nicht Bechlin*) liegen sehen?" — Nein. — „Wem gehört's itzo?" — Einem gewissen Schönermark. — „Ist er von Adel?" — Nein! — „Wer hat's vor ihm gehabt?" — Der Feldjäger Ahrens; der hat's von seinem Vater ererbt. Das Gut ist immer in bürgerlicher Familie gewesen. — „Das weiß ich! Wie heißt das Dorf hier vor uns?" — Walchow. — „Wem gehört's?" — Ihnen, Ihro Majestät, unter dem Amte Alten-Ruppin. — „Wie heißt das Dorf hier vor uns?" — Protzen. — „Wem gehört's?" — Dem Herrn von Kleist. — „Was ist das für ein Kleist?" — Ein Sohn vom General Kleist. — „Von welchem General Kleist?" — Der Bruder von ihm ist Flügeladjutant bei Ihro

*) Bechlin liegt nur eine Viertelmeile von Ruppin und war oft der Schauplatz der ausgelassensten Späße, die zur „kronprinzlichen Zeit" beim Regiment im Schwange waren. Ein noch bevorzugterer Ort war das unmittelbar vorher genannte Tramnitz (Anmerkung des Verfassers).

Majestät gewesen und steht itzt zu Magdeburg beim kalksteinschen Regiment, als Obrist-Leutnant. — „Ha ha! von dem? die Kleiste kenn ich recht gut. Ist dieser Kleist auch in Diensten gewesen?" — Ja, Ihro Majestät; er ist Fähnrich gewesen unter dem Prinz Ferdinandschen Regiment. — „Warum hat der Mann seinen Abschied genommen?" — Das weiß ich nicht. — „Ihr könnt's mir sagen; ich suche nichts darunter. Warum hat der Mann seinen Abschied genommen?" — Ihro Majestät, ich kann's wirklich nicht sagen.

Nun waren wir an Protzen heran. Ich wurde gewahr, daß der alte General von Zieten in Protzen vor dem Edelhofe stand. Ich ritt an den Wagen heran und sagte: Ihro Majestät, der Herr General von Zieten sind auch hier. — „Wo? wo? o, reitet vor und sagt's den Leuten, sie sollen still halten; ich will aussteigen." —

Nun stiegen Ihro Majestät hier aus und freuten sich außerordentlich über die Anwesenheit des Herrn Generals von Zieten, sprachen mit ihm und dem Herrn v. Kleist über mancherlei Sachen, ob ihm die Abgrabung des Luchs geholfen, ob er die Viehseuche gehabt, und empfahl das Steinsalz gegen die Viehseuche. Mit einemmal gingen Ihro Majestät bei Seite, kamen wieder und riefen: „Amtmann! (dicht am Ohr) wer ist der dicke Mann da mit dem weißen Rock?" Ich (ebenfalls dicht am Ohr): Ihro Majestät, es ist der Landrat von Quast auf Radensleben vom ruppinischen Kreise. — „Schon gut!"

Nun gingen Ihro Majestät wieder zum General von Zieten und Herrn von Kleist und sprachen von verschiedenen Sachen. Herr von Kleist präsentierte Seiner Majestät sehr schöne Früchte. Sie bedankten sich; mit einemmal drehten Sie sich um und sagten: „Serviteur, Herr Landrat!" Als nun selbiger auf Ihro Majestät zugehen wollte, sagten Ihro Majestät: „Bleib Er nur da, ich kenn Ihn, Er ist der Landrat von Quast!"

Nun war angespannt. Ihro Majestät nahmen recht zärtlichen Abschied von dem alten General von Zieten, empfahlen sich den übrigen und fuhren fort. Ob nun wohl Ihro Majestät in Protzen die Früchte nicht annahmen, so nahmen doch Dieselben, so wie wir aus Protzen waren, ein Butterbrot für sich und für den Herrn General Grafen von Görz aus der Wagentasche und aßen während des Fahrens immer Pfirsisch. [Beim Wegfahren glaubten Ihro Majestät, ich würde zurückbleiben, und riefen aus dem Wagen: „Amtmann, kommt mit! Wo ist der Beamte von Alten-Ruppin?“ — Er wird vermutlich krank sein, sonst wär er in Protzen beim Vorspann gewesen. — „Na! sagt mir einmal, wißt Ihr wirklich nicht, warum der Kleist zu Protzen seinen Abschied genommen?“ — Nein, Ihro Majestät, ich weiß es wahrhaftig nicht. — „Wie heißt das Dorf hier vor uns?“ — Manker. — „Wem gehört's?“ — Ihnen, Ihro Majestät, unter dem Amt Alten-Ruppin. — „Hört einmal, wie seid Ihr mit der Ernte zufrieden?“ — Sehr gut, Ihro Majestät! — „Sehr gut? und mir haben sie gesagt: sehr schlecht!“ — Ihro Majestät, das Wintergetreide ist etwas erfroren; aber das Sommergetreide steht dafür so schön, daß es den Schaden beim Wintergetreide reichlich ersetzt. —

Nun sahen Ihro Majestät auf den Feldern Mandel an Mandel: „Es ist eine gute Ernte, Ihr habt Recht; es steht ja Mandel bei Mandel hier!“ — Ja, Ihro Majestät; und hier setzen die Leute noch dazu Stiege. — „Was ist das, Stiege?“ — Das sind zwanzig Garben zusammen gesetzt! — „O, es ist unstreitig eine gute Ernte. Aber sagt mir doch, warum hat der Kleist von Protzen seinen Abschied genommen?“ — Ihro Majestät, ich weiß es nicht! Mir deucht, er hat vom Vater müssen die Güter annehmen. Eine andre Ursach weiß ich nicht. — „Wie heißt das Dorf hier vor uns?“ — Garz. — „Wem gehört's?“ — Dem Kriegsrat von Quast. — „Wem gehört's?“ — Dem Kriegsrat von Quast. — „Ei, was! Ich will von keinem Kriegsrat was wissen! Wem gehört das Gut?“ — Dem Herrn von Quast. — „Na! das ist recht geantwortet.“

Nun kamen Ihro Majestät in Garz an! Die Umspannung besorgte Herr von Lüderitz aus Nakel, als erster Deputierter des ruppinischen Kreises. Dieser hatte einen Hut auf mit einer weißen Feder. Als nun die Anspannung geschehen war, ging die Reise gleich fort.

„Wem gehört das Gut hier links?“ — Dem Herrn von Lüderitz; es heißt Nakel. — „Was ist das für ein Lüderitz?“ — Ihro Majestät, der in Garz beim Vorspann war. — „Haha! der Herr mit der weißen Feder! Säet Ihr auch Weizen?“ — Ja, Ihro Majestät. — „Wie viel habt Ihr ausgesäet?“ — Drei Wispel, zwölf Scheffel. — „Wie viel hat Euer Vorfahr ausgesäet? — Vier Scheffel. — „Wie geht das zu, daß Ihr so viel mehr säet, als Euer Vorfahr?“ — Wie ich schon die Gnade gehabt, Ihro Majestät zu sagen, daß ich siebenzig Stück Kühe mehr halte, als mein Vorfahr, mithin meinen Acker besser instandsetzen und Weizen säen kann. — „Aber warum bauet Ihr keinen Hanf?“ — Er gerät hier nicht. In kaltem Klima gerät er besser. Unsere Seiler können den russischen Hanf in Lübeck wohlfeiler kaufen und besser, als ich ihn bauen kann. — „Was säet Ihr denn dahin, wo Ihr sonst Hanf hinsäet?“ — Weizen! — „Warum bauet Ihr aber kein Färbekraut, keinen Krapp?“ — Er will nicht fort; der Boden ist nicht gut genug. — „Das sagt Ihr nur so; Ihr hättet sollen die Probe machen.“ — Das hab ich getan; allein sie ist mir fehlgeschlagen, und als Beamter kann ich viel Proben nicht machen; denn wenn sie fehlschlagen, muß doch die Pacht bezahlt sein. — „Was säet Ihr denn dahin, wo Ihr würdet Färbekraut hinbringen?“ — Weizen. — „Na! so bleibt beim Weizen! Eure Untertanen müssen recht gut imstande sein?“ — Ja, Ihro Majestät! Ich kann aus dem Hypothekenbuche beweisen, daß sie an funfzigtausend Taler Kapital haben. — „Das ist gut!“ — Vor drei Jahren starb ein Bauer, der hatte elftausend Taler in der Bank. — „Wie viel?“ — Elftausend Taler. — „So müßt Ihr sie auch immer erhalten!“ — Ja! es ist recht gut, Ihro Majestät, daß der Untertan Geld hat; aber er wird auch übermütig, wie die hiesigen Untertanen, welche mich schon siebenmal bei Ihro Majestät verklagt haben, um vom Hofedienst frei zu sein. — „Sie werden auch wohl Ursach dazu gehabt haben.“ — Sie werden gnädigst verzeihen: es ist eine Untersuchung gewesen und ist befunden, daß ich die Untertanen nicht gedrückt, sondern immer Recht gehabt und sie nur zu ihrer Schuldigkeit angehalten habe; dennoch bleibt die Sache, wie sie ist: die Bauern werden nicht bestraft; Ihro Majestät geben den Untertanen immer Recht, und der arme Beamte muß Unrecht haben! — „Ja! daß Ihr Recht bekommt, mein Sohn, das glaub ich wohl: Ihr werdet Euerm Departementsrat brav viel Butter, Kapaunen und Puters schicken." — Nein, Ihro Majestät, das kann man nicht; das Getreide gilt nichts. Wenn man für andre Sachen nicht einen Groschen Geld einnähme, wovon sollte man die Pacht bezahlen? — „Wohin verkauft Ihr Eure Butter, Kapaunen und Puters?" — Nach Berlin. — „Warum nicht nach Ruppin?" — Die mehrsten Bürger halten Kühe, so viel als sie zu ihrem Aufwand brauchen. Der Soldat ißt alte Butter; der kann die frische nicht bezahlen. — „Was bekommt Ihr für die Butter in Berlin?" — Vier Groschen für das Pfund. Der ruppinische Soldat aber kauft die alte Butter für zwei das Pfund. — „Aber Eure Kapaunen und Puter könnt Ihr doch nach Ruppin bringen?" — Beim ganzen Regiment sind nur vier Stabsoffiziere, die gebrauchen nicht viel; und die Bürger leben nicht delikat; die danken Gott, wenn sie Schweinefleisch haben. — „Ja, da habt Ihr Recht, die Berliner essen gern was Delikates. Na! macht mit den Untertanen, was Ihr wollt; nur drückt sie nicht!" — Ihro Majestät, das wird mir nicht einfallen und keinem rechtschaffnen Beamten. — „Sagt mir einmal, wo liegt hier Stöllen?" — Stöllen können Ihro Majestät nicht sehen. Die großen Berge dort links sind die Berge bei Stöllen, auf welchen Ihro Majestät alle Kolonien übersehen können. — „So? das ist gut! dann reitet mit bis dahin!"

Nun kamen Ihro Majestät an eine Menge Bauern, die Roggen mäheten, zwei Glieder machten, die Sensen strichen und Ihro Majestät so durchfahren ließen.

„Was, Teufel, wollen die Leute? die wollen wohl gar Geld von mir haben?" — O, nein, Ihro Majestät! Sie sind voll Freuden, daß Sie so gnädig sind und die hiesige Gegend bereisen. — „Ich werd ihnen auch nichts geben. Wie heißt das Dorf hier vorn?" — Barsikow. — „Wem gehört's?" — Dem Herrn von Mütschefall. — „Was ist das für ein Mütschefall?" —

Er ist Major gewesen unter dem Regiment, das Ihro Majestät als Kronprinz gehabt haben. — „Mein Gott! lebt er noch?“ — Nein; er ist tot, die Tochter hat das Gut.

Nun kamen wir ins Dorf Barsikow, wo der Edelhof eingefallen ist. „Hört! ist das der Edelhof?“ — Ja! — „Das sieht ja elend aus! Hört einmal: den Leuten geht's hier wohl nicht gut?“ — Recht schlecht, Ihro Majestät! es ist die größte Armut. — „Das ist mir leid! Sagt mir doch, es wohnte hier vor diesem ein Landrat. Er hatte viele Kinder: könnt Ihr Euch nicht auf ihn besinnen?“ — Es wird der Landrat von Jürgaß zu Gantzer gewesen sein. — „Ja, ja; der ist's gewesen. Ist er schon tot?“ — Ja, Ihro Majestät. Er ist 1771 gestorben, und es war was Besondres damit: in vierzehn Tagen starb er, seine Frau, die Fräulein und vier Söhne. Die andern vier Söhne mußten dieselbe Krankheit ausstehen, die wie ein hitzig Fieber war, und obwol die Söhne, weil sie in Diensten waren, in verschiedenen Garnisonen standen und kein Bruder zum andern kam, so bekamen sie alle viere doch dieselbe Krankheit und kamen nur soeben mit dem Leben davon. — „Das ist ein verzweifelter Umstand gewesen! Wo sind die noch lebenden vier Söhne?“ — Einer unter Zieten-Husaren, einer unter den Gensdarmes, einer ist unter dem Prinz Ferdinandschen Regiment gewesen und wohnt auf dem Gute Dessow. Der vierte ist der Schwiegersohn vom Herrn General von Zieten. Er war Leutnant beim zietenschen Regiment; Ihro Majestät haben ihm aber in diesem letzten Kriege wegen seiner Kränklichkeit den Abschied gegeben; nun wohnt er in Gantzer. — „So! . . Macht Ihr sonst noch Proben mit ausländischem Getreide?“ — O, ja! dieses Jahr habe ich spanische Gerste gesäet, allein sie will nicht recht einschlagen; ich gehe wieder ab. Aber den holsteinischen Staudenroggen find ich gut! — „Was ist das für Roggen?“ — Er wächst im Holsteinischen in der Niederung. Unterm zehnten Korn hab ich ihn noch nie gehabt! — „Nu, nu! nicht gleich das zehnte Korn!“ — Das ist nicht viel! Belieben Ihro Majestät den Herrn General von Görz zu fragen, die werden Ihnen sagen, daß dies im Holsteinischen nicht viel ist. —

Nun sprachen sie in dem Wagen eine Weile von dem Roggen. Mit einemmale riefen Ihro Majestät aus dem Wagen: „Na! so bleibt bei dem holsteinischen Staudenroggen und gebt den Untertanen auch welchen!" — Ja, Ihro Majestät! — „Aber macht mir einmal eine Idee: wie hat das Luch ausgesehen, ehe es abgegraben war?" — Es waren lauter hohe Hüllen, dazwischen setzte sich das Wasser. Bei den trockensten Jahren konnten wir das Heu nicht herausfahren, sondern wir mußten's in großen Mieten setzen. Im Winter nur, wenn's scharf gefroren hatte, konnten wir's herausfahren. Nun aber haben wir die Hüllen herausgehauen, und die Gräben, die Ihro Majestät machen lassen, ziehen das Wasser ab. Nun ist das Luch so trocken, wie Ihro Majestät sehen, und wir können unser Heu herausfahren, wann wir wollen. — „Das ist gut! halten Eure Untertanen auch mehr Vieh, wie sonst?" — Ja! — „Wieviel wohl mehr?" — Mancher eine Kuh, mancher zwo, nachdem es sein Vermögen verstattet. — „Aber wie viel halten sie wohl sämtlich mehr? ohngefähr nur!" — Bis einhundert und zwanzig Stück! —

Nun mußten Ihro Majestät wohl den Herrn General von Görz gefragt haben, woher ich ihn kennte, weil ich wegen des holsteinischen Roggens zu Ihro Majestät sagte, Sie möchten nur den General nach dem Roggen fragen; und hat der Herr General vermutlich, der Wahrheit gemäß, geantwortet, daß er mich im Holsteinischen kennen gelernt, und daß ich daselbst Pferde gekauft hätte, auch in Potsdam mit Pferden gewesen wäre. Mit einemmale sagten Ihro Majestät:

„Hört! ich weiß, Ihr seid ein Liebhaber von Pferden. Geht aber ab davon und zieht Euch Kühe dafür; Ihr werdet Eure Rechnung besser dabei finden." — Ihro Majestät, ich handle nicht mehr mit Pferden. Ich ziehe mir nur etliche Füllen alle Jahr. — „Zieht Euch Kälber dafür, das ist besser!" — O, Ihro Majestät, wenn man sich Mühe gibt, ist kein Schade bei der Pferdezucht. Ich kenne jemand, welcher vor zwei Jahren tausend Taler für einen Hengst von seinem Zuwachs bekam. — „Der ist ein Narr gewesen, der sie gegeben hat!" — Ihro Majestät, es war ein mecklenburgischer Edelmann. — „Es ist aber doch ein Narr gewesen.“ —

Nun kamen wir auf das Territorium des Amts Neustadt, wo der Amtsrat Klausius, der das Amt in Pacht hat, auf der Grenze hielt und Jhro Majestät vorbeireisen ließ. Weil mir aber das Sprechen schon sehr sauer wurde, Jhro Majestät immer nach den Dörfern fragte, so hier in Menge sind, und ich immer den Gutsbesitzer mit nennen und sagen mußte, welche von ihnen Söhne im Königlichen Dienst hätten, so holt ich den Herrn Amtsrat Klausius an den Wagen heran und sagte: Jhro Majestät, das ist der Amtsrat Klausius vom Amt Neustadt, unter dessen Jurisdiktion die Kolonien stehen. — „So, so! das ist mir lieb! Laßt ihn herkommen! — Wie heißt Jhr?“ Amtsrat: Klausius!

Von hier an sprach der König meist mit dem Amtsrat Klausius. Herr Amtsrat Klausius brachte Jhro Majestät bis nach Rathenow, wo Sie im Posthause logiert haben. In Rathenow sind Jhro Majestät über Tafel ungemein vergnügt gewesen, haben mit dem Herrn Obristleutnant von Backhoff von den Karabiniers gespeist, und haben der Herr Obristleutnant von Backhoff selbst erzählt, daß Jhro Majestät gesagt hätten:

„Mein lieber Backhoff! ist Er lange nicht in der Gegend von Fehrbellin gewesen, so reise er hin! Die Gegend hat sich ungemein verbessert. Jch hab in langer Zeit mit solch einem Vergnügen nicht gereist. Jch nahm die Reise mir vor, weil ich keine Revüe hatte, und es hat mir so sehr gefallen, daß ich gewiß wieder künftig solch eine Reise vornehmen werde! — Hör Er mal: wie ist es ihm gegangen im letzten Kriege? Vermutlich schlecht! Jhr habt in Sachsen auch nichts ausgerichtet. . . . Jch hätte können was ausrichten; allein ich hätte mehr als die Hälfte meiner Armee aufgeopfert und unschuldig Menschenblut vergossen. Aber dann wär ich wert gewesen, daß man mich vor die Fähndel-Wache gelegt und mir einen öffentlichen Produkt gegeben hätte. Die Kriege werden fürchterlich zu führen.“ —

Nachher haben Jhro Majestät gesagt:

„Von der Schlacht bei Fehrbellin bin ich so orientiert, als wenn ich selbst dabei gewesen wäre. Als ich noch Kronprinz war und in Ruppin stand, da war ein alter Bürger, der Mann war schon sehr alt, der wußte die ganze Bataille zu beschreiben und kannte den Wahlplatz sehr gut! Einmal setzt ich mich in den Wagen, nahm meinen alten Bürger mit, welcher dann mir alles zeigte, so genau, daß ich sehr zufrieden war mit ihm. Als ich nun wieder nach Hause reiste, dachte ich: du mußt doch deinen Spaß mit dem Alten haben! Da fragte ich ihn: Vater, wißt Ihr denn nicht, warum die beiden Herren sich miteinander gestritten haben? — O, jo, Ihro Königliche Hoheiten, dat will ick se wohl seggen. Als unse Korförst is jung west, het he in Utrecht studeert, und doa is de König von Schweden as Prinz ok west. Doa hebben nu de beede Herrn sich vertörnt und hebben sich bi de Hoar kricht. Und dat is nu de Pike davon!" Ihro Majestät haben wirklich so plattdeutsch gesprochen.

Weiter kann ich von der Reise keine Beschreibung machen; denn Ihro Majestät haben zwar noch viel gesagt und gefraget, es würd aber wohl schwer sein, es alles zu Papier zu bringen.

28. Paretz.

Von Ütz nach Paretz ist noch eine gute halbe Meile. An einem Sommernachmittag ein entzückender Spaziergang. Der Weg führt durch Wiesen rechts und links; der Heuduft dringt von den Feldern herüber, und vor uns ein dünner, sonnendurchleuchteter Nebel zeigt die Stelle, wo die breite, buchten- und seenreiche Havel fließt. Paretz selbst verbirgt sich bis zuletzt. Nun endlich wird der Weg ein aufgeschütteter Damm, an die Stelle der Obstbäume, die uns bisher begleiteten, treten hohe Pappeln, überall die spalierbildende Garde königlicher Schlösser, und alsbald über eine zierliche Brücke hinweg, die den Namen Infantenbrücke trägt, beschreiten wir die Dorfstraße. Diese führt mitten durch den Park, macht eine Biegung, verbreitert sich, und — wir sind am Ziel: links das Schloß, ein langgestreckter, schmuckloser Parterre-Bau mit aufgesetztem niedrigen Stock, rechts eine Gruppe alter Eichen und ihnen zur Seite die gotische Kirche des Dorfes.

Es ist um die fünfte Stunde. Eine Schwüle liegt in

der Luft; selbst das Pappellaub, das immer plaudert, ist still; das Schloß blickt uns an, wie verwunschen; seine Läden sind geschlossen. Nur der Vorgarten, mit kleinen gezirkelten Beeten, hier mit Aurikeln, dort mit Reseda eingefaßt, liegt offen da. Wir treten ein. Der seltene Besuch hat Neugierige herbeigelockt, der Schloßdiener kommt, zuletzt er, der diesen stillen Platz zu hüten hat, der Hofgärtner. Er begrüßt uns. Erhitzt vom Marsch, sprechen wir den Wunsch aus, uns erst wieder frisch machen zu dürfen, ehe wir in die dumpfe Kühle des Schlosses eintreten. So nehmen wir denn Platz auf einer Sommerbank und plaudern.

Paretz ist alt-wendisch. Die Nachrichten sind sehr lückenhaft. Es gehörte ursprünglich zur Kirche von Ketzin, kam dann in den Besitz der Arnims und Dirikes, welch letztere es 1658 an die Familie Blumenthal veräußerten. Die Blumenthals, später freiherrlich und gräflich, saßen hier in drei Generationen, bis Obristleutnant Hans August von Blumenthal es 1795 an den damaligen Kronprinzen, spätern König Friedrich Wilhelm III., verkaufte. Es entsprach ganz den gestellten Bedingungen und Wünschen.

Diese Wünsche gingen vor allem auf Stille, Abgeschiedenheit. Sehr bald nach seiner Vermählung hatte sich der Kronprinz Schloß Oranienburg zum Aufenthalt auserseheh, dessen landwirtschaftlicher Charakter, beiläufig bemerkt, eine große Verwandtschaft mit dem von Paretz zeigt. Aber das Schloß daselbst — damals noch viel von der Pracht aufweisend, die ihm Kurfürst Friedrich III. gegeben hatte — war ihm viel zu groß und glänzend, und so kam ihm die Nachricht überaus erwünscht, daß das stille Paretz, das er zufällig aus seinen Kindertagen her kannte (Obristleutnant v. Blumenthal war damals Prinzen-Gouverneur gewesen), zu verkaufen sei. Das Geschäftliche wurde schnell erledigt, und unter des Hofmarschalls v. Massow Aufsicht begann der Abbruch des alten Wohnhauses und der Ausbau des neuen Schlosses. Dieser erfolgte, nach einem Plane des Oberbaurats Gilly, in ländlichem Stile. „Nur immer denken, daß Sie für einen armen Gutsherrn bauen!" sagte der Kronprinz, dem im übrigen die Vollendung des Baues sehr am Herzen lag. Alles wurde denn auch dergestalt beschleunigt, daß der neue Gutsherr mit seiner Gemahlin schon im Jahre 1796 einige Tage in Paretz zubringen konnte. Um dieselbe Zeit waren Parkanlagen in Angriff genommen worden, und zwar durch den neu angestellten Hofgärtner, der seine Aufgabe mit ziemlichem Geschick löste und, Natur und Kunst vereinend, in den durch drei Landstraßen umschlossenen Parkanlagen eine bescheidene Nachahmung der Gärten von Klein-Trianon versuchte.

Seit 1797 war der Kronprinz König. In diesem also umgeschaffenen Paretz, das bei Freunden und Eingeweihten alsbald den schönen Namen „Schloß Still-im-Land" empfing, erblühten dem Königspaare Tage glücklichsten Familienlebens. Die Familie und die Stille waren der Zauber von Paretz.

Diesen Zauber empfand die Königin, die wir gewohnt sind uns neben dem einsilbigen Gemahl als das gesprächigere, den Zerstreuungen zugeneigtere Element zu denken, fast noch lebhafter als dieser. Sie selbst äußerte sich darüber: „Ich muß den Saiten meines Gemüts jeden Tag einige Stunden Ruhe gönnen, um sie gleichsam wieder aufzuziehen, damit sie den rechten Ton und Anklang behalten. Am besten gelingt mir dies in der Einsamkeit; aber nicht im Zimmer, sondern in den stillen Schatten der Natur. Unterlaß ich das, so fühle ich mich verstimmt. O, welch ein Segen liegt doch im abgeschlossenen Umgange mit uns selbst!"

Zu diesem Umgange mit sich selbst war nun Schloß Still-im-Land der geeignetste Platz, keine Straße führte vorüber, die Ruhe, wenn man sie haben wollte, war beinahe unbedingt; aber man ließ sie gern durch die Heiterkeit des Dorfes unterbrechen.

So wurde das Erntefest von Seiten des Hofes alljährlich mitgefeiert. Wir finden darüber folgende Aufzeichnungen: „Das Fest begann am frühen Nachmittag. Sobald die Herrschaften sich von der Tafel erhoben hatten, setzten sich die festlich angetanen Schnitter und Schnitterinnen vom Amte aus in Bewegung.

Geschart um ihr Feldbanner, den reichbebänderten Kranz von Ähren und Blumen, marschierten sie nach dem Takte der Dorfmusik aufs Schloß. Dort auf dem freien Platze hielt der Zug und stellte sich im Halbkreis auf. Der königliche Gutsherr trat heraus, hörte die an ihn gerichtete Rede der Großmagd an und schickte die Sprecherin sodann mit der Erntekrone hinein ins Schloß. Nun zeigte sich auch die Königin, und mit dem Erscheinen der „gnädigen Frau von Paretz" begann der Tanz. Das königliche Paar mischte sich in die Reihen der Landleute, die Herren und Damen folgten, und sogar die Frau Oberhofmeisterin Frau v. Voß konnte nicht umhin, auf diesem bal champetre mitzuwirken.

Den ersten Tanz spielten die Dorfmusikanten, den zweiten die Garde-Hoboisten aus Potsdam; Bursche und Mädchen tanzten sich außer Atem; dann gliederte sich der Zug von neuem und bewegte sich dahin zurück, von wo er gekommen war — nach dem Amte. Im Dorfe mittlerweile wimmelte es von Käufern und Verkäufern; innerhalb der eigentlichen Straße zog sich noch eine Budenstraße, und inmitten dieses Gedränges, Einkäufe und Geschenke machend, gewahrte man die hohen Gestalten des königlichen Paares.

Diese Erntefeste, die bald einen Ruf gewannen, machten das stille Paretz zu einem Wallfahrtsort für nah und fern. Jeder Besucher hatte Zutritt, König und Königin ließen sich die Fremden vorstellen, äußerten ihre Freude über zahlreichen Zuspruch und baten, übers Jahr wieder unter den Gästen zu sein."

Im Sommer 1805 hielten sich der König und die Königin länger in Paretz auf als gewöhnlich. Wie in einem Vorgefühl kommender Stürme genossen sie das Glück, das dieser stille Hafen bot, noch einmal in vollen Zügen. Man blieb bis zum 15. Oktober, dem Geburtstage des nunmehr zehnjährigen Kronprinzen. Er empfing, nach der Sitte des königlichen Hauses, den Degen und die Offiziers-Uniform und trat in die Armee. Die Königin sprach ermahnende Worte. Dann schied sie von ihrem lieben Paretz, das sie nur noch einmal auf wenige Stunden wiedersehen sollte.

Im Spätsommer des nächsten Jahres, 1806, standen bereits die großen Wetter über Thron und Land; am 14. Oktober wurde das alte Preußen begraben; der folgende Tag war der Geburtstag des Kronprinzen — keinen unglücklicheren hat er erlebt. Der Hof ging nach Königsberg; erst im Jahre 1809 kehrte das durch Jahre der Prüfung gegangene Königspaar nach Berlin zurück.

Der Winter verging, der schöne Frühling des Jahres 1810 kam; die Königin empfand eine tiefe Sehnsucht, ihr geliebtes Paretz wiederzusehen. Wir finden darüber Folgendes: „Am 20. Mai fuhr sie allein mit ihrem Gemahl dorthin — es sollte nach Gottes Ratschluß das letztemal sein! Erinnerungsvoll begrüßten sie die alten, traulichen Stätten, die sie so oft in glücklichen Tagen mit Freud und Wonne gesehen; nicht trennen konnte und wollte sie sich von jener Anhöhe im Park, die das Rohrhaus trägt, und die an jenem Tage eine weite Fernsicht über den mit schwellenden Segeln und zahllosen Schwänen belebten Havelstrom mit seinen Buchten und Seen, sowie auf die im schönsten Maiengrün prangenden Wiesen und Äcker bot. Zu ihren Füßen lag das friedsame Paretz, im Grün der Bäume halb versteckt die Kirche. Die Sonne neigte sich; tiefer und länger dehnten sich die Schatten über die Landschaft und mahnten zum Aufbruch. Aber die Königin wollte so lange als möglich an diesem ihrem Lieblingsorte verbleiben; sie wartete bis zum Niedergang der Sonne und sprach dann vor sich hin:

„Die Sonne eines Tages geht dahin:
Wer weiß,
Wie bald die Sonne unsres Lebens scheidet!"

Auf den Wunsch der Königin, den Wagen nicht an dem entfernter liegenden Schlosse, sondern hier an der Landstraße besteigen zu dürfen, wodurch der Aufenthalt verlängert wurde, war das Gefährt beim Rohrhause angelangt. Die Königin schritt am Arm ihres Gemahls den kurzen Gang zu Füßen der Anhöhe hinab durch die Parktür nach der Landstraße." Das war am 20. Mai. Am 19. Juli starb sie.

Unvergeßlich blieb dem Könige die Stätte, unvergeßlich das

Wort, das sie hier gesprochen. Er besuchte oft diese Stelle, doch stets allein, ohne jede Begleitung. Zum Andenken ließ er hier, wo sie den Park verlassen und den Wagen bestiegen, wo ihr Fuß zum letztenmal die Erde von Paretz berührt hatte, eine gußeiserne gotische Pforte aufstellen.

Diese Pforte, wie es für solchen Platz sich ziemt, entzieht sich fast dem Auge. Abgelegen an sich, an dunkelster Stelle des Parks, birgt sich das Gittertor in dichtem Akaziengebüsch; nur der Spitzbogen ragt in die Helle auf und trägt ein L und die Inschrift: „den 20. Mai 1810.“

Georg Forster (1754—1794).

29. Matrosenleben.

Kaum hat die Schiffsglocke geläutet oder viermal angeschlagen, so ertönt des Bootsmanns Pfeife durch den Matrosenraum, und seine heisere Stimme ruft die Wache hinauf, um ihre Kameraden abzulösen. Beim zweiten Ruf muß alles auf den Beinen sein und auf dem Verdeck, auf dem Vorderkastell und am Steuerruder ein jeder seinen angewiesenen Posten einnehmen. Der Ungestüm zweier Elemente, die fast in unaufhörlicher Bewegung sind, dringt mit vereinten Kräften auf sie ein. Um sich warm zu erhalten, laufen sie beständig auf und ab, bis irgend ein Vorfall sie zur Arbeit ruft. Ändert der Wind seine Richtung, so werden die Segel nur anders gestellt; steigt aber seine Heftigkeit, so müssen sie teils eingerefft*), teils völlig eingezogen werden.

*) Ein Segel einreffen heißt einen Teil desselben über die Raa oder Segelstange wickeln und festbinden, damit es kleiner werde. Während dieser Arbeit wird die Raa herabgelassen, und sobald eingerefft ist, zieht man sie wieder auf, und sie hängt alsdann nicht so hoch als zuvor am Maste. (Anmerkung des Verfassers.)

Der Anblick dieser gefährlichen Verrichtung ist schauderhaft, wenigstens für jeden, der nicht gewohnt ist, Menschen ihr Leben auf das Spiel setzen zu sehen. Sobald die untersten Zipfel des Segels vom Verdeck aus gelöst und aufgezogen werden, brausen die Winde darein und schlagen es an Stange und Mast, daß das ganze Schiff davon erbebt. Mit bewunderungswürdiger Behendigkeit und nicht geringem Mute klettern die Matrosen sogleich bis zur zweiten oder dritten Verlängerung der Maste hinan. Dort hängen in starken Tauen die Segelstangen oder Raaen quer über das Schiff; an ihren beiden Enden und in der Mitte befestigt, hängt ein schlotterndes Seil, welches den Füßen des verwegenen Seemanns zum Ruhepunkte dient. Auf diesem Seil gehen sechs bis acht Matrosen hurtig und mit sicherem Tritt zu beiden Seiten bis an die äußersten Enden der Raae hinaus, trotz dem Winde, der das flatternde Segel gewaltsam hin und herschleudert und das Seil unter ihren Füßen erschüttert, trotz der schwankenden Bewegung des Schiffs, welche in jener Höhe ohne Vergleich stärker gefühlt wird, als auf dem Verdecke. Jetzt scheint er ins Meer hinabgeschleudert zu werden, jetzt wieder die Sterne zu berühren. Doch ohne sich diese gewaltsamen Bewegungen anfechten zu lassen, biegt er sich über die Segelstange, entreißt dem Winde das Segel, rollt es zusammen, bindet es fest und vollendet diese gefahrvolle Arbeit mit seinen Gehilfen in wenig Minuten. Seine einzige Sorge bei diesem, wie bei jedem andern Geschäfte, ist dahin gerichtet, daß es ihm keiner an Geschicklichkeit und Mut zuvortun möge; denn dieser rühmliche Wetteifer liegt tief in seiner Seele und ist die Folge eines gewissen gemeinschaftlichen Gefühls, welches diesem Stande eigen ist. Ihm muß es übrigens gleich gelten, ob die Sonne ihm dazu leuchte, oder ob er sich in der tiefsten Finsternis der Nacht bloß auf das Tasten seiner harten Hände verlassen darf. Selbst wenn der Sturm ein Segel zerrissen hat und mit den Stücken alles zerpeitscht, scheut kein Matrose die Gefahr, von einem solchen Schlag getroffen zu werden, und rettet, was zu retten ist. Wenn in der Nähe Land vermutet wird, sitzt er mehrere Stunden lang unbeweglich am höchsten Gipfel der Marsstenge und blickt aus dieser einsamen, schwindelig machenden Höhe wachsam umher. Er lächelt, wenn unerfahrene Landleute oder junge Anfänger jeden heftigen Wind einen Sturm nennen und ist ungern freigebig mit diesem Namen, so lange das Schiff noch mehr als die unteren großen Segel führt.

In offener See hat selbst ein Sturm nichts Schreckliches für ihn; was kann ihm schaden, sobald alle Segel eingezogen und das Schiff, mit dem Schnabel gegen den Wind beigelegt, mit fest gebundenem Ruder dem Drange der Wellen folgt? oder wenn man es, sicher, daß kein Land in der Nähe sei, mit wenigen Segeln schnell vor dem Sturm hinfliehen läßt? Dies wird in der Voraussetzung gesagt, daß das Schiff dauerhaft gebaut sei und gut auf dem Wasser schwimme. Nur alsdann wird der Sturm in der Tat furchtbar, wenn er das Schiff auf eine Küste führt, wo kein Hafen dem Seefahrer Sicherheit verspricht und die einzige Hoffnung, dem Schiffbruch zu entgehen, auf der Stärke der Segel beruht. Diese Gefahr trifft ihn indes nur selten; Anstrengung und Unannehmlichkeiten hingegen sind sein tägliches Los.

Der Posten am Steuerruder ist einer der beschwerlichsten; keiner hält es länger als eine Stunde dabei aus, und wenn die See in hohen Wogen geht oder der Wind heftig stürmt, müssen zwei Personen zugleich das Rad regieren, welches sonst für die Kräfte des einzelnen Mannes leicht zu mächtig wird und ihn zuweilen so mit sich fortreißt, daß er in Lebensgefahr ist. Wenn das Schiff nahe am Winde geht und die See etwas ungestüm ist, so schlagen die Wellen oft hinein und zwar hauptsächlich da, wo die Wache sich aufhält, die zuletzt, bis auf die Haut durchnäßt, sich lachend über ihr Unglück tröstet.

Christian Fürchtegott Gellert (1715—1769).

30. Gellert bei Friedrich dem Großen.

Den 18. Dezember 1760 saß der Herr Professor Gellert nachmittags um drei Uhr in seinem Schlafrocke, mit einer weißen Mütze, unbarbiert und gar nicht wohlauf, an seinem Pulte, und jemand pochte an seine Türe. — Herein! — „Ich bin der Major Quintus Icilius und freue mich, Sie kennen zu lernen. Seine Majestät der König verlangen Sie zu sprechen und haben mich hergeschickt, Sie zu ihm zu bringen." — Herr Major, Sie müssen mir's ansehen, daß ich krank bin, es wird dem Könige mit einem kranken Manne, der nicht reden kann, nicht viel gedient sein. — „Es ist wahr, Sie sehen nicht wohl aus, ich werde Sie auch nicht nötigen, heute mitzugehen; aber das muß ich Ihnen sagen, wenn Sie sich mit dieser Ausflucht ganz von dem Gange loszumachen gedenken, so irren Sie sich; ich muß morgen wiederkommen, und wenn Sie da nicht besser sind, übermorgen, und das so fort, bis Sie mitgehen können. Entschließen Sie sich also. Um vier Uhr will ich wieder anfragen!" — Ja, das tun Sie, Herr Major, ich will sehen, wie ich mich alsdann befinde. — Nun ist also der Major fort, und der Herr Professor schafft sich mit großen Umständen einen Barbier und eine Perücke und ist um vier Uhr fertig. Quintus Icilius kommt, und sie gehen. In dem Vorzimmer finden sich etliche Personen. Jezt gehet die Tür zu Seiner Majestät Zimmer auf. Sie treten ein und bleiben mit dem Könige die ganze Zeit über — ein und dreiviertel Stunden — alleine.

Der König: „Ist Er der Professor Gellert?" — Gellert: Ja, Ihro Majestät. — „Der englische Gesandte hat mir viel Gutes von Ihm gesagt. Wo ist Er her?" — Von Hainichen bei Freiberg. — „Hat Er nicht noch einen Bruder in Freiberg?" — Ja, Ihro Majestät. — „Sage Er mir, warum wir keinen guten deutschen Schriftsteller haben!" — Der Major: Ihro Majestät sehen hier einen vor sich, den die Franzosen selbst übersetzt haben und den deutschen Lafontaine nennen. — „Das ist viel. Warum haben wir nicht mehr gute deutsche Autoren?" — Jhro Majestät sind einmal gegen die deutschen eingenommen. — „Nein, das kann ich nicht sagen." — Wenigstens gegen die deutschen Schriftsteller. — „Das ist wahr. Warum haben wir keine guten Geschichtschreiber?" — Es fehlt uns daran auch nicht. Wir haben einen Mascov, einen Kramer, der den Bossuet fortgesetzt hat. — „Wie ist das möglich, daß ein Deutscher den Bossuet fortgesetzt hat?" — Ja, ja, und glücklich. Einer von Jhro Majestät gelehrtesten Professoren hat gesagt, daß er ihn mit eben der Beredsamkeit und mit mehrerer historischer Richtigkeit fortgesetzt habe. — „Hat's der Mann auch verstanden?" — Die Welt glaubt's. — „Aber warum macht sich keiner an den Tacitus? Den sollte man übersetzen." — Tacitus ist schwer zu übersetzen, und wir haben auch schlechte französische Übersetzungen von ihm. — „Da hat Er Recht. Aber warum nötigen uns die Deutschen nicht durch solche gute Bücher wie die Franzosen, daß wir sie lesen müssen?" — Es lassen sich verschiedene Ursachen angeben, warum die Deutschen noch nicht in aller Art guter Schriften sich hervorgetan haben. Da die Künste und Wissenschaften bei den Griechen blüheten, führten die Römer noch Kriege. Vielleicht ist jetzt das kriegerische Säculum der Deutschen; vielleicht hat es ihnen auch noch an Augusten und Louis XIV gefehlt. — „Sachsen hat je zween Auguste gehabt." — Wir haben auch einen guten Anfang in der schönen Literatur gemacht. — „Will Er denn einen August in ganz Deutschland haben?" — Nicht eben das; ich wünsche nur, daß ein jeder Herr in seinem Lande die guten Genies ermunterte. — „Ist Er gar nicht aus Sachsen weggekommen?" — Ich bin einmal in Berlin gewesen. — „Er sollte reisen." — Jhro Majestät, dazu fehlen mir Gesundheit und Vermögen. — „Ja, das ist wahr, daran fehlt's immer den Gelehrten in Deutschland. Es sind wohl itzt böse Zeiten?" — Ich wünsche ruhigere Zeiten, und wenn ich der König von Preußen wäre, so hätten die Deutschen Friede. — „So? steht dies bei mir? Drei wider einen!" — Ich wiederhole es noch einmal, Sire, wollte Gott, Sie gäben uns den Frieden! — „Hat Er's denn nicht gehört? Es sind ja drei wider mich!" —

Ich bekümmere mich mehr um die alte als neue Geschichte. — „Was meint Er? Welcher ist schöner in der Epopöe, Homer oder Virgil?" — Homer scheint wohl den Vorzug zu verdienen, weil er das Original ist. — „Aber Virgil ist viel polierter." — Wir sind zu weit vom Homer entfernt, als daß wir von seiner Sprache und Sitten richtig genug sollten urteilen können. Ich traue darin dem Quintilian, welcher Homer den Vorzug gibt. — „Man muß aber nicht ein Sklave von den Urteilen der Alten sein." — Das bin ich nicht; ich folge ihnen nur alsdann, wenn ich wegen der Entfernung selbst nicht urteilen kann. — Major: Er hat auch deutsche Briefe herausgegeben. Der König: „So? Hat Er denn auch wider den stylum curiä (Kanzleistil) geschrieben?" — Ach ja, Ihro Majestät. — „Aber warum wird das nicht anders? Es ist was Verteufeltes. Sie bringen mir ganze Bogen, und ich verstehe nichts davon." — Wenn es Ihro Majestät nicht ändern können, so kann ich's noch weniger. Ich kann nur raten, wo Sie befehlen. — „Kann Er keine von seinen Fabeln auswendig?" — Ich zweifle. Mein Gedächtnis ist mir sehr untreu. — „Besinne Er sich doch, Herr Professor, ich will etlichemal in der Stube auf- und niedergehen. — — — Nun, hat Er eine?" — Ja, Ihro Majestät, den Maler:

Ein kluger Maler in Athen,
Der minder, weil man ihn bezahlte,
Als weil er Ehre suchte, malte,
Ließ einen Kenner einst den Mars im Bilde sehn
Und bat sich seine Meinung aus.
Der Kenner sagt' ihm frei heraus,
Daß ihm das Bild nicht ganz gefallen wollte,
Und daß es, um recht schön zu sein,
Weit minder Kunst verraten sollte.
Der Maler wandte vieles ein;
Der Kenner stritt mit ihm aus Gründen
Und konnt ihn doch nicht überwinden.
Gleich trat ein junger Geck herein
Und nahm das Bild in Augenschein:
„O!" rief er bei dem ersten Blicke,
„Ihr Götter, welch ein Meisterstücke!
Ach, welcher Fuß! o, wie geschickt
Sind nicht die Nägel ausgedrückt!

Mars lebt durchaus in diesem Bilde.
Wie viele Kunst, wie viele Pracht
Ist in dem Helm und in dem Schilde
Und in der Rüstung angebracht!"
Der Maler war beschämt, gerühret
Und sah den Kenner kläglich an.
„Nun," sprach er, „bin ich überführet!
Ihr habt mir nicht zu viel getan."
Der junge Geck war kaum hinaus,
So strich er seinen Kriegsgott aus.

„Und die Moral?" — Gleich, Ihro Majestät:

Wenn deine Schrift dem Kenner nicht gefällt,
So ist es schon ein böses Zeichen;
Doch wenn sie gar des Narren Lob erhält,
So ist es Zeit sie auszustreichen.

„Das ist gut, das ist sehr gut, natürlich, kurz und leicht. Das habe ich nicht gedacht. Wo hat Er so schreiben lernen?" — In der Schule der Natur. — „Hat Er den Lafontaine nachgeahmt?" — Nein, Ihro Majestät, ich bin ein Original; aber darum weiß ich noch nicht, ob ich ein gutes bin. — „Nein, ich muß Ihn loben. Er hat so was Coulantes in seinen Versen, das verstehe ich alles. Da hat mir aber Gottsched eine Übersetzung der Iphigenie vorgelesen; ich habe das Französische dabei gehabt und kein Wort verstanden. Sie haben mir noch einen Poeten, den Pietsch, gebracht; den habe ich weggeworfen." — Ihro Majestät, den werfe ich auch weg. — „Nun, wenn ich hier bleibe, so muß Er öfter wiederkommen und Seine Fabeln mitbringen und was Neues vorlesen." — Ich weiß nicht, ob ich gut lese; ich habe so einen singenden gebirgischen Ton. — „Ja, wie die Schlesier. Nein, Er muß Seine Fabeln selbst lesen, sie verlieren sonst viel. Nun, komm Er bald wieder!"

„Allein", so schreibt Gellert an seinen Freund Rabener, „allein, guter Rabener, ich bin nicht wiedergekommen. Der König hat mich nicht wieder rufen lassen, und ich habe an Sirachs Wort gedacht: Dränge dich nicht zu den Königen! Er hat mich den Tag darauf bei der Tafel gegen den Oberstleutnant Marwitz, auch den englischen Gesandten, den Marquis d'Argens und andere, die mir's wiedergesagt haben, mit einem Lobspruche gelobt, den ich nicht hersetzen will, weil es doch eitel sein würde." (Der König hat gesagt: „Das ist ein ganz anderer Mann als Gottsched. C'est le plus raisonnable de tous les savans allemands.")

Otto Glaubrecht (Rudolf Öser) (1807—1859).

*31. Der Immeker.

Im Norden unsers Vaterlandes dehnt sich die Heide mit ihrem dürren Grase und mit ihren einsamen, farblosen Blumen, und schwerfällig und heiß streicht der Sommerwind darüber. Selbst der Schmetterling hebt dort langsamer die Flügel; er hat Zeit, wie alles um ihn her. Das Leben der Natur scheint im Traum zu liegen. Mühsam schleppt sich der Wanderer von Hügel zu Hügel, er sucht Leben und findet keins. Doch siehe da! plötzlich entfaltet sich ein Bild des Lebens. An einem Hügel, der sich, mit niedrigem Tannengestrüpp bewachsen, im Halbkreis vor dir ausdehnt, siehst du auf kleinen Erhöhungen von Erde und Rasen hundert und aber hundert Bienenstöcke, und das Völkchen, das sie bewohnt, ist in voller Tätigkeit. Das ist ein Schwärmen, Fliegen und Summen, ein Arbeiten ohne Rast und Ruh, ein Gehen und Kommen, ein Ausweichen und Fördern, ein Helfen und Abnehmen, daß man versteht, was Arbeit ist und Gemeinsinn, und wie der Herr der Natur auch den Bienlein etwas von den ewigen Worte zugeflüstert hat: „Wirket, so lange es Tag ist, es kommt die Nacht, da niemand wirken kann."

Wie aber unser Wirken vom Auge über den Sternen geleitet wird und dann recht geht, wenn wir uns von seinem Blick lenken lassen, so sind auch nur scheinbar die tausende von emsigen Tierlein in den Strohstöcken dort am Hügel sich selbst überlassen, zwei Menschenaugen überwachen sie von früh bis spät und ruhen mit Sorge und Liebe auf ihnen. Denn siehe, dort an die verkrüppelte Tanne gelehnt, steht eine Hütte, aus Strauchwerk und Rasen gebaut; ihr Dach springt weit vor und bedeckt ein Bänklein zur Seite der niedrigen Tür der Hütte. Dort sitzt, an die Wand der Hütte gelehnt, ein alter Mann mit grauem Bart und verwettertem Angesicht und raucht aus einem kurzen, hölzernen Pfeifchen. Das ist der Immeker, der Bienenvater seines Dorfes und vielleicht mehrerer Heidedörfer. Er weiß nicht zu pflügen und nicht zu säen, er kennt Fischerei und Vogelstellen nur dem Namen nach, er kennt nur eine Kunst, nämlich die Bienenstöcke zu flechten, und hat nur eine Liebe, zu einem einzigen kleinen Geschöpfe, das ist die Biene. Es hat ihn diese Liebe niemand gelehrt, er hat sie mitbekommen von der Natur. Der Biene ist er nachgegangen als Kind schon, von Bienen hat er geträumt, Bienen hat er auf der Hand umhergetragen, so weit er denken kann, und hat sie gefangen und geliebkost, und niemals hat ihn eine gestochen. Sie haben ihn aufgesucht, die Bienen, und auf seinen Gängen begleitet, als wäre er eine Blume voll Nektar und Wohlgeruch, und die Leute seines Dorfes, die das sahen, die haben gesagt: „Das gibt einen guten Immeker." Und ein guter Immeker ist er geworden. Nicht immer sitzt er vor in der Heide unter dem Dach seiner Hütte und raucht aus einer Pfeife, sein Auge verfolgt wie das Falkenauge das Tun und Treiben der ihm vertrauten Herde. Manchmal verläßt er plötzlich seinen Sitz und schreitet bedächtig auf einen Stock zu, der anfängt unruhig zu werden. Er will sehen, was das kleine Volk bewegt: ob ihm die Königin gestorben, ob ein Käfer sich hinein verirrt, ob eine Heidemaus Miene macht, durch die Hinterseite des Stockes sich einzubohren und nach dem Honig zu streben, ob ein Vogel auf dem benachbarten Strauche sitze und nach den müden, heimkehrenden Bienen schnappe, oder ob das Völklein sich teile und dem jungen Weisel sich anschließe zur Gründung einer neuen Kolonie. In allen ihren Nöten ist der Immeker der Bienen Vertrauter und Ratgeber; sie fliegen ihm entgegen, sie geleiten ihn an die streitige Stelle, sie dulden es, daß er den Stock öffnet und hineinschaut in ihr verborgenes Reich, ja, sie lassen sich's gefallen, daß er unter sie greift und sie händeweis versetzt, wohin er will; kein Stachel trifft ihn. Der Immeker und sein Völkchen kennen sich und gehören zusammen.

Brüder Jakob und Wilhelm Grimm
(1785—1863 und 1786—1859).

*32. Die kluge Else.

Es war ein Mann, der hatte eine Tochter, die hieß die kluge Else. Als sie nun erwachsen war, sprach der Vater: „Wir wollen sie heiraten lassen!" — „Ja," sagte die Mutter, „wenn nur einer käme, der sie haben wollte!" Endlich kam von weither einer, der hieß Hans und hielt um sie an, er machte aber die Bedingung, daß die kluge Else auch recht gescheit wäre. „O," sprach der Vater, „die hat Zwirn im Kopf," und die Mutter sagte: „Ach, die sieht den Wind auf der Gasse laufen und hört die Fliegen husten." — „Ja," sprach der Hans, „wenn sie nicht recht gescheit ist, so nehm ich sie nicht." Als sie nun zu Tisch saßen und gegessen hatten, sprach die Mutter: „Else, geh in den Keller und hol Bier!" Da nahm die kluge Else den Krug von der Wand, ging in den Keller und klappte unterwegs brav mit dem Deckel, damit ihr die Zeit ja nicht lang würde. Als sie nun unten war, holte sie ein Stühlchen und stellte es vors Faß, damit sie sich nicht zu bücken brauchte und ihren Rücken etwa nicht wehe täte und unverhofften Schaden nähme. Dann stellte sie die Kanne vor sich und drehte den Hahn auf, und während der Zeit, daß das Bier hineinlief, wollte sie doch ihre Augen nicht müßig lassen, sah oben an die Wand hinauf und erblickte nach vielem Hin- und Herschauen eine Kreuzhacke gerade über sich, welche die Maurer da aus Versehen hatten stecken lassen. Da fing die kluge Else an zu weinen und sprach: „Wenn ich den Hans kriege, und wir kriegen ein Kind, und das ist groß, und wir schicken das Kind in den Keller, daß es hier soll Bier zapfen, so fällt ihm die Kreuzhacke auf den Kopf und schlägt's tot." Da saß sie und weinte und schrie aus Leibeskräften über das bevorstehende Unglück.

Die oben warteten auf den Trank, aber die kluge Else kam immer nicht. Da sprach die Frau zur Magd: „Geh doch hinunter in den Keller und sieh, wo die Else bleibt!" Die

Magd ging und fand sie vor dem Fasse sitzend und laut schreiend. „Else, was weinst du?“ fragte die Magd. „Ach“, antwortete sie, „soll ich nicht weinen? wenn ich den Hans kriege, und wir kriegen ein Kind, und das ist groß und soll hier Trinken zapfen, so fällt ihm vielleicht die Kreuzhacke auf den Kopf und schlägt es tot.“ Da sprach die Magd: „Was haben wir für eine kluge Else!“ setzte sich zu ihr und fing auch an über das Unglück zu weinen.

Über eine Weile, als die Magd nicht wiederkam und die droben durstig nach dem Trank waren, sprach der Herr zum Knecht: „Geh doch hinunter in den Keller und sieh, wo die Else und die Magd bleibt!“ Der Knecht ging hinab, da saß die kluge Else und die Magd, und weinten beide zusammen. Da fragte er: „Was weint ihr denn?“ — „Ach“, sprach die Else, „soll ich nicht weinen? wenn ich den Hans kriege, und wir kriegen ein Kind, und das ist groß und soll hier Trinken zapfen, so fällt ihm die Kreuzhacke auf den Kopf und schlägt's tot.“ Da sprach der Knecht: „Was haben wir für eine kluge Else!“ setzte sich zu ihr und fing auch an laut zu heulen.

Oben warteten sie auf den Knecht; als er aber immer nicht kam, sprach der Mann zur Frau: „Geh doch hinunter in den Keller und sieh, wo die Else bleibt!“ Die Frau ging hinab und fand alle drei in Wehklagen und fragte nach der Ursache; da erzählte ihr die Else auch, daß ihr zukünftiges Kind wohl würde von der Kreuzhacke totgeschlagen werden, wenn es erst groß wäre und Bier zapfen sollte und die Kreuzhacke fiele herab. Da sprach die Mutter gleichfalls: „Ach, was haben wir für eine kluge Else!“ setzte sich hin und weinte mit.

Der Mann oben wartete noch ein Weilchen, als aber seine Frau nicht wiederkam und sein Durst immer stärker ward, sprach er: „Ich muß nur selber in den Keller gehen und sehen, wo die Else bleibt.“ Als er aber in den Keller kam und alle da beieinandersaßen und weinten und er die Ursache hörte, da rief er: „Was für eine kluge Else!“ setzte sich und weinte auch mit.

Der Bräutigam blieb lange oben allein; da niemand

wiederkommen wollte, dachte er: „Sie werden unten auf dich warten, du mußt auch hingehen und sehen, was sie vorhaben.“ Als er hinabkam, saßen da fünfe und schrieen und jammerten ganz erbärmlich, einer immer besser als der andere. „Was für ein Unglück ist denn geschehen?“ fragte er. „Ach, lieber Hans“, sprach die Else, „wann wir einander heiraten und haben ein Kind, und es ist groß, und wir schicken's vielleicht hierher, Trinken zu zapfen, dann kann ihm ja die Kreuzhacke, die da oben ist stecken geblieben, wenn sie herabfallen sollte, den Kopf zerschlagen, daß es liegen bleibt! sollen wir da nicht weinen?“ — „Nun“, sprach Hans, „mehr Verstand ist für meinen Haushalt nicht nötig; weil du eine so kluge Else bist, so will ich dich haben!“ packte sie bei der Hand und nahm sie mit hinauf und hielt Hochzeit mit ihr.

*33. Die Boten des Todes.

Vor alten Zeiten wanderte einmal ein Riese auf der großen Landstraße, da sprang ihm plötzlich ein unbekannter Mann entgegen und rief: „Halt! keinen Schritt weiter!“ — „Was“, sprach der Riese, „du Wicht, den ich zwischen den Fingern zerdrücken kann, du willst mir den Weg vertreten? Wer bist du, der du so keck reden darfst?“ — „Ich bin der Tod,“ erwiderte der andere, „mir widersteht niemand, und auch du mußt meinen Befehlen gehorchen.“ Der Riese aber weigerte sich und fing an mit dem Tode zu ringen. Es war ein langer, heftiger Kampf; zuletzt behielt der Riese die Oberhand und schlug den Tod mit seiner Faust nieder, daß er neben einem Stein zusammensank. Der Riese ging seiner Wege, und der Tod lag da besiegt und war so kraftlos, daß er sich nicht wieder erheben konnte. „Was soll daraus werden“, sprach er, „wenn ich da in der Ecke liegen bleibe? es stirbt niemand mehr auf der Welt, und sie wird so mit Menschen angefüllt werden, daß sie nicht mehr Platz haben werden, nebeneinander zu stehen.“

Indem kam ein junger Mensch des Wegs, frisch und gesund, sang ein Lied und warf seine Augen hin und her. Als er den Halbohnmächtigen erblickte, ging er mitleidig heran, richtete ihn auf, flößte ihm aus seiner Flasche einen stärkenden Trank ein und wartete, bis er wieder zu Kräften kam. „Weißt du auch“, fragte der Fremde, indem er sich aufrichtete, „wer ich bin, und wem du wieder auf die Beine geholfen hast?“ — „Nein“, antwortete der Jüngling, „ich kenne dich nicht.“ — „Ich bin der Tod“, sprach er, „ich verschone niemand und kann auch mit dir keine Ausnahme machen. Damit du aber siehst, daß ich dankbar bin, so verspreche ich dir, daß ich dich nicht unversehens überfallen, sondern dir erst meine Boten senden will, bevor ich komme und dich abhole.“ — „Wohlan!“ sprach der Jüngling, „immer ein Gewinn, daß ich weiß, wann du kommst, und so lange wenigstens sicher vor dir bin.“ Dann zog er weiter, war lustig und guter Dinge und lebte in den Tag hinein.

Allein Jugend und Gesundheit hielten nicht lange aus; bald kamen Krankheiten und Schmerzen, die ihn bei Tag plagten und ihm nachts die Ruhe wegnahmen. „Sterben werde ich nicht“, sprach er zu sich selbst, „denn der Tod sendet erst seine Boten: ich wollte nur, die bösen Tage der Krankheit wären erst vorüber.“ Sobald er sich gesund fühlte, fing er wieder an, in Freuden zu leben. Da klopfte ihm eines Tages jemand auf die Schulter; er blickte sich um, und der Tod stand hinter ihm und sprach: „Folge mir! die Stunde deines Abschieds von der Welt ist gekommen.“ — „Wie“, antwortete der Mensch, „willst du dein Wort brechen? hast du mir nicht versprochen, daß du mir, bevor du selbst kämest, deine Boten senden wollest? ich habe keinen gesehen.“ — „Schweig“, erwiderte der Tod, „habe ich dir nicht einen Boten über den andern geschickt? kam nicht das Fieber, stieß dich an, rüttelte dich und warf dich nieder? hat der Schwindel dir nicht den Kopf betäubt? zwickte dich nicht die Gicht in allen Gliedern? brauste dir's nicht in den Ohren? nagte nicht der Zahnschmerz in deinen Backen? ward dir's nicht dunkel vor den Augen? Über das alles, hat nicht mein leiblicher Bruder, der Schlaf, dich jeden Abend an mich erinnert? lagst du nicht in der Nacht, als wärst du schon gestorben?“ Der Mensch wußte nichts zu erwidern, ergab sich in sein Geschick und ging mit dem Tode fort.

*34. Sechse kommen durch die ganze Welt.

Es war einmal ein Mann, der verstand allerlei Künste; er diente im Krieg und hielt sich brav und tapfer, aber als der Krieg zu Ende war, bekam er den Abschied und drei Heller Zehrgeld auf den Weg. „Wart", sprach er, „das laß ich mir nicht gefallen; finde ich die rechten Leute, so soll mir der König noch die Schätze des ganzen Landes herausgeben." Da ging er voll Zorn in den Wald und sah einen darin stehen, der hatte sechs Bäume ausgerupft, als wären's Kornhalme. Sprach er zu ihm: „Willst du mein Diener sein und mit mir ziehen?" — „Ja," antwortete er, „aber erst will ich meiner Mutter das Wellchen Holz heimbringen," und nahm einen von den Bäumen und wickelte ihn um die fünf andern, hob die Welle auf die Schulter und trug sie fort. Dann kam er wieder und ging mit seinem Herrn, der sprach: „Wir zwei sollten wohl durch die ganze Welt kommen." Und als sie ein Weilchen gegangen waren, fanden sie einen Jäger, der lag auf den Knieen, hatte die Büchse angelegt und zielte. Sprach der Herr zu ihm: „Jäger, was willst du schießen?" Er antwortete: „Zwei Meilen von hier sitzt eine Fliege auf dem Ast eines Eichbaums, der will ich das linke Auge herausschießen." — „O, geh mit mir!" sprach der Mann, „wenn wir drei zusammen sind, sollten wir wohl durch die ganze Welt kommen." Der Jäger war bereit und ging mit ihm, und sie kamen zu sieben Windmühlen, deren Flügel trieben ganz hastig herum, und ging doch rechts und links kein Wind, und bewegte sich kein Blättchen. Da sprach der Mann: „Ich weiß nicht, was die Windmühlen treibt, es regt sich ja kein Lüftchen," und ging mit seinen Dienern weiter. Und als sie zwei Meilen fortgegangen waren, sahen sie einen auf einem Baum sitzen, der hielt das eine Nasenloch zu und blies aus dem andern. „Mein, was treibst du da oben?" fragte der Mann. Er antwortete: „Zwei Meilen von hier stehen sieben Windmühlen, seht, die blase ich an, daß sie laufen." — „O, geh mit mir!" sprach der Mann, „wenn wir vier zusammen sind, sollten wir wohl durch die ganze Welt kommen." Da stieg der Bläser herab und ging mit, und über eine Zeit sahen sie einen, der stand da auf einem Bein und hatte das andere abgeschnallt und neben sich gelegt. Da sprach der Herr: „Du hast dir's ja bequem gemacht zum Ausruhen." — „Ich bin ein Laufer," antwortete er, „und damit ich nicht gar zu schnell springe, habe ich mir das eine Bein abgeschnallt; wenn ich mit zwei Beinen laufe, so geht's geschwinder, als ein Vogel fliegt." — „O, geh mit mir! wenn wir fünf zusammen sind, sollten wir wohl durch die ganze Welt kommen." Da ging er mit, und gar nicht lang, so begegneten sie einem, der hatte ein Hütchen auf, hatte es aber ganz auf dem einen Ohr sitzen. Da sprach der Herr zu ihm: „Manierlich! manierlich! häng deinen Hut doch nicht auf ein Ohr, du siehst ja aus wie ein Hans Narr." — „Ich darf's nicht tun," sprach der andere, „denn setz ich meinen Hut gerad, so kommt ein gewaltiger Frost, und die Vögel unter dem Himmel erfrieren und fallen tot zur Erde." — „O, geh mit mir!" sprach der Herr, „wenn wir sechs zusammen sind, sollten wir wohl durch die ganze Welt kommen."

Nun gingen die sechse in eine Stadt, wo der König hatte bekannt machen lassen, wer mit seiner Tochter in die Wette laufen wollte und den Sieg davon trüge, der sollte ihr Gemahl werden; wer aber verlöre, müßte auch seinen Kopf hergeben. Da meldete sich der Mann und sprach: „Ich will aber meinen Diener für mich laufen lassen!" Der König antwortete: „Dann mußt du auch noch dessen Leben zum Pfand setzen, also daß sein und dein Kopf für den Sieg haften." Als das verabredet und festgemacht war, schnallte der Mann dem Laufer das andere Bein an und sprach zu ihm: „Nun sei hurtig und hilf, daß wir siegen!" Es war aber bestimmt, daß wer am ersten Wasser aus einem weit abgelegenen Brunnen brächte, der sollte Sieger sein. Nun bekam der Laufer einen Krug und die Königstochter auch einen, und sie fingen zu gleicher Zeit zu laufen an; aber in einem Augenblick, als die Königstochter erst eine kleine Strecke fort war, konnte den Laufer schon kein Zuschauer mehr sehen, und es war nicht anders, als wäre der Wind vorbeigesaust. In kurzer Zeit langte er bei dem Brunnen an, schöpfte den

Krug voll Wasser und kehrte wieder um. Mitten aber auf dem Heimweg überkam ihn eine Müdigkeit, da setzte er den Krug hin, legte sich nieder und schlief ein. Er hatte aber einen Pferdeschädel, der da auf der Erde lag, zum Kopfkissen gemacht, damit er hart läge und bald wieder erwachte.

Indessen war die Königstochter, die auch gut laufen konnte, so gut es ein gewöhnlicher Mensch vermag, bei dem Brunnen angelangt und eilte mit ihrem Krug voll Wasser zurück; und als sie den Laufer da liegen und schlafen sah, war sie froh und sprach: „Der Feind ist in meine Hände gegeben," leerte seinen Krug aus und sprang weiter. Nun wäre alles verloren gewesen, wenn nicht zu gutem Glück der Jäger mit seinen scharfen Augen oben auf dem Schloß gestanden und alles mit angesehen hätte. Da sprach er: „Die Königstochter soll doch gegen uns nicht aufkommen," lud seine Büchse und schoß so geschickt, daß er dem Laufer den Pferdeschädel unter dem Kopf wegschoß, ohne ihm weh zu tun. Da erwachte der Laufer, sprang in die Höhe und sah, daß sein Krug leer und die Königstochter schon weit voraus war. Aber er verlor den Mut nicht, lief mit dem Krug wieder zum Brunnen zurück, schöpfte aufs neue Wasser und war noch zehn Minuten eher als die Königstochter daheim. „Seht ihr," sprach er, „jetzt hab ich erst die Beine aufgehoben, vorher war's gar kein Laufen zu nennen."

Den König aber kränkte es und seine Tochter noch mehr, daß sie so ein gemeiner abgedankter Soldat davontragen sollte; sie ratschlagten mit einander, wie sie ihn samt seinen Gesellen los würden. Da sprach der König zu ihr: „Ich habe ein Mittel gefunden, laß dir nicht bang sein, sie sollen nicht wieder heim kommen." Und sprach zu ihnen: „Ihr sollt euch nun zusammen lustig machen, essen und trinken," und führte sie zu einer Stube, die hatte einen Boden von Eisen, und die Türen waren auch von Eisen, und die Fenster waren mit eisernen Stäben verwahrt. In der Stube war eine Tafel, mit köstlichen Speisen besetzt, da sprach der König zu ihnen: „Geht hinein und laßt euch wohl sein!" Und wie sie darinnen waren, ließ er die Türe verschließen und verriegeln. Dann ließ er den Koch kommen und befahl ihm, ein Feuer solange unter die Stube zu machen, bis das Eisen glühend würde. Das tat der Koch, und es fing an und ward den sechsen in der Stube, während sie an der Tafel saßen, ganz warm, und sie meinten, das käme vom Essen; als aber die Hitze immer größer ward und sie hinaus wollten, Türe und Fenster aber verschlossen fanden, da merkten sie, daß der König Böses im Sinne gehabt hatte und sie ersticken wollte. „Es soll ihm aber nicht gelingen," sprach der mit dem Hütchen, „ich will einen Frost kommen lassen, vor dem sich das Feuer schämen und verkriechen soll." Da setzte er sein Hütchen gerade, und alsobald fiel ein Frost, daß alle Hitze verschwand und die Speisen auf den Schüsseln anfingen zu frieren. Als nun ein paar Stunden herum waren und der König glaubte, sie wären in der Hitze verschmachtet, ließ er die Tür öffnen und wollte selbst nach ihnen sehen. Aber wie die Tür aufging, standen sie alle sechse da, frisch und gesund, und sagten, es wäre ihnen lieb, daß sie heraus könnten, sich zu wärmen, denn bei der großen Kälte in der Stube frören die Speisen an den Schüsseln fest. Da ging der König voll Zorn hinab zu dem Koch, schalt ihn und fragte, warum er nicht getan hätte, was ihm wäre befohlen worden. Der Koch aber antwortete: „Es ist Glut genug da, seht nur selbst!" Da sah der König, daß ein gewaltiges Feuer unter der Eisenstube brannte, und merkte, daß er den sechsen auf diese Weise nichts anhaben könnte.

Nun sann der König aufs neue, wie er der bösen Gäste los würde, ließ den Meister kommen und sprach: „Willst du Gold nehmen und dein Recht auf meine Tochter aufgeben, so sollst du haben, soviel du willst!" — „O, ja, Herr König!" antwortete er, „gebt mir so viel, als mein Diener tragen kann, so verlange ich Eure Tochter nicht." Das war der König zufrieden, und jener sprach weiter: „So will ich in vierzehn Tagen kommen und es holen." Darauf rief er alle Schneider aus dem ganzen Reich herbei, die mußten vierzehn Tage lang sitzen und einen Sack nähen. Und als er fertig war, mußte der Starke, welcher Bäume ausrupfen konnte, den Sack auf die Schulter nehmen und mit ihm zu dem König gehen. Da sprach der König: „Was ist das für ein gewaltiger Kerl, der den hausgroßen Ballen Leinwand auf der Schulter trägt?" erschrak und dachte: „Was will der für Gold wegschleppen!" Da hieß er eine Tonne Gold herbringen, die mußten sechzehn der stärksten Männer tragen, aber der Starke packte sie mit einer Hand, steckte sie in den Sack und sprach: „Warum bringt ihr nicht gleich mehr? das deckt ja kaum den Boden." Da ließ der König nach und nach seinen ganzen Schatz herbeitragen, den schob der Starke in den Sack hinein, und der Sack ward davon noch nicht zur Hälfte voll. „Schafft mehr herbei!" rief er, „die paar Brocken füllen nicht." Da mußten noch siebentausend Wagen mit Gold in dem ganzen Reich zusammengefahren werden, die schob der Starke samt den vorgespannten Ochsen in seinen Sack. „Ich will's nicht lange besehen," sprach er, „und nehmen, was kommt, damit der Sack nur voll wird." Wie alles darin stak, ging doch noch viel hinein, da sprach er: „Ich will dem Ding nur ein Ende machen, man bindet wohl einmal einen Sack zu, wenn er auch noch nicht voll ist." Dann huckte er ihn auf den Rücken und ging mit seinen Gesellen fort.

Als der König nun sah, wie der einzige Mann des ganzen Landes Reichtum forttrug, ward er zornig und ließ seine Reiterei aufsitzen, die sollten den sechsen nachjagen und hatten Befehl, dem Starken den Sack wieder abzunehmen. Zwei Regimenter holten sie bald ein und riefen ihnen zu: „Ihr seid Gefangene, legt den Sack mit dem Gold nieder, oder ihr werdet zusammengehauen." — „Was sagt ihr?" sprach der Bläser, „wir wären Gefangene? eher sollt ihr sämtlich in der Luft herumtanzen," hielt das eine Nasenloch zu und blies mit dem andern die beiden Regimenter an, da fuhren sie auseinander und in die blaue Luft über alle Berge weg, der eine hierhin, der andere dorthin. Ein Feldwebel rief um Gnade, er hätte neun Wunden und wäre ein braver Kerl, der den Schimpf nicht verdiente. Da ließ der Bläser ein wenig nach, so daß er ohne Schaden wieder herabkam, dann sprach er zu ihm: „Nun geh heim zum König und sag, er solle nur noch mehr Reiterei schicken, ich wollte sie alle in die Luft blasen." Der König, als er den Bescheid vernahm, sprach: „Laßt die Kerle gehen, die haben etwas an sich." Da brachten die sechs den Reichtum heim, teilten ihn unter sich und lebten vergnügt bis an ihr Ende.

*35. Die weiße Schlange.

Es ist nun schon lange her, da lebte ein König, dessen Weisheit im ganzen Lande berühmt war. Nichts blieb ihm unbekannt, und es war, als ob ihm Nachricht von den verborgensten Dingen durch die Luft zugetragen würde. Er hatte aber eine seltsame Sitte: Jeden Mittag, wenn von der Tafel alles abgetragen und niemand mehr zugegen war, mußte ein vertrauter Diener noch eine Schüssel bringen. Sie war aber zugedeckt, und der Diener wußte selbst nicht, was darin lag, und kein Mensch wußte es, denn der König deckte sie nicht eher auf und aß nicht davon, bis er ganz allein war. Das hatte schon lange Zeit gedauert, da überkam eines Tages den Diener, der die Schüssel wieder wegtrug, die Neugierde, daß er nicht widerstehen konnte, sondern die Schüssel in seine Kammer brachte. Als er die Tür sorgfältig verschlossen hatte, hob er den Deckel auf, und da sah er, daß eine weiße Schlange darin lag. Bei ihrem Anblick konnte er die Lust nicht zurück halten, sie zu kosten; er schnitt ein Stückchen davon ab und steckte es in den Mund. Kaum aber hatte es seine Zunge berührt, so hörte er vor seinem Fenster ein seltsames Gewisper von feinen Stimmen. Er ging und horchte, da merkte er, daß es die Sperlinge waren, die miteinander sprachen und sich allerlei erzählten, was sie im Felde und Walde gesehen hatten. Der Genuß der Schlange hatte ihm die Fähigkeit verliehen, die Sprache der Tiere zu verstehen.

Nun trug es sich zu, daß gerade an diesem Tage der Königin ihr schönster Ring fort kam und auf den vertrauten Diener, der überall Zugang hatte, der Verdacht fiel, er habe ihn gestohlen. Der König ließ ihn vor sich kommen und drohte ihm unter heftigen Scheltworten, wenn er bis morgen den Täter nicht zu nennen wüßte, so sollte er dafür angesehen und gerichtet werden. Es half nichts, daß er seine Unschuld beteuerte, er ward mit keinem bessern Bescheid entlassen. In seiner Unruhe und Angst ging er hinab auf den Hof und bedachte, wie er sich aus seiner Not helfen könne. Da saßen die Enten an einem fließenden Wasser friedlich nebeneinander und ruhten, sie putzten sich mit ihren Schnäbeln glatt und hielten ein vertrauliches Gespräch. Der Diener blieb stehen und hörte ihnen zu. Sie erzählten sich, wo sie heute morgen all herumgewackelt wären, und was für gutes Futter sie gefunden hätten; da sagte eine verdrießlich: „Mir liegt etwas schwer im Magen, ich habe einen Ring, der unter der Königin Fenster lag, in der Hast mit hinuntergeschluckt.“ Da packte sie der Diener gleich beim Kragen, trug sie in die Küche und sprach zum Koch: „Schlachte doch diese ab, sie ist wohlgenährt.“ — „Ja,“ sagte der Koch und wog sie in der Haud, „die hat keine Mühe gescheut, sich zu mästen und schon lange darauf gewartet, gebraten zu werden.“ Er schnitt ihr den Hals ab, und als sie ausgenommen ward, fand sich der Ring der Königin in ihrem Magen. Der Diener konnte nun leicht vor dem Könige seine Unschuld beweisen, und da dieser sein Unrecht wieder gut machen wollte, erlaubte er ihm, sich eine Gnade auszubitten, und versprach ihm die größte Ehrenstelle, die er sich an seinem Hofe wünschte.

Der Diener schlug alles aus und bat nur um ein Pferd und Reisegeld, denn er hatte Lust, die Welt zu sehen und eine Weile darin herumzuziehen. Als seine Bitte erfüllt war, machte er sich auf den Weg und kam eines Tages an einem Teich vorbei, wo er drei Fische bemerkte, die sich im Rohr gefangen hatten und nach Wasser schnappten. Obgleich man sagt, die Fische wären stumm, so vernahm er doch ihre Klage, daß sie so elend umkommen müßten. Weil er ein mitleidiges Herz hatte, so stieg er vom Pferde ab und setzte die drei Gefangenen wieder ins Wasser. Sie zappelten vor Freude, streckten die Köpfe heraus und riefen ihm zu: „Wir wollen dir's gedenken und dir's vergelten, daß du uns errettet hast.“ Er ritt weiter, und nach einem Weilchen kam es ihm vor, als hörte er zu seinen Füßen in dem Sand eine Stimme. Er horchte und vernahm, wie ein Ameisenkönig klagte: „Wenn uns nur die Menschen mit den ungeschickten Tieren vom Leib blieben! da tritt mir das dumme

Pferd mit seinen schweren Hufen meine Leute ohne Barmherzigkeit nieder." Er lenkte auf einen Seitenweg ein, und der Ameisenkönig rief ihm zu: „Wir wollen dir's gedenken und dir's vergelten." Der Weg führte ihn in einen Wald, und da sah er einen Rabenvater und eine Rabenmutter, die standen bei ihrem Nest und warfen ihre Jungen heraus. „Fort mit euch, ihr Galgenschwengel!" riefen sie, „wir können euch nicht mehr satt machen, ihr seid groß genug nnd könnt euch selbst ernähren." Die armen Jungen lagen auf der Erde, flatterten und schlugen mit ihren Fittichen und schrieen: „Wir hilflosen Kinder, wir sollen uns selbst ernähren und können noch nicht fliegen! was bleibt uns übrig, als hier Hungers zu sterben?" Da stieg der gute Jüngling ab, tötete das Pferd mit seinem Degen und überließ es den jungen Raben zum Futter. Die kamen herbeigehüpft, sättigten sich und riefen: „Wir wollen dir's gedenken und dir's vergelten."

Er mußte jetzt seine eigenen Beine gebrauchen, und als er lange Wege gegangen war, kam er in eine große Stadt. Da war großer Lärm und Gedränge in den Straßen, und kam einer zu Pferde und machte bekannt, die Königstochter suche einen Gemahl, wer sich aber um sie bewerben wolle, der müsse eine schwere Aufgabe vollbringen, und könne er es nicht glücklich ausführen, so habe er sein Leben verwirkt. Viele hatten es schon versucht, aber vergeblich ihr Leben daran gesetzt. Der Jüngling, als er die Königstochter sah, ward er von ihrer großen Schönheit so verblendet, daß er alle Gefahr vergaß, vor den König trat und sich als Freier meldete.

Alsbald ward er hinaus ans Meer geführt und vor seinen Augen ein goldener Ring hineingeworfen. Dann hieß ihn der König diesen Ring aus dem Meeresgrund wieder hervorzuholen und fügte hinzu: „Wenn du ohne ihn wieder in die Höhe kommst, so wirst du immer aufs neue hinabgestürzt, bis du in den Wellen umkommst." Alle bedauerten den schönen Jüngling und ließen ihn dann einsam am Meere zurück. Er stand am Ufer und überlegte, was er wohl tun sollte, da sah er auf einmal drei Fische daherschwimmen, und es waren keine andern, als jene, welchen er das Leben gerettet hatte. Der mittelste hielt eine Muschel im Munde, die er an den Strand zu den Füßen des Jünglings hinlegte, und als dieser sie aufhob und öffnete, so lag der Goldring darin. Voll Freude brachte er ihn dem Könige und erwartete, daß er ihm den verheißenen Lohn gewähren würde. Die stolze Königstochter aber, als sie vernahm, daß er ihr nicht ebenbürtig war, verschmähte ihn und verlangte, er sollte zuvor eine zweite Aufgabe lösen. Sie ging hinab in den Garten und streute selbst zehn Säcke voll Hirsen ins Gras. „Die muß er morgen, ehe die Sonne hervor kommt, aufgelesen haben," sprach sie, „und darf kein Körnchen fehlen."

Der Jüngling setzte sich in den Garten und dachte nach, wie es möglich wäre, die Aufgabe zu lösen, aber er konnte nichts ersinnen, saß da ganz traurig und erwartete bei Anbruch des Morgens, zum Tode geführt zu werden. Als aber die ersten Sonnenstrahlen in den Garten fielen, so sah er die zehn Säcke alle wohl gefüllt nebeneinander stehen, und kein Körnchen fehlte darin. Der Ameisenkönig war mit seinen tausend und tausend Ameisen in der Nacht angekommen, und die dankbaren Tiere hatten den Hirsen mit großer Emsigkeit gelesen und in die Säcke gesammelt. Die Königstochter kam selbst in den Garten herab und sah mit Verwunderung, daß der Jüngling vollbracht hatte, was ihm aufgegeben war. Aber sie konnte ihr stolzes Herz noch nicht bezwingen und sprach: „Hat er auch die beiden Aufgaben gelöst, so soll er doch nicht eher mein Gemahl werden, bis er mir einen Apfel vom Baume des Lebens gebracht hat." Der Jüngling wußte nicht, wo der Baum des Lebens stand, er machte sich auf und wollte immerzu gehen, so lange ihn seine Beine trügen, aber er hatte keine Hoffnung, ihn zu finden. Als er schon durch drei Königreiche gewandert war und abends in einen Wald kam, setzte er sich unter einen Baum und wollte schlafen, da hörte er in den Ästen ein Geräusch, und ein goldener Apfel fiel in seine Hand. Zugleich flogen drei Raben zu ihm herab, setzten sich auf seine Knie und sagten: „Wir sind die drei jungen Raben, die du vom Hungertod errettet hast; als wir groß geworden waren und hörten, daß du den goldenen Apfel suchtest, so sind wir über das Meer geflogen bis an das Ende der Welt, wo der Baum des Lebens steht, und haben dir den Apfel geholt."

Voll Freude machte sich der Jüngling auf den Heimweg und brachte der schönen Königstochter den goldenen Apfel, der nun keine Ausrede mehr übrig blieb. Sie teilten den Apfel des Lebens und aßen ihn zusammen; da ward ihr Herz mit Liebe zu ihm erfüllt, und sie erreichten in ungestörtem Glück ein hohes Alter.

*36. Der Schwanritter.

Herzog Gottfried von Brabant war gestorben, ohne männliche Erben zu hinterlassen; er hatte aber in einer Urkunde gestiftet, daß sein Land der Herzogin und seiner Tochter verbleiben sollte. Hieran kehrte sich jedoch Gottfrieds Bruder, der mächtige Herzog von Sachsen, wenig, sondern bemächtigte sich aller Klagen der Witwe und Waise unerachtet des Landes, das nach deutschem Rechte auf keine Weiber erben könne. Die Herzogin beschloß daher, bei dem König zu klagen; und als bald darauf Karl nach Niederland zog und einen Tag zu Neumagen am Rheine halten wollte, kam sie mit ihrer Tochter dahin und begehrte Recht. Dahin war auch der Sachsen Herzog gekommen und wollte der Klage zur Antwort stehen. Es ereignete sich aber, daß der König durch ein Fenster schaute; da erblickte er einen weißen Schwan, der schwamm den Rhein herdann und zog an einer silbernen Kette, die hell glänzte, ein Schifflein nach sich; in dem Schiff aber ruhte ein schlafender Ritter; sein Schild war sein Hauptkissen, und neben ihm lagen Helm und Halsberg; der Schwan steuerte gleich einem geschickten Seemanne und brachte sein Schiff an das Gestade. Karl und der ganze Hof verwunderten sich höflich ob diesem seltsamen Ereignis; jedermann vergaß der Klage der Frauen und lief hinab dem Ufer zu.

Unterdessen war der Ritter erwacht und stieg aus der Barke; wohl und herrlich empfing ihn der König, nahm ihn selbst zur Hand und führte ihn gegen die Burg. Da sprach der junge Held zu dem Vogel: „Flieg deinen Weg, lieber Schwan!

wenn ich dein wieder bedarf, will ich dir schon rufen!" Sogleich schwang sich der Schwan und fuhr mit dem Schifflein aus aller Augen weg. Jedermann schaute den fremden Gast neugierig an; Karl ging wieder ins Gestühl zu seinem Gericht und wies jenem eine Stelle unter den andern Fürsten an. Die Herzogin von Brabant, in Gegenwart ihrer schönen Tochter, hub nunmehr ausführlich zu klagen an, und hernach verteidigte sich auch der Herzog von Sachsen. Endlich erbot er sich zum Kampf für sein Recht, und die Herzogin solle ihm einen Gegner stellen, das ihre zu bewähren. Da erschrak sie heftig, denn er war ein auserwählter Held, an den sich niemand wagen würde; vergebens ließ sie im ganzen Saale die Augen umgehen, keiner war da, der sich ihr erboten hätte. Ihre Tochter klagte laut und weinte; da erhob sich der Ritter, den der Schwan ins Land geführt hatte, und gelobte, ihr Kämpfer zu sein. Hierauf wurde sich von beiden Seiten zum Streit gerüstet, und nach einem langen und hartnäckigen Gefecht war der Sieg endlich auf Seiten des Schwanritters. Der Herzog von Sachsen verlor sein Leben, und der Herzogin Erbe wurde wieder frei und ledig. Da neigten sie und die Tochter dem Helden, der sie erlöst hatte, und er nahm die ihm angetragene Hand der Jungfrau mit dem Beding an, daß sie nie und zu keiner Zeit fragen sollte, woher er gekommen, und welches sein Geschlecht sei, denn außerdem müsse sie ihn verlieren.

Der Herzog und die Herzogin bekamen zwei Kinder, die waren wohl geraten; aber immer mehr fing es an, ihre Mutter zu drücken, daß sie gar nicht wußte, wer ihr Vater war, und endlich tat sie an ihn die verbotene Frage. Der Ritter erschrak herzlich und sprach: „Nun hast du selbst unser Glück zerbrochen und mich am längsten gesehen." Die Herzogin bereute es, aber zu spät; alle Leute fielen zu seinen Füßen und baten ihn zu bleiben. Der Held waffnete sich, und der Schwan kam mit demselben Schifflein geschwommen; darauf küßte er beide Kinder, nahm Abschied von seinem Gemahl und segnete das ganze Volk; dann trat er ins Schiff, fuhr seine Straße und kehrte nimmer wieder. Der Frau ging der Kummer zu Bein und Herzen, doch zog sie fleißig ihre Kinder auf. Von diesen stammen viel edle Geschlechter, die von Geldern sowohl als Kleve, auch die Rienecker Grafen und manche andere; alle führen den Schwan im Wappen.

*37. Der Rattenfänger zu Hameln.

Im Jahre 1284 ließ sich zu Hameln ein wunderlicher Mann sehen. Er hatte einen Rock von vielfarbigem, buntem Tuch an und gab sich für einen Rattenfänger aus, indem er versprach, gegen ein gewisses Geld die Stadt von allen Mäusen und Ratten zu befreien. Die Bürger wurden mit ihm einig und versicherten ihm einen bestimmten Lohn. Der Rattenfänger zog demnach ein Pfeifchen heraus und pfiff. Da kamen alsobald die Ratten und Mäuse aus allen Häusern hervorgekrochen und sammelten sich um ihn herum. Als er nun meinte, es wäre keine zurück, ging er hinaus, und der ganze Haufe folgte ihm, und so führte er sie an die Weser. Dort schürzte er seine Kleider und trat in das Wasser, worauf ihm alle die Tiere folgten und hineinstürzend ertranken.

Nachdem die Bürger aber von ihrer Plage befreit waren, reute sie der versprochene Lohn, und sie verweigerten ihn dem Manne unter allerlei Ausflüchten, so daß er zornig und erbittert wegging. Am 26. Juni, auf Johannis und Pauli Tag, morgens früh sieben Uhr, erschien er wieder, jetzt in Gestalt eines Jägers, erschrecklichen Angesichts, mit einem roten, wunderlichen Hut, und ließ seine Pfeife in den Gassen hören. Alsbald kamen diesmal nicht Ratten und Mäuse, sondern Kinder, Knaben und Mägdlein, vom vierten Jahr an in großer Anzahl gelaufen, worunter auch schon die erwachsene Tochter des Burgemeisters war. Der ganze Schwarm folgte ihm nach, und er führte sie hinaus in einen Berg, wo er mit ihnen verschwand. Dies hatte ein Kindermädchen gesehen, welches mit einem Kind auf dem Arm von fern nachgezogen war, darnach umkehrte und das Gerücht in die Stadt brachte. Die Eltern liefen haufenweis vor alle Tore und suchten mit betrübtem Herzen ihre Kinder; die Mütter erhoben ein jämmerliches Schreien und Weinen. Von Stund an wurden Boten zu Wasser und Land an alle Orte herumgeschickt, zu erkundigen, ob man die Kinder oder auch nur etliche gesehen, aber alles vergeblich. Es waren im ganzen hundertunddreißig verloren. Ein Knäblein war im Hemd mitgelaufen und kehrte um, seinen Rock zu holen, wodurch es dem Unglück entgangen; denn als es zurückkam, waren die anderen schon in der Grube eines Hügels, die noch gezeigt wird, verschwunden.

Die Bürger von Hameln haben die Begebenheit in ihr Stadtbuch einzeichnen lassen. An dem Rathaus standen folgende Zeilen:

Im Jahr 1284 na Christi gebort
tho Hamel worden uthgevort
hundert und dreißig Kinder dasülvest geborn,
dorch einen Piper under den Köppen verlorn.

*38. Richmodis von Aducht.

Richmuth oder Richmodis von Aducht war eines reichen Burgemeisters zu Köln Ehefrau und wohnte am Neumarkte in dem Hause zu den Papageien. Im Jahre 1400, als die böse Pest in der Stadt wütete, starb Richmuth und wurde auf dem Friedhofe zu Sankt Aposteln beigesetzt. Die Totengräber hatten aber wahrgenommen, daß die Leiche noch ihre goldenen Ringe an den Fingern trug, und die Begierde trieb sie nachts zu dem Grab, das sie öffneten, willens, die Ringe abzuziehen. Kaum aber hatten sie den Sargdeckel aufgemacht, so sahen sie, daß der Leichnam die Hand zusammendrückte und aus dem Sarge steigen wollte. Erschrocken flohen sie.

Die Frau wand sich aus den Grabtüchern los, nahm die von den Entwichenen zurückgelassene Leuchte und wankte schwach ihrer Wohnung zu, wo sie den bekannten Hausknecht bei Namen rief, daß er schnell die Türe öffnen sollte, und ihm mit wenigen Worten erzählte, was ihr widerfahren. Der Hausknecht trat zu seinem Herrn und sprach: „Unsere Frau steht unten vor der Tür und will eingelassen sein." — „Ach," sagte der Herr, „das ist unmöglich; ehe das möglich wäre, eher würden meine Schimmel auf dem Heuboden stehen." Kaum hatte er das Wort ausgeredet, so trappelte es auf der Treppe und dem Boden, und siehe, die beiden Schimmel standen oben beisammen. Da flog der Herr mehr, als er die Treppe herunterging, um der Wiedererstandenen die Türe zu öffnen. Mit Freuden wurde sie empfangen und alles aufgeboten, um sie zu erquicken und völlig ins Leben zurückzurufen.

Den anderen Tag schauten die Pferde noch aus dem Bodenloch, und man mußte ein großes Gerüste anlegen, um sie wieder lebendig und heil herabzubringen. Zum Andenken an die Geschichte hat man Pferde ausgestopft, die aus diesem Hause zum Boden hinausgucken. Auch war sie früher in der Apostelkirche gemalt, wo man noch einen leinenen Vorhang zeigt, den Frau Richmuth mit eigener Hand gewebt und dahin verehrt hat. Denn sie lebte noch sieben Jahre.

*39. Der Glockenguß zu Breslau.

Als die Glocke zu St. Maria Magdalena in Breslau gegossen werden sollte und alles dazu fast fertig war, ging der Gießer zuvor zum Essen, verbot aber dem Lehrjungen bei Leib und Leben, den Hahn am Schmelzkessel anzurühren. Der Lehrjung aber war vorwitzig und neugierig, wie das glühende Metall doch aussehen möge, und indem er so den Hahn bewegte und anregte, fuhr er ihm wider Willen ganz heraus, und das Metall rann und rann in die zubereitete Form. Höchst bestürzt, weiß sich der arme Junge gar nicht zu helfen, endlich wagt er's doch und geht weinend in die Stube und bekennt seinem Meister, den er um Gotteswillen um Verzeihung bittet. Der Meister aber wird vom Zorn ergriffen, zieht das Schwert und ersticht den Jungen auf der Stelle. Dann eilt er hinaus, will sehen, was noch vom Werk zu retten sei, und räumt nach der Verkühlung ab. Als er abgeräumt hatte, siehe! so war die ganze Glocke trefflich wohl ausgegossen und ohne Fehl; voll Freuden kehrte der Meister in die Stube zurück und sah nun erst, was Übels er getan hatte. Der Lehrjung war verblichen, der Meister wurde eingezogen und von den Richtern zum Schwert verurteilt. Inmittelst war auch die Glocke aufgezogen worden; da bat der Glockengießer flehentlich, ob sie nicht noch geläutet werden dürfte; er möchte ihre Resonanz auch wohl hören, da er sie doch zugerichtet hätte, wenn er die Ehr vor seinem letzten End von den Herren haben könnte. Die Obrigkeit ließ ihm willfahren, und seit der Zeit wird mit dieser Glocke allen armen Sündern, wenn sie vom Rathaus herunterkommen, geläutet. Die Glocke ist so schwer, daß, wenn man fünfzig Schläge gezogen hat, sie andere fünfzig von selbst gehet.

*40. Der Gemsjäger.

Ein Gemsjäger stieg auf und kam zu dem Felsgrat, und immer weiter klimmend, als er je vorher gelangt war, stand plötzlich ein häßlicher Zwerg vor ihm, der sprach zornig: „Warum erlegst du mir lange schon meine Gemsen und lässest mir nicht meine Herde? jetzt sollst du's mit deinem Blute teuer bezahlen!" Der Jäger erbleichte und wäre bald hinabgestürzt, doch faßte er sich noch und bat den Zwerg um Verzeihung, denn er habe nicht gewußt, daß ihm diese Gemsen gehörten. Der Zwerg sprach: „Gut, aber laß dich hier nicht wieder blicken, so verheiß ich dir, daß du jeden siebenten Tag morgens früh vor deiner Hütte ein geschlachtetes Gemstier hangen finden sollst; aber hüte dich mir und schone die andern!"

Der Zwerg verschwand, und der Jäger ging nachdenklich heim, und die ruhige Lebensart behagte ihm wenig. Am siebenten Morgen hing eine fette Gemse in den Ästen eines Baums vor seiner Hütte, davon zehrte er ganz vergnügt, und die nächste Woche ging's eben so und dauerte ein paar Monate fort. Allein zuletzt verdroß den Jäger seine Faulheit, und er wollte lieber selber Gemsen jagen, möge erfolgen, was da werde, als sich den Braten zutragen lassen. Da stieg er auf, und nicht lange, so erblickte er einen stolzen Leitbock, legte an und zielte. Und als ihm nirgends der böse Zwerg erschien, wollte er eben losdrücken, da war der Zwerg hinterher geschlichen und riß den Jäger am Knöchel des Fußes nieder, daß er zerschmettert in den Abgrund sank.

*41. Der Grenzlauf.

Einst stritten die Urner mit den Glarnern bitter um ihre Landesgrenze, beleidigten und schädigten einander täglich. Da ward von den Biedermännern der Ausspruch getan: zur Tag- und Nachtgleiche solle von jedem Teil frühmorgens, sobald der Hahn krähe, ein rüstiger, kundiger Felsgänger ausgesandt werden und jedweder nach dem jenseitigen Gebiete zulaufen und da, wo sich beide Männer begegneten, die Grenzscheide festgesetzt bleiben, das kürzere Teil möge nun fallen diesseits oder jenseits. Die Leute wurden gewählt, und man dachte besonders darauf, einen solchen Hahn zu halten, der sich nicht verkrähe und die Morgenstunde auf das allerfrühste ansagte. Und die Urner nahmen einen Hahn, setzten ihn in einen Korb und gaben ihm sparsam zu essen und zu saufen, weil sie glaubten, Hunger und Durst werde ihn früher wecken. Dagegen die Glarner fütterten und mästeten ihren Hahn, daß er freudig und hoffärtig den Morgen grüßen könne, und dachten damit am besten zu fahren.

Als nun der Herbst kam und der bestimmte Tag erschien, da geschah es, daß zu Altorf der schmachtende Hahn zuerst erkrähte, kaum wie es dämmerte, und froh brach der Urner Felsenklimmer auf, der Marke zulaufend. Allein in Linttal drüben stand schon die volle Morgenröte am Himmel, die Sterne waren verblichen, und der fette Hahn schlief noch in guter Ruh. Traurig umgab ihn die ganze Gemeinde; aber es galt die Redlichkeit, und keiner wagte es ihn aufzuwecken, endlich schwang er die Flügel und krähte.

Aber dem Glarner Läufer wird's schwer sein, dem Urner den Vorsprung wieder abzugewinnen. Ängstlich sprang er und schaute gegen das Scheideck; wehe! da sah er oben am Giebel des Grats den Mann schreiten und schon bergabwärts niederkommen; aber der Glarner schwang die Fersen und wollte seinem Volke noch vom Lande retten so viel als möglich. Und bald stießen die Männer auf einander, und der von Uri rief: „Hier ist die Grenze!" — „Nachbar," sprach betrübt der von Glarus, „sei gerecht und gib mir noch ein Stück von dem Weidland, das du errungen hast!“ Doch der Urner wollte nicht; aber der Glarner ließ ihm nicht Ruh, bis er barmherzig wurde und sagte: „So viel will ich dir noch gewähren, als du, mich an deinem Hals tragend, bergan läufst.“

Da faßte ihn der rechtschaffene Sennhirt von Glarus und klomm noch ein Stück Felsen hinauf, und manche Tritte gelangen ihm noch; aber plötzlich versiegte ihm der Atem, und tot sank er zu Boden. Und noch heutiges Tages wird das Grenzbächlein gezeigt, bis zu welchem der einsinkende Glarner den siegreichen Urner getragen habe. In Uri war große Freude ob ihres Gewinstes: aber auch die zu Glarus gaben ihrem Hirten die verdiente Ehre und bewahrten seine große Treue in steter Erinnerung.

42. Die Gänsemagd.

Es lebte einmal eine alte Königin, der war ihr Gemahl schon lange Jahre gestorben, und sie hatte eine schöne Tochter. Wie die erwuchs, wurde sie weit über Feld an einen Königssohn versprochen. Als nun die Zeit kam, wo sie vermählt werden sollten und das Kind in das fremde Reich abreisen mußte, packte ihr die Alte gar viel köstliches Gerät und Geschmeide ein, Gold und Silber, Becher und Kleinode, kurz alles, was nur zu einem königlichen Brautschatz gehörte, denn sie hatte ihr Kind von Herzen lieb. Auch gab sie ihr eine Kammerjungfer bei, welche mitreiten und die Braut in die Hände des Bräutigams überliefern sollte, und jede bekam ein Pferd zur Reise, aber das Pferd der Königstochter hieß Falada und konnte sprechen. Wie nun die Abschiedsstunde da war, begab sich die alte Mutter in ihre Schlafkammer, nahm ein Messerlein und schnitt damit in ihre Finger, daß sie bluteten; darauf hielt sie ein weißes Läppchen unter und ließ drei Tropfen Blut hineinfallen, gab sie der Tochter und sprach: „Liebes Kind, verwahre sie wohl, sie werden dir unterweges not tun.“

Also nahmen beide voneinander betrübten Abschied; das Läppchen steckte die Königstochter in ihren Busen vor sich, setzte sich aufs Pferd und zog nun fort zu ihrem Bräutigam. Da sie eine Stunde geritten waren, empfand sie heißen Durst und sprach zu ihrer Kammerjungfer: „Steig ab und schöpfe mir mit meinem Becher, den du für mich mitgenommen hast, Wasser aus dem Bache, ich möchte gern einmal trinken." — „Wenn Ihr Durst habt," sprach die Kammerjungfer, „so steigt selber ab, legt Euch ans Wasser und trinkt, ich mag Eure Magd nicht sein." Da stieg die Königstochter vor großem Durst herunter, neigte sich über das Wasser im Bach und trank und durfte nicht aus dem goldnen Becher trinken. Da sprach sie: „Ach Gott!" da antworteten die drei Blutstropfen: „Wenn das deine Mutter wüßte, das Herz im Leibe tät ihr zerspringen." Aber die Königstochter war demütig, sagte nichts und stieg wieder zu Pferde.

So ritten sie etliche Meilen weiter fort, aber der Tag war warm, die Sonne stach, und sie durstete bald von neuem. Da sie nun an einen Wasserfluß kamen, rief sie noch einmal ihrer Kammerjungfer: „Steig ab und gib mir aus meinem Goldbecher zu trinken!" denn sie hatte aller bösen Worte längst vergessen. Die Kammerjungfer sprach aber noch hochmütiger: „Wollt Ihr trinken, so trinkt allein, ich mag nicht Eure Magd sein." Da stieg die Königstochter hernieder vor großem Durst, legte sich über das fließende Wasser, weinte und sprach: „Ach Gott!" und die Blutstropfen antworteten wiederum: „Wenn das deine Mutter wüßte, das Herz im Leibe tät ihr zerspringen." Und wie sie so trank und sich recht überlehnte, fiel ihr das Läppchen, worin die drei Tropfen waren, aus dem Busen und floß mit dem Wasser fort, ohne daß sie es in ihrer großen Angst merkte. Die Kammerjungfer hatte aber zugesehen und freute sich, daß sie Gewalt über die Braut bekäme; denn damit, daß diese die Blutstropfen verloren hatte, war sie schwach und machtlos geworden. Als sie nun wieder auf ihr Pferd steigen wollte, das da hieß Falada, sagte die Kammerfrau: „Auf Falada gehöre ich, und auf meinen Gaul gehörst du"; und das mußte sie sich gefallen lassen. Dann befahl ihr die Kammerfrau mit harten Worten, die königlichen Kleider auszuziehen und ihre schlechten anzulegen, und endlich mußte sie sich unter freiem Himmel verschwören, daß sie am königlichen Hof keinem Menschen etwas davon sprechen wollte; und wenn sie diesen Eid nicht abgelegt hätte, wäre sie auf der Stelle umgebracht worden. Aber Falada sah das alles an und nahm's wohl in Acht.

Die Kammerfrau stieg nun auf Falada und die wahre Braut auf das schlechte Roß, und so zogen sie weiter, bis sie endlich in dem königlichen Schloß eintrafen. Da war große Freude über ihre Ankunft, und der Königssohn sprang ihnen entgegen, hob die Kammerfrau vom Pferde und meinte, sie wäre seine Gemahlin; sie ward die Treppe hinaufgeführt, die wahre Königstochter aber mußte unten stehen bleiben. Da schaute der alte König am Fenster und sah sie im Hof halten und sah, wie sie fein war, zart und gar schön, ging alsbald hin ins königliche Gemach und fragte die Braut nach der, die sie bei sich hätte und da unten im Hofe stände, und wer sie wäre. „Die hab ich mir unterwegs mitgenommen zur Gesellschaft; gebt der Magd etwas zu arbeiten, daß sie nicht müßig steht." Aber der alte König hatte keine Arbeit für sie und wußte nichts, als daß er sagte: „Da hab ich so einen kleinen Jungen, der hütet die Gänse, dem mag sie helfen." Der Junge hieß Kürdchen (Konrädchen), dem mußte die wahre Braut helfen Gänse hüten.

Bald aber sprach die falsche Braut zu dem jungen König: „Liebster Gemahl, ich bitte Euch, tut mir einen Gefallen!" Er antwortete: „Das will ich gerne tun." — „Nun, so laßt den Schinder rufen und da dem Pferde, worauf ich hergeritten bin, den Hals abhauen, weil es mich unterwegs geärgert hat!" Eigentlich aber fürchtete sie, daß das Pferd sprechen möchte, wie sie mit der Königstochter umgegangen war. Nun war das so weit geraten, daß es geschehen und der treue Falada sterben sollte, da kam es auch der rechten Königstochter zu Ohr, und sie versprach dem Schinder heimlich ein Stück Geld, das sie ihm bezahlen wollte, wenn er ihr einen kleinen Dienst erwiese. In der Stadt war ein großes, finsteres Tor, wo sie abends und morgens mit den Gänsen durch mußte: unter das finstere Tor möchte er dem Falada seinen Kopf hinnageln, daß sie ihn doch noch mehr als einmal sehen könnte. Also versprach das der

Schindersknecht zu tun, hieb den Kopf ab und nagelte ihn unter das finstere Tor fest.

Des Morgens früh, da sie und Kürdchen unterm Tor hinaustrieben, sprach sie im Vorbeigehen:

„O du Falada, da du hangest,“

da antwortete der Kopf:

„O du Jungfer Königin, da du gangest,
Wenn das deine Mutter wüßte,
Ihr Herz tät ihr zerspringen.“

Da zog sie still weiter zur Stadt hinaus, und sie trieben die Gänse aufs Feld. Und wenn sie auf der Wiese angekommen war, saß sie nieder und machte ihre Haare auf, die waren eitel Gold, und Kürdchen sah sie und freute sich, wie sie glänzten, und wollte ihr ein paar ausraufen. Da sprach sie:

„Weh, weh, Windchen,
Nimm Kürdchen sein Hütchen,
Und laß en sich mit jagen,
Bis ich mich geflochten und geschnatzt
Und wieder aufgesatzt!“

Und da kam ein so starker Wind, daß er dem Kürdchen sein Hütchen wegwehte über alle Land, und es mußte ihm nachlaufen. Bis es wieder kam, war sie mit dem Kämmen und Aufsetzen fertig, und er konnte keine Haare kriegen. Da war Kürdchen bös und sprach nicht mit ihr; und so hüteten sie die Gänse, bis daß es Abend war, dann gingen sie nach Haus.

Den andern Morgen, wie sie unter dem finstern Tor hinaustrieben, sprach die Jungfrau:

„O du Falada, da du hangest,“

Falada antwortete:

„O du Jungfer Königin, da du gangest,
Wenn das deine Mutter wüßte,
Das Herz tät ihr zerspringen.“

Und in dem Feld setzte sie sich wieder auf die Wiese und fing an ihr Haar auszukämmen, und Kürdchen lief und wollte danach greifen, da sprach sie schnell:

„Weh, weh, Windchen,
Nimm Kürdchen sein Hütchen,
Und laß en sich mit jagen,
Bis ich mich geflochten und geschnatzt
Und wieder aufgesatzt!“

Da wehte der Wind und wehte ihm das Hütchen vom Kopf weit weg, daß Kürdchen nachlaufen mußte; und als es wieder kam, hatte sie längst ihr Haar zurecht, und es konnte keins davon erwischen; und so hüteten sie die Gänse, bis es Abend ward.

Abends aber, nachdem sie heimgekommen waren, ging Kürdchen vor den alten König und sagte: „Mit dem Mädchen will ich nicht länger Gänse hüten." — „Warum denn?" fragte der alte König. „Ei, das ärgert mich den ganzen Tag." Da befahl ihm der alte König zu erzählen, wie's ihm denn mit ihr ginge. Da sagte Kürdchen: „Morgens, wenn wir unter dem finstern Tor mit der Herde durchkommen, so ist da ein Gaulskopf an der Wand, zu dem redet sie:

„Falada, da du hangest,"

da antwortet der Kopf:

„O du Königsjungfer, da du gangest,
Wenn das deine Mutter wüßte,
Das Herz tät ihr zerspringen."

Und so erzählte Kürdchen weiter, was auf der Gänsewiese geschähe, und wie es da dem Hut im Winde nachlaufen müßte.

Der alte König befahl ihm, den nächsten Tag wieder hinauszutreiben, und er selbst, wie es Morgen war, setzte sich hinter das finstere Tor und hörte da, wie sie mit dem Haupt des Falada sprach, und dann ging er ihr auch nach in das Feld und barg sich in einem Busch auf der Wiese. Da sah er nun bald mit seinen eigenen Augen, wie die Gänsemagd und der Gänsejunge die Herde getrieben brachte, und wie nach einer Weile sie sich setzte und ihre Haare losflocht, die strahlten von Glanz. Gleich sprach sie wieder:

„Weh, weh, Windchen,
Faß Kürdchen sein Hütchen,
Und laß en sich mit jagen,
Bis ich mich geflochten und geschnatzt
Und wieder aufgesatzt!"

Da kam ein Windstoß und fuhr mit Kürdchens Hut weg, daß es weit zu laufen hatte, und die Magd kämmte und flocht ihre Locken still fort, welches der alte König alles beobachtete. Darauf ging er unbemerkt zurück, und als abends die Gänsemagd heimkam, rief er sie beiseite und fragte, warum sie dem allem so täte. „Das darf ich Euch nicht sagen und darf auch keinem Menschen mein Leid klagen, denn so hab ich mich unter freiem Himmel verschworen, weil ich sonst um mein Leben gekommen wäre." Er drang in sie und ließ ihr keinen Frieden, aber er konnte nichts aus ihr herausbringen. Da sprach er: „Wenn du mir nichts sagen willst, so klag dem Eisenofen da dein Leid!" und ging fort. Da kroch sie in den Eisenofen, fing an zu jammern und zu weinen, schüttete ihr Herz aus und sprach: „Da sitze ich nun von aller Welt verlassen und bin doch eine Königstochter, und eine falsche Kammerjungfer hat mich mit Gewalt dahin gebracht, daß ich meine königlichen Kleider habe ablegen müssen, und hat meinen Platz bei meinem Bräutigam eingenommen, und ich muß als Gänsemagd gemeine Dienste tun. Wenn das meine Mutter wüßte, das Herz im Leib tät ihr zerspringen." Der alte König stand aber außen an der Ofenröhre, lauerte ihr zu und hörte, was sie sprach. Da kam er wieder herein und hieß sie aus dem Ofen gehen. Da wurden ihr königliche Kleider angetan, und es schien ein Wunder, wie sie so schön war. Der alte König rief seinen Sohn und offenbarte ihm, daß er die falsche Braut hätte: die wäre bloß ein Kammermädchen, die wahre aber stände hier, als die gewesene Gänsemagd. Der junge König war herzensfroh, als er ihre Schönheit und Tugend erblickt, und ein großes Mahl wurde angestellt, zu dem alle Leute und guten Freunde gebeten wurden. Obenan saß der Bräutigam, die Königstochter zur einen Seite und die Kammerjungfer zur andern, aber die Kammerjungfer war verblendet und erkannte jene nicht mehr in dem glänzenden Schmuck. Als sie nun gegessen und getrunken hatten und gutes Muts waren, gab der alte König der Kammerfrau ein Rätsel auf, was eine solche wert wäre, die den Herrn so und so betrogen hätte, erzählte damit den ganzen Verlauf und fragte: „Welches Urteils ist diese würdig?" Da sprach die falsche Braut: „Die ist nichts besseres wert, als daß sie splitternackt ausgezogen und in ein Faß gesteckt wird, das inwendig mit spitzen Nägeln beschlagen ist; und zwei weiße Pferde müssen vorgespannt werden, die sie Gasse auf Gasse ab zu Tode schleifen." — „Das bist du," sprach der alte König, „und hast dein eigen Urteil gefunden, und danach soll dir widerfahren!" Und als das Urteil vollzogen war, vermählte sich der junge König mit seiner rechten Gemahlin, und beide beherrschten ihr Reich in Frieden und Seligkeit.

43. Der Hase und der Igel.

Disse geschichte is lögenhaft to vertellen, jungens, aver wahr is se doch, denn mîn grôdvater, van den ick se hew, plegg jümmer, wenn he se mi vortüerde, dabî to seggen: „wahr mütt se doch sîn, mîn söhn, anners kunn man se jo nich vertellen." De geschicht hett sick aber so tôdragen.

Et wör an enen sündagmorgen tor hârvesttîd, jüst as de bôkwêten bloide; de sünn wör hellig upgân am hewen, de morgenwind güng warm över de stoppeln, de larken süngen in'r lucht, de immen sumsten in den bôkwêten, und de lüde güngen en êren sündagsstât nah'r kerken, un alle kreatur wör vergnögt und de swînegel ôk.

De swînegel aver stünd vör sîner dör, harr de arm ünnerslâgen, kêk dabî in den morgenwind hinût un quinkelêrde en lütjet lêdken vör sick hin, sô gôd un so slecht as nun eben am lêwen sündagmorgen en swînegel to singen pleggt. Indem he nu noch so half lîse vör sick hin sung, füll em up ênmal in, he künn ôk wol, mittlerwîl sîn frô de kinner wüsch un antröcke, en bêten in't feld spazêren und tôsehen, wie sîn stäkröwen stünden. De stäkröwen wören aver de nöchsten bî sînem hûse, un he pleggte mit sîner familie davon to êten, darüm sâg he se as de sînigen an. Gesagt, gedân. De swînegel mackte de hûsdör achter sik tô un slög den wêg nâ'n felde in. He wör noch nich ganz wît von hûse un wull jüst um den slöbusch, de dâr vörm felde liggt, nah den stäkröwenacker hinup dreien, as em de hâs bemött, de in ähnlichen geschäften utgân wör, nämlich um sînen kohl to besehn. As de swînegel den hâsen ansichtig wör, so böd he em en fründlichen gô'n morgen. De hâs aver, de up sîne wîs en vörnehmer herr was un grausam hochfartig dabî, antworde nicks up den swînegel sînen gruß, sondern seggte tom swînegel, wobî he en gewaltig höhnische mîne annöm: „Wie kummt et denn, dat du hier all bî so fröhem morgen im felde rumlöppst?“ — „Ick gah spazêren,“ seggt de swînegel. „Spazêren?“ lachte de hâs, „mi dûcht, du kunnst de bên ôk wol to betern dingen gebrûken.“ Disse antword verdröt den swînegel ungeheuer, denn alles kunn he verdregen, aver up sîne bên lât he nicks komen, eben weil se von natur schêf wören. „Du bildst di wol in,“ seggt nu de swînegel tom hâsen, „as wenn du mit dîne bên mehr utrichten kunnst?“ — „Dat denk ick,“ seggt de hâs. „Dat kummt up'n versök an,“ mênt de swînegel, „ick parêr, wenn wi in de wett lôpt, ick lôp di vorbî.“ — „Dat is tum lachen, du mit dîne schêfen bên,“ seggt de hâs, „aver mînetwegen mag't sîn, wenn du so övergrôte lust hest. Wat gilt de wett?“ — „En goldne lujedor un'n buddel branwîn,“ seggt der swînegel. „Angenâmen!“ sprök de hâs, „slâ in, un denn kann't glîk losgân.“ — „Nä, so grôte îl hett et nich,“ mên di swînegel, ick bün noch ganz nüchdern; erst will ick to hûs gân un en bêten fröhstücken: inner halwen stünd bün ick wêder hier up'n platz.“

Damit güng de swînegel, denn de hâs wör et tofrêden. Ünnerwegs dachte de swînegel bei sick: „de hâs verlett sick up sîne langen bên, aver ick will em wol kriegen. He is zwar en vörnehm herr, aber doch man'n dummen kêrl, und betâlen sall he doch.“ As nu de swînegel to hûs anköm, sprök he to sîn frô: „Frô, treck di gau an, du musst mit mi nâ'n felde hinût.“ — „Wat givt et denn?“ seggt sîn frô. „Ick hew mit'n hâsen wett üm'n goldnen lujedor un'n buddel branwîn, ick will mit em in wett lôpen, und da sallst du mit dabî sîn.“ — „O, mîn gott, mann“ füng nû den swînegel sîn frô an to schrên, „büst du nich klôk, hest du denn ganz den verstand verlâren? Wie kannst du mit den hâsen in de wett lôpen wollen?" — „Holt dat mûl, wîf," seggt der swînegel, „dat is mîn sâk. Resonêr nich in männergeschäfte! Marsch, treck di an, un denn kumm mit!" Wat sull den swînegel sîn frô mâken? se mußt wôl folgen, se mugg nu wollen oder nich.

As se nu mit ênanner ünnerwegs wören, sprök de swînegel tô sîn frô: „Nu pass up, wat ick seggen will! Sühst du, up den langen acker dar wüll wi unsern wettlôp mâken. De hâs löppt nemlich in der ênen föhr un ick inner andern, un von bâben fang wie an to lôpen. Nu häst du wîder nicks to dôn, as du stellst di hier unnen in de föhr, und wenn de hâs up de andere sît ankummt, so röpst du em entgegen: Ick bün all hier!"

Damit wören se bî den acker anlangt, de swînegel wîsde sîner frô êren platz an un gung nu den acker hinup. As se bâben anköm, wör de hâs all dâ. „Kann et losgân?" seggt de hâs. „Ja wol!" seggt de swînegel. „Denn man tô!" Un damit stellde jeder sick in sîne föhr. De hâs tellde: „Hâl ên, hâl twê, hâl drê!" un los güng he wî en stormwind den acker hindâl. De swînegel aver löp ungefähr man drê schritt, dann dûkde er sick dâl in de föhr un blêv ruhig sitten.

As nu de hâs in vullen lôpen ünnen am acker anköm, röp em den swînegel sîn frô entgegen: „Ick bünn all hier." De hâs stutzt un verwunderte sick nich wenig; he mênde nich anders, als et wör de swînegel sülvst, de em tôröp, denn bekanntlich süht den swînegel sîn frô jüst so ût wie êr mann. De hâs aber mênde: „Dat geit nich tô mit rechten dingen." He röp: „Nochmal gelôpen, wedder üm!" Un fort güng he wedder wie ên stormwind, dat em de ôren am koppe flögen. Den swînegel sîn frô aver blêv ruhig up êren platze. As nun de hâs bâben anköm, röp em de swînegel entgegen: „Ick bin all hier." De hâs aver, ganz ûter sick vör îwer, schrêde: „Nochmal gelôpen, wedder üm!" — „Mi nich to slimm," antwôrde de swînegel, „mînetwegen so oft, as du lust hest.“ So löp de hâs noch drêunsöbentigmal, un de swînegel höhl et ümmer mit em ût. Jedesmal, wenn de hâs ünnen oder bâben anköm, seggten de swînegel oder sîn frô: „Ick bün all hier.“

Tum vêrunsöbentigstenmal aver köm de hâs nich mêr to ende. Midden am acker stört he tor erde, dat blôd flög em utn halse, un he blêv dôt upn platze. De swînegel aber nöhm sîne gewunnene lujedor un den buddel branwîn, röp sîne frô ut der föhr aff, un beide güngen vergnögt mit ênanner nah hûs: un wenn sie nich storben sün, lewt se noch.

So begêv et sick, dat up de Buxtehuder heid de swînegel den hâsen dôt lôpen hett, un sîd jener tîd hatt et sick kên hâs wedder infallen lâten, mit'n Buxtehuder swînegel in de wett to lôpen.

De lêre aver ut disser geschichte is erstens, dat kêner, un wenn he sick ôk noch so vörnehm dücht, sick sall bîkommen lâten, un övern geringen mann sick lustig tô mâken, un wör't ôk man'n swînegel. Un twêtens, dat et gerâden is, wenn êner frêt, datt he sick ne frô ût sînem stande nimmt, un de jüst so ûtsüht as he sülwst. Wer also en swînegel is, de mutt tôsên, dat sîne frô ôk en swînegel is, un so wîder.

vortüerde = behaglich erzählte; bôkwêten = Buchweizen; lucht = Luft; lütjet = kleines; lêdken = Liedchen; lîse = leise, antröcke = anzöge; stäkröwen = Steckrüben; bemött = begegnete; schîf = schief; glîk = gleich; gau = schnell; föhr = Furche; bâben = oben; all = schon; tellde = zählte; hindâl = hinab; dûkde = duckte; dâl = nieder; îwer = Eifer, Ärger; höhl = hielt; frêt = freit.

44. D' brösmeli uf em tisch (schweizerdeutsch).

Der güggel het einisch zu sîne hüendlene gseit: „Chömed weidli i d' stûbe gô brôtbrösmeli zämebicke uf em tisch; eusi frau isch ûsgange gô ne visite mache. Do säge dô d' hüendli: „Nei, nei, mer chöme nit; weißt, d' frau balget ame mit is." Do seit der güggel: „Si weiß jo nüt dervô, chömed ir numme; si git is doch au nie nüt guets." Do säge d' hüendli wider: „Nei, nei, 's isch ûs und verbî, mer gönd nit ufe." Aber der güggel hat ene kei rûe glô, bis si endlig gange sind und ufe tisch und do d' brôtbrösmeli zämegläse hend in aller strenge. Do chunnt justement d' frau derzue und nimmt gschwind e stecke und steubt si abe und regiert gar grüseli mit ene. Und wo si dô vor em hûs unde gsî sind, so säge dô d' hüendli zum güggel: „Gsê gsê gsê gsê gsê gsê gsêst aber?"

Dô het der güggel gelachet und numme gseit: „Ha ha î's nit gwüßt?" Do hend si chönne gô.

Die Brosamen auf dem Tisch.

Der Gockelhahn hat einmal zu seinen Hühnerchen gesagt: „Kommt flink hinauf in die Stube, Brosamlein zusammenpicken auf dem Tisch; unsere Frau ist ausgegangen und macht eine Visite!" Da sagten die Hühner: „Nein, nein, wir kommen nicht; weißt du, die Frau zankt uns immer." Da sagte der Gockel: „Sie weiß es ja nicht, kommt nur; sie gibt uns ja auch nie nichts Gutes!" Da sagten die Hühner wieder: „Nein, nein, es ist aus und vorbei, wir gehn nicht hinauf!" Aber der Gockel hat ihnen keine Ruh gelassen, bis sie endlich gegangen sind und auf den Tisch gehüpft und haben da die Brosamlein zusammengelesen mit allem Eifer. Da kommt aber grade die Frau dazu und nimmt geschwind den Stock und jagt sie hinunter und schimpft gar sehr mit ihnen. Und wie sie dann wieder vor dem Haus unten gewesen sind, da haben die Hühnerchen zum Gockel gesagt: „Gse gse gse gse gse gse gsehn hastes?"

Da hat der Gockel noch gelacht dazu und hat gesagt: „Ha ha hab ichs nicht gewußt?" Da haben sie können gehen.

45. Das bürli im himel (schweizerdeutsch).

's isch emol e arms, fromms bürli gstorbe und chunnt dô vor d' himelspforte. Zur glîche zît isch au e rîche, rîche herr do gsî und het au i himel welle. Do chunnt der heilig Petrus mit em schlüssel und macht uf und lôt der herr ine; das bürli het er aber, wie's schînt, nit gsê und macht d' pforte ämel wider zue. Dô het das bürli vorusse ghört, wie de herr mit alle freude im himel ufgnô worden isch, und wie sie drin musizirt und gsunge händ. Äntli isch es do wider still worde, und der heilig Petrus chunnt, macht d' himelspforte uf und lôt das bürli au ine. 's bürli het dô gmeint, 's werd au musizirt und gsunge, wenn es chöm, aber do isch alles still gsî; me hets frîli mit aller liebi ufgnô, und d' ängeli sind em etgäge chô, aber gsunge het niemer. Do frôgt das bürli der heilig Petrus, worum das me bi îm nid singi, wie bî dem rîche herr; 's geu, schînt's, do im himel au parteiisch zue wie uf der erde. Do seit der heilig Petrus: „Nei, wäger, du bisch is so lieb wie alli andere und muesch alli himmlische freude gnieße, wie de rîch herr; aber lueg, so armi bürli, wie du eis bisch, chöme alli tag i himel; so ne rîche herr aber chunnt nume alli hundert jôr öppen eine.“

bürli = Bäuerlein; chunnt = kommt; gsî = gewesen; lôt = läßt; ämel = einmal; vorusse = draußen; ufgnô = aufgenommen; niemer = niemand; 's geu = es gehe; wäger = wahrlich; is = uns; muesch = mußt; lueg = schau; nume = nur; öppen = etwa.

Johann Peter Hebel (1760—1826).

*46. Der geheilte Patient.

Reiche Leute haben trotz ihrer gelben Vögel doch manchmal auch allerlei Lasten und Krankheiten auszustehen, von denen gottlob der arme Mann nichts weiß, denn es gibt Krankheiten, die nicht in der Luft stecken, sondern in den vollen Schüsseln und Gläsern und in den weichen Sesseln und seidenen Bettern, wie jener reiche Amsterdamer ein Wort davon reden kann. Den ganzen Vormittag saß er im Lehnsessel und rauchte Tabak, wenn er nicht zu träge war, oder hatte Maulaffen feil zum Fenster hinaus, aß aber zu Mittag doch wie ein Drescher, und die Nachbarn sagten manchmal: „Windet's draußen, oder schnauft der Nachbar so?"

Den ganzen Nachmittag aß und trank er ebenfalls bald etwas Kaltes, bald etwas Warmes, ohne Hunger und ohne Appetit, aus lauter langer Weile bis an den Abend, also daß man bei ihm nie recht sagen konnte, wo das Mittagessen aufhörte, und wo das Nachtessen anfing. Nach dem Nachtessen legte er sich ins Bett und war so müd, als wenn er den ganzen Tag Steine abgeladen oder Holz gespalten hätte. Davon bekam er zuletzt einen dicken Leib, der so unbeholfen war wie ein Maltersack. Essen und Schlaf wollte ihm nimmer schmecken, und er war lange Zeit, wie es manchmal geht, nicht recht gesund und nicht recht krank; wenn man aber ihn selber hörte, so hatte er 365 Krankheiten, nämlich alle Tage eine andere. Alle Ärzte, die in Amsterdam sind, mußten ihm raten. Er verschluckte ganze Feuereimer voll Mixturen und ganze Schaufeln voll Pulver und Pillen, wie Enteneier so groß, und man nannte ihn zuletzt scherzweise nur die zweibeinige Apotheke. Aber alle Arzneien halfen ihm nichts, denn er folgte nicht, was ihm die Ärzte befahlen, sondern sagte: „Wofür bin ich ein reicher Mann, wenn ich soll leben wie ein Hund und der Doktor will mich nicht gesund machen für mein Geld?"

Endlich hörte er von einem Arzt, der hundert Stund weit weg wohnte, der sei so geschickt, daß die Kranken gesund werden, wenn er sie nur recht anschaue, und der Tod geh ihm aus dem Weg, wo er sich sehen lasse. Zu dem Arzt faßte der Mann ein Zutrauen und schrieb ihm seinen Umstand. Der Arzt merkte bald, was ihm fehle, nämlich nicht Arznei, sondern Mäßigkeit und Bewegung, und sagte: „Wart, dich will ich bald kuriert haben!" Deswegen schrieb er ihm ein Brieflein folgenden Inhalts: „Guter Freund, Ihr habt einen schlimmen Umstand, doch wird Euch zu helfen sein, wenn Ihr folgen wollt. Ihr habt ein bös Tier im Bauch, einen Lindwurm mit sieben Mäulern. Mit dem Lindwurm muß ich selber reden, und Ihr müßt zu mir kommen. Aber fürs erste, so dürft Ihr nicht fahren oder auf dem Rößlein reiten, sondern auf des Schuhmachers Rappen, sonst schüttelt Ihr den Lindwurm, und er beißt Euch die Eingeweide ab, sieben Därme auf einmal ganz entzwei. Fürs andere dürft Ihr nicht mehr essen, als zweimal des Tages einen Teller voll Gemüs, mittags ein Bratwürstlein dazu und nachts ein Ei und am Morgen ein Fleischsüpplein mit Schnittlauch drauf. Was Ihr mehr esset, davon wird nun der Lindwurm größer, also daß er Euch die Leber erdrückt, und der Schneider hat Euch nimmer viel anzumessen, aber der Schreiner. Dies ist mein Rat, und wenn Ihr mir nicht folgt, so hört Ihr im andern Frühjahr den Kuckuck nimmer schreien. Tut, was Ihr wollt!"

Als der Patient so mit ihm reden hörte, ließ er sich sogleich am andern Morgen die Stiefel salben und machte sich auf den Weg, wie ihm der Doktor befohlen hatte. Den ersten Tag ging es so langsam, daß wohl eine Schnecke hätte können sein Vorreiter sein, und wer ihn grüßte, dem dankte er nicht, und wo ein Würmlein auf der Erde kroch, das zertrat er. Aber schon am zweiten und am dritten Morgen kam es ihm vor, als wenn die Vögel schon lange nimmer so lieblich gesungen hätten wie heut, und der Tau schien ihm so frisch und die Kornrosen im Feld so rot, und alle Leute, die ihm begegneten, sahen so freundlich aus und er auch, und alle Morgen, wenn er aus der Herberge ausging, war's schöner, und er ging leichter und munterer dahin, und als er am achtzehnten Tage in der Stadt des Arztes ankam und den andern Morgen aufstand, war es ihm so wohl, daß er sagte: „Ich hätte zu keiner ungeschicktern Zeit können gesund werden als jetzt, wo ich zum Doktor soll. Wenn's mir doch nur ein wenig in den Ohren brauste, oder das Herzwasser lief mir!" Als er zum Doktor kam, nahm ihn der Doktor bei der Hand und sagte ihm: „Jetzt erzählt mir denn noch einmal von Grund aus, was Euch fehlt!" Da sagte er: „Herr Doktor, mir fehlt gottlob nichts, und wenn Ihr so gesund seid wie ich, so soll's mich freuen." Der Doktor sagte: „Das hat Euch ein guter Geist geraten, daß Ihr meinem Rat gefolgt habt. Der Lindwurm ist jetzt abgestanden. Aber Ihr habt noch Eier im Leib, deswegen müßt Ihr wieder zu Fuß heimgehen und daheim fleißig Holz sägen, daß niemand sieht, und nicht mehr essen, als Euch der Hunger ermahnt, damit die Eier nicht ausschlupfen, so könnt Ihr ein alter Mann werden," und lächelte dazu. Aber der reiche Fremdling sagte: „Herr Doktor, Ihr seid ein feiner Kauz, und ich versteh Euch wohl," und hat nachher dem Rat gefolgt und 87 Jahre, 4 Monate, 10 Tage gelebt, wie ein Fisch im Wasser so gesund, und hat alle Neujahr dem Arzt zwanzig Dublonen zum Gruß geschickt.

*47. Die Wachtel.

Zwei wohlgezogene und ehrbare Nachbarn lebten sonst miteinander immer in Frieden und Freundschaft, jetzt zwar auch noch, aber einer von ihnen hatte eine Wachtel. Zu ihm kommt endlich der Nachbar und sagt: „Freund, begreift Ihr nicht, daß mir Euer Lärmenmacher, Euer Tambour da sehr ungelegen sein kann, wenn ich morgens noch ein Stündlein schlafen möchte, und daß Ihr Euch unwert macht bei der ganzen Nachbarschaft?" — Ihm erwiderte der Nachbar: „Ich begreife das Gegenteil. Ist's nicht aller Ehren wert, daß meine Wachtel der ganzen Nachbarschaft den Morgen umsonst ansagt und die Gesellen weckt, auch sonst Kurzweil macht, und ich trage die Atzungskosten allein?" Als alle Vorstellungen nicht verfangen wollten und die Wachtel immer früher schlug und immer heller, kommt endlich der Nachbar noch einmal und sagt: „Freund, wär Euch Eure Wachtel nicht feil?" Der Nachbar sagt: „Wollt Ihr sie tot machen?" „Das nicht," erwiderte der andere. — „Oder fliegen lassen?" — „Nein, auch nicht." — „Oder in eine andere Gasse stiften?" — „Auch das nicht, sondern hier vor mein Fenster will ich sie stellen, damit Ihr sie auch noch hören könnt alle Morgen." Der Nachbar merkte nichts, denn er war nicht der klügere von beiden.

Ei — dachte er — wenn ich sie vor deinem Fenster umsonst hören kann und bekomme noch Geld dazu, so ist's besser. — „Ist sie Euch ein Zweiguldenstück wert?" fragte er den Nachbarn. Der Nachbar dachte zwar, es sei viel Geld, doch soll's ihm nicht verloren sein, und noch in der nämlichen Stunde wurde die Wachtel umquartiert.

Am anderen Morgen, als sie ihren vorigen Besitzer aus dem Schlaf erweckte und er eben denken wollte: Ei, meine gute Wachtel ist auch schon munter — halbwegs des Gedankens fällt's ihm ein: Nein, es ist meines Nachbars Wachtel. „Das undankbare Vieh," sagte er endlich am dritten Morgen, „ein Jahr lang hat sie bei mir gelebt und gute Tage gehabt, und jetzt hält sie es mit einem andern und lebt mir zum Schabernack. — Der Nachbar sollte verständiger sein und bedenken, daß er nicht allein in der Welt ist, wenigstens nicht allein in der Stadt." Nach mehreren Tagen aber, als er vor Verdruß es nimmer aushalten konnte, redete er hinwiederum den Nachbar an: „Freund," sagt er, „Eure Wachtel hat in der vergangenen Nacht wieder einen kurzen Schlaf gehabt." — „Es ist ein braver Vogel," erwiderte der Nachbar, „ich habe mich nicht daran verkauft." — „Er ist recht brav worden in Eurem Futter," fuhr jener fort, „was verlangt Ihr Aufgeld, daß er Euch wieder feil werde?" Da lächelte der andere und sagte: „Wollt Ihr sie vielleicht tot machen?" — „Nein." — „Oder fliegen lassen?" — „Das auch nicht." — „Oder in eine andere Gasse vermachen?" — „Auch das nicht. Aber an ihren alten Platz will ich sie wieder stellen, wo Ihr sie ja eben so gut hören könnt wie an ihrem jetzigen." — „Freund," erwiderte ihm hierauf der Nachbar, „vor Euer Fenster kommt die Wachtel nimmermehr, aber gebt Ihr mir meine zwei Gulden wieder, so laß ich sie fliegen." Der Nachbar dachte bei sich: „Wohlfeiler kann ich sie nicht los werden, als für sein eigenes Geld." Also gab er ihm die zwei Gulden wieder, und die Wachtel flog.

Der geneigte Leser wolle hieran gelegentlich erkennen, wenn er es nötig hat, was für ein großer Unterschied es sei, ob etwas vor dem eigenen Fenster und in dem eigenen Haus geschieht oder in einem andern; ferner — denn es braucht keine Wachtel dazu — ob einer in einer Gesellschaft selber pfeift und auf den Tisch trommelt, oder ob es ein anderer anhören muß; item: ob einer selber bis nachts um zehn Uhr eine langweilige Geschichte erzählt, und ob ein anderer dabei sein und von Zeit zu Zeit sich verwundern und etwas dazu sagen muß, gleich als ob er acht gäbe.

*48. Ist der Mensch ein wunderliches Geschöpf.

Einem König von Frankreich wurde durch seinen Kammerdiener der Name eines Mannes genannt, der das 75. Jahr zurückgelegt habe und noch nie aus Paris herausgekommen sei. Er wisse noch auf diese Stunde nicht anderst als vom Hörensagen, was eine Landstraße sei oder ein Ackerfeld oder der Frühling. Man könnte ihm weiß machen, die Welt sei schon vor zwanzig Jahren untergegangen; er müsse es glauben. — Der König fragte, ob denn der Mann kränklich oder gebrechlich sei. „Nein,“ sagte der Kammerdiener, „er ist so gesund wie der Fisch im Wasser.“ Oder ob er trübsinnig sei. „Nein, es ist ihm so wohl wie dem Vogel im Hanfsamen.“ Oder ob er durch seiner Hände Arbeit eine zahlreiche Familie zu ernähren habe. „Nein, er ist ein wohlhabender Mann. Er mag eben nicht. Es nimmt ihn nicht wunder.“

Des verwunderte sich der König und wünschte diesen Menschen zu sehen. Der Wunsch eines Königs von Frankreich ist bald erfüllt, zwar auch nicht jeder, aber dieser, und der König redete mit dem Menschen von allerlei, ob er schon lange gesund und wohlauf sei. „Ja, Sire,“ erwiderte er, „allbereits 75 Jahre.“ Ob er in Paris geboren sei. „Ja, Sire! Es müsse kurios zugegangen sein, wie ich anderst hineingekommen wäre, denn ich bin noch nie draußen gewesen.“ — „Das soll mich doch wunder nehmen,“ erwiderte der König, „denn eben deswegen hab ich Euch rufen lassen. Ich höre, daß Ihr allerlei verdächtige Gänge macht, bald zu diesem Tor hinaus, bald zu jenem. Wißt Ihr, daß man schon lange auf Euch Achtung gibt?“ Der Mann war über diesen Vorwurf ganz erstaunt und wollte sich entschuldigen. Das müsse ein anderer sein, der seinen Namen führe, oder so. Aber der König fiel ihm in die Rede: „Kein Wort mehr! Ich hoffe, Ihr werdet in Zukunft nicht mehr aus der Stadt gehen ohne meine ausdrückliche Erlaubnis."

Ein rechter Pariser, wenn ihm der König etwas befiehlt, denkt nicht lange, ob es notwendig sei, und ob es nicht auch anders ebenso gut sein könnte, sondern er tut's. Der unsrige war ein rechter, obgleich, als auf seinem Heimweg die Postkutsche vor ihm vorbeifuhr, dachte er: „O, ihr Glücklichen da drinnen, daß ihr aus Paris hinaus dürft!" Als er nach Hause kam, las er die Zeitung wie alle Tage. Aber diesmal fand er nicht viel drin. Er schaute zum Fenster hinaus, das war auf einmal so langweilig. Er las in einem Buch, das war auf einmal so einfältig. Er ging spazieren, er ging in die Komödie, in das Wirtshaus, das war so alltäglich. So das erste Vierteljahr lang, so das zweite, und mehr als einmal im Gasthaus sagte er zu seinen Nachbarn: „Freunde, es ist ein hartes Wort, fünfundsiebenzig Jahre kontinuierlich in Paris gelebt zu haben und jetzt erst nicht hinaus zu dürfen." Endlich im dritten Vierteljahr konnte er's nimmer aushalten, sondern meldete sich einen Tag um den andern wegen der Erlaubnis, das Wetter sei so hübsch, oder es sei heut ein schöner Regentag. Er wolle sich gern auf seine Kosten von einem vertrauten Manne begleiten lassen, wenn's sein müsse, auch von zweien. Aber vergebens. Nach Verlauf aber eines schmerzlich durchlebten Jahrs, gerade am nämlichen Tag, als er abends nach Hause kam, fragt er mit bösem Gesicht die Frau: „Was ist das für ein neues Kaleschlein im Hof? Wer will mich zum besten haben?" — „Herzensschatz!" antwortete die Frau, „ich habe dich überall suchen lassen. Der König schenkt dir das Kaleschlein und die Erlaubnis, darin spazieren zu fahren, wohin du willst." — „Ma foi!" erwiderte der Mann mit besänftigter Miene, „der König ist gerecht." — „Aber nicht wahr," fuhr die Gattin fort, „morgen fahren wir spazieren aufs Land?" — „Ei, nun," erwiderte der Mann kalt und ruhig, „wir wollen sehn. Wenn's auch morgen nicht ist, so kann's ein andermal sein, und am Ende, was tun wir draußen? Paris ist doch am schönsten inwendig."

Drei Sprichwörtererklärungen.

*49. Es ist nicht alles Gold, was glänzt.

Mancher, der nicht an dieses Sprichwort denkt, wird betrogen. Aber eine andere Erfahrung wird noch öfter vergessen: „Manches glänzt nicht und ist doch Gold," und wer das nicht glaubt und nicht daran denkt, der ist noch schlimmer daran. In einem wohlbestellten Acker, in einem gut eingerichteten Gewerbe ist viel Gold verborgen, und eine fleißige Hand weiß es zu finden; und ein ruhiges Herz dazu und ein gutes Gewissen glänzt auch nicht und ist noch mehr als Goldes wert. Oft ist gerade da am wenigsten Gold, wo der Glanz und die Prahlerei am größten ist. Wer viel Lärm macht, hat wenig Mut. Wer viel von seinen Talern redet, hat nicht viel. Einer prahlte, er habe ein ganzes Simri Dukaten daheim. Als er sie zeigen sollte, wollte er lange nicht daran. Endlich brachte er ein kleines, rundes Schächtelchen zum Vorschein, das man mit der Hand decken konnte. Doch half er sich mit einer guten Ausrede. Das Dukatenmaß, sagte er, sei kleiner als das Fruchtmaß.

*50. Rom ist nicht in einem Tage erbaut worden.

Damit entschuldigen sich viele fahrlässige und träge Menschen, welche ihr Geschäft nicht treiben und vollenden mögen und schon müde sind, ehe sie recht anfangen. Mit dem Rom ist es aber eigentlich so gegangen: es haben viele fleißige Hände viele Tage lang vom frühen Morgen bis zum späten Abend unverdrossen daran gearbeitet und nicht abgelassen, bis es fertig war und der Hahn auf dem Kirchturm stand. So ist Rom entstanden. Was du zu tun hast, mach's auch so!

*51. Frisch gewagt ist halb gewonnen.

Daraus folgt: Frisch gewagt ist auch halb verloren. Das kann nicht fehlen. Deswegen sagt man auch: Wagen gewinnt, wagen verliert. Was muß also den Ausschlag geben? Prüfung, ob man die Kräfte habe zu dem, was man wagen will, Überlegung, wie es anzufangen sei, Benutzung der günstigen Zeit und Umstände, und hintennach, wenn man sein mutiges A gesagt hat, ein besonnenes B und ein bescheidenes C. Aber so viel muß wahr bleiben: Wenn etwas Gewagtes soll unternommen werden und kann nicht anders sein, so ist ein frischer Mut zur Sache der Meister, und der muß dich durchreißen. Aber wenn du immer willst und fangst nie an, oder du hast schon angefangen, und es reut dich wieder, und willst, wie man sagt, auf dem trockenen Lande ertrinken, guter Freund, dann ist schlecht gewagt ganz verloren.

52. Unverhofftes Wiedersehen.

In Falun in Schweden küßte vor guten fünfzig Jahren und mehr ein junger Bergmann seine junge, hübsche Braut und sagte zu ihr: „Auf Sankt Luciä wird unsere Liebe von des Priesters Hand gesegnet. Dann sind wir Mann und Weib und bauen uns ein eigenes Nestlein." — „Und Friede und Liebe soll darin wohnen!" sagte die schöne Braut mit holdem Lächeln, „denn du bist mein einziges und alles, und ohne dich möchte ich lieber im Grabe sein, als an einem anderen Ort." Als sie aber vor St. Luciä der Pfarrer zum zweitenmal in der Kirche aufgerufen hatte: „So nun jemand Hindernis wüßte anzuzeigen, warum diese Personen nicht möchten ehelich zusammen kommen," da meldete sich der Tod. Denn als der Jüngling den andern Morgen in seiner schwarzen Bergmannskleidung an ihrem Haus vorbeiging — der Bergmann hat sein Totenkleid immer an — da klopfte er zwar noch einmal an ihrem Fenster und sagte ihr guten Morgen, aber keinen guten Abend mehr. Er kam nimmer aus dem Bergwerk zurück, und sie säumte vergeblich selbigen Morgen ein schwarzes Halstuch mit rotem Rand für ihn zum Hochzeitstag, sondern als er nimmer kam, legte sie es weg und weinte um ihn und vergaß ihn nie.

Unterdessen wurde die Stadt Lissabon in Portugal durch ein Erdbeben zerstört, und der siebenjährige Krieg ging vorüber, und Polen wurde geteilt, und die Kaiserin Maria Theresia starb, Amerika wurde frei, und die vereinigte französische und spanische Macht konnte Gibraltar nicht erobern. Die französische Revolution und der lange Krieg fing an, und Napoleon eroberte Preußen, und die Engländer bombardierten Kopenhagen, und die Ackerleute säeten und schnitten, der Müller mahlte, und die Schmiede hämmerten, und die Bergleute gruben nach den Metalladern in ihrer unterirdischen Werkstatt. Als aber die Bergleute in Falun im Jahre 1809 etwas vor oder nach Johannis zwischen zwei Schachten eine Öffnung durchgraben wollten, gute dreihundert Ellen tief unter dem Boden, gruben sie aus dem Schutt und Vitriolwasser den Leichnam eines Jünglings heraus, der ganz mit Eisenvitriol durchdrungen, sonst aber unverwest und unverändert war, also daß man seine Gesichtszüge und sein Alter noch völlig erkennen konnte, als wenn er erst vor einer Stunde gestorben oder ein wenig eingeschlafen wäre an der Arbeit.

Als man ihn aber zu Tag ausgefördert hatte, Vater und Mutter, Gefreundte und Bekannte waren schon lange tot, kein Mensch wollte den schlafenden Jüngling kennen oder etwas von seinem Unglück wissen, bis die ehemalige Verlobte des Bergmanns kam, der eines Tages auf die Schicht gegangen war und nimmer zurückkehrte. Grau und zusammengeschrumpft kam sie an einer Krücke an den Platz und erkannte ihren Bräutigam; und mehr mit freudigem Entzücken als mit Schmerz sank sie auf die geliebte Leiche nieder, und erst als sie sich von einer langen, heftigen Bewegung des Gemüts erholt hatte, „es ist mein Verlobter", sagte sie endlich, „um den ich fünfzig Jahre lang getrauert hatte, und den mich Gott noch einmal sehen läßt vor meinem Ende. Acht Tage vor der Hochzeit ist er unter die Erde gegangen und nimmer heraufgekommen." Da wurden die Gemüter aller Umstehenden von Wehmut und Tränen ergriffen, als sie sahen die ehemalige Braut jetzt in der Gestalt des hingewelkten, kraftlosen Alters und den Bräutigam noch in seiner jugendlichen Schöne, und wie in ihrer Brust nach fünfzig Jahren die Flamme der jugendlichen Liebe noch einmal erwachte — aber er öffnete den Mund nimmer zum Lächeln oder die Augen zum Wiedererkennen — und wie sie ihn endlich von den Bergleuten in ihr Stüblein tragen ließ, als die einzige, die ihm angehöre und ein Recht an ihn habe, bis sein Grab gerüstet sei auf dem Kirchhof.

Den andern Tag, als das Grab gerüstet war auf dem Kirchhof und ihn die Bergleute holten, schloß sie ein Kästlein auf, legte sie ihm das schwarzseidene Halstuch mit roten Streifen um und begleitete ihn alsdann in ihrem Sonntagsgewand, als wenn es ihr Hochzeitstag und nicht der Tag seiner Beerdigung wäre. Denn als man ihn auf dem Kirchhof ins Grab legte, sagte sie: „Schlafe nun wohl noch einen Tag oder zehen im kühlen Hochzeitbett und laß dir die Zeit nicht lange werden! Ich habe nur noch wenig zu tun und komme bald, und bald wird's wieder Tag. — Was die Erde einmal wiedergegeben hat, wird sie zum zweitenmal auch nicht behalten!" sagte sie, als sie fortging und noch einmal umschaute.

53. Der Schneider in Pensa.

Der Schneider in Pensa, was ist das für ein Männlein! Sechsundzwanzig Gesellen auf dem Brett; jahraus, jahrein für halb Rußland Arbeit genug, und doch kein Geld, aber ein froher, heiterer Sinn, ein Gemüt, treu und köstlich wie Gold, und mitten in Asien deutsches Blut rheinländischer Hausfreundschaft.

Im Jahr 1812, als Rußland nimmer Straßen genug hatte für die Kriegsgefangenen an der Beresina oder in Wilna, ging eine auch durch Pensa, welches für sich schon mehr als einhundert Tagereisen weit von Lahr oder Pforzheim entfernt ist, und wo die beste deutsche oder englische Uhr, wer eine hat, nimmer recht geht, sondern ein paar Stunden zu spät. In Pensa ist der Sitz des ersten russischen Statthalters in Asien, wenn man von Europa aus hereinkommt. Also wurden dort die Kriegsgefangenen abgegeben und übernommen und alsdann weiter abgeführt in das tiefe, fremde Asien hinein, wo die Christenheit ein Ende hat und niemand mehr das Vaterunser kennt, wenn's nicht einer, gleichsam als eine fremde Ware, aus Europa mitbringt.

Also kamen eines Tages, mit Franzosen meliert, auch sechzehn rheinländische Landsleute, badische Offiziere, die damals unter den Fahnen Napoleons gedient hatten, über die Schlachtfelder und Brandstätten von Europa, ermattet, krank, mit erfrorenen Gliedmaßen und schlecht geheilten Wunden, ohne Geld, ohne Kleidung, ohne Trost in Pensa an und fanden in diesem unheimlichen Land kein Ohr mehr, das ihre Sprache verstand, kein Herz mehr, das sich über ihre Leiden erbarmte. Als aber einer den andern mit trostloser Miene anblickte: „Was wird aus uns werden?" oder: „Wann wird der Tod unserm Elend ein Ende machen, und wer wird den letzten begraben?" da vernahmen sie mitten durch das russische und kosakische Kauderwelsch, wie ein Evangelium vom Himmel, unvermutet eine Stimme: „Sind keine Deutsche da?" und es stand vor ihnen auf zwei nicht ganz gleichen Füßen eine liebe, freundliche Gestalt. Das war der Schneider von Pensa, Franz Anton Egetmeier, gebürtig aus Bretten im Neckarkreis, Großherzogtum Baden. Hat er nicht im Jahr 1779 das Handwerk gelernt in Mannheim? Hernach ging er auf die Wanderschaft nach Nürnberg, hernach ein wenig nach Petersburg hinein. Ein Pfälzer Schneider schlagt sieben bis achtmal hundert Stunden Wegs nicht hoch an, wenn's ihn inwendig treibt. In Petersburg aber ließ er sich unter ein russisches Kavallerieregiment als Regimentsschneider engagieren und ritt mit ihnen in die fremde russische Welt hinein, wo alles anderst ist, nach Pensa, bald mit der Nadel stechend, bald mit dem Schwert. In Pensa aber, wo er sich nachher häuslich und bürgerlich niederließ, ist er jetzt ein angesehenes Männlein. Will jemand in ganz Asien ein sauberes Kleid nach der Mode haben, so schickt er zu dem deutschen Schneider in Pensa. Verlangt er etwas von dem Statthalter, der doch ein vornehmer Herr ist und mit dem Kaiser reden darf, so hat's ein guter Freund vom andern verlangt, und hat auf dreißig Stunden Weges ein Mensch ein Unglück oder einen Schmerz, so vertraut er sich dem Schneider von Pensa an, er findet bei ihm, was ihm fehlt, Trost, Rat, Hilfe, ein Herz und ein Auge voll Liebe, Obdach, Tisch und Bett, nur kein Geld.

Einem Gemüte, wie dieses war, das nur in Liebe und Wohltun reich ist, blühte auf den Schlachtfeldern des Jahres 1812 eine schöne Freudenernte. So oft ein Transport von unglücklichen Gefangenen kam, warf er Schere und Elle weg und war der erste auf dem Platz, und: „Sind keine Deutsche da?" war seine erste Frage. Denn er hoffte von einem Tag zum andern, unter den Gefangenen Landsleute anzutreffen, und freute sich, wie er ihnen Gutes tun wollte, und liebte sie schon zum voraus ungesehenerweise, wie eine Frau ihr Kindlein schon liebt und ihm Brei geben kann, ehe sie es hat. „Wenn sie nur so oder so aussähen!" dachte er, „wenn ihnen nur auch recht viel fehlt, damit ich ihnen recht viel Gutes erweisen kann!" Doch nahm er, wenn keine Deutschen da waren, auch mit Franzosen vorlieb und erleichterte ihnen, bis sie weitergeführt wurden, ihr Elend, als nach Kräften er konnte. Diesmal aber, als er mitten unter so viele geneigte Landsleute, auch Darmstädter und andere, hineinrief: „Sind keine Deutsche da?" — er mußte zum zweitenmal fragen, denn das erstemal konnten sie vor Staunen und Ungewißheit nicht antworten, sondern das süße deutsche Wort in Asien verklang in ihren Ohren wie ein Harfenton; und als er hörte: „Deutsche genug!" und von jedem erfragte, woher er sei — er wäre mit Mecklenburgern oder Kursachsen auch zufrieden gewesen — aber einer sagte: von Mannheim am Rheinstrom, als wenn der Schneider nicht vor ihm gewußt hätte, wo Mannheim liegt, der andere sagte: von Bruchsal, der dritte: von Heidelberg, der vierte: von Gochsheim; da zog es wie ein warmes, auflösendes Tauwetter durch den ganzen Schneider hindurch. „Und ich bin von Bretten," sagte das herrliche Gemüte, „Franz Anton Egetmeier von Bretten!" wie Joseph in Ägypten zu den Söhnen Israels sagte: „Ich bin Joseph, euer Bruder!" — und die Tränen der Freude, der Wehmut und heiligen Heimatliebe traten allen in die Augen, und es war schwer zu sagen, ob sie einen freudigern Fund an dem Schneider oder der Schneider an seinen Landsleuten machte, und welcher Teil am gerührtesten war. Jetzt führte der gute Mensch seine teuern Landsleute im Triumph in seine Wohnung und bewirtete sie mit einem erquicklichen Mahl, wie in der Geschwindigkeit es aufzutreiben war.

Jetzt eilte er zum Statthalter und bat ihn um die Gnade, daß er seine Landsleute in Pensa behalten dürfe. „Anton", sagte der Statthalter, „wann hab ich Euch etwas abgeschlagen?" Jetzt lief er in der Stadt herum und suchte für diejenigen, welche in seinem Hause nicht Platz hatten, bei seinen Freunden und Bekannten die besten Quartiere aus. Jetzt musterte er seine Gäste, einen nach dem andern. „Herr Landsmann", sagte er zu einem, „mit Euerm Weißzeug sieht's windig aus. Ich werde Euch für ein halbes Dutzend neuer Hemden sorgen. — Ihr braucht auch ein neues Röcklein," sagte er zu einem andern. — „Euers kann noch gewendet und ausgebessert werden," zu einem dritten und so zu allen, und augenblicklich wurde zugeschnitten, und alle sechsundzwanzig Gesellen arbeiteten Tag und Nacht an Kleidungsstücken für seine werten rheinländischen Hausfreunde. In wenig Tagen waren alle neu oder anständig ausstaffiert. Ein guter Mensch, auch wenn er in Nöten ist, mißbraucht niemals fremde Gutmütigkeit; deswegen sagten zu ihm die rheinländischen Hausfreunde: „Herr Landsmann, verrechnet Euch nicht. Ein Kriegsgefangener bringt keine Münzen mit. So wissen wir auch nicht, wie wir Euch für Eure großen Auslagen werden schadlos halten können und wann." Darauf erwiderte der Schneider: „Ich finde hinlängliche Entschädigung in dem Gefühl, Ihnen helfen zu können. Benutzen Sie alles, was ich habe! Sehen Sie mein Haus und meinen Garten als den Ihrigen an!" So kurz weg und ab, wie ein Kaiser oder König spricht, wenn, eingefaßt in Würde, die Güte hervorblickt. Denn nicht nur die hohe fürstliche Geburt und Großmut, sondern auch die liebe häusliche Demut gibt, ohne es zu wissen, bisweilen den Herzen königliche Sprüche ein, Gesinnungen ohnehin.

Jetzt führte er sie freudig wie ein Kind in der Stadt bei seinen Freunden herum und machte Staat mit ihnen. So sehr sie zufrieden waren, so wenig war er es. Jeden Tag erfand er neue Mittel, ihnen den unangenehmen Zustand der Kriegsgefangenschaft zu erleichtern und das fremde Leben in Asien angenehm zu machen. War in der lieben Heimat ein hohes Geburts- oder Namensfest, es wurde am nämlichen Tag von den Treuen auch in Asien mit Gastmahl, mit Vivat und Freudenfeuer gehalten, nur etwas früher, weil dort die Uhren falsch gehen. Kam eine frohe Nachricht von dem Vorrücken und dem Siege der hohen Alliierten in Deutschland an, der Schneider war der erste, der sie wußte und seinen Kindern — er nannte sie nur noch seine Kinder — mit Freudentränen zubrachte, darum, daß sich ihre Erlösung nahte. Als einmal Geld zur Unterstützung der Gefangenen aus dem Vaterland ankam, war ihre erste Sorge, ihrem Wohltäter seine Auslagen zu vergüten. „Kinder", sagte er, „verbittert mir meine Freude nicht!" — „Vater Egetmeier," sagten sie, „tut unserm Herzen nicht wehe!" Also machte er ihnen zum Schein eine kleine Rechnung, nur, um sie nicht zu betrüben, und um das Geld wieder zu ihrem Vergnügen anzuwenden, bis die letzte Kopeke aus den Händen war.

Das gute Geld war für einen andern Gebrauch zu bestimmen, aber man kann nicht an alles denken. Denn als endlich die Stunde der Erlösung schlug, gesellte sich zur Freude ohne Maß der bittere Schmerz der Trennung und zu dem bittern Schmerz die Not. Denn es fehlte an allem, was zur Notdurft und zur Vorsorge auf eine so lange Reise in den Schrecknissen des russischen Winters und einer unwirtbaren Gegend nötig war, und ob auch auf den Mann, solange sie durch Rußland zu reisen hatten, täglich 13 Kreuzer verabreicht wurden, so reichte doch das wenige nirgends hin. Darum ging in dieser letzten Tagen der Schneider, sonst so frohen, leichten Mutes, still und nachdenklich herum, als der etwas im Sinn hat, und war wenig mehr zu Hause. „Es geht ihm recht zu Herzen," sagten die rheinländischen Herren Hausfreunde und merkten nichts. Aber auf einmal kam er mit großen Freudenschritten, ja mit verklärtem Antlitz zurück: „Kinder, es ist Rat. Geld genug!" — Was war's? Die gute Seele hatte für zweitausend Rubel das Haus verkauft. „Ich will schon eine Unterkunft finden," sagte er, „wenn nur ihr ohne Leid und Mangel nach Deutschland kommt."

O, du heiliges, lebendig gewordenes Sprüchlein des Evangeliums und seiner Liebe: „Verkaufe, was du hast, und gib es denen, die es bedürftig sind, so wirst du einen Schatz im Himmel haben.“ Der wird einst weit oben rechts zu erfragen sein, wenn die Stimme gesprochen hat: „Kommt, ihr Gesegneten! ich bin hungrig gewesen, und ihr habt mich gespeist, ich bin nackt gewesen, und ihr habt mich gekleidet, ich bin krank und gefangen gewesen, und ihr habt euch meiner angenommen.“ Doch der Kauf wurde, zu großem Trost für die edeln Gefangenen, wieder rückgängig gemacht. Nichtsdestoweniger brachte er auf andere Art noch einige hundert Rubel für sie zusammen und nötigte sie, was er hatte von kostbarem russischem Pelzwerk mitzunehmen, um es unterwegs zu verkaufen, wenn sie Geldes bedürftig wären oder einem ein Unglück widerführe. Den Abschied will der Hausfreund nicht beschreiben. Keiner, der dabei war, vermag es. Sie schieden unter tausend Segenswünschen und Tränen des Dankes und der Liebe, und der Schneider gestand, daß dieses für ihn der schmerzlichste Tag seines Lebens sei. Die Reisenden aber sprachen unterwegs unaufhörlich und noch immer von ihrem Vater in Pensa, und als sie in Bialystok in Polen wohlbehalten ankamen und Geld antrafen, schickten sie ihm dankbar das vorgeschossene Reisegeld zurück.

Heinrich Heine (1797–1856).

*54. Der Klabotermann (1826).

Man hegt hier auf der Insel Norderney wunderliche Sagen von Hexen, die den Sturm zu beschwören wissen; wie es denn überhaupt auf allen nordischen Meeren viel Aberglauben gibt. Die Seeleute behaupten, manche Insel stehe unter der geheimen Herrschaft ganz besonderer Hexen, und dem bösen Willen derselben sei es zuzuschreiben, wenn den vorbeifahrenden Schiffen allerlei Widerwärtigkeiten begegnen. Als ich voriges Jahr einige Zeit auf der See lag, erzählte mir der Steuermann unseres Schiffes, die Hexen wären besonders mächtig auf der Insel Wight und suchten jedes Schiff, das bei Tage dort vorbeifahren wolle, bis zur Nachtzeit aufzuhalten, um es alsdann an Klippen oder an die Insel selbst zu treiben. In solchen Fällen höre man die Hexen so laut durch die Luft sausen und um das Schiff herumheulen, daß der Klabotermann ihnen nur mit vieler Mühe widerstehen könne. Als ich nun fragte, wer der Klabotermann sei, antwortete der Erzähler sehr ernsthaft: „Das ist der gute, unsichtbare Schutzpatron der Schiffe, der da verhütet, daß den treuen und ordentlichen Schiffern Unglück begegne, der da überall selbst nachsieht und sowohl für die Ordnung wie für die gute Fahrt sorgt."

Der wackere Steuermann versicherte mit etwas heimlicherer Stimme, ich könne ihn selber sehr gut im Schiffsraume hören, wo er die Waren gern noch besser nachstaue, daher das Knarren der Fässer und Kisten, wenn das Meer hoch gehe, daher bisweilen das Dröhnen unserer Balken und Bretter. Oft hämmere der Klabotermann auch außen am Schiffe, und das gelte dann dem Zimmermanne, der dadurch gemahnt werde, eine schadhafte Stelle ungesäumt auszubessern; am liebsten aber setze er sich auf das Bramsegel, zum Zeichen, daß guter Wind wehe oder sich nahe. Auf meine Frage, ob man ihn nicht sehen könne, erhielt ich zur Antwort: Nein, man sähe ihn nicht, auch wünsche keiner ihn zu sehen, da er sich nur dann zeige, wenn keine Rettung mehr vorhanden sei. Einen solchen Fall hatte zwar der gute Steuermann noch nicht selbst erlebt, aber von andern wollte er wissen, den Klabotermann höre man alsdann vom Bramsegel herab mit den Geistern sprechen, die ihm untertan sind; doch wenn der Sturm zu stark und das Scheitern unvermeidlich würde, setze er sich auf das Steuer, zeige sich da zum erstenmal und verschwinde, indem er das Steuer zerbräche — diejenigen aber, die ihn in diesem furchtbaren Augenblick sähen, fänden unmittelbar darauf den Tod in den Wellen. Der Schiffskapitän, der dieser Erzählung mit zugehört hatte, lächelte so fein, wie ich seinem rauhen, wind- und wetterdienenden Gesichte nicht zugetraut hätte, und nachher versicherte er mir, vor fünfzig und gar vor hundert Jahren sei auf dem Meere der Glaube an den Klabotermann so stark gewesen, daß man bei Tische immer auch ein Gedeck für denselben aufgelegt und von jeder Speise, etwa das Beste, auf seinen Teller gelegt habe, ja, auf einigen Schiffen geschähe das noch jetzt.

Aus der Harzreise (1824).

55. Befahrung der Klaustaler Gruben.

Das Befahren der zwei vorzüglichsten Klaustaler Gruben, der „Dorothea" und „Karolina", fand ich sehr interessant, und ich muß ausführlich davon erzählen.

Eine halbe Stunde vor der Stadt gelangt man zu zwei großen schwärzlichen Gebäuden. Dort wird man gleich von den Bergleuten in Empfang genommen. Diese tragen dunkle, gewöhnlich stahlblaue, weite, bis über den Bauch herabhängende Jacken, Hosen von ähnlicher Farbe, ein hinten aufgebundenes Schurzfell und kleine grüne Filzhüte, ganz randlos, wie ein abgekappter Kegel. In eine solche Tracht wird der Besuchende ebenfalls eingekleidet, und ein Bergmann, ein Steiger, nachdem er sein Grubenlicht angezündet, führt ihn nach einer dunkeln Öffnung, die wie ein Kaminfegeloch aussieht, steigt bis an die Brust hinab, gibt Regeln, wie man sich an den Leitern festzuhalten habe, und bittet angstlos zu folgen. Die Sache selbst ist nichts weniger als gefährlich; aber man glaubt es nicht im Anfang, wenn man gar nichts vom Bergwerkswesen versteht. Es gibt schon eine eigene Empfindung, daß man sich ausziehen und die dunkle Delinquententracht anziehen muß. Und nun soll man auf allen vieren hinabklettern, und das dunkle Loch ist so dunkel, und Gott weiß, wie lang die Leiter sein mag. Aber bald merkt man doch, daß es nicht eine einzige, in die schwarze Ewigkeit hinablaufende Leiter ist, sondern daß es mehrere von fünfzehn bis zwanzig Sprossen sind, deren jede auf ein kleines Brett führt, worauf man stehen kann, und worin wieder ein neues Loch nach einer neuen Leiter hinableitet.

Ich war zuerst in die Karolina gestiegen. Das ist die schmutzigste und unerfreulichste Karolina, die ich je kennen gelernt habe. Die Leitersprossen sind kotig naß. Und von einer Leiter zur andern geht's hinab, und der Steiger voran, und dieser beteuert immer, es sei gar nicht gefährlich, nur müsse man sich mit den Händen fest an den Sprossen halten und nicht nach den Füßen sehen und nicht schwindlicht werden und nur beileibe nicht auf das Seitenbrett treten, wo jetzt das schnurrende Tonnenseil heraufgeht, und wo vor vierzehn Tagen ein unvorsichtiger Mensch hinuntergestürzt und leider den Hals gebrochen. Da unten ist ein verworrenes Rauschen und Summen, man stößt beständig a Balken und Seile, die in Bewegung sind, um die Tonnen mit geklopften Erzen oder das hervorgesinterte Wasser heraufzuwinden. Zuweilen gelangt man auch in durchgehauene Gänge, Stollen genannt, wo man das Erz wachsen sieht, und wo der einsame Bergmann den ganzen Tag sitzt und mühsam mit dem Hammer die Erzstücke aus der Wand herausklopft. Bis in die unterste Tiefe bin ich nicht gekommen; unter uns gesagt, dort, bis wohin ich kam, schien es mir bereits tief genug: — immerwährendes Brausen und Sausen, unheimliche Maschinenbewegung, unterirdisches Quellengeriesel, von allen Seiten herabtriefendes Wasser, qualmig aufsteigende Erddünste, und das Grubenlicht immer bleicher hineinflimmernd in die einsame Nacht. Wirklich, es war betäubend, das Atmen wurde mir schwer, und mit Mühe hielt ich mich an den glitschrigen Leitersprossen.

Ich habe keinen Anflug von sogenannter Angst empfunden, aber seltsam genug, dort unten in der Tiefe erinnerte ich mich, daß ich im vorigen Jahre, ungefähr um dieselbe Zeit, einen Sturm auf der Nordsee erlebte, und ich meinte jetzt, es sei doch eigentlich recht traulich angenehm, wenn das Schiff hin und herschaukelt, die Winde ihre Trompeterstückchen losblasen, zwischendrein der lustige Matrosenlärmen erschallt und alles frisch überschauert wird von Gottes lieber, freier Luft. Ja, Luft! —

Nach Luft schnappend stieg ich einige Dutzend Leitern wieder in die Höhe, und mein Steiger führte mich durch einen schmalen, sehr langen, in den Berg gehauenen Gang nach der Grube Dorothea. Hier ist es luftiger und frischer, und die Leitern sind reiner, aber auch länger und steiler als in der Karolina. Hier wurde mir auch besser zu Mute, besonders da ich wieder Spuren lebendiger Menschen gewahrte. In der Tiefe zeigten sich nämlich wandelnde Schimmer; Bergleute mit ihren Grubenlichtern kamen allmählich in die Höhe mit dem Gruße „Glückauf!" und mit demselben Wiedergruße von unserer Seite stiegen sie an uns vorüber; und wie eine befreundet ruhige und doch zugleich quälend rätselhafte Erinnerung, trafen mich mit ihren tiefsinnig klaren Blicken die ernstfrommen, etwas blassen und vom Grubenlicht geheimnisvoll beleuchteten Gesichter dieser jungen und alten Männer, die in ihren dunkeln, einsamen Bergschachten den ganzen Tag gearbeitet hatten und sich jetzt hinauf sehnten nach dem lieben Tageslicht und nach den Augen von Weib und Kind.

Wie die deutsche Treue, hatte uns jetzt das kleine Grubenlicht, ohne viel Geflacker, still und sicher geleitet durch das Labyrinth der Schachten und Stollen; wir stiegen hervor aus der dumpfigen Bergnacht; das Sonnenlicht strahlte — Glück auf!

56. Aufstieg zum Brocken.

Fröhlich stieg ich den Berg hinauf. Bald empfing mich eine Waldung himmelhoher Tannen, für die ich in jeder Hinsicht Respekt habe. Diesen Bäumen ist nämlich das Wachsen nicht so ganz leicht gemacht worden, und sie haben es sich in der Jugend sauer werden lassen. Der Berg ist hier mit vielen großen Granitblöcken übersäet, und die meisten Bäume mußten mit ihren Wurzeln diese Steine umranken oder sprengen und mühsam den Boden suchen, woraus sie Nahrung schöpfen können. Hier und da liegen die Steine, gleichsam ein Tor bildend, übereinander, und oben darauf stehen die Bäume, die nackten Wurzeln über jene Steinpforte hinziehend und erst am Fuße derselben den Boden erfassend, so daß sie in der freien Luft zu wachsen scheinen. Und doch haben sie sich zu jener gewaltigen Höhe emporgeschwungen, und mit den umklammerten Steinen wie zusammengewachsen, stehen sie fester als ihre bequemen Kollegen im zahmen Forstboden des flachen Landes. So stehen auch im Leben jene großen Männer, die durch das Überwinden früher Hemmungen und Hindernisse sich erst recht gestärkt und befestigt haben. Auf den Zweigen der Tannen kletterten Eichhörnchen, und unter denselben spazierten die gelben Hirsche. Wenn ich solch ein liebes, edles Tier sehe, so kann ich nicht begreifen, wie gebildete Leute Vergnügen daran finden, es zu hetzen und zu töten. Solch ein Tier war barmherziger als die Menschen und säugte den schmachtenden Schmerzenreich der heiligen Genoveva.

Allerliebst schossen die goldenen Sonnenlichter durch das lichte Tannengrün. Eine natürliche Treppe bildeten die Baumwurzeln. Überall schwellende Moosbänke; denn die Steine sind fußhoch von den schönsten Moosarten wie mit hellgrünen Samtpolstern bewachsen. Liebliche Kühle und träumerisches Quellengemurmel. Hier und da sieht man, wie das Wasser unter den Steinen silberhell hinrieselt und die nackten Baumwurzeln und Fasern bespült. Wenn man sich nach diesem Treiben hinabbeugt, so belauscht man gleichsam die geheime Bildungsgeschichte der Pflanzen und das ruhige Herzklopfen des Berges. An manchen Orten sprudelt das Wasser aus den Steinen und Wurzeln stärker hervor und bildet kleine Kaskaden. Da läßt sich gut sitzen. Es murmelt und rauscht so wunderbar, die Vögel singen abgebrochene Sehnsuchtslaute, die Bäume flüstern wie mit tausend Mädchenzungen, wie mit tausend Mädchenaugen schauen uns an die seltsamen Bergblumen, sie strecken nach uns aus die wundersam breiten, drollig gezackten Blätter, spielend flimmern hin und her die lustigen Sonnenstrahlen, die sinnigen Kräutlein erzählen sich grüne Märchen, es ist alles wie verzaubert, es wird immer heimlicher und heimlicher, ein uralter Traum wird lebendig, die Geliebte erscheint — ach, daß sie so schnell wieder verschwindet!

Je höher man den Berg hinaufsteigt, desto kürzer, zwerghafter werden die Tannen, sie scheinen immer mehr und mehr zusammenzuschrumpfen, bis nur Heidelbeer- und Rotbeersträuche und Bergkräuter übrig bleiben. Da wird es auch schon fühlbar kälter. Die wunderlichen Gruppen der Granitblöcke werden hier erst recht sichtbar; diese sind oft von erstaunlicher Größe. Das mögen wohl die Spielbälle sein, die sich die bösen Geister einander zuwerfen in der Walpurgisnacht, wenn hier die Hexen auf

Besenstielen und Mistgabeln einhergeritten kommen und die abenteuerlich verruchte Lust beginnt, wie die glaubhafte Amme es erzählt.

57. Abstieg ins Ilsetal.

Nun machten auch die Studenten Anstalt zum Abreisen, die Ranzen wurden geschnürt, die Rechnungen, die über alle Erwartung billig ausfielen, berichtigt; und so stiegen wir alle den Berg hinab, indem die einen den Weg nach Schierke einschlugen und die andern, ungefähr zwanzig Mann, wobei auch meine Landsleute und ich, angeführt von einem Wegweiser, durch die sogenannten Schneelöcher hinabzogen nach Ilsenburg.

Das ging über Hals und Kopf. Hallesche Studenten marschieren schneller, als die österreichische Landwehr. Ehe ich mich dessen versah, war die kahle Partie des Berges mit den darauf zerstreuten Steingruppen schon hinter uns, und wir kamen durch einen Tannenwald, wie ich ihn den Tag vorher gesehen. Die Sonne goß schon ihre festlichsten Strahlen herab und beleuchtete die buntgekleideten Burschen, die so munter durch das Dickicht drangen, hier verschwanden, dort wieder zum Vorschein kamen, bei Sumpfstellen über die quergelegten Baumstämme liefen, bei abschüssigen Tiefen an den rankenden Wurzeln kletterten, in den ergötzlichsten Tonarten emporjohlten und ebenso lustige Antwort zurückerhielten von den zwischernden Waldvögeln, von den rauschenden Tannen, von den unsichtbar plätschernden Quellen und von dem schallenden Echo. Wenn frohe Jugend und schöne Natur zusammenkommen, so freuen sie sich wechselseitig.

Je tiefer wir hinabstiegen, desto lieblicher rauschte das unterirdische Gewässer, nur hier und da, unter Gestein und Gestrüppe, blinkte es hervor und schien heimlich zu lauschen, ob es ans Licht treten dürfe, und endlich kam eine kleine Welle entschlossen hervorgesprungen. Nun zeigt sich die gewöhnliche Erscheinung; ein Kühner macht den Anfang, und der große Troß der Zagenden wird plötzlich zu seinem eigenen Erstaunen von Mut ergriffen und eilt, sich mit jenem ersten zu vereinigen. Eine

Menge anderer Quellen hüpften jetzt hastig aus ihrem Versteck, verbanden sich mit der zuerst hervorgesprungenen, und bald bildeten sie zusammen ein schon bedeutendes Bächlein, das in unzähligen Wasserfällen und in wunderlichen Windungen das Bergtal hinabrauscht. Das ist nun die Ilse, die liebliche, süße Ilse. Sie zieht sich durch das gesegnete Ilsetal, an dessen beiden Seiten sich die Berge allmählich höher erheben, und diese sind bis zu ihrem Fuße meistens mit Buchen, Eichen und gewöhnlichem Blattgesträuche bewachsen, nicht mehr mit Tannen und anderm Nadelholz. Denn jene Blätterholzart wird vorherrschend auf dem Unterharze, wie man die Ostseite des Brockens nennt, im Gegensatz zur Westseite desselben, die der Oberharz heißt und wirklich viel höher ist und also auch viel geeigneter zum Gedeihen der Nadelhölzer.

Es ist unbeschreibbar, mit welcher Fröhlichkeit, Naivetät und Anmut die Ilse sich hinunterstürzt über die abenteuerlich gebildeten Felsstücke, die sie in ihrem Laufe findet, so daß das Wasser hier wild emporzischt oder schäumend überläuft, dort aus allerlei Steinspalten, wie aus tollen Gießkannen, in reinen Bögen sich ergießt und unten wieder über die kleinen Steine hintrippelt, wie ein munteres Mädchen. Ja, die Sage ist wahr, die Ilse ist eine Prinzessin, die lachend und blühend den Berg hinabläuft. Wie blinkt im Sonnenschein ihr weißes Schaumgewand! Wie flattern im Wind ihre silbernen Busenbänder! Wie funkeln und blitzen ihre Diamanten! Die hohen Buchen stehen dabei gleich ernsten Vätern, die verstohlen lächelnd dem Mutwillen des lieblichen Kindes zusehen; die weißen Birken bewegen sich tantenhaft vergnügt und doch zugleich ängstlich über die gewagten Sprünge; der stolze Eichbaum schaut darein wie ein verdrießlicher Oheim, der das schöne Wetter bezahlen soll; die Vögelein in den Lüften jubeln ihren Beifall, die Blumen am Ufer flüstern zärtlich: „O, nimm uns mit, nimm uns mit, lieb Schwesterchen!“ — aber das lustige Mädchen springt unaufhaltsam weiter, und plötzlich ergreift sie den träumenden Dichter, und es strömt auf mich herab ein Blumenregen von klingenden Strahlen und strahlenden Klängen, und die Sinne vergehen mir vor lauter Herrlichkeit, und ich höre nur noch die flötensüße Stimme:

„Ich bin die Prinzessin Ilse
Und wohne im Ilsenstein;
Komm mit nach meinem Schlosse,
Wir wollen selig sein!
Dein Haupt will ich benetzen
Mit meiner klaren Well,
Du sollst deine Schmerzen vergessen,
Du sorgenkranker Gesell!“

Theodor Gottlieb von Hippel (1746–1843).

58. Aufruf des Königs von Preußen 1813.

An mein Volk!

So wenig für mein treues Volk, als für Deutsche bedarf es eine Rechenschaft über die Ursachen des Krieges, welcher jetzt beginnt: klar liegen sie dem unverblendeten Europa vor Augen. Wir erlagen unter der Übermacht Frankreichs. Der Friede, der die Hälfte meiner Untertanen mir entriß, gab uns seine Segnungen nicht, denn er schlug uns tiefere Wunden, als selbst der Krieg. Das Mark des Landes ward ausgesogen. Die Hauptfestungen blieben vom Feinde besetzt, der Ackerbau ward gelähmt, sowie der sonst so hoch gebrachte Kunstfleiß unserer Städte. Die Freiheit des Handels ward gehemmt und dadurch die Quelle des Erwerbes und des Wohlstandes verstopft. Das Land ward ein Raub der Verarmung. Durch die strengste Erfüllung eingegangener Verbindlichkeiten hoffte ich, meinem Volke Erleichterung zu verschaffen und den französischen Kaiser endlich zu überzeugen, daß es sein eigener Vorteil sei, Preußen seine Unabhängigkeit zu lassen. Aber meine reinsten Absichten wurden durch Übermut und Treulosigkeit vereitelt, und nur zu deutlich sahen wir, daß des Kaisers Verträge mehr noch, wie seine Kriege, uns langsam verderben mußten. Jetzt ist der Augenblick gekommen, wo alle

Täuschung über unsern Zustand schwindet. Brandenburger, Preußen, Schlesier, Pommern, Litauer! Ihr wißt, was ihr seit sieben Jahren erduldet habt, ihr wißt, was euer trauriges Los ist, wenn wir den beginnenden Kampf nicht ehrenvoll enden. Erinnert euch an die Vorzeit, an den großen Kurfürsten, an den großen Friedrich! bleibet eingedenk der Güter, die unter ihnen unsere Vorfahren blutig erkämpften: Gewissensfreiheit, Ehre, Unabhängigkeit, Handel, Kunstfleiß und Wissenschaft! Gedenkt des großen Beispiels unserer mächtigen Verbündeten, gedenkt der Spanier und Portugiesen! Selbst kleine Völker sind für gleiche Güter gegen mächtigere Feinde in den Kampf gezogen und haben den Sieg errungen: erinnert euch an die heldenmütigen Schweizer und Niederländer!

Große Opfer werden von allen Ständen gefordert werden, denn unser Beginnen ist groß und nicht gering die Zahl und die Mittel unserer Feinde. Ihr werdet jene lieber bringen für das Vaterland, für euren angebornen König, als für einen fremden Herrscher, der, wie so viele Beispiele lehren, eure Söhne und eure letzten Kräfte Zwecken widmen würde, die euch ganz fremd sind. Vertrauen auf Gott, Ausdauer, Mut und der mächtige Beistand unserer Bundesgenossen werden unsern redlichen Anstrengungen siegreichen Lohn gewähren. Aber welche Opfer auch von einzelnen gefordert werden mögen, sie wiegen die heiligen Güter nicht auf, für die wir sie hingeben, für die wir streiten und siegen müssen, wenn wir nicht aufhören wollen, Preußen und Deutsche zu sein. Es ist der letzte, entscheidende Kampf, den wir bestehen für unsere Existenz, unsere Unabhängigkeit, unsern Wohlstand. Keinen andern Ausweg gibt es, als einen ehrenvollen Frieden oder einen ruhmvollen Untergang. Auch diesem würdet ihr getrost entgegengehen, weil ehrlos der Deutsche nicht zu leben vermag. Allein wir dürfen mit Zuversicht vertrauen: Gott und unser fester Wille werden unserer gerechten Sache den Sieg verleihen, mit ihm einen sichern glorreichen Frieden und die Wiederkehr einer glücklichen Zeit.

Breslau, den 17. März 1813.

Friedrich Wilhelm.

Friedrich Ludwig Jahn (1778–1852).

59. Friedrich Friesen.

Nach Beendigung des Sommerturnens von 1812 bildete sich zur wissenschaftlichen Erforschung und kunstrechten Begründung des Turnwesens aus den Turnfertigsten und den Allgemeingebildetsten eine Art Turnkünstler-Verein. Er bestand jenen ganzen Winter hindurch, in dem die Franzosen auf der Flucht von Moskau erfroren. In diesen Zusammenkünften verwaltete das Ordneramt, auf meinen Wunsch und Willen, Friedrich Friesen aus Magdeburg, der sich besonders auf Bauwesen, Naturkunde, schöne Künste und Erziehungslehre gelegt hatte, bei Fichte ein fleißiger Zuhörer gewesen und bei Hagen in der altdeutschen Sprache, vor allem aber wußte, was dem Vaterlande not tat. Damals stand er bei der Lehr- und Erziehungsanstalt des Dr. Plamann, die, obwohl wenig beachtet, dem Vaterlande vortreffliche Lehrer ausgebildet.

Friesen war ein aufblühender Mann in Jugendfülle und Jugendschöne, an Leib und Seele ohne Fehl, voll Unschuld und Weisheit, beredt wie ein Seher; eine Siegfriedsgestalt, von großen Gaben und Gnaden, den jung und alt gleich lieb hatte; ein Meister des Schwerts auf Hieb und Stoß, kurz, rasch, fest, fein, gewaltig und nicht zu ermüden, wenn seine Hand erst das Eisen faßte; ein kühner Schwimmer, dem kein deutscher Strom zu breit und zu reißend; ein reisiger Reiter, in allen Sätteln gerecht; ein Sinner in der Turnkunst, die ihm viel verdankt. Ihm war nicht beschieden, ins freie Vaterland heimzukehren, an dem seine Seele hielt. Von welscher Tücke fiel er bei düsterer Mitternacht durch Meuchelschuß in den Ardennen. Ihn hätte auch im Kampf keines Sterblichen Klinge gefällt. Keinem zu liebe und keinem zu leide —: aber wie Scharnhorst unter den Alten, ist Friesen von der Jugend der Größeste aller Gebliebenen.

Jean Paul (Friedrich Richter; 1763—1825).

60. Erinnerungen aus der Kinderzeit.

Wir zogen durchs Dorf nach Hause, wo der Vater die Scharlachweste anlegte und mit mir und der Mutter spazieren ging, um abends gegen sechs Uhr im Gartenhäuschen zu essen. Nein, kein Spaziergang mit Menschen ist so schön, als der eines Kindes mit den Eltern. Wir gingen durch hohe, grüne Kornfelder, worin ich die Schwester hinter mir nachführte in der engen Wasserfurche. Alle Wiesen brannten im gelben Frühlingsfeuer. Am Flusse lasen wir ausgespülte Muscheln wegen ihres Schillerglanzes auf. Das Flößholz schoß in Herden hinab in ferne Städte und Stuben, und ich hätte mich gern auf ein Scheit gestellt und wäre mitgeschifft! Viele Schafherden waren schon nackt geschoren und legten sich mir näher ans Herz, gleichsam ohne die Scheidewand der Wolle. Die Sonne zog Wasser in langen, wolkigen Strahlen, aber mir kam es vor, als sei die Erde mit Glanzbändern an die Sonne gehangen und wiege sich an ihr. Eine Wolke, die mehr Glanz als Wasser hatte, regnete bloß neben, nicht auf uns; ich begriff aber damals gar nicht, als ich die Grenzen der nassen und der trocknen Blumen sah, wie ein Regen nicht allezeit über die ganze Erde falle. Die Bäume neigten sich gegeneinander, als die Wolke tropfend darüber wegwehte, wie die Menschen am Abendmahlsaltar. Wir gingen ins Gartenhaus, das innen und außen nur weiß ist; aber warum glänzet dieser kleine Name über alle stolz gedeckte Prachtgebäude herüber? Alle Fenster und Türen waren aufgemacht — Sonne und Mond sahen zugleich hinein — die rotweißen Äpfelknospen wurden von ihren starren, struppigen Ästen hineingehalten und zuweilen eine schneeweiße Äpfelblüte mit. — O, ich gebe den Apfel für die Äpfelblüte gern!

Die Bienen gaben dem Vater Zeichen eines nahen Schwärmens. Ich fing mir eine Schachtel Goldkäfer, für welche ich den Zucker längst aufgespart hatte. Auch zog ich mir im Garten Schößlinge aus, um sie daheim anzupflanzen zu einem Lustwäldchen unter meinem Knie. Die Vögel schlugen wie bestellt in unserm Gärtchen, das nur fünf Äpfelbäume und zwei Kirschbäume hatte und mehrere Pflaumenbäume samt guten Johannisbeer- und Haselstauden. Zwei Finken schlugen, und der Vater sagte, der eine singe den scharfen Weingesang und der andere den Bräutigam. Aber ich zog meinen guten Embritz vor — in der ornithologischen Sprache Emmerling, Goldammer, Gröning, Gelbling, Geelgerst, emberiza citrinella — welcher, wie die Eltern sagten, sang: „Wenn ich ein Sichel hätt, wollt ich mit schnied." Was ist denn das Dunkle in Menscheninnern, daß ich wirklich den einfachen Embritz, wenn ich durch Wiesen gehe und ihn an belaubten Abhängen höre, leider über die göttliche Nachtigall, die freilich wenig rein durchführt, sondern heftig springt, zu setzen suche? — Floß aber nicht nachher die Abendröte in den ganzen Garten hinein und färbte alle Zweige? Kam sie mir nicht wie ein goldner Sonnentempel mit vielen Türmen und Pfeilern vor? Und gingen nicht auf den Wolkenbergen die Sternchen wie Maienblümchen auf? Und die breite Erde war ein Webestuhl rosenroter Träume? Und als wir spät nach Hause wandelten, hingen nicht in den finstern Büschen goldne Tautropfen, die lieben Johanniswürmchen? Und fanden wir nicht im Dorfe ein ganz besonderes Festleben, sogar die kleinen Viehhirten endlich im Sonntagsputz, und dem Wirtshause fehlte nichts als Musik, und auf dem Schlosse wurde gesungen? Ein einziger Kindertag hat mehr Abwechsel, als ein ganzes Mannsjahr.

61. Der vergnügte Alumnus Wuz.

[Maria Wuz, der Sohn des Dorfschulmeisters in Auental, kam, als er zehn Jahre alt war, in die Schule der benachbarten Stadt. Er wurde Oberquintaner. Sein Leben im Alumnat war einförmig, allein der kleine Wuz war stets vergnügt.]

Den ganzen Tag freuete er sich auf oder über etwas. „Vor dem Aufstehen," sagte er, „freu ich mich auf das Frühstück, den ganzen Vormittag aufs Mittagessen, zur Vesperzeit aufs Vesperbrot und abends aufs Nachtbrot — und so hat der Alumnus

Wuz sich stets auf etwas zu spitzen." Trank er tief, so sagt' er: „Das hat meinem Wuz geschmeckt!" und strich sich den Magen. Nieste er, so sagte er: „Helf dir Gott, Wuz!" Im fieberfrostigen Novemberwetter letzte er sich auf der Gasse mit der Vormalung des warmen Ofens und mit der närrischen Freude, daß er eine Hand um die andre unter seinem Mantel wie zu Hause stecken hatte.

War der Tag gar zu toll und windig — es gibt für uns Wichte solche Hatztage, wo die ganze Erde ein Hatzhaus ist, und wo die Plagen wie spaßhaft gehende Wasserkünste uns bei jedem Schritte anspritzen und einfeuchten — so war das Meisterlein so pfiffig, daß es sich unter das Wetter hinsetzte und sich nichts darum schor; es war nicht Ergebung, die das unvermeidliche Übel aufnimmt, nicht Abhärtung, die das ungefühlte trägt, sondern der Gedanke ans warme Bett war's. „Abends," dacht er, „lieg ich auf alle Fälle, sie mögen mich den ganzen Tag zwicken und hetzen, wie sie wollen, unter meiner warmen Zudeck und drücke die Nase ruhig ans Kopfkissen, acht Stunden lang." Und kroch er endlich in der letzten Stunde eines solchen Leidenstages unter sein Oberbett, so schüttelte er sich darin, krempte sich zusammen und sagte zu sich: „Siehst du, Wuz, es ist doch vorbei!"

Ein anderer Paragraph aus der wuzischen Kunst, stets fröhlich zu sein, war sein zweiter Pfiff, stets fröhlich aufzuwachen — und um dies zu können, bedient' er sich eines dritten und hob immer vom Tage vorher etwas Angenehmes für den Morgen auf, entweder gebackene Klöße oder ebensoviel äußerst gefährliche Blätter aus dem Robinson, der ihm lieber war als Homer, oder auch junge Vögel oder junge Pflanzen, an denen er am Morgen nachzusehen hatte, wie nachts Federn und Blätter gewachsen.

Karl Lebrecht Immermann (1796—1840).

62. Der Hofschulze.

Im Hofe zwischen den Scheuren und Wirtschaftsgebäuden stand mit aufgekrempten Hemdärmeln der alte Hofschulze und schaute achtsam in ein Feuer, welches, zwischen Steinen und Kloben am Boden entzündet, lustig flackerte. Er rückte einen kleinen Amboß, der daneben stand, zurecht, legte sich Hammer und Zange zum Griffe bereit, prüfte die Spitzen einiger großen Radnägel, die er aus dem Bruststücke des vorgebundenen Schurzfelles zog, legte die Nägel auf das Bodenbrett des Leiterwagens, dessen Rad er ausbessern wollte, und drehte die Stelle des Rades, von welcher ein Stück Schiene abgebrochen war, achtsam nach oben, worauf er durch untergeschobene Steine das Rad in seiner Stellung festigte.

Nachdem er wieder ein paar Augenblicke in das Feuer gesehen hatte, ohne daß seine hellen und scharfen Augen davon zu blinzeln begannen, fuhr er rasch mit der Zange hinein, hob das rotglühende Stück Eisen heraus, legte es auf den Amboß, schwang den Hammer darüber, daß die Funken sprühten, schlug das noch immer glutrötliche um das Rad, da wo die Schiene fehlte, schlug und schweißte es mit zwei gewaltigen Schlägen fest und trieb dann die Nägel, welche es in seiner weichen Dehnbarkeit noch immer leicht hindurchließ, an ihre Plätze.

Einige der stärksten und heftigsten Schläge gaben dem eingefügten Stücke das letzte Geschick. Der Schulze stieß mit dem Fuße die vor das Rad gelegten Steine hinweg, faßte den Wagen bei der Stange, um das geflickte Rad zu prüfen, und zog ihn ungeachtet seiner Schwere ohne Anstrengung quer über den Hof, so daß die Hühner, Gänse und Enten, welche sich ruhig gesonnt hatten, mit großem Geschrei vor dem rasselnden Wagen entflohen und ein Paar Schweine aus ihrem eingewühlten Lager grunzend auffuhren.

Zwei Männer, von denen der eine ein Pferdehändler, der andere ein Rendant oder Rezeptor war, hatten, unter der großen

Linde am Tische vor dem Wohnhause sitzend und ihren Trunk verzehrend, der Arbeit des alten, rüstigen Mannes zugesehen. „Daß muß wahr sein,“ rief jetzt der eine, der Pferdehändler, „Ihr hättet einen tüchtigen Schmied abgegeben, Hofschulze!“

Der Hofschulze wusch in einem Stalleimer voll Wasser, welcher neben dem kleinen Amboße stand, sich Hände und Gesicht, goß dann das Feuer aus und sagte: „Ein Narr, der dem Schmied gibt, was er selbst verdienen kann.“ Er nahm den Amboß, als sei er eine Feder, auf und trug ihn nebst Hammer und Zange unter einen kleinen Schoppen zwischen Wohnhaus und Scheuer, in welchem Hobelbank, Säge, Stemmeisen und was sonst zu Zimmer- und Schreinergewerk gehört, bei Holz und Brettern mancher Art stand, lag oder hing.

Indem der Alte sich unter dem Schoppen noch zu schaffen machte, sagte der Pferdehändler zu dem Rezeptor: „Wollen Sie glauben, daß der auch alle Pfosten, Türen und Schwellen, die Kisten und Kasten im Hause mit eigener Hand flickt, oder, wenn das Glück gut ist, auch neu zuschneidet? Ich meine, wenn er wollte, könnte er auch einen Kunstschreiner vorstellen und würde einen richtigen Schrank zu Wege bringen.“

„Da seid Ihr im Irrtum,“ sprach der Hofschulze, der das letzte gehört hatte und, das Schurzfell jetzt abgetan, im weißleinenen Kittel aus dem Schoppen trat. Er setzte sich zu den beiden Männern an den Tisch, eine Magd brachte ihm auch ein Glas, er tat seinen Gästen Bescheid und fuhr dann fort: „Zu einem Pfosten, zu einer Türe und Schwelle gehören nur ein Paar gesunde Augen und eine firme Faust, aber ein Schreiner braucht mehr. Ich habe mich einmal vom Hochmut verleiten lassen und wollte, wie Ihr es nennt, einen richtigen Schrank zuwege bringen, weil mir Hobel und Meißel und Reißschiene auch bei dem Zimmerwerk durch die Hände gegangen waren. Ich maß und zeichnete und schnitt die Hölzer zu, auf Fuß und Zoll hatte ich alles abgepaßt; ja, als es nun an das Zusammenfügen und Leimen gehen sollte, war alles verkehrt. Die Wände standen windschief und klafften, die Klappe vorne war zu groß und die Kasten für die Öffnungen zu klein. Ihr könnt das Gemächt noch sehen, ich habe es auf dem Sill stehen lassen, mich vor Versuchung künftig zu wahren, denn es tut dem Menschen immer gut, wenn er eine Erinnerung an seine Schwachheit vor Augen hat."

In diesem Augenblicke ließ sich ein lustiges Wiehern aus dem Pferdestalle gegenüber vernehmen. Der Pferdehändler räusperte sich, spuckte aus, schlug sich Feuer an, blies dem Rezeptor eine starke Dampfwolke in das Gesicht, sah sehnsüchtig nach dem Stalle und dann gedankenvoll vor sich nieder. Hierauf spuckte er nochmals aus, nahm den lackierten Hut vom Kopfe, strich mit dem Arme über die Stirn und sagte: „Noch immer eine schwüle Witterung." — Dann schnallte er seine lederne Geldkatze vom Leibe, warf sie mit Getöse auf den Tisch, daß der Inhalt klang und klirrte, lösete die Riemen und zählte zwanzig blanke Goldstücke hin, bei deren Anblick die Augen des Rezeptors zu funkeln anfingen, und nach denen der alte Hofschulze gar nicht hinsah. „Hier ist das Geld!" rief der Pferdehändler, die Faust geballt auf den Tisch stemmend, „krieg ich die braune Stute dafür? Sie ist, weiß Gott, nicht einen Heller mehr wert."

„Dann behaltet Euer Geld, damit Ihr nicht zu Schaden kommt!" versetzte der Hofschulze kaltblütig. „Sechsundzwanzig, wie ich gesagt habe, und keinen Stüber darunter. Ihr kennt mich nun die Jahre her, Herr Marx, und solltet daher wissen, daß das Dingen und Feilschen bei mir nicht verschlägt, weil ich nie von meiner Sprache abgehe. Ich begehre, was mir eine Sache wert ist, und tue niemalen vorschlagen, und so könnte ein Posaunenengel vom Himmel dahergefahren kommen, er kriegte die Braune nicht unter sechsundzwanzig."

„Aber, Gotts Sackerlot," schrie der Pferdehändler erbost, „aus Fordern und Bieten besteht doch der Handel, und meinen eigenen Bruder überfrage ich, und wenn kein Vorschlagen mehr in der Welt ist, so hört alles Geschäft auf!"

„Im Gegenteil," erwiderte der Hofschulze, „das Geschäft kostet dann weit weniger Zeit und ist schon um deshalb profitlicher, aber auch außerdem haben beide Teile von einem Handel ohne Vorschlagen vielen Nutzen. Ich habe es immer erlebt, daß, wenn vorgeschlagen wird, sich die Natur erhitzt und zuletzt niemand mehr recht weiß, was er redet oder tut. Da läßt denn der Verkäufer, um nur dem Gehader ein Ende zu machen, die Ware oft unter dem Preise, den er im stillen bei sich festsetzte, und der Käufer seinerseits in der Begierde und Brunst des Bietens vertut sich eben so oftmals. Ist aber gar keine Rede von Ablassen, dann bleiben beide schön ruhig und wahren sich vor Schaden."

„Da Ihr so vernünftig redet, so werdet Ihr meinen Antrag jetzt besser erwogen haben," hob der Rezeptor an. „Wie gesagt, die Regierung will alle Korngefälle der Höfe in hiesiger Gegend in Geld umwandeln. Sie hat allein den Schaden davon, denn Korn bleibt Korn, aber Geld ist heute soviel und morgen soviel wert, indessen ist es nun einmal ihr Wille, um der Last des Aufspeicherns quitt zu werden. Ihr tut mir also den Gefallen und unterschreibt diese neue, auf Geld lautende Urkunde, die ich zu diesem Behufe schon mitgebracht habe."

„Durchaus nicht," antwortete der Hofschulze eifrig. „Es ist ein alter Glaube hier zu Lande, daß, wer seinem Hofe eine Last auflegt, dafür zur Strafe nach seinem Tode auf dem Hofe umgehen muß. Ich weiß nicht, wie es damit beschaffen ist, aber das weiß ich: vom Oberhofe sind seit vielen hundert Jahren nur Körner an die Gotteszelle gegeben worden, und damit wolle sich also das Rentamt begnügen, wie das Stift sich damit begnügt hat. Wächst Geld auf meinem Acker? Nein. Korn wächst darauf. Woher wollen Sie also das Geld nehmen?"

„Ihr sollt ja nicht übervorteilt werden!" rief der Rezeptor.

„Es muß alles beim Alten bleiben," sagte der Hofschulze feierlich. „Das war noch eine gute Zeit, als die Tafeln mit den Verzeichnissen der Lasten und Abgaben der Bauerschaft in der Kirche hingen. Dazumalen stand alles fest, und kein Gezänk hat sich nimmer darüber begeben, wie neuerdings nur gar zu oft. Hernachher hieß es, die Tafeln mit den Hühnern und Eiern und Maltern und Sümmern schadeten der Andacht, und sie wurden hinweggetan. Im Gegenteil, sie hatten immer zu Predigt und Gesang gehört, wie Amen und Segen; ich für mein Teil, wenn ich sie ansah, besonders beim dritten Teile oder der Nutzanwendung, hatte die erbaulichsten Gedanken bekommen, zum Exempel: Überhebe dich nicht, denn da steht geschrieben, wie viel Zinsroggen und Schloßhafer du geben mußt, oder auch so: Wenn du draußen Lasten zu tragen hast, hier im Gotteshause bist du frei, und was dergleichen mehr war. Nun aber, als man auf die leeren Stellen sah, gingen die Gedanken immer wandern und suchen nach den Tafeln, und es dauerte geraume Zeit, ehe und bevor die Menschheit wieder recht nach dem Pastor hinhörte."

Er ging in sein Haus. — „Das ist ein alter Racker!" rief der Pferdehändler, als er seinen Handelsfreund nicht mehr sah, indem er den lackierten Hut verdrießlich wieder auf den Kopf stülpte. „Wenn der nicht will, so bringt ihn der Teufel nicht herum. Das schlimmste ist, daß der Kerl die besten Pferde in der Gegend zieht und sie im Grunde so zu sagen billig genug losschlägt."

„Ein starres, widerhaariges Volk hier zu Lande," sagte der Rezeptor. „Ich bin erst vor kurzem aus Sachsen herversetzt und merke den Abstand. Dort wohnen die Leute beisammen, und deshalb müssen sie schon höflich und nachgiebig und betulich mit einander sein. Aber hier sitzt ein jeder auf seinem Kampe, hat sein Holz, sein Feld, seinen Wiesenwachs um sich, als gäbe es sonst nichts in der Welt. Darum halten sie auch auf ihre alten Schnurren und Faxen so steif, die anderwärts überall abgekommen sind. Was für Mühe habe ich schon mit den andern Bauern wegen der dummen Umschreibereien gehabt, aber dieser hier ist doch der schlimmste."

„Das kommt daher, Herr Rezeptor, weil er so reich ist," bemerkte der Pferdehändler. „Mich wundert, daß Sie es mit den andern in der Bauerschaft ohne ihn durchgesetzt haben, denn der hier ist ihr General und Advokat und alles, sie richten sich in jeglicher Sache nach ihm. Er bückt sich vor keinem. Vorm Jahre kam ein Prinz hier durch; wie er den Hut vor dem abnahm, war es wahrhaftig, als wollte er sagen: Du bist der, und ich bin der. Der Mistfink! Für die Stute sechsundzwanzig Pistolen haben zu wollen! Aber das ist das Unglück, wenn der Bauer zuviel Vermögen kriegt. Wenn Sie dort durch das Eichholz hindurch sind, gehen Sie eine geschlagene halbe Glockenstunde durch seine Felder. Und alles bestellt, daß es nur so eine Art hat. Ich bin mit meiner Koppel vorgestern durch den Roggen und Weizen geritten, und Gott strafe mich, wenn was anderes als die Köpfe von den Pferden über die Ähren hinübersahen. Ich dachte, ich würde ersaufen."

„Woher hat er's denn?" fragte der Rezeptor.

„O!" rief der Pferdehändler, „da liegen hier mehrere solcher Höfe herum, man heißt sie Oberhöfe; wenn die nicht manchen Edelmann ausstechen, so will ich nicht Marx heißen. Das Erdreich ist von uralter Zeit zusammengeblieben. Und sparsam und fleißig ist der Nichtsnutz von jeher gewesen, das muß man ihm lassen. Sie sahen ja, wie er sich abäscherte, um nur dem Schmied die paar Groschen Verdienst zu nehmen. Jetzt freit seine Tochter einen andern jungen Geldschlingel; die kriegt mit! Ich bin an der Leinwandkammer durchgegangen, der Flachs und das Garn, das Gebild, die Wäsche und alle mögliche Kramerei ist bis unter die Decke gestopft. Und dazu gibt ihr der alte Schabhals noch bare sechstausend Taler mit. Blicken Sie nur um sich; ist es nicht hier, als ob man bei einem Grafen wäre?"

Während der letzten Reden hatte der verdrießliche Pferdehändler sacht in die Geldkatze gegriffen und den zwanzig Goldstücken, gleichsam gleichgültig tuend, noch sechs hinzugefügt. Der Hofschulze trat wieder in die Türe, und der andre sagte brummend, ohne ihn anzusehen: „Da liegen die sechsundzwanzig, weil es einmal nicht anders sein soll."

Der alte Bauer lächelte schalkhaft und sprach: „Ich wußte wohl, daß Ihr das Pferd kaufen würdet, Herr Marx, denn Ihr sucht für den Rittmeister in Unna eins zu dreißig Pistolen, und mein Bräunchen paßt Euch dazu, wie bestellt. Ich ging auch nur in das Haus, um die Goldwage zu holen, und konnte vorhersehen, daß Ihr Euch unterdessen besonnen haben würdet."

Der Alte, welcher in seinen Bewegungen bald etwas ungemein Rasches, bald wieder die größte Bedächtigkeit zeigte, jenachdem das Geschäft war, was er trieb, setzte sich an den Tisch, wischte langsam und sorgfältig seine Brille ab, spannte sie über die Nase und fing nun an, die Goldstücke genau zu wägen. Zwei oder drei musterte er als zu leicht aus, worüber der Pferdehändler ein heftiges Gezeter erhob, welchem der Hofschulze schweigend und kaltblütig, die Wage in der Hand behaltend, zuhörte, bis der andre statt der verworfenen vollwichtige hervorholte. Endlich war die Sache beendigt, der Verkäufer packte bedächtig das Geld in ein Papier und ging mit dem Pferdehändler nach dem Stalle, um ihm das Pferd zu überliefern.

Der Rezeptor wartete die Rückkehr der beiden nicht ab. „Mit solchem Klotz ist nichts anzufangen," sagte er, „aber wenn du uns nur nicht so ordentlich auf die Termine bezahltest, wir wollten dich." — Er fühlte nach seinen urkundlichen Papieren in der Tasche, merkte an ihrem Knittern, daß sie noch darin seien, und schlich vom Hofe.

Aus dem Stalle traten der Roßkamm, der Schulze und ein Knecht, welcher zwei Pferde, das des Roßkammes und die erkaufte braune Stute, hinter sich herführte. Der alte Schulze sagte, indem er die letztere zum Abschied streichelte: „Es tut einem immer leid, wenn man eine Kreatur, die man aufzog, losschlägt, aber wer kann dawider? — Nun, halte dich brav, Bräunchen!" rief er und gab dem Tiere einen herzhaften Schlag auf die runden, glänzenden Schenkel.

Der Pferdehändler war indessen aufgestiegen und sah mit seiner langen Figur und der kurzen Schoßjacke unter dem breitkrempigen lackierten Hute, mit seinen erbsengelben Hosen über den dürren Lenden und den hochhinaufreichenden ledernen Gamaschen, mit seinen Pfundsporen und mit seiner Peitsche wie ein Wegelagerer aus. Er ritt, ohne lebewohl zu sagen, fluchend und wetternd davon, die Braune am Leitzaum nachziehend. Keinen Blick wandte er nach dem Gehöfte zurück, die Braune dahingegen drehte mehreremale den Hals um und wieherte wehmütig, als wollte sie klagen, daß ihre gute Zeit nun vorüber sei. Der Hofschulze blieb, die Arme in die Seite gestemmt, mit dem Knechte stehen, bis der Zug durch den Baumgarten verschwunden war. Dann sagte der Knecht: „Das Vieh grämt sich.“ — „Warum sollte es nicht?“ erwiderte der Hofschulze, „grämen wir uns doch auch. Komm auf den Futterboden, wir wollen Hafer messen.“

63. Der Oberhof.

Sehen wir uns im Oberhofe um! Wenn das Lob der Freunde immer ein sehr zweideutiges bleibt, so darf man dagegen dem Neide der Feinde vertrauen, und am glaubwürdigsten ist ein Pferdehändler, der die guten Umstände eines Bauern herausstreicht, mit welchem er nicht des Handels einig werden konnte. Zwar ließ sich von dem Hofe nicht, wie der Roßkamm Marx sagte, behaupten, es sei darin, als ob man sich bei einem Grafen befinde, hingegen nahm man, wohin man blickte, bäurischen Wohlstand und einen Segen wahr, welcher dem hungrigsten Menschen zurufen mußte: „Hier kannst du dich mit satt essen, die Schüssel ist immerdar voll.“

Der Hof lag ganz allein an der Grenze der fruchtbaren Börde, da, wo sie in das Hügel- und Waldland übergeht. Die letzten Felder des Hofschulzen stiegen schon sacht die Anhöhe hinauf, und eine Meile von dort war Gebirg. Der nächste Nachbar der Bauerschaft wohnte eine Viertelstunde vom Hofe. Um diesen breitete sich alles Besitztum, welches eine große ländliche Wirtschaft nötig hat, aus: Feld, Wald, Wiese, unzerstückelt, in geschlossenem Zusammenhange.

Von der Anhöhe herab liefen die Felder durch die Ebene, bestens bestellt. Es war aber um die Zeit der Roggenblüte; der Rauch ging von den Ähren und wallte in den warmen Sommerlüften, ein Opfer der Scholle. Einzelne Reihen hochstämmiger Eschen oder knorrichter Rüstern, zu beiden Seiten der alten Grenzgräben gepflanzt, faßten einen Teil der Kornfelder ein und bezeichneten, von weitem her kenntlich, die Marken des Erbes, bestimmter, als Steine und Pfähle vermögen. Ein tiefer Weg zwischen aufgeworfenen Erdwällen führte quer durch die Felder, mündete rechts und links an verschiedenen Orten in Seitenpfade aus und führte, wo das Getreide aufhörte, in ein kräftig bestandenes Eichenwäldchen, unter welchem sich erdgelagerte Säue gütlich taten, dessen Schatten aber auch für den Menschen erquicklich waren. Dieser Kamp, welcher dem Schulzen sein Holz lieferte, drang bis wenige Schritte vom Gehöfte vor, umfaßte es von beiden Seiten und gab so zugleich gegen die Ost- und Nordwinde Schutz.

Nur mit Stroh war das Wohnhaus, welches sich in seinen weiß und gelb angestrichenen Wänden von Fachwerk zweistöckig erhob, gedeckt; aber da diese Bedeckung immer sehr wohl in stand erhalten ward, so hatte sie nichts Dürftiges, verstärkte im Gegenteil den behaglichen Eindruck, den das Gehöft machte. Auf der andern Seite des Hauses liefen um einen geräumigen Hof Ställe und Scheunen, an denen auch das schärfste Auge keine schadhafte Stelle an Mauer und Bewurf erspähen konnte. Große Linden standen vor der Hoftüre; und dort, nicht nach der Wandseite zu, waren Ruhesitze angebracht. Denn der Hofschulze wollte, selbst wenn er rastete, seine Wirtschaft im Auge behalten.

Gerade dem Wohnhause gegenüber sah man durch ein Gittertor in den Baumgarten. Dort breiteten starke und gesunde Obstbäume ihre belaubten Zweige über frischem Graswuchs, Gemüse- und Salatstücken aus; hier und da ernährte ein schmales Beet dazwischen rote Rosen und gelbe Feuerlilien. Doch waren solcher Beete nur wenige. In einer echten Bauerwirtschaft bleibt der Boden dem Bedürfnisse gewidmet, selbst wenn dem Eigentümer seine Umstände Luxus mit der Natur verstatten. Deshalb haben wir in solchen Höfen eine Empfindung froher Ruhe aller Sinne, wie sie Prachtgärten, Parks und Villen nicht zu erregen vermögen. Denn das ästhetische Landschaftsgefühl ist schon ein Produkt der Überfeinerung, weshalb es denn auch nie in eigentlich robusten Zeiten auftritt. Diese halten vielmehr die Stimmung zur Mutter Erde, als zu der Allernährerin, fest, wollen und verlangen nichts von ihr, als die Gabe des Feldes, der Viehweide, des Fischteiches, des Wildforstes.

Soweit das Auge über den Baumgarten hinausblickte, sah es auch nur Grün. Denn jenseits des Gartens lagen die

Wiesen des Oberhofes, auf welchen der Schulze Raum und Futter für seine Pferde besaß. Ihre Zucht, mit Fleiß betrieben, gehörte zu den einträglichsten Nahrungsquellen des Erbes. Auch diese grünen Grasflächen waren von Hecken und Gräben umschlossen; eine derselben faßte einen Weiher ein, in welchem ausgefütterte Karpfen zugweise umherschwammen.

Auf diesem reichen Hofe, zwischen vollen Scheuern, vollen Böden und Ställen hantierte der alte, weit und breit angesehene Hofschulze. Bestieg man aber den höchsten Hügel, zu dem sich seine Felder hinauferstreckten, so erblickte man von dort die Türme dreier der ältesten Städte Westfalens.

Es ging zu der Zeit, von welcher ich rede, auf elf Uhr Vormittags, und der ganze weitläufige Hof war so still, daß sich fast nur das Rauschen der Lüfte in den Baumwipfeln des Kamps vernehmen ließ. Der Schulze maß dem Knechte Hafer zu, womit dieser, den Sack über der Schulter, langsamen Schrittes nach dem Pferdestalle ging; die Tochter zählte in der Linnen- und Garnkammer ihre Ausstattung nach; eine Magd besorgte die Küche. Was sonst von Menschen im Hofe lebte, lag und schlief; denn es ging gegen die Ernte, in welcher Zeit es bei den Bauern am wenigsten zu tun gibt und die Arbeiter jede Minute zu benutzen pflegen, um gewissermaßen auf Rechnung der herannahenden schweiß- und mühevollen Tage in voraus zu schlafen.

Johann Heinrich Jung-Stilling (1740—1817).

64. Heinrich Stillings Ahnen.

Als der alte Eberhard Stilling einmal im Frühling auf einen Montag Morgen nach dem Walde zu seiner Hantierung ging, ersuchte er Wilhelmen, ihm seinen Enkel mitzugeben. Dieser gab es zu, und Heinrich freute sich zum höchsten. Wie sie den Giller hinaufgingen, sagte der Alte: „Heinrich, erzähl uns einmal die Historie von der schönen Melusine! ich höre so gern alte Historien: so wird uns die Zeit nicht lange." Heinrich erzählte sie ganz umständlich mit der größten Freude. Vater Stilling stellte sich, als wenn er über die Geschichte ganz erstaunt wäre, und als wenn er sie in allen Umständen wahr zu sein glaubte. Dies mußte aber auch geschehen, wenn man Heinrichen nicht ärgern wollte; denn er glaubte alle diese Historien so fest, als die Bibel.

Der Ort, wo Stilling Kohlen brannte, war drei Stunden von Tiefenbach; man ging beständig bis dahin im Wald. Heinrich, der alles mit seiner Einbildungskraft auffaßte, fand auf diesem ganzen Wege lauter Paradies; alles war ihm schön und ohne Fehler. Eine recht düstere Maibuche, die er in einiger Entfernung vor sich sah, mit ihrem schönen, grünen Licht und Schatten, machte einen Eindruck auf ihn; allsofort war die ganze Gegend ein Ideal und himmlisch schön in seinen Augen. Sie gelangten dann endlich auf einen hohen Berg zum Arbeitsplatz. Die mit Rasen bedeckte Köhlershütte fiel dem jungen Stilling sogleich in die Augen; er kroch hinein, sah das Lager von Moos und die Feuerstätte zwischen zwei rauhen Steinen, freute sich und jauchzte. Während der Zeit, daß der Großvater arbeitete, ging er im Wald herum und betrachtete alle Schönheiten der Gegend und der Natur; alles war ihm neu und unaussprechlich reizend.

An einem Abend, wie sie des andern Tages wieder nach Hause wollten, saßen sie vor der Hütte, da eben die Sonne untergegangen war. „Großvater!" sagte Heinrich, „wenn ich in den Büchern lese, daß die Helden soweit zurück haben rechnen können, wer ihre Voreltern gewesen, so wünsch ich, daß ich auch wüßte, wer meine Voreltern gewesen sind. Wer weiß, ob wir nicht auch von einem Fürsten oder großen Herren herkommen? Meiner Mutter Vorfahren sind alle Prediger gewesen, aber die Eurigen weiß ich noch nicht; ich will sie mir alle aufschreiben, wenn Ihr sie mir sagt." Vater Stilling lächelte und antwortete: „Wir kommen wohl schwerlich von einem Fürsten her; das ist mir aber auch ganz einerlei; du mußt das auch nicht wünschen. Deine Vorfahren sind alle ehrbare, fromme Leute gewesen; es gibt wenig Fürsten, die das sagen können. Laß dir das die größte Ehre in der Welt sein, daß dein Großvater, Urgroßvater und ihre Väter alle Männer waren, die zwar außer ihrem Hause nichts zu befehlen hatten, doch aber von allen Menschen geliebt und geehrt wurden. Keiner von ihnen hat jemals begehrt, das nicht sein war; und alle sind großmütig gestorben in ihrem höchsten Alter."

Heinrich freute sich und sagte: „Ich werde also alle meine Voreltern im Himmel finden?" — „Ja," erwiderte der Großvater, „das wirst du; unser Geschlecht wird daselbst grünen und blühen. Heinrich! erinnere dich an diesen Abend, solang du lebst. In jener Welt sind wir von großem Adel; verlier diesen Vorzug nicht! Unser Segen wird auf dir ruhen, solang du fromm bist; wirst du gottlos werden und deine Eltern verachten, so werden wir dich in der Ewigkeit nicht kennen." Heinrich fing an zu weinen und sagte: „Seid dafür nicht bange, Großvater! ich werde fromm und froh sein, daß ich Stilling heiße. Erzählet mir aber, was Ihr von unsern Voreltern wisset!"

Vater Stilling erzählte: „Meines Urgroßvaters Vater hieß Ulli Stilling. Er war ohngefähr anno 1500 geboren. Ich weiß aus alten Briefen, daß er nach Tiefenbach gekommen, wo er im Jahre 1530 Hans Stählers Tochter geheiratet hat. Er ist aus der Schweiz hergekommen und mit Zwinglius bekannt gewesen. Er war ein sehr frommer Mann, auch so stark, daß er einmal fünf Räubern seine vier Kühe wieder abgenommen, die sie ihm gestohlen hatten. Anno 1536 bekam er einen Sohn, der hieß Reinhard Stilling: dieser war mein Urgroßvater. Er war ein stiller, eingezogener Mann, der jedermann Gutes tat; er heiratete im fünfzigsten Jahre eine ganz junge Frau, mit der er viele Kinder hatte; in seinem sechzigsten Jahre gebar ihm seine Frau einen Sohn, den Heinrich Stilling, der mein Großvater gewesen. Er war 1596 geboren, er wurde 101 Jahre alt, daher habe ich ihn noch gekannt. Dieser Heinrich war ein sehr lebhafter Mann, kaufte sich in seiner Jugend ein Pferd, wurde ein Fuhrmann und fuhr nach Braunschweig, Brabant und Sachsen. Er war ein Schirrmeister, hatte gemeiniglich zwanzig bis dreißig Fuhrleute bei sich. Zu der Zeit waren die Räubereien noch so sehr im Gange und noch wenig Wirtshäuser an den Straßen, daher nahmen die Fuhrleute Proviant mit sich. Des Abends stellten sie die Karren in einen Kreis herum, so daß einer an den andern stieß; die Pferde stellten sie mitten ein, und mein Großvater mit den Fuhrleuten war bei ihnen. Wenn sie dann gefüttert hatten, so rief er: „Zum Gebet, ihr Nachbarn!" dann kamen sie alle, und Heinrich Stilling betete sehr ernstlich zu Gott. Einer von ihnen hielt die Wache, und die andern krochen unter ihre Karren ans Trockene und schliefen. Sie führten aber immer scharf geladen Gewehr und gute Säbel bei sich.

Nun trug es sich einmal zu, daß mein Großvater selbst die Wache hatte; sie lagen im Hessenland auf einer Wiese, ihrer waren sechsundzwanzig starke Männer. Gegen elf Uhr des Abends hörte er einige Pferde auf der Wiese reiten; er weckte in der Stille alle Fuhrleute und stand hinter seinem Karren. Heinrich Stilling aber lag auf seinen Knieen und betete bei sich selbst ernstlich. Endlich stieg er auf seinen Karren und sah umher. Es war genug Licht, so, daß der Mond eben untergehen wollte. Da sah er ungefähr zwanzig Männer zu Pferd, wie sie abstiegen und leise auf die Karren losgingen. Er kroch wieder herab, ging unter den Karren, damit sie ihn nicht sähen, gab aber wohl acht, was sie anfingen. Die Räuber gingen rund um die Wagenburg herum, und als sie keinen Eingang fanden, fingen sie an, an einem Karren zu ziehen. Stilling, sobald er das sah, rief: „Im Namen Gottes, schießt!" Ein jeder von den Fuhrleuten hatte den Hahnen aufgezogen, und sie schossen unter den Karren heraus, so daß der Räuber sofort sechse niedersanken; die andern Räuber erschraken, zogen sich ein wenig zurück und redeten zusammen. Die Fuhrleute luden wieder ihre Flinten; nun sagte Stilling: „Gebt acht, wenn sie wieder näher kommen, dann schießt!" Sie kamen aber nicht, sondern ritten fort.

Die Fuhrleute spannten mit Tagesanbruch wieder an und fuhren weiter; ein jeder trug seine geladene Flinte und seinen Degen, denn sie waren nicht sicher. Des Vormittags sahen sie aus einem Wald einige Reiter wieder auf sie zureiten. Stilling fuhr zuvörderst und die andern alle hinter ihm her. Dann rief er: „Ein jeder hinter seinen Karren und den Hahnen gespannt!“ Die Reiter hielten stille, der vornehmste unter ihnen ritt allein auf sie zu, ohne Gewehr, und rief: „Schirrmeister, hervor!“ Mein Großvater trat hervor, die Flinte in der Hand und den Degen unter dem Arm. „Wir kommen als Freunde!“ rief der Reiter. Heinrich traute nicht und stand da. Der Reiter stieg ab, bot ihm die Hand und sagte: „Seid ihr verwichene Nacht von Räubern angegriffen worden?“ — „Ja,“ antwortete mein Großvater, „nicht weit von Hirschfeld auf einer Wiese.“ — „Recht so,“ antwortete der Reiter, „wir haben sie verfolgt und kamen eben bei der Wiese an, wie sie fortjagten und ihr einigen das Licht ausgeblasen hattet; ihr seid wackere Leute.“ Stilling fragte, wer er wäre; der Reiter antwortete: „Ich bin der Graf von Wittgenstein, ich will euch zehn Reiter zum Geleit mitgeben, denn ich habe noch Mannschaft genug dort hinten im Wald bei mir.“ Stilling nahm's an und akkordierte mit dem Grafen, wie viel er ihm jährlich geben sollte, wenn er ihn immer durchs Hessische geleitete. Der Graf gelobte es ihm, und die Fuhrleute fuhren nach Hause.

Dieser mein Großvater hatte im zweiundzwanzigsten Jahre geheiratet, und im vierundzwanzigsten, nämlich 1620, bekam er einen Sohn, Hans Stilling; dieser war mein Vater. Er lebte ruhig, wartete seines Ackerbaues und diente Gott. Er hatte den ganzen dreißigjährigen Krieg erlebt und war öfters in die äußerste Armut geraten. Er hat zehn Kinder erzeugt, unter welchen ich der jüngste bin. Ich wurde 1680 geboren, eben da mein Vater sechzig Jahre alt war. Ich habe, Gott sei Dank! Ruhe genossen und mein Gut wiederum von allen Schulden befreiet. Mein Vater starb 1724, im 104. Jahre seines Alters — ich habe ihn wie ein Kind verpflegen müssen — und liegt zu Florenburg bei seinen Voreltern begraben.“

Heinrich Stilling hatte mit größter Aufmerksamkeit zugehöret. Nun sprach er: „Gott sei Dank, daß ich solche Eltern gehabt habe! Ich will sie alle nett aufschreiben, damit ich's nicht vergesse. Die Ritter nennen ihre Voreltern Ahnen, ich will sie auch meine Ahnen heißen." Der Großvater lächelte und schwieg.

Des andern Tages gingen sie wieder nach Hause, und Heinrich schrieb alle die Erzählungen in ein altes Schreibbuch, das er umkehrte und die hinten weiß gebliebenen Blätter mit seinen Anhen vollpfropfte.

Karl Theodor Körner (1791—1813).

Briefe aus dem Jahre 1813.

65. Körner an seinen Vater.

Wien, am 10. März 1813. Liebster Vater. Ich schreibe Dir diesmal in einer Angelegenheit, die, wie ich das feste Vertrauen zu Dir habe, Dich weder befremden noch erschrecken wird. Neulich schon gab ich Dir einen Wink über mein Vorhaben, das jetzt zur Reife gediehen ist. — Deutschland steht auf; der preußische Adler erweckt in allen treuen Herzen durch seine kühnen Flügelschläge die große Hoffnung einer deutschen, wenigstens norddeutschen Feiheit. Meine Kunst seufzt nach ihrem Vaterlande — laß mich ihr würdiger Jünger sein! Ja, liebster Vater, ich will Soldat werden, will das hier gewonnene glückliche und sorgenfreie Leben mit Freuden hinwerfen, um, sei's auch mit meinem Blute, mir ein Vaterland zu erkämpfen. — Nenn's nicht Übermut, Leichtsinn, Wildheit!

Vor zwei Jahren hätte ich es so nennen lassen; jetzt, da ich weiß, welche Seligkeit in diesem Leben reifen kann, jetzt, da alle Sterne meines Glücks in schöner Milde auf mich niederleuchten, jetzt ist es, bei Gott, ein würdiges Gefühl, das mich treibt, jetzt ist es die mächtigste Überzeugung, daß kein Opfer zu groß sei für das höchste menschliche Gut, für seines Volkes Freiheit. Vielleicht sagt Dein bestochenes, väterliches Herz:

Theodor ist zu größeren Zwecken da, er hätte auf einem anderen Felde Wichtigeres und Bedeutendes leisten können, er ist der Menschheit noch ein großes Pfund zu berechnen schuldig. Aber, Vater, meine Meinung ist die: Zum Opfertode für die Freiheit und für die Ehre seiner Nation ist keiner zu gut, wohl aber sind viele zu schlecht dazu! — Hat mir Gott wirklich etwas mehr als gewöhnlichen Geist eingehaucht, der unter Deiner Pflege denken lernte, wo ist der Augenblick, wo ich ihn mehr geltend machen kann? — Eine große Zeit will große Herzen und fühl ich die Kraft in mir, eine Klippe sein zu können in dieser Völkerbrandung, ich muß hinaus und dem Wogensturm die mutige Brust entgegendrücken.

Soll ich in feiger Begeisterung meinen siegenden Brüdern meinen Jubel nachleiern? — Soll ich Komödien schreiben auf dem Spott-Theater, wenn ich den Mut und die Kraft mir zutraue, auf dem Theater des Ernstes mitzusprechen? — Ich weiß, Du wirst manche Unruhe erleiden müssen, die Mutter wird weinen! Gott tröste sie! ich kann's Euch nicht ersparen. Des Glückes Schoßkind rühmt ich mich bis jetzt, es wird mich jetzo nicht verlassen.

Daß ich mein Leben wage, das gilt nicht viel; daß aber dies Leben mit allen Blütenkränzen der Liebe, der Freundschaft, der Freude geschmückt ist, und daß ich es doch wage, daß ich die süße Empfindung hinwerfe, die mir in der Überzeugung lebte, Euch keine Unruhe, keine Angst zu bereiten, das ist ein Opfer, dem nur ein solcher Preis entgegengestellt werden darf.

Sonnabends oder Montags reise ich von hier ab, wahrscheinlich in freundlicher Gesellschaft, vielleicht schickt mich auch H. als Kurier. In Breslau, als dem Sammelplatze, treffe ich zu den freien Söhnen Preußens, die in schöner Begeisterung sich zu den Fahnen ihres Königs gesammelt haben. Ob zu Fuß oder zu Pferd, darüber bin ich noch nicht entschieden und kommt einzig auf die Summe Geldes an, die ich zusammenbringe. Wegen meiner hiesigen Anstellung weiß ich noch nichts gewiß, vermutlich gibt mir der Fürst Urlaub, wo nicht, so hab ich doch das sichere Versprechen des Grafen Palfy, das in ökonomischer Hinsicht noch mehr Vorteile gewährt. — Toni*) hat mir auch bei dieser Gelegenheit ihre große, edle Seele bewiesen. Sie weint wohl, aber der geendigte Feldzug wird ihre Tränen schon trocknen. Die Mutter soll mir ihren Schmerz vergeben; wer mich liebt, soll mich nicht verkennen, und Du wirst mich Deiner würdig finden.

Humboldts, Schlegels und die meisten meiner Freunde haben bei meinem Entschlusse zu Rate gesessen. Humboldt gibt mir Briefe. Ich schreibe Euch auf den Montag noch einmal.

66. Körner an Frau v. Pereira in Wien.

Zobten, den 22. März. Mein Herz dreht sich gewaltsam um, wo ich nur eine Büchse blinken sehe. Gott! was ist es für eine große, herrliche Zeit. Alles geht mit so freiem, stolzem Mute dem großen Kampfe fürs Vaterland entgegen, alles drängt sich, zuerst für die gute Sache bluten zu können. Es ist nur ein Wille, nur ein Wunsch in der ganzen Nation, und das abgenutzte „Sieg oder Tod" bekommt neue, heilige Bedeutung!

Zobten, den 26. März. Denken Sie sich einen Haufen von 1500 jungen Leuten, alle aus einem Trieb, aus Haß, aus Rache gegen den Tyrannen und voll der glühendsten Begeisterung für die gute Sache des Volks zu den Waffen geeilt, die letzten sorglosen Minuten des ruhigen Lebens keck und frei genießend! — — — Der zweite Mann muß verloren sein, ist der allgemeine Glaube, und das Schillersche:

Und kommt es morgen, so laßt uns heut
Noch schlürfen die Neige der köstlichen Zeit

wird geehrt und befolgt. Oft wird mir's doch zu wild, dann gehe ich in den Wald und denke an das liebe Wien, an so manchen Silberblick, der mir da vorüberleuchtete, und der nun in der Nebelgestalt der Erinnerung an mir vorüberzieht. — Was sage ich, Nebelgestalten? — O, es ist ein lebendiges, klares Wiederempfinden, Wiedergrüßen; die schönen Stunden kehren mir zurück und alle Stille und Freude meines Herzens; gewöhnlich

*) Körner war mit Antonie Adamberger aus Wien verlobt.

kann ich mich dann nicht enthalten, die Wälder mit dem Liede: „Im Walde schleich ich still und wild," zu plagen. Es ist ein gar liebes, liebes Lied!

Jauer, den 30. März. Eben erhalten wir die Nachricht, daß wir binnen acht Tagen vor dem Feinde stehen. Die Franzosen haben Dresden stark besetzt, machen Miene, es zu halten, und sollen ihre Vorposten bis Bautzen vorgerückt haben. Wir werden mit aller Eile vorgeworfen, und ich halte es für eine kleine Gunst des Schicksals, daß ich entweder die heilige Erde meiner Heimat befreien helfen darf oder doch vor den Mauern meiner väterlichen Stadt, wie ein ehrliches, deutsches Herz verbluten kann. Das walte Gott! ich bin bereit. — Eine große, herrliche Stunde habe ich am Sonnabend verlebt. Wir zogen in Parade aus Zobten nach Rogau, einem lutherischen Dorfe, wo die Kirche zur feierlichen Einsegnung der Freischar einfach, aber geziemend ausgeschmückt war. Nach Absingung eines Liedes, das Ihr Freund zu der Gelegenheit verfertigt hatte, hielt der Prediger des Orts, Peters mit Namen, eine kräftige, allgemein ergreifende Rede. Kein Auge blieb trocken. Zuletzt ließ er uns den Eid schwören: für die Sache der Menschheit, des Vaterlandes und der Religion weder Gut noch Blut zu schonen, und zu siegen oder zu sterben für die gerechte Sache; wir schworen! — Darauf warf er sich auf die Kniee und flehte Gott um Segen für seine Kämpfer an. Bei dem Allmächtigen! es war ein Augenblick, wo in jeder Brust die Todesweihe flammend zuckte, wo alle Herzen heldenmütig schlugen. Der feierlich vorgesagte und von allen nachgesprochene Kriegseid, auf die Schwerter der Offiziere geschworen, und „eine feste Burg ist unser Gott" machte das Ende der herrlichen Feierlichkeit, die zuletzt noch mit einem donnernden Vivat! das die Krieger der deutschen Freiheit ausbrachten, gekrönt wurde, wobei alle Klingen aus der Scheide flogen und helle Funken das Gotteshaus durchsprühten. Diese Stunde hatte um so mehr Ergreifendes für uns, da die meisten mit dem Gefühl hinausgehen, es sei ihr letzter Gang. Ich weiß auch einige Gesichter in meinem Zuge, von denen ich's ganz deutlich voraus weiß: sie sind unter den ersten, die der Würgengel fordert.

Es gleicht wohl nichts dem klaren, bestimmten Gefühl der Freiheit, das dem Besonnenen, im Augenblicke der Gefahr, lächelnd entgegentritt. Kein Tod ist so mild, wie der unter den Kugeln der Feinde; denn was den Tod sonst verbittern mag, der Gedanke des Abschieds von dem, was einem das Liebste, das Teuerste dieser Erde war, das verliert seinen Wermut in der schönsten Überzeugung, daß die Heiligkeit des Untergangs jedes verwundete, befreundete Herz bald heilen werde.

Wilhelm Kügelgen (1802—1867).

67. Erinnerungen aus dem Frühling 1813.

I.

Der „Gottessegen" war ein hohes Haus, außer dem Erdgeschoß noch vier Etagen übereinander; dann folgte erst der Dachboden, an welchem alle Mietsleute ihren Anteil und Verschluß hatten. Hier oben war ein Labyrinth von dunklen, winkligen Gängen, Verschlägen und Rumpelkammern, voll alten, weggesetzten Hausrates und voll Reiz für Kinder. Überdem erfreute man sich aus den Dachluken einer weiten Aussicht auf die Meißener Gegend, wie auch nach Norden über das schwarze Tor hinaus bis auf die waldigen Höhen der Radeberger Heide.

Indem mein Bruder und ich nun eines Morgens hier unser Wesen hatten, fiel es uns ein, doch einmal auszuschauen, ob die Russen noch nicht kämen. Wir blickten angestrengt und lange in die Ferne und wollten eben die Köpfe wieder einziehen — da! nein, es war keine Täuschung; da zeigten sie sich wirklich! Am Saum des fernen Kiefernwaldes, wo dieser an eine öde Sandfläche grenzte, die sich bis zur Stadt heranzog, war plötzlich ein neuer Gegenstand erschienen, ein dunkles Etwas, das sich lebhaft hin und herbewegte.

Dann waren es zwei und immer mehrere. Bald schwärmte es wie ein Mückenschwarm der Stadt zu.

Die Russen! die Russen! frohlockten wir, und fort ging's

mit Sturmeseile, den Eltern das entzückende Ereignis zu verkünden. Mein Bruder krallte sich fest an meine Jacke, schreiend, er wollte es auch mit sagen, denn er habe es zuerst gesehen, was auch nahe an die Wahrheit streifte. So wirbelten wir gekoppelt und gedoppelt die Treppe hinunter und drangen atemlos in das Arbeitszimmer des Vaters, der empört über unser Ungestüm den Malstock hob und uns die Flegelei verwies. Da er aber den Grund unserer Aufregung erfuhr, eilte er, die Arbeit vergessend, mit uns auf den Boden und blickte mit seinem scharfen Auge in die Ferne. Wir hatten recht gesehen; es waren Kosaken, die lustig auf dem Sande schwärmten und sich der Festung immer kecker nahten.

An demselben Morgen sahen wir aus unseren Fenstern, wie zwei schlanke, hechtblaue Sachsenleutnants einen kleinen, stämmigen Kosakenoffizier mit verbundenen Augen vorüber führten. „Sie haben ihm ins Gesicht geschossen," sagte mein Bruder ruhig, „und ihn dann gefangen."

Aber der Vater belehrte uns, daß das ein Parlamentär sei, den man zum Kommandanten führe. Ich sah den kleinen, straffen Parlamentär mit so lebhaftem Interesse an, daß er mir mit seinen festen, kurzen Schritten, seinem breiten Nacken und der stolzen Haltung seines verbundenen Kopfes noch heute ganz lebendig vor den Augen steht. Nach einigen Stunden verbreitete sich die sehr willkommene Nachricht, daß die Neustadt am folgenden Morgen übergeben werden solle.

Nächsten Tags in aller Frühe zog dann auch die sächsische Besatzung ab, die Kosaken, geführt vom Obristen Brendel, etwa 800 Mann stark, zogen in guter Ordnung ein und machten unweit des Tores Halt. Auch mein Vater war mit uns Knaben hingegangen.

„Das sind deine Landsleute," sagte er mir, in welcher Bezeichnung für mich eine Aufforderung zu ungemessener Zärtlichkeit lag. Gern hätte ich wenigstens einigen die Hand gedrückt, da ich's nicht allen konnte, wenn mein Vater mich nicht an der seinigen festgehalten und die strenge Haltung dieser wilden Krieger mir nicht einiges Bedenken eingeflößt hätte.

II.

Inzwischen dauerte die anfängliche militärische Erstarrung des Kosakenvölkchens nicht allzulange. Was irgend Beine hatte in der Neustadt, war nach dem Tore geeilt, und von allen Seiten drängten die Bürger mit freudigem Zuruf auf ihre Befreier ein. Diese Russen waren als Feinde der Franzosen teure Freunde und Gesinnungsgenossen; sie wurden wie Brüder empfangen, Jauchzen erfüllte den Platz. Der Branntwein strömte; jeder hatte ihn mitgebracht, und jeder wollte der erste sein, den langersehnten Barbaren den Hals damit zu füllen. Halb zog man sie, halb sanken sie im Freudentaumel aus den Sätteln. Man umarmte, man küßte sich und sprach in Zungen, bis die Quartierbillets verteilt waren und die glücklichen Wirte mit ihren Mannschaften abzogen. Es war ein Funke der weltgeschichtlichen Begeisterung einer großen Zeit, der in die Herzen des Dresdner Volkes gefallen war.

Meinen Eltern ward ein Offizier zugeteilt, mit dessen Burschen wir Kinder, wie mit den übrigen Kosaken im Hause bald gute Freundschaft machten. Wir schleppten unseren Freunden Lebensmittel zu, schenkten ihnen unsere ersparten Kupfermünzen und gingen ihnen zur Hand, so gut wir es vermochten. Sie dagegen schnitzten uns hölzerne Lanzen und Säbel, zeigten uns ihre Waffen, unter denen uns besonders ihre langen, in Türkenkriegen erbeuteten und zum Teil sehr reich mit Silber eingelegten Pistolen wohlgefielen, und ließen uns auf ihren kleinen Pferden reiten.

Diese Kosaken aus den Freiheitskriegen waren gutartige, kindliche Burschen, zwar etwas diebisch, wie unser Hauswirt finden wollte, aber dabei doch recht fromm. Als einer von ihnen mit einer Meldung an seinen Offizier zu uns ins Zimmer trat und das große Marienbild erblickte, bekreuzte er sich sogleich und blieb mit aufgerissenem Munde wie angenagelt an der Türe stehen, keinen Blick von jenem Heiligtum verwendend. Der Offizier ersuchte meine Eltern in französischer Sprache, dem armen Kerl, der noch nie in seinem Leben ein so schönes Bild gesehen, zu gestatten, daß er näher hinzuträte, und meine

Mutter, in aller Eile die Trümmer ihres halb vergessenen Russisch zusamenraffend, lud ihn nun selbst in seiner eigenen Sprache dazu ein.

Da überwog fürs erste die freudigste Überraschung jede andere Empfindung. Die heimischen Laute entzückten den Weithergekommenen, er krümmte und schmiegte sich vor meiner Mutter bis zur Erde, küßte und streichelte den Saum ihres Kleides und suchte auf alle Weise seine Freude zu bekunden. Dann wieder betrachtete er das Bild mit größter Verwunderung und erbat sich schließlich die Erlaubnis, auch einige Kameraden herzuführen.

So dauerte es denn nicht lange, daß ein ganzer Haufe von Kosaken mit ihren Schleppsäbeln die Treppe heraufrasselten. Sie nahten sich dem Bilde aufs ehrerbietigste, warfen sich auf die Knie, bekreuzten sich und verrichteten ihre Andacht wie in der Kirche. Dann besprachen sie sich leise über das Wunderwerk, vor dem sie standen, und zogen sich dankend mit vielen Verbeugungen wieder zurück Dasselbe wiederholte sich an demselben Tage noch öfter. Obrist Brendel war wunderlicherweise ein Deutscher und interessierte demnächst durch seinen ungeheuren Bart, der ihm bis zum Gürtel reichte.

III.

Jetzt brachte jeder Tag sein Neues. Auf die Kosaken folgten reguläre russische Truppen. Das Wintzingerodesche Armeekorps zog größtenteils durch Dresden, und zwar in bester Haltung mit Sang und Klang, mit fliegenden Fahnen und umgeben von dem Nimbus der gerechten Sache, für die es stritt. Solche Durchmärsche mit anzusehen, wäre an und für sich schon gut genug gewesen; wir Kinder aber hatten dabei noch ein Interesse. In der russichen Armee nämlich dienten viele Livländer, unter denen sich leicht Verwandte finden konnten, eine Menschenklasse, die uns Kindern bis dahin fremd geblieben war, da die Familien des Vaters wie der Mutter so weit von uns zu Hause waren. Wir sahen daher jeden russischen Offizier darauf an, ob nicht vielleicht ein Onkel in ihm steckte, suchten auch einzelnen, die uns wohlgefielen, durch vertrauliches Zunicken eine Entdeckung zu erleichtern, an der ihnen, wie wir meinten, ebenso viel gelegen sein mußte, als uns selbst. Auf diese Weise erhielten wir manchen freundlichen Gruß zurück, ohne jedoch zu unserm Zweck zu kommen.

Aber die rechten Onkels stellten sich ganz von selber ein, und wie klopfte mir das Herz, als ich eines Morgens, in der Haustür stehend, von einem anreitenden Husarenoffizier gefragt ward, ob hier mein Vater wohne. Es war ein Vetter meiner Mutter, namens Georg von Bock, ein wunderschöner junger Mann vom stattlichsten Aussehen. Fast verschlang ich ihn mit den Augen und hatte eine Freude, die nur durch die vergangene Verwandtendürre erklärlich werden konnte. An seinem Arme ging ich stolz durch die Straßen bei den präsentierenden Posten vorüber und fühlte mich nicht schlecht geschmeichelt, wenn begegnende Soldaten Front vor uns machten. Und o! wie anziehend waren die Gespräche dieses Onkels für groß und klein, denn er hatte die ganze Kampagne in Rußland mitgemacht und erzählte in trefflicher Weise als Augenzeuge von den Schlachten und von den Greueln an der Beresina. Leider konnte er nicht immer bleiben, er mußte weiter, wie andere liebe Verwandte, die ihm folgten, und wie ein Traumbild sind mir diese ersten Russen mit ihren Onkels hingeschwunden.

Es ware eine große, herzerhebende Zeit, der wir entgegengingen, das Aufleuchten eines unvergleichlich herrlichen Morgens. Die ersten Strahlen deutscher Freiheit flammten blutigrot im Osten auf, begeisternde Verheißung spendend, und wie auf den Ruf der letzten Posaune regten sich die weiten, toten Gefilde des großen deutschen Vaterlandes zu neuem Leben, aber auch zu blutiger Arbeit. Das Wort Friedrich Wilhelms hatte sein scheintot darniederliegendes Volk aus schwerem Traum erweckt, und in frisch erstarkender Kraft schüttelte es die mächtigen Glieder und zersprengte seine Ketten, um wie ein einziger Mann zu seinem Könige, zur deutschen Sache und zu sich selbst zu stehen.

Ich war ein Kind und meiner kindischen Meinung nach ein Russe, aber dennoch fühlte auch ich mich von dem gewaltig heranbrausenden Sturm berührt, in welchem sich das Erwachen des nationalen deutschen Geistes damals so herrlich manifestierte. Das deutsche Blut in meinen Adern behauptete sein Recht, und mit Entzücken sah ich das erste freie deutsche Heer in Dresden einziehen!

IV.

Auf Wintzingerode folgte Blücher mit den Preußen, und waren die Russen von der Bevölkerung gut empfangen worden, so freute man sich jener doppelt, da man sie mit Recht als die Repräsentanten neu entstehender Ehre und Selbständigkeit des allgemeinen deutschen Vaterlandes ansah. Besonders erweckte gerade in dieser Beziehung das Erscheinen der Lützowschen Jäger den größten Enthusiasmus. Ein solches Korps aus lauter gebildeten, für nationale Freiheit glühend begeisterten jungen Männern hatte die deutsche Welt kaum je gesehen. Diese frischen Jünglinge schienen den Freiheitskämpfern des alten Griechenlands zu gleichen, denn wie jene zogen sie jung und heiter, schön und todesfreudig in den Kampf für das Vaterland und seine Ehre. Man schwärmte laut für sie, und da sie nicht für die Sonderinteressen irgend eines deutschen Stammes, sondern für die allgemeine deutsche Sache streiten wollten, so fehlte es nirgends und auch in Dresden nicht an jungen Helden, die sich in ihre Reihen drängten. Unter diesen mochte der damals schon in weiten Kreisen bekannte und persönlich so beliebte junge Dichter Theodor Körner eine der glänzendsten Erscheinungen sein. Den sehe ich noch, wie er Abschied nehmend vor meinen Eltern stand. Seine schöne Gestalt im Schmuck der Waffen, der begeisterte Blick seines Auges, sein freundliches Wesen, sowie die gute Meinung, die jeder von ihm hatte, das alles machte in mir den lebhaftesten Eindruck, und dankbar empfand ich es, daß er auch mich in seine Arme schloß.

Theodor Lindner (geboren 1843).

68. Fünf Heerführer im Kriege von 1870.

I. Der Kronprinz.

Der König war seit 1829 vermählt mit der Prinzessin Augusta von Sachsen-Weimar, einer hochgebildeten Fürstin, die später der Krankenpflege und milden Stiftungen hingebende Tätigkeit zuwandte. Die Ehe war mit zwei Kindern gesegnet, einem Sohn und einer Tochter Luise, die 1856 den Großherzog Friedrich von Baden heiratete. Der Kronprinz Friedrich Wilhelm, geboren am 18. Oktober 1831, erhielt neben der militärischen Ausbildung eine sorgfältige wissenschaftliche Erziehung, und sein vielseitiger Geist öffnete sich gern dem Leben in allen seinen Erscheinungen. Besondere Vorliebe hegte er für die Geschichte, namentlich seines Staates und dessen großer Fürsten. Seine Gemahlin, die englische Prinzeß Viktoria, teilte diese Neigungen und verband mit ihnen eine eifrige Pflege der Künste.

Während in König Wilhelm die eine Seite des hohenzollerischen Wesens, die treue Fürsorge für Haus und Staat, verkörpert war, gehörte der Kronprinz mehr zu den seltneren Charakteren dieser Familie, in denen sich das strenge Pflichtgefühl mit einer gewissen Weichheit und lebhaften Empfindung paarte. Daher waren Vater und Sohn nicht von gleicher Art, und obgleich der edle Sinn beider keine Störung aufkommen ließ, dachte der Kronprinz in manchen Beziehungen anders. Fühlte sich der König stets in erster Linie als Preuße, war der Sohn für Deutschland begeistert. Überall schlug dem Thronfolger warme Liebe entgegen. Sein aus wahrer Liebenswürdigkeit entspringendes leutseliges Wesen, die ungezwungene Weise sich zu geben, seine menschliche Teilnahme gewannen ihm alle Herzen. Ein hochgewachsener, schlanker Mann, das regelmäßige Gesicht von blondem Vollbart umrahmt, erschien er als das Ideal männlicher Schönheit. Seitdem seine Armee die Schlacht von Königgrätz entschieden hatte, schmückte den glücklichen Feldherrn auch der Lorbeer des Sieges, aber die Vertrauten wußten, einen wie tief schmerzlichen Eindruck der blutige Jammer der Schlachtfelder auf den bewunderten Helden gemacht hatte. In ihm schien sich alle Trefflichkeit harmonisch zu vereinen.

II. Prinz Friedrich Karl.

Auf eine glänzende kriegerische Laufbahn konnte Prinz Friedrich Karl, ein Bruderssohn des Königs, geboren am 20. März 1828, zurückschauen. Eine kraftdurchdrungene Gestalt, von ganzer Seele Soldat, durch eine mit Vorsicht gepaarte Kühnheit und zugleich durch gründliches Studium aller kriegerischen Wissenschaften ausgezeichnet, hatte er sich schon in den Kämpfen der Jahre 1848 und 1849 in Schleswig und in Baden hervorgetan. Der dänische Feldzug erneuerte und vergrößerte seinen Ruhm. Gegen Österreich führte er die erste Armee nach Böhmen und veranlaßte den Angriff bei Königgrätz, wo seine Truppen den furchtbaren Kampf in der Mitte führten. Energisch drang er dann dem Feinde bis zur Donau nach. Den „eisernen" oder seiner geliebten Husarenuniform wegen den „roten" Prinzen nannte das Volk den gefeierten fürstlichen Krieger.

III. Roon.

Der böhmische Krieg war die große Probe der Armee und ihrer Führer gewesen. Der beispiellos glückliche Erfolg wiegte den Sieger nicht in Sicherheit ein. Sofort legte er Hand an, die gemachten Erfahrungen zu verwerten und da zu bessern, wo sich Änderungen als notwendig gezeigt hatten. Die Siege waren hauptsächlich der Infanterie zu verdanken, und ihre Waffe, das Zündnadelgewehr, hatte sich glänzend bewährt. Weniger entsprach die Artillerie den Anforderungen; nun wurde in den Kruppschen Stahlhinterladern eine vorzügliche Ausstattung gewonnen und die bisherige zurückhaltende Fechtweise in tatkräftiges Vorgehen und aufopferndes Ausharren verwandelt. Eine durchgreifende Veränderung erfuhr auch die Reiterei. Ihr wurde fortan als vornehmlichste Aufgabe der schnelle Ritt gestellt, die Zerstreuung vor den marschierenden Kolonnen zur Verschleierung der Bewegung und vor allem zur Aufklärung der feindlichen

Stellungen. Auch der Train erhielt zum Zweck geregelterer Verpflegung eine weitere Ausbildung.

In den folgenden Friedensjahren lag daher dem Kriegsministerium eine riesenhafte Tätigkeit ob, die Neuformung der norddeutschen Armee, die Vermehrung der Truppenkörper, die neue Ausrüstung und raschere Mobilmachung. Das Werk konnte keinem Besseren anvertraut sein, als Albrecht von Roon. Ausgezeichnet durch rastlosen Fleiß und wissenschaftliche Tüchtigkeit als Begründer der Militärgeographie und als Lehrer der Taktik, der sich des Prinzen Friedrich Karl als seines hervorragendsten Schülers rühmen durfte, wurde Roon früh mit dem Prinzen Wilhelm befreundet und 1859 ausersehen, dessen eigenstes Werk, die Umgestaltung des Heeres, durchzuführen. In heißen Redeschlachten mit dem Abgeordnetenhause verfocht der Kriegsminister mit Geschick und Nachdruck den Willen seines königlichen Herrn. Die glänzende Bereitschaft des Heeres 1866 war seine höchste Rechtfertigung.

IV. **Moltke.**

Der geistvolle Kopf des Heeres war der Chef des Generalabes, Helmut von Moltke. Einem alten mecklenburgischen Adelsgeschlecht entstammend, am 26. Oktober 1800 in Parchim geboren, empfing er, da sein Vater dänische Dienste genommen hatte, den ersten Unterricht in Kopenhagen, trat aber bald in die preußische Armee über. Schon als junger Offizier, nicht mit Glücksgütern, dafür mit glücklichster Begabung ausgestattet, erregte Moltke auf der Kriegsschule Aufmerksamkeit und wurde früh in den Generalstab versetzt, in dem er seine ganze Dienstzeit verblieb. Der lange, hagere Herr mit dem bartlosen, feingeschnittenen Gesicht, das im Alter zahllose kleine Falten durchfurchten, mit den festgeschlossenen Lippen und dem scharfen, klugen Blicke barg hinter seiner schlichten, anspruchslosen Erscheinung weiteste Kenntnisse, tiefsten Geist und regstes Verständnis für alles Schöne. Ein Meister der Feder, selbst ein sinniger Dichter, handhabte Moltke auch das Wort sicher und überzeugend, stets kurz und bündig, aber in den wenigen Worten

Gedankenreichtum ausstreuend; der in seinem Amt und über seine Entwürfe Schweigsame konnte ein anregender und witziger Unterhalter sein.

Wie in ihm ein Künstler steckte, faßte er auch die Kriegführung nicht als eine zu erlernende Wissenschaft, sondern als eine Kunst auf. Die Lehren eines Scharnhorst und Clausewitz mit selbständigem Geiste ergreifend, stellte Moltke die Einzelheiten eines Feldzugsplanes nicht gleich auf weit hinaus bindend fest, sondern paßte im Verlaufe die Ausführung den wechselnden Lagen an; der besonnen überdachten, dann rasch entschlossenen Handlung innerhalb der Gesamtidee ließ er freien Raum. Wagemutig, mit stählernen Nerven, konnte er alles an die Erringung eines vollständigen Sieges setzen. Jede für einen Krieg erforderliche Maßnahme ließ er sorgfältig vorbereiten. Der Generalstab hatte stets für alle Fälle die Pläne fertig, um die Eisenbahnen zum ersten Aufmarsch auszunützen; die fremden Länder, ihre Straßen und Hilfsmittel wurden studiert. Durch seine sichere Beobachtung und unparteiische Auswahl erfreute sich das Heer einer so großen Anzahl ausgezeichneter Führer. Seit 1858 Chef des Großen Generalstabes, hatte Moltke auch den österreichischen Krieg vorbereitet und die Pläne für ihn aufgestellt. Erst durch diese Siege wurde sein Name allgemein bekannt, doch vor dem großen Strategen lag trotz seiner siebzig Jahre noch der höchste Gipfel des Ruhmes.

V Bismarck.

Das schneidige Werkzeug des Heeres hatte im Dienste des Königs sein erster Minister in Bewegung gesetzt. Geboren am 1. April 1815 zu Schönhausen, trat Bismarck zuerst als schärfster Vorfechter für ein machtvolles Königtum in die Öffentlichkeit. Anfangs dem Zusammengehen mit Österreich geneigt, erkannte er, seit 1851 Gesandter beim Deutschen Bunde in Frankfurt, wie wenig von Österreich für die gerechtfertigten Wünsche Preußens und für die Besserung der elenden deutschen Zustände zu hoffen war; als Gesandter in Petersburg und nachher in Paris gewann er tiefen Einblick in die großeuropäische Politik. Überzeugt von dem Rechte seines Königs, trat er auch deswegen für die Neuordnung des Heeres ein, weil Preußen stark sein mußte, um die ihm gebührenden Aufgaben für sich und damit für das deutsche Volk durchzuführen.

Bismarck war gleich gewaltig an Leib wie an Geist. Eine Hünengestalt, ein rechter deutscher Recke, schwer und breitschulterig, das mächtige Haupt stolz erhoben, aus den stark überbuschten Augen feurig blickend, sah er wie ein Krieger aus, und mit Vorliebe trug er später die Kürassieruniform. In der Tat war er auch ein unerschrockener Kämpe; die Gefahr wägend, dann furchtlos wagend, der vorsichtig ausbog, um desto entschlossener vorzugehen, und sich nie überraschen ließ, denn stets hatte er alle Möglichkeiten erwogen und war schlagfertig für jeden Fall. Auch in Herz und Sinn ein rechter Deutscher, war er stolz auf die Kraft des Volkes, dem er angehörte, und verzweifelte nie an dem Siege des gesunden Sinnes. Gern nahm er an den Freuden des Lebens Anteil, Feld und Wald waren ihm der liebste Aufenthalt. Zu seinem Könige hielt er wie ein Gefolgsmann der alten Zeit, in persönlicher Treue und ehrfurchtsvoller Liebe, und in seinem Herrn erblickte er zugleich den Hort des gesamten Vaterlandes.

Mit starker Leidenschaft ausgerüstet, fühlte Bismarck leicht in sich die deutsche Wut entbrennen, und dann konnte er hintreten mit furchtbarer Gewalt. Seine Rede floß nicht glatt, sondern wuchtig dahin, bald die Einwürfe der Gegner vor sich hinstoßend, wie ein Wildbach die Felsblöcke, bald die schwierigsten Fragen mit unentwegter Ruhe behandelnd. Reich an Bildern, an glücklich und geistreich ergriffenen Beispielen aus Geschichte und Leben, trafen seine Worte sicher und fest. Ebenso glänzend waren die diplomatischen Noten. Oft sprach der Verfasser seine Absichten mit verblüffender Offenheit aus, ganz anders, als man es in der Politik gewohnt war. Bismarck konnte so sprechen und schreiben, weil er die Dinge erkannte und beherrschte, wie kaum je ein Staatsmann. Sein Sinn war auf den Kern gerichtet, der Schein blendete ihm den klaren Blick nicht. Nicht auf Reden, sondern auf die machtvolle Tat kam es ihm an. Daher überwand er in sich den Grundfehler der Deutschen. Bismarck hat einmal gesagt, er habe von Natur mehr das Bedürfnis, nicht zu gehorchen, als zu herrschen besessen, und derselbe Zug hatte die Deutschen politisch heruntergebracht. Er aber erkannte, daß ohne Macht, ohne feste Leitung, ohne Einheit nichts zu tun sei. Daher hielt er fest an der königlichen und staatlichen Autorität, als dem eigentlichen Grunde alles politischen und wirtschaftlichen Bestandes, darum aber wußte er auch, daß Deutschland nicht mit schönen Hoffnungen, sondern nur mit Blut und Eisen geeinigt werden könnte.

69. Kriegsleben 1870 und 1871.

I. In der Schlacht.

Wenn die Schlacht beginnt, dann pocht jedes Männerherz an die Rippen. Die Geschütze brüllen den Eröffnungsgruß, den der Feind erwidert. Heulend fliegen hoch durch die Luft die Granaten heran, krachend platzen sie beim Einschlagen, durch das aufsteigende weiße Pulverwölkchen sausen die scharfzackigen Sprengstücke herum. Nichts ist schwerer zu ertragen, als Granatfeuer in harrender Untätigkeit; am Boden liegend, sucht der Soldat seiner Furchtbarkeit zu entgehen. Endlich erschallt das Signal zum Vorgehen, die Leute springen auf wie Erlöste, obgleich nun erst der rechte Ernst beginnt. Schützenschwärme voran, dahinter die geschlossene Kolonne, wird vormarschiert. Da pfeifen und surren die Gewehrkugeln rechts, links, überall; hier und da schallt aus den Reihen ein klatschender Ton, ein Aufschrei, die Getroffenen stürzen. Doch weiter, weiter! Nun ist die rechte Schußnähe erreicht; die Schützen suchen Deckung, knieend, liegend, hinter Baumstämmen, Erdaufwürfen oder in Vertiefungen, wie Gelegenheit ist. Es geht wieder vorwärts, die Offiziere mit geschwungenem Degen voran, mit ihnen die Kühnsten und Schnellsten, die übrigen in langer Kette folgend, bis von neuem Fuß gefaßt wird.

Da rückt eine starke feindliche Truppe heran; die Kolonne, die Schützen zur Seite, wartet, das Gewehr bereit, bis der rechte

Augenblick da ist. „Legt an, Feuer!“ — eine geschlossene Salve sprüht dem Angreifer entgegen, Schnellfeuer knattert nach. Er weicht zurück, rasch hinter ihm her geht die Jagd. Plötzlich prasselt dem Verfolger ein Hagel von Kartätschen oder Mitrailleusengeschossen entgegen. Vor oder zurück? Doch besser hinan mit dem Bajonett durch den wallenden Dampf gegen die Feuerschlünde! Sie werden genommen oder ziehen sich in schneller Flucht zurück. Endlich steht die letzte Linie des Feindes in aller Stärke vor; erst Schnellfeuer, dann drauf mit gefälltem Bajonett unter lautem Hurra und rasselndem Trommelschlag, die Fahnen hoch im Winde flatternd. Hält der Gegner stand, dann gilt es heißes Ringen Mann an Mann; Bajonett, Kolben, Säbel, selbst das Messer arbeiten. Wilder Ruf, lautes Jammergestöhn. Doch nur kurz ist der wütende Zusammenstoß: der Feind flieht, der Sieger ordnet seine Truppen und setzt die letzten Kräfte zur Verfolgung ein. Ist der Kampf zu Ende, so geben die Hörner das willkommene Signal: Stopfen! das Ganze sammeln! zur Einstellung des Gefechts.

So geht es bei allen Truppenteilen, die nebeneinander fechten. Der einzelne, mit sich beschäftigt, weiß kaum, wie es beim Nachbar steht; die Oberleitung muß den Zusammenhang halten. Nur macht es sich nicht immer so schnell; stundenlang zieht sich manchmal das Feuergefecht hin, und ein Mann nach dem andern wird kampfunfähig. Nur ein Fuß breit vorwärts wird da schon zum schwer erkauften Gewinn. Oft muß der bereits gewonnene Boden wieder geräumt werden, und neue Opfer sind nötig, ihn zurückzuerobern.

Ringsum tobt betäubend Lärm der Hölle; es dröhnt, knallt, rasselt, rollt, schwirrt, zischt; der Ruf der Anführer, das Kriegsgeschrei, das Jammern der Verwundeten, die dumpfstöhnende Klage der getroffenen Rosse, die Signale schrillen durcheinander. Der Erdboden bebt, grauer Pulverdampf, durchzuckt von den aus ehernen Mündern flammenden Feuerströmen, umhüllt schwer und dicht das grausige Bild.

II. Auf dem Marsch.

Der Überlebende freut sich des rosigen Lichts und zieht munter seine Straße, der neuen Todesgefahr entgegen. Nicht allein ihr, sondern auch harten Beschwerden. Denn nicht in dem Kampfe liegt die eigentliche Last des Krieges; schnell ist er überstanden und das Schicksal des Augenblicks, ob Leben oder Tod, entschieden. Täglich zehren am Körper die Anstrengungen des Marsches und die Entbehrungen und erschlaffen auf die Dauer auch den feurigsten Geist. Da zeigen sich erst die rechte Zucht und der echte Mannessinn. Damals wechselten glühende Hitze und starke Regengüsse. Auf den rauhen Gebirgswegen durch die Vogesen brachen viele unter der Sonnenglut schweißgebadet zusammen, freilich nur, um nach kurzer Rast erholt nachzueilen. Gar bald, nach den ersten Märschen, sieben sich die Schwachen aus der Truppe aus; was dann bleibt, ist unverwüstlich. Wie oft wurde am frühen Morgen angetreten, und erst die Nacht brachte ein Ende des Weges.

Eine marschierende Kolonne zieht sich weithin; die Leute, die es sich nach Möglichkeit bequem machen und die Kleidung lüften, gehen in Reihen an den Rändern der Straße, um weniger Staub aufzurühren und Wagen und Pferde durchzulassen. Zu Anfang ertönen lustige Lieder, mit der Zeit verstummen sie. Nötigt ein Hindernis, etwa eine vorüberziehende Artillerie- oder Trainkolonne, zum Stillstand, dann wirft sich jeder Mann hin in den Graben, auf das Feld, in den Staub, diese wenigen Minuten der Ruhe, selbst mit raschem Schlaf, zu genießen. Wenigstens war jetzt gestattet, auf dem Marsche zu trinken; vorausreitende Offiziere ließen in den Dörfern gefüllte Gefäße auf die Straße stellen, aus denen die Leute im Vorbeigehen schöpften.

Um Mittag wird im freien Felde abgekocht. Das klingt schön, war es aber nicht immer. Wenn trockenes Holz fehlt und grünes genommen werden muß, dann dauert es lange, ehe eine brauchbare Flamme aus dem beißenden Qualm herausschlägt, und manchmal ist alle Mühe umsonst. Das Fleisch, fast immer frisch, oft einem erst an Ort und Stelle abgeschlachteten Tiere entnommen, bleibt zäh und unschmackhaft; dann tröstet man sich mit der Brühe, der Kartoffeln und Brot festern Bestand geben. Daß der Rauch in das Kochgeschirr hineinschlägt und seine brenzlige Würze mitteilt, nimmt der Hungrige gleichmütig hin. Wenn es nur überhaupt etwas zu kochen gibt! Will es das böse Geschick, dann ertönt, während das Geschäft noch im besten Gange ist, das Signal zum Aufbruch, und wer sich nicht Mund und Magen verbrennen mag, muß die schöne Brühe wegschütten. Sind jedoch einmal gute Zeiten und reichliche Lieferungen, dann zeigen die Kochkünstler stolz ihre Fertigkeit in der Zurichtung von Feldleckerbissen. Die Nachtrast, oft in staubigen Scheunen, bietet wenig Erquickung, ein Biwak im Freien auf reichlichem Stroh ist bei heiterem Wetter vorzuziehen. Im Regen auf feuchter Wiese oder in wassergefüllten Ackerfurchen macht es allerdings wenig Freude, und der Marsch in den nassen, schweren Kleidern auf schlüpfrigem Wege ermüdet erst recht. Die Trommel und die gellende Querpfeife wirkten dabei oft Wunder, und wenn zuletzt vor dem Abrücken in die Einzelquartiere an dem gerade Höchstbefehlenden in Parademarsch vorbeigezogen wurde, streckten sich die müden und wunden Beine so stramm, als wenn sie nur einen Spaziergang hinter sich hätten.

Die Verpflegung genügte nicht immer. Gar manchmal quälte der Hunger, und der Durst tat weh, doch der Kaffee, die Haupterquickung, war immer vorhanden. Obgleich jede Kompanie einige Kaffeemühlen besitzt, macht es sich kürzer, die Bohnen mit dem Gewehrkolben oder darüber gerolltem Flaschenbauch zu zerquetschen. Ob auch die Stücke ziemlich groß bleiben und kein Sieb vorhanden ist, ob Milch und Zucker, den der Soldat sehr liebt und teuer bezahlt, fehlen, das warme Getränk schmeckt und belebt immer. Der Kochgeschirrdeckel nützt zu allen möglichen Zwecken, als Waschnapf, als Tasse, als Suppenschüssel, als Teller; man nimmt es eben im Felde nicht so genau. Der Soldat lernt auch den Hunger zu bezwingen und den Leibriemen eng anzuziehen, wenn es nicht so lange dauert, daß die Kräfte schwinden.

Schließlich siegen doch der Eifer und die unverwüstliche gute Laune über alles Ungemach. Es ist der Vorzug des Soldaten, daß ihm die Lustigkeit nicht ausgeht. Sie äußert sich manchmal recht derb, aber sie ist unendlich viel wert, und die verständigen Vorgesetzten suchen sie zu erhalten. In jeder Kompanie, in jeder Korporalschaft gibt es Spaßvögel, die stets einen empfänglichen Boden bei den Kameraden finden. Wohl muß auch manchmal ein Ungeschickter oder Dummer als Zielscheibe herhalten, und er tut dann am besten, mitzulachen. Die Witze werden leicht ständig, und einmal aufgebrachte Schlagwörter halten lange vor, aber zünden immer. Wenn die müden Beine kaum noch vorwärts können, der leere Magen knurrt und die Truppe mühselig und stumm daherschleicht, dann ertönt oft plötzlich ein lautes Scherzwort aus den Reihen und pflanzt sich fort; gleich geht es wieder frischer. Das Neue, was der Soldat zu sehen bekommt, regt auch an, und er übersetzt es sich leicht in seine Denkweise. Sehr liebt er seltsame Mummereien. Die Zipfelmützen der französischen Bauern machten im Nachtquartier viel Spaß, ebenso französische Uniformstücke. Nach den Schlachten trugen ganze Kompanien weiße Baumwollhandschuhe, die sie in den abgeworfenen Tornistern der Franzosen fanden. Als bei Wörth im Gepäck französischer Oberoffiziere auch Frauenkleider erbeutet wurden, warfen sie die Soldaten in einem Augenblick der Ruhe noch während der Schlacht über und vergnügten sich an einem raschen Tänzchen.

Franz Linnig (geboren 1832).

*70. Wieland der Schmied.

Wieland, der Sohn des Riesen Wate, war der kunstfertigste Schmied, der je den Hammer geschwungen hat. Über alle Länder war der Ruhm seines Namens verbreitet, und wo immer ein kunstfertiges Geschmeide oder eine vortreffliche Waffe bewundert wurde, da war es ein Werk von der Hand Wielands des Schmiedes.

Das kostbare und beste, was er schuf, war das Schwert Mimung. Dieses schmiedete er am Hofe des Königs Neidung im Wettstreit mit dem königlichen Waffenschmiede Amilias. Als es fertig war, prüfte es Wieland auf folgende Weise: er warf einen Flock Wolle, der frisch aus der Presse kam und drei Fuß dick war, in einen sanft strömenden Teich und ließ ihn gegen die Schärfe des Schwertes antreiben. Als die Wolle gegen die Schneide glitt, stockte sie keinen Augenblick, denn das Schwert schnitt sie glatt durch.

Wohlzufrieden mit dieser Probe, begab sich Wieland an den Hof, wo der Wettstreit mit Amilias stattfinden sollte. Da stand des Königs Schmied in einer glänzenden Rüstung, die hatte er so hart gestählt, daß alle Schwerter auf derselben zerschellten wie eitel Glas. Höhnend forderte er Wieland auf, sein Schwert auf seinem Helme zu prüfen. Da legte Wieland Mimungs Schneide auf den Helm und drückte leise. „Nun, wie tut's?" fragte er. Amilias entgegnete: „Hau du nur zu aus Leibeskräften, mein Helm bleibt dennoch unversehrt." Da drückte Wieland stärker, und die Klinge glitt durch den Helm und den Panzer herab bis auf den Gürtel. „Fühlst du jetzt etwas?" fragte Wieland. „Mir war," antwortete der Schmied, „als wenn mir ein Tropfen Wasser am Leibe herunter gelaufen wäre." — „So schüttel dich einmal!" rief Wieland. Amilias schüttelte sich, da fiel nach beiden Seiten ein halber Ritter ins Gras: Wielands Schwert hatte ihn mitten durch geteilt.

Seit diesem Tage war Mimung das berühmteste Schwert, das je von einem Helden getragen wurde.

*71. Der gehörnte Siegfried.

Der Knabe Siegfried war groß und stark und konnte die Zeit nicht abwarten, bis er zum Ritter geschlagen würde und das Schwert führen dürfe. Ohne Urlaub ging er davon, um Abenteuer zu suchen. Da sah er vor einem dichten Walde ein Dorf liegen und richtete seine Schritte dahin. Zunächst vor dem

Dorfe wohnte ein Schmied, bei diesem trat er in die Lehre Als nun Siegfried mit dem Schmiede an dem Amboß stand, schlug er mit so grausamer Stärke auf das Eisen, daß die dickste Stange entzweisprang und der Amboß beinahe in die Erde sank. Der Meister erschrak darüber gewaltig und sann darauf, sich eines so ungefügen Lehrlings zu entledigen. Deswegen schickte er Siegfried in den Wald, ihm vom Köhler einen Sack Kohlen zu holen. Er hoffte nämlich, daß der furchtbare Drache, der sich im Walde gerade bei der Linde aufhielt, wohin er Siegfried verwies, ihn töten würde.

Siegfried schritt ohne alle Sorge in den Wald. Wie er aber zur Linde kommt, schießt der Drache auf ihn zu und sperrt den ungeheuern Rachen auf, um ihn zu verschlingen. Da bedenkt sich der junge Held nicht lange; den ersten Baum, der ihm zuhänden ist, reißt er aus der Erde und wirft ihn auf den Drachen. Der Lindwurm verwickelt sich mit seinem Schweife in Äste und Zweige; Siegfried aber wirft immer mehr Bäume über ihn, läuft dann zum Köhler und holt sich Feuer und setzt den ganzen Haufen in Brand. Das gab ein schönes Schmiedefeuer! Der Drache glühte, zischte und brodelte, und bald floß ein ganzer Bach von Blut und Fett unter dem Holzstoße hervor. Beim Schüren stieß Siegfried einen Finger in die Flut, und siehe da, als er denselben herauszog, war er mit einer festen Hornhaut überzogen. Als das der Held gewahrte, entkleidete er sich und badete in dem warmen Blute des Drachen, und am ganzen Körper wurde er mit einer Hornhaut bedeckt, eine einzige kleine Stelle zwischen den Schultern ausgenommen, wohin ihm ein Lindenblatt gefallen war.

Seit dieser Zeit war Siegfried unverwundbar und hieß wegen seiner Hornhaut der hürnene oder der gehörnte Siegfried.

*72. Der Nibelungenhort.

Es waren einst zwei Königssöhne, Schilbung und Nibelung, die wohnten in einem hohlen Berge und herrschten über Zwerge und starke Mannen. In dem Berge aber hatten sie einen Schatz liegen, Hort der Nibelungen genannt, der war so reich an Gold und Edelsteinen, daß hundert Doppelwagen ihn in dreißig Tagen nicht hätten laden können. Auch lagen kostbare Ringe dabei und eine goldene Wünschelrute, außerdem auch ein Gewand (Kappe), das unsichtbar machte und Tarnkappe genannt wurde. Gerade als die beiden jungen Könige den Schatz teilen wollten, kam Siegfried vor den Berg, und weil sie nicht eins werden konnten, wählten sie jenen zum Schiedsrichter. Aber auch er konnte es keinem zu danke machen, und sie gerieten mit ihm in Streit und riefen zwölf Riesen zu ihrer Hilfe herbei. Was aber konnten diese gen Siegfried verfahn? In seinem Zorn erschlug er sie, einen nach dem andern, und tötete die beiden Könige dazu. Nun war nur noch der Zwerg Alberich übrig. Auch diesen bezwang Siegfried und nötigte ihn, ihm Treue zu schwören und den Nibelungenhort für ihn zu bewachen. Nur die Tarnkappe nahm der Held mit sich, alle übrigen Schätze ließ er in der Obhut des Zwerges.

Später, nach dem Tode Siegfrieds, ließ Kriemhilde den Schatz nach Worms holen, wo derselbe von Hagen treulos geraubt und bei Lochheim in die Tiefe des Rheins versenkt wurde. Dort ist er bis auf den heutigen Tag gelegen.

*73. Siegfrieds Tod.

Zehn Jahre hatte Siegfried in Glück und Herrlichkeit mit der schönen Kriemhilde verlebt, als König Gunthers Boten in Xanten erschienen, den Freund und die Schwester zu einem großen Feste auf die nächste Sonnenwende nach Worms zu laden. Der alte Siegmund reitet mit ihnen nach Worms. In festlicher Freude verbringen sie zehn Tage. Am elften, vor Vesperzeit, als Ritterspiel auf dem Hof sich hebt, sitzen die beiden Königinnen zusammen. Da rühmt Kriemhilde ihren Siegfried, wie er herrlich sei vor allen Recken. Brunhilde entgegnet, daß er doch nur ein Lehensmann Gunthers sei. So eifern sie mit kränkenden Worten, und als man zur Vesper geht, bricht ihre Eifersucht vor dem Münster in einen Wortwechsel aus, indem Brunhild ihrer Widersacherin den Vorgang streitig macht, diese aber jener vorwirft, wie sie nicht von Gunther, sondern von Siegfried in den Kampfspielen auf Isenburg besiegt worden sei. Zorn und Scham erpressen Brunhilde bittere Tränen; vor Grimm und Rache glüht ihre Seele, und nicht eher läßt sie ab, König Gunther zu bestürmen, bis dieser zu Siegfrieds Ermordung seine Einwilligung gibt, und bis sich ihr in dem grimmen Hagen ein williges Werkzeug für ihre Rache darbietet.

Auf Hagens treulosen Rat wird eine große Jagd veranstaltet. Kriemhilde, der schreckliche Träume Unheil verkündet haben, bittet beim Abschiede Hagen, über Siegfrieds Leben zu wachen. Deshalb vertraut sie ihm, daß Siegfried nur an einer Stelle zwischen den Schultern verwundbar sei, und um diese Stelle zu bezeichnen, näht sie nach Hagens Rat auf ihres Mannes Gewand ein rotes Kreuzchen. Hagen freut sich der gelungenen List und rüstet nun mit Eifer zum Aufbruch nach dem Wasgenwalde, wo die Jagd stattfinden soll. Viele beladene Rosse trugen für die Jagdgesellen Brot, Fleisch und Fische und mancherlei Gerät, wie es einem so reichen Könige zukommt; auf einem breiten Anger vor der Wildbahn hieß man sie herbergen. Alsdann trennen sich die Jagdgesellen, damit man sehe, wer der beste Weidmann sei. Siegfried nimmt sich einen alten Jäger mit einem Spürhund, kein Tier entrinnt ihm, Berg und Wald macht er leer und gewinnt Lob vor allen. Schon wird zum Imbiß geblasen, als Siegfried einen Bären aufjagt. Er springt vom Rosse, läuft dem Tiere nach, fängt es und bindet es auf seinen Sattel. So reitet er zur Feuerstätte; herrlich ist sein Jagdgewand, mächtig der Bogen, den nur er zu spannen vermag, reich der Köcher, von Golde das Horn. Als er abgestiegen, läßt er den Bären los, der unterm Gebell der Hunde durch die Küche rennt, Kessel und Brände zusammenwirft, zuletzt aber von Siegfried ereilt und mit dem Schwerte erschlagen wird.

Die Jäger setzen sich zum Mahle; Speise bringt man genug, aber die Schenken säumen. Hagen gibt vor, er habe gemeint, das Jagen solle heute im Spessart sein, dorthin habe er den Wein gesandt. Doch in der Nähe sei ein kühler Brunnen. Zu diesem verabredet er mit Siegfried einen Wettlauf. Sie ziehen die Kleider aus; wie zwei Panter laufen sie durch den

Klee; Siegfried, all sein Waffengerät mit sich tragend, erreicht den Brunnen zuerst. Doch trinkt er nicht, bevor der König getrunken. Wie er sich sodann zur Quelle neigt, faßt Hagen den Speer, den Siegfried an die Linde gelehnt, und stößt ihn dem Helden durch den Rücken, gerade an der Stelle, welche das Kreuz bezeichnet. Dann flieht er, wie er noch vor keinem Manne gelaufen. Siegfried springt auf, die Speerstange ragt ihm aus der Wunde, den Schild rafft er auf, denn Schwert und Bogen trug Hagen weg; so ereilt er den Mörder und schlägt ihn mit dem Schilde zu Boden. Aber dann weicht dem Helden Kraft und Farbe, und blutend sinkt er in die Blumen. Todwund begann er auf die zu schelten, die da mit Untreue seinen Tod geraten: „Weh, ihr Feiglinge, was helfen nun meine Dienste, da ihr mich erschlagen habt? Ich war euch stets treu und sterbe nun daran; ihr habt sehr übel an euren Freunden getan!"

Alle Ritter eilten jetzt herbei zu der Mordstätte, und ihrer vielen erschien es ein Tag des Unheils, und die nur irgend Treue im Herzen hatten, von denen wurde er beklagt. Auch der Burgundenkönig läßt einen Ton der Klage vernehmen. Da sprach der Sterbende: „Es tut nicht not, daß der um Schaden weint, durch den man ihn gewann; viel besser stände ihm, solches zu unterlassen. Hätte ich die mörderische Art an euch erkannt, so hätte ich wohl vor euch mein Leben erhalten. Mich dauert nichts auf Erden so sehr, als Frau Kriemhilde, mein Weib. Wollt Ihr, edler König, noch auf dieser Welt an jemand Treue pflegen, so laßt Euch nun die liebe Traute auf Eure Gnade befohlen sein, und laßt sie des genießen, daß sie Eure Schwester ist!" Nachdem er so gesprochen, ringt er den Todeskampf, doch nicht lange, da ihn zu tief die Todeswaffe schnitt.

Als die Herren sahen, daß der Held tot war, legten sie ihn auf einen Schild von rotem Golde, und als es Nacht geworden war, fuhren sie zurück nach Worms, und der grimme Hagen legte den Erschlagenen der nichts ahnenden Kriemhilde vor die Tür ihres Schlafgemachs. Dort findet ihn, als man zur Mette läutet, der Kämmerer, ohne ihn zu kennen. Er meldet es Kriemhilde, die mit ihren Frauen zum Münster gehen will. Sie weiß, daß es Siegfried ist, noch ehe sie ihn gesehen hat; zur Erde sinkt sie mit gellendem Schmerzensschrei, das Blut bricht ihr aus dem Munde. Am Morgen wird der Leichnam auf einer Bahre im Münster aufgestellt; drei Tage und drei Nächte bleibt Kriemhilde bei ihm; Meßopfer und Gesang für seine Seele rasten nicht in dieser Zeit. Als darauf Siegfried zu Grabe getragen wird, läßt Kriemhilde den Sarg öffnen, erhebt noch einmal sein schönes Haupt mit ihrer weißen Hand, um den Toten zu küssen, und ihre Augen weinen Blut.

*74. Gudrun.

Hettel und Hilde hatten zwei Kinder, einen Knaben, Ortwin, und eine Tochter, Gudrun. Als das Mägdlein heranwuchs, ward sie schöner, als je die Mutter gewesen, und mächtige Fürsten warben um sie. Mächtiger aber war keiner als Hartmut, Sohn des Königs Ludwig von der Normandie; allein alte Feindschaft zwischen den Geschlechtern verhinderte einen glücklichen Erfolg seiner Werbung, und Gudrun ward Herwig, König von Seeland, verlobt. Während indes die Hegelinge auf einem Kriegszuge außer Landes sind, kommen Harmut und Ludwig von der Normandie mit Schiffsmacht angefahren, brechen in die Burg und führen Gudrunen mit ihren Jungfrauen hinweg. Durch Boten von Hilde benachrichtigt, setzen die Hegelinge den Räubern nach; eine furchtbare Schlacht entbrennt, in der Hettel von dem Schwerte König Ludwigs getötet wird. In der Nacht fahren die Normannen mit den Jungfrauen weiter. Freudig wird Gudrun in der Normandie empfangen und soll nun hier mit Hartmut Krone tragen; allein die Jungfrau hält fest an ihrer Treue zu Herwig und wendet sich ab von dem, dessen Vater den ihrigen erschlagen hat. Dadurch aber erregt sie in Gerlind, Hartmuts Mutter, Zorn und Haß, und die Ergrimmte schreitet zu Gewalt und Mißhandlung.

Gudruns edle Jungfrauen, die sonst Gold und Gestein in Seide wirkten, müssen Garn winden und spinnen; sie selbst, die Königstochter, die eine Krone tragen sollte, muß den Ofen heizen, mit den Haaren den Staub abkehren und zuletzt sogar in Schnee und Wind am Strande des Meeres Kleider waschen. Hildeburg, auch eines Königs Tochter und mit Gudrunen gefangen, teilt freiwillig mit ihr die Arbeit. Dreizehn Jahre vergehen so voll sich stets wiederholender, stets gesteigerter Demütigungen und Mißhandlungen. Da geschah es eines Tages — es war in den Fasten — als Gudrun und Hildeburg am Strande waschen standen, daß sie einen schönen Vogel daherschwimmen sahen. Da sprach Gudrun: „O weh, schöner Vogel, du mußt mich wohl erbarmen, daß du auf diesen Fluten einhergeschwommen kommst!" Der Vogel sprach: „Du magst dich wohl versehen, du arme Heimatlose, groß Heil soll dir widerfahren. Willst du mich fragen von deinem Heimatlande, ich bin der Deinen Bote, den dir Gott zu Troste schickt." Da sprach die Arme: „So laß mich, guter Bote, hören, ist Hilde noch am Leben, meine Mutter?" — „Ich sah sie gesund vor Tagen, als sie dir ein größeres Heer zu Hilfe sandte, als jemals eine Mutter liebem Kinde tat." Da fuhr die Jungfrau fort: „Edler Bote, wenn es dich nicht verdrießt, so frage ich mehr: ist Ortwin, König von Ortland, noch am Leben? und Herwig, mein Verlobter?" Da sprach der schöne Vogel: „Das mache ich dir wohl kund, beide, Herwig und Ortwin, sah ich heute auf Meereswegen fahren; an einem Ruder zogen mit gleicher Kraft die Degen."

Nachdem der Vogel diese Kunde gesagt, verschwand er wieder. Die Jungfrauen aber standen da verwundert und besprachen die Botschaft, des Waschens nicht fürder gedenkend. Darüber wurden sie abends von Gerlinden hart gescholten, und früh morgens mußten sie barfuß durch den Schnee wieder zum Strande waten. Sehnlich blickten sie unter dem Waschen oft auf die Flut hinaus. Endlich gewahrten sie zwei Männer in einer Barke. Sie wollten, weil sie ihrer Schmach sich schämten, die Flucht ergreifen; aber schon sprangen die Männer an den Strand und boten ihnen den Morgengruß, den sie lange nicht gehört hatten. Vor Frost bebten die schönen Wäscherinnen, kalte Märzwinde hatten ihnen die Haare zerweht; weiß wie der Schnee glänzte ihre Farbe durch die nassen Gewänder.

Noch erkannten sie einander nicht, obgleich die Herzen sich ahnten. Ortwin fragte nach dem Fürsten des Landes und nach der Königstochter, die vor Jahren hergeführt worden. Gudrun sprach: „Die Ihr da suchet, habe ich in großen Mühsalen gesehen, das will ich Euch bekennen.“ Und an Herwig gewandt, fährt sie fort: „Wie Ihr auch heißet, Ihr gleicht einem gar wunderbar, den ich kannte; er war Herwig geheißen und war von Seelanden.“ Da sprach der edle Ritter: „Seht her, ob Ihr das Gold an meiner Hand erkennet. Herwig bin ich genannt, mit diesem Ringe sollte ich Gudrunen minnen; seid Ihr meine Verlobte, wohlan, so führ ich Euch minniglich von hier zurück.“ Sie lächelte vor Freuden und sprach: „Das Gold erkenne ich wieder, es war ja ehemals mein; und dieses hier an meinem Finger gab mir mein Geliebter, als ich armes Mädchen noch mit Freuden in meines Vaters Lande war.“ Da schloß Herwig die treue Jungfrau in seine Arme, und vorüber waren Leid und Betrübnis. Mit dem Versprechen, daß sie morgen, ehe die Sonne scheine, zur Befreiung da sein werden, scheiden die Männer.

Gudrun aber wirft die Wäsche in die Flut mit den Worten: „Dazu bin ich zu hehr, nun und nimmermehr mag ich der bösen Gerlind waschen und Dienste tun, nun zwei Könige mich küßten.“ Als sie zur Königsburg kommen ohne das Linnen, da will Gerlind die Jungfrauen mit Dornen züchtigen; Gudrun aber erklärt, wenn ihr die Strafe erlassen werde, so wolle sie morgen Hartmuts Gemahlin werden. Da freut sich Gerlind, und Gudrun und ihre Jungfrauen werden herrlich gekleidet und bewirtet. Am nächsten Morgen in der Frühe, da noch alles in der Burg schläft, lassen die Hegelinge schon ihr Kriegshorn erschallen, daß die Ecksteine fast aus der Mauer fallen. Die Burg wird erstürmt, König Ludwig fällt von der Hand Herwigs, Hartmut wird mit achtzig Rittern gefangen; die andern kommen alle um. Auch Gerlind, die sich zu Gudrun geflüchtet hat, wird von den Mannen

Ortwins erschlagen, obschon die edle Gudrun für sie bittet. Nur Hartmuts Schwester, die sich stets freundlich gegen Gudrun erwiesen, findet Gnade, wird aber ebenfalls als Gefangene fortgeführt nach Hegelingen. Dort findet eine allgemeine Versöhnung statt. Ortwin vermählt sich mit Hartmuts Schwester, dieser mit Hildeburg, und Herwig führt die treue Gudrun heim nach Seeland.

Heinrich Luden (1780—1847).

75. Deutschland.

Die weiten Fluren, die sich, mannigfaltig durchschnitten, von den höchsten Alpen über dem mittelländischen und dem adriatischen Meere, in unbestimmten Grenzen, westlich an den Ufern der Maas und der Schelde hinab bis zur Nordsee hinbreiten und östlich von der March hinüber zur Oder bis zu dem Ausflusse der Weichsel, nennen wir Deutschland.

Dieses Land in dieser Ausdehnung gehöret zu den schönsten Ländern, welche die Sonne begrüßet in ihrem ewigen Laufe.

Unter einem gemäßigten Himmel, unbekannt mit der sengenden Luft des Südens, wie mit der Erstarrung nördlicher Gegenden, die größte Abwechselung, die reichste Mannigfaltigkeit, köstlich für den Anblick, erheiternd und erhebend für das Gemüt, bringt Deutschland alles hervor, was der Mensch bedarf zur Erhaltung und zur Förderung des Geistes, ohne ihn zu verweichlichen, zu verhärten, zu verderben. Der Boden ist fähig zu jeglichem Anbau. Hier scheinet sich die Zeugungskraft gesammelt zu haben, die dort versagt ward. Unter dem bleibenden Schnee der Alpen dehnen sich die herrlichsten Weiden aus, von der Wärme doppelt belebt, die an jenem wirkungslos vorüberging. An der kahlen Felswand ziehet sich ein üppiges Tal hinweg. Neben Moor und Heide, nur von der bleichen Binse und von der Brombeerstaude belebt und menschlichem Fleiße nichts gewährend als die magere Frucht des Buchweizens oder des Hafers, erfreuen das Auge des Menschen die kräftigsten Fluren, geeignet zu den schönsten Saatfeldern und zu den herrlichsten Erzeugnissen des Gartenbaues. Fruchtbäume prangen in unermeßlicher Menge und in jeglicher Art, vom sauern Holzapfel bis zur lieblichen Pfirsiche. Hoch auf den Bergen des Landes erhebt unter Buchen und Tannen die gewaltige Eiche ihr Haupt zu den Wolken empor und blickt über Abhänge und Hügel hinweg, welche den köstlichsten Wein erzeugen, die Freude der Menschen, in der Ferne wie in der Nähe gesucht und gewünscht von Hohen wie von Geringen.

Kein reißendes Tier schreckt, kein giftiges Gewürm drohet, kein häßliches Ungeziefer quälet. Aber Überfluß gewähret das Land an nützlichem Vieh, an kleinem wie an großem, für des Menschen Arbeit, Zwecke und Genüsse. Das Schaf trägt Wolle für das feinste Gespinst, der Stier verkündiget Kraft und Stärke in Bau und Gestalt, das Pferd gehet tüchtig einher im Fuhrwerke, prächtig vor dem Wagen der Großen und stolz als Kampfroß unter dem Krieger, hier ausdauernd und dort.

In ihrem Innern verbirget die Erde große und reiche Schätze. Aus vielen und unerschöpflichen Quellen sprudelt sie freiwillig den Menschen Heilung zu und Gesundheit und Heiterkeit. Den fleißigen Bergmann belohnet sie bald mit dem edelsten Gewürze, dem Salze, bald mit Silber und Gold, hinreichend für den Verkehr und die Verzierung des Lebens, bald mit Eisen in Menge, dem Manne zur Waffe und Wehr, zu Schuß und Schirm dem Volke.

Ein solches Land mit so reichen Gaben, Eigenschaften und Kräften ausgestattet, ist von der Natur unverkennbar bestimmt, ein großes und starkes Volk zu ernähren in Einfalt und Tugend und eine hohe Bildung des Geistes in diesem Volke durch Übung und Anstrengung zu erzeugen, zu erhalten, zu fördern.

Auch ist das Land nicht umsonst bestimmter Grenzen beraubt, gegen Morgen wie gegen Abend und selbst gegen Mitternacht. Die Bewohner können sich gegen den Neid, die Habsucht und den Übermut fremder Völker auf nichts verlassen, als auf ihre eigene Kraft. Es gibt für sie keine Sicherheit, als in ihrem festen Zusammenhalten, in ihrer Einigkeit, in ihrer sittlichen Macht.

Endlich ist den Bewohnern dieses Landes durch große und schöne Ströme das Meer geöffnet und der Zugang zur Welt. Aber das Meer dränget sich nicht so verführerisch an sie hinan oder zwischen sie hinein, daß sie verlockt und dem heimatlichen Boden entfremdet werden könnten. Vielmehr kann der edlere Mensch dem Gedanken an eine deutsche Erde und an einen deutschen Himmel nicht entgehen, und dieser Gedanke scheint in ihm die Sehnsucht erhalten zu müssen zu der Welt seiner Geburt und die Liebe zu dem Boden seines Vaterlandes.

Martin Luther (1483—1546).

Etliche Fabeln Äsops verdeutscht.

*76. Vom Wolf und Lämmlein.

Ein Wolf und ein Lämmlein kamen ohngefähr beide an einen Bach zu trinken; der Wolf trank oben am Bach, das Lämmlein aber fern unten. Da der Wolf des Lämmleins gewahr ward, lief er zu ihm und sprach: „Warum trübest du mir das Wasser, daß ich nicht trinken kann?" Das Lämmlein antwortet: „Wie kann ich dirs Wasser trüben, trinkst du doch über mir und möchtest es mir wohl trüben?" Der Wolf sprach: „Wie? fluchst du mir noch dazu?" Das Lämmlein antwortet: „Ich fluche dir nicht." Der Wolf sprach: „Ja, dein Vater tat mir vor sechs Monden auch ein solches, du willst dich vätern." Das Lämmlein antwortet: „Bin ich doch dazumal nicht geboren gewest, wie soll ich meines Vaters entgelten?" Der Wolf sprach: „So hast du mir aber meine Wiesen und Äcker abgenaget und verderbet." Das Lämmlein antwortet: „Wie ist das möglich? habe ich doch noch keine Zähne." — „Ei," sprach der Wolf, „und wenn du gleich viel ausreden und schwätzen kannst, will ich dennoch heint nicht ungefressen bleiben", und würget' also das unschuldig Lämmlein und fraß es.

Lehre.

Der Welt Lauf ist: Wer fromm sein will, der muß leiden, sollt man eine Sache vom alten Zaun brechen, denn Gewalt gehet vor Recht. Wenn man dem Hunde zu will, so hat er das Leder gefressen; wenn der Wolf will, so ist das Lamm unrecht.

*77. Vom Frosch und der Maus.

Eine Maus wäre gern über ein Wasser gewest und konnte nicht und bat einen Frosch um Rat und Hilfe. Der Frosch war ein Schalk und sprach zur Maus: „Binde deinen Fuß an meinen Fuß, so will ich schwimmen und dich hinüberziehen!" Da sie aber aufs Wasser kamen, tauchte der Frosch hinunter und wollte die Maus ertränken; indem aber die Maus sich wehret und arbeitet, fleuget eine Weihe daher und erhaschet die Maus, zeucht den Frosch auch mit heraus und frisset sie beide.

Lehre.

Siehe dich vor, mit wem du handelst! die Welt ist falsch und Untreu voll; denn welcher Freund den andern vermag, der steckt ihn in Sack; doch schlägt Untreu allzeit ihren eigenen Herrn, wie dem Frosch hie geschieht.

*78 Vom Hunde im Wasser.

Es lief ein Hund durch einen Wasserstrom und hatte ein Stück Fleisch im Maule; als er aber den Schemen vom Fleisch im Wasser siehet, wähnet er, es wäre auch Fleisch, und schnappet gierig darnach. Da er aber das Maul auftat, entfiel ihm das Stück Fleisch, und das Wasser führet's weg: also verlor er beide, das Fleisch und den Schemen.

Lehre.

Man soll sich begnügen lassen an dem, was Gott gibt. Wer das Wenige verschmähet, dem wird das Größere nicht; wer zuviel haben will, der behält zuletzt nichts; mancher verlieret das Gewisse über dem Ungewissen.

*79. Löwe, Fuchs und Esel.

Ein Löwe, Fuchs und Esel jagten mit einander und fingen einen Hirsch. Da hieß der Löwe den Esel das Wildbret teilen. Der Esel macht drei Teile; des ward der Löwe zornig und riß dem Esel die Haut über den Kopf, daß er blutrünstig dastund, und hieß den Fuchs das Wildbret teilen. Der Fuchs stieß die drei Teile zusammen und gab sie dem Löwen gar. Des lachte der Löwe und sprach: „Wer hat dich so lehren teilen?" Der Fuchs zeigte auf den Esel und sprach: „Der Doktor da im roten Barett."

Diese Fabel lehret zwei Stücke. Das erste: Herren wollen Vorteil haben, und man soll mit Herren nicht Kirschen essen, sie werfen einen mit den Stielen. Das andere: der ist ein weiser Mann, der sich an eines andern Unfall bessern kann.

---

*80. Der reichste Fürst.

Philippus Melanchthon sagte einmal, daß er in seiner Jugend gehört hätte, daß auf einem Reichstage etliche Fürsten gerühmet hätten von den Gaben und Herrlichkeiten ihrer Fürstentümer und Lande. Und hätte der Herzog zu Sachsen gesagt, daß er silberne Berge in seinem Lande hätte und also sein Bergwerk gerühmet, welches damals große Ausbeute gab. Der Pfalzgraf aber hatte seine gute Weine gelobet, die ihm am Rheinstrom wüchsen. Und nun Herzog Eberhard von Württemberg auch sagen sollte, was er für Herrlichkeit in seinem Lande hätte, da antwortet er: „Ich bin wohl ein armer Fürst und Euer Liebden beiden nicht zu vergleichen, jedoch so hab ich auch ein groß Kleinod in meinem Fürstentum, daß, wenn ich mich verritten hätte und aufm Felde gar alleine wäre, so kann ich doch in eines jeden meiner Untertanen Schoß sicher schlafen." Wollt sagen, daß seine Untertanen ihn so lieb hätten, daß er bei ihnen hausen und herbergen könnte und sie ihm alles Liebes und Gutes tun würden. Und seine armen Leute haben ihn auch gehalten für den Vater des Landes. Als solches die andern Fürsten, als Sachsen und Pfalz, gehört hatten, da haben sie selbst bekannt, daß dies das edelste Kleinod und Gut wäre.

*81. Brief Luthers an seinen Sohn Hänschen.

Gnad und Friede in Christo, mein liebes Söhnichen! Ich sehe gern, daß du wohl lernest und fleißig betest. Tu also, mein Söhnichen, und fahre fort; wenn ich heimkomme, so will ich dir ein schön Jahrmarkt mitbringen. Ich weiß einen hübschen, lustigen Garten, da gehen viele Kinder innen, haben güldene Röcklein an und lesen schöne Äpfel unter den Bäumen und Birnen, Kirschen, Spilling und Pflaumen, singen, springen und sind fröhlich, haben auch schöne, kleine Pferdlin mit goldenen Zäumen und silbern Sätteln. Da fragt ich den Mann, des der Garten ist, wes die Kinder wären. Da sprach er: „Es sind die Kinder, die gern beten, lernen und fromm sind.“ Da sprach ich: „Lieber Mann, ich habe auch einen Sohn, heißt Hänsichen Luther, möcht er nicht auch in den Garten kommen, daß er auch solche schöne Äpfel und Birn essen möchte und solche feine Pferdlin reiten und mit diesen Kindern spielen?“ Da sprach der Mann: „Wenn er gern betet, lernet und fromm ist, so soll er auch in den Garten kommen, Lippus und Jost*) auch, und wenn sie alle zusammen kommen, so werden sie auch Pfeifen, Pauken, Lauten und allerlei Saitenspiel haben, auch tanzen und mit kleinen Armbrüsten schießen.“

Und er zeigte mir dort eine feine Wiese im Garten, zum Tanzen zugericht, da hingen eitel güldene Pfeifen, Pauken und feine silberne Armbrüste. Aber es war noch frühe, daß die Kinder noch nicht gessen hatten. Darum konnte ich des Tanzes nicht erharren und sprach zu dem Manne: „Ach, lieber Herr, ich will flugs hingehen und das alles meinem lieben Söhnlein Hänsichen schreiben, daß er je fleißig bete und wohl lerne und fromm sei,

*) Melanchthons Sohn Philipp und des Justus Jonas Sohn Jodokus.

auf daß er auch in diesen Garten komme; aber er hat eine Muhme Lene*), die muß er mitbringen." Da sprach der Mann: „Es soll ja sein, gehe hin und schreibe ihm also!"

Darum, liebes Söhnlin Hänsichen, lerne und bete ja getrost, und sage es Lippus und Josten auch, daß sie auch lernen und beten, so werdet ihr miteinander in den Garten kommen. Hiemit bis dem allmächtigen Gott befohlen, und grüße Muhmen Lenen und gib ihr einen Kuß von meinetwegen! Anno 1530.

Dein lieber Vater Martinus Luther.

Benjamin Mendelssohn (1794—1874).

82. Der Rhein.

Der Deutsche mag wohl auf seinen Rheinstrom stolz sein! Nicht auf seine Größe; viele andere Ströme, selbst europäische, übertreffen ihn weit an Länge, Breite, Wasserfülle, an kolossaler Ausdehnung ihres Gebiets; nicht einem aber ist ein so edles Ebenmaß beschieden, so richtige Verhältnisse, so vollständige Entwicklung; nicht einer sieht an seinen Ufern auf gleiche Weise Kunst und Natur, geschichtliche Erinnerung und lebendige Gegenwart vereint.

In dem erhabensten und herrlichsten zentralen Gebiete des mächtigen Alpengürtels hangen an himmelhohen Felsgipfeln mehr als dreihundert Gletscher, welche dem Rhein ihre vollen, tobenden Gewässer zusenden. Wo sie aus dem Gebirg hervortreten, da beruhigen und läutern sich diese ungestümen Alpensöhne in etwa fünfzehn der größten und schönsten Seen — unergründlichen, smaragdenen Becken, hier von unerklimmbaren Felsen eingeengt, dort von Rebenhügeln und grünen Matten umkränzt; einer, fast wie das Meer, unabsehbar. Kristallhelle Fluten entströmen

---

*) Magdalena von Bora, die Tante von Luthers Hausfrau.

diesen Seen in raschem, doch schon ruhigerem Lauf. Bald in einem Bette vermischt, wogen sie mächtig und friedlich dahin, durch lachende Fluren, an stattlichen Schlössern, hohen Domen, kunstreichen, belebten Städten vorbei, denen sie reiche Lasten zuführen. Hohe Waldgebirge winken lang aus blauer Ferne, spiegeln sich dann in dem herrlichen Strom, bis er die weite, schrankenlose Ebene betritt und nun dem Schoße des Meeres zueilt, ihm mächtige Wasserspenden zu bringen und sich dafür in seinem Gebiet ein neues Land zu erbauen.

An den Wiegen des Rheins erklingen die Gesänge armer, aber freier und froher Hirten; an seinen Mündungen zimmert ein ebenso freies, dabei reiches, kunstsinniges, gewerbfleißiges, unternehmendes Volk seine schwimmenden Häuser, welche die fernsten Länder und Meere beschiffen und einst beherrscht haben. Wo ist der Strom, der eine Schweiz an seinen Quellen, ein Holland an seinen Mündungen hätte? den seine Bahn so durch lauter fruchtbare, freie, gebildete Landschaften führte? Haben andre weit größre Wasserfülle und Breite, so hat der Rhein klare, immer volle, sich fast gleichbleibende Fluten, so ist seine Breite gerade die rechte, hinreichend für Floß und Schiff, für allen Verkehr der Völker und doch nicht so groß, daß sie die beiden Ufer von einander schiede, daß nicht der erkennende Blick, der laute Ruf ungehindert hinüberreichte. Mächtig und ehrfurchtgebietend erscheint er, als ein bewegter Wasserspiegel, in den heitersten Rahmen gefaßt, nicht als eine wäßrige Öde mit nebligen Ufern.

Der Rheinstrom ist recht eigentlich der Strom des mittleren Europas. An seinen alpinischen Quellen begegnen sich Burgund, Italien, das südliche Deutschland. Seine ozeanische Niederung schiebt sich zwischen den Norden Frankreichs und die Ebenen des alten Sachsenlandes ein und führt zu den britischen Inseln hinüber. Aus der schönen Stromebene des mittleren Rheins, einem bergummauerten Zentralgebiet, führen natürliche Wasserstraßen durch lange, enge Felsentore zu reichen, herrlichen Landschaften, tief in das innerste Deutschland und Frankreich hinein. Die Mosel auf der linken, der Main auf der rechten Seite verbinden Franken und Lothringen. Der Rheinstrom selber aber und seine

Ufer sind die große Handels- und Reisestraße zwischen Süden und Norden, zwischen Holland und der Schweiz, England und Italien, die eine immer größere Bedeutung erhält, je inniger und lebendiger die Berührungen aller Art zwischen den verschiedenen Gliedern des europäischen Staatensystems werden.

Helmut Graf von Moltke (1800—1891).

*83. Der Araber und sein Pferd.

Ein türkischer Kavallerie-General, Dano-Pascha zu Mardin, stand schon seit lange in Unterhandlung mit einem arabischen Stamme wegen einer edlen Stute vom Geschlecht Meneghi; endlich vereinigte man sich zu dem Preise von 60 Beuteln oder nahe an 2000 Talern. Zur verabredeten Stunde trifft der Häuptling des Stammes mit seiner Stute im Hofe des Paschas ein; dieser versucht noch zu handeln, aber der Scheich erwidert stolz, daß er nicht einen Para herablasse. Verdrießlich wirft der Türke ihm die Summe hin mit der Äußerung, daß 30,000 Piaster ein unerhörter Preis für ein Pferd sei. Der Araber blickt ihn schweigend an und bindet das Geld ganz ruhig in seinen weißen Mantel, dann steigt er in den Hof hinab, um Abschied von seinem Tiere zu nehmen; er spricht ihm arabische Worte ins Ohr, streicht ihm über Stirn und Augen, untersucht die Hufe und schreitet bedächtig und musternd rings um das aufmerksame Tier. Plötzlich schwingt er sich auf den nackten Rücken des Pferdes, welches augenblicklich vorwärts und zum Hofe hinausschießt.

In der Regel stehen hier die Pferde tags und nachts mit dem Palam oder Sattel aus Filzdecken. Jeder vornehme Mann hat wenigstens ein oder zwei Pferde im Stall bereit, die nur gezäumt zu werden brauchen, um sie zu besteigen; die Araber aber reiten ganz ohne Zaum, der Halfterstrick dient, um das Pferd anzuhalten, ein leiser Schlag mit der flachen Hand auf den Hals, es links oder rechts zu lenken. Es dauerte denn auch nur wenige Augenblicke, so saßen die Agas des Paschas im Sattel und jagten dem Flüchtling nach.

Der unbeschlagene Huf des arabischen Rosses hatte noch nie ein Steinpflaster betreten, und mit Vorsicht eilte es den holprigen, steilen Weg vom Schlosse hinunter. Die Türken hingegen galoppieren einen jähen Abhang mit scharfem Geröll hinab, wie wir eine Sandhöhe hinan; die dünnen, ringförmigen, kalt geschmiedeten Eisen schützen den Huf vor jeder Beschädigung, und die Pferde, an solche Ritte gewöhnt, machen keinen falschen Tritt. Am Ausgange des Orts haben die Agas den Scheich beinahe schon ereilt; aber jetzt sind sie in der Ebene, der Araber ist in seinem Elemente und jagt fort in gerader Richtung, denn hier hemmen weder Gräben noch Hecken, weder Flüsse noch Berge seinen Lauf. Wie ein geübter Jockey, der beim Rennen führt, kömmt es dem Scheich darauf an, nicht so schnell, sondern so langsam wie möglich zu reiten; indem er beständig nach seinen Verfolgern umblickt, hält er sich auf Schußweite von ihnen entfernt; dringen sie auf ihn ein, so beschleunigt er seine Bewegung, bleiben sie zurück, so verkürzt er die Gangart des Tiers, halten sie an, so reitet er Schritt. In dieser Art geht die Jagd fort, bis die glühende Sonnenscheibe sich gegen Abend senkt; da erst nimmt er alle Kräfte seines Rosses in Anspruch; er lehnt sich vornüber, stößt die Fersen in die Flanken des Tiers und schießt mit einem lauten Jallah! davon. Der feste Rasen erdröhnt unter dem Stampfen der kräftigen Hufe, und bald zeigt nur noch eine Staubwolke den Verfolgern die Richtung an, in welcher der Araber entfloh.

Hier, wo die Sonnenscheibe fast senkrecht zum Horizont hinabsteigt, ist die Dämmerung äußerst kurz, und bald verdeckt die Nacht jede Spur des Flüchtlings. Die Türken, ohne Lebensmittel für sich, ohne Wasser für ihre Pferde, finden sich wohl zwölf oder fünfzehn Stunden von ihrer Heimat entfernt in einer ihnen ganz unbekannten Gegend. Was war zu tun? als — umzukehren und dem erzürnten Herrn die unwillkommene Botschaft zu bringen, daß Roß und Reiter und Geld verloren. Erst am dritten Abend treffen sie, halbtot vor Erschöpfung und Hunger, mit Pferden, die sich kaum noch schleppen, in Mardin wieder ein; ihnen bleibt nur der traurige Trost, über dieses neue Beispiel von Treulosigkeit eines Arabers zu schimpfen, wobei sie jedoch genötigt sind, dem Pferde des Verräters alle Gerechtigkeit widerfahren zu lassen und einzugestehn, daß ein solches Tier nicht leicht zu teuer bezahlt werden kann.

Am folgenden Morgen, als eben der Iman zum Frühgebet ruft, hört der Pascha Hufschlag unter seinen Fenstern, und in den Hof reitet ganz harmlos unser Scheich. „Sidi!“ ruft er hinauf, „Herr! willst du dein Geld oder mein Pferd?“

Friedrich David Theodor Müller (1828—1877).

*84. Charakter und Sitten der alten Deutschen.

Um das Jahr 99 n. Chr. schrieb ein strenger, ernster römischer Geschichtsschreiber, Cornelius Tacitus, seine Germania, das erste Werk, welches uns über das Leben unserer Vorfahren ausführlichere Kunde gibt. Dem Südländer zwar erscheint das Land als von Wäldern starrend, den Sonnenstrahlen unzugänglich, durch Sümpfe schreckbar; doch war der Ackerbau bereits allgemein. Roggen und Gerste ward gezogen, nur die edleren Obstsorten fehlten noch. Die Gebirge hegten mehr Eisen, als Gold und Silber. Nicht mehr war alles Land Gemeindebesitz; der Boden war zum Teil schon besonderes Eigentum des einzelnen freien Mannes, Städte — die ihnen Gefängnisse deuchten — waren noch nicht vorhanden. Im allgemeinen lebten sie in Dörfern, doch mit geschlossenen Hofstätten; auch kommen mit Wall und Graben umzogene feste Plätze als Bergungsstätten vor. Blockhäuser, von Baumstämmen fest und stark erbaut und am Giebel mit Kalk getüncht, erhoben sich als Wohnungen des freien Besitzers. Seine Äcker bebaute dieser durch Sklaven oder empfing die Abgabe seiner Hörigen. Ihm selbst schien Jagd und Krieg, sonst Nichtstun, allein des Freien würdig.

Die Kleidung bestand in dem wildreichen Lande zwar vorzugsweise aus Pelzwerk, doch ward von den Weibern Leinwand gewebt und bei den Reichern waren Spangen von edlem Metall bereits keine Seltenheit. Heilig war das Hauswesen und vor allem die Ehe, die geschlossen ward, indem der Mann der Jungfrau nicht Gold, sondern ein Roß, ein Rindergespann und Waffen darbot. Das Weib waltete dann hochgeehrt als Herrin (Frau) im Hause; ja, in ihr verehrte der Germane etwas Heiliges und Prophetisches. Oft begleiteten die Weiber das ausrückende Heer der Männer zum Kampfe, und ihr Ruf befeuerte jenen den Mut. Die Kinder der Freien und der Sklaven wuchsen miteinander auf, bis die Wehrbarmachung den Freigeborenen unterschied.

Die Waffen bestanden in der Framea, dem furchtbaren Wurfspieß, den sie auf unglaublich weite Entfernungen schleuderten; ferner in Schwertern, langen Lanzen, Äxten und Keulen, Bogen und Pfeil. Die Schilde waren von Holz und mit glänzenden Farben bemalt. Auch gerüstete Reiter kommen vor, während die Fußgänger, die gewöhnlich mit jenen untermischt kämpften, ohne Harnisch waren. Ihre Schlachtordnung bildeten sie keilförmig; in ihr standen sie nach Familie und Gau zusammengeschart; Bilder wilder Tiere wurden als Feldzeichen den einzelnen Stämmen vorangetragen. Vor der Schlacht stimmten sie den Barditus, den Kriegsgesang, an. Weichen galt nicht schimpflich, nur mußte man den Schild nicht lassen und zurückkehren.

Tempel hatten sie nicht, sie beteten die Götter in Hainen und Wäldern an; ebenso hatten sie keinen besondern Priesterstand, wie die Kelten; es übte der Vater für das Haus, der Edle für das Geschlecht und den Gau die priesterlichen Dienste: Opfer und Anrufung der Götter. Aber man hatte der religiösen Gebräuche viel: man warf das Los, beobachtete den Vogelflug, horchte auf das Wiehern der Rosse und suchte den Ausgang der Schlacht durch einen zuvor angestellten Zweikampf vorherzusagen. Ebenso achtete man auf Tage und Zeiten, Neumond und Vollmond.

Die großen Tugenden des Volks, Tapferkeit, Keuschheit,

Wahrhaftigkeit und Gastfreiheit, fanden nur in den Lastern des Trunkes und des Spieles einen entstellenden Gegensatz; aber selbst in diesen noch konnte man Stärke des Muts und Ehrenhaftigkeit der Gesinnung bewundern. Soweit im allgemeinen schildert uns Tacitus unsere Vorfahren.

*85. Götterglauben der alten Deutschen.

Ein vollständiges Bild unserer Vorfahren gewinnen wir erst, wenn wir auch ihren religiösen Glauben kennen; denn in dem, was ein Mensch oder ein Volk glaubt, stellt sich am besten sein Charakter dar. Es waren die Kräfte der Natur, die sie unter den riesigen Bäumen, an rauschenden Wasserströmen, auf weitblickenden Höhen und in schauerlichen Waldschluchten verehrten; aber dieselben hatten bereits bei unseren Vorfahren persönliche Gestaltungen angenommen, wenn auch nicht in so vollendetem Grade, wie dies bei den Griechen geschehen. Und noch heute leben diese Gestalten, unserm Volke unbewußt, in Märchen und Sagen, im Zauberspuk und Gespensterglauben unter uns fort und lassen uns schließen auf die einst von unsern Vorfahren verehrten Götter.

Die Deutschen kannten einen Himmelsgott, Wuotan oder Wodan, einäugig — denn der Himmel hat auch nur ein Auge, die Sonne — der den grauen Wolkenhut und den blauen Sturmmantel trägt; im brausenden Wetter fährt er einher, hoch zu Roß durch die Luft, gefolgt vom wütenden Heer gleich dem wilden Jäger, der sein Abbild in der Sage ist; aber er ist auch der Gott, der den Acker segnet, der den Wunsch erfüllt, den Sieg spendet, überhaupt als Allvater die Weltgeschicke lenkt. Unter den Tieren waren ihm Wolf und Rabe heilig, Rosse fielen ihm zum Opfer; unter den Pflanzen waren ihm Esche und Hasel geweiht.

Als sein Sohn galt Donar, der Gewittergott, der aus seinem roten Bart die Blitze bläst, auf einem Wagen mit Böcken bespannt durch den Himmel fährt und seinen Hammer in unablässigen Kampfe gegen die Riesen schwingt. Ihm ist der hochragende Baum, die Eiche, geheiligt und die rote Eberesche, unter den Tieren der Fuchs und das Eichhörnchen. Ihm zur Seite stand der einarmige Schwertgott, Ziu, Tyr oder Saxnot.

Außerdem ward auch eine Erd- und Himmelsgöttin verehrt, der gleichfalls das Sturmlied vorausklingt; sie kommt unter verschiedenen Namen vor, je nachdem die Erde als die dunkle, die Toten verschlingende gedacht wird, Frau Hel, Holle, oder als die glänzende im weißen Winterkleide, Frau Bertha. Von Tacitus wird sie Nerthus genannt; ihr Wohnsitz, erzählt er, sei auf einer Insel im nördlichen Meer, dort habe sie ihren geheimnisvollen Hain und See und ihren Wagen, der zuweilen, Friede und Freude bringend, durch die Länder geführt werde. Menschlicher gedacht ist sie die Spinnerin, die Göttermutter, die Haus und Herd segnet, und bei der die noch ungeborenen und die bereits wieder gestorbenen Kinder weilen. Die freundlichen und feindseligen Kräfte der Natur finden mannigfache Gestaltung, besonders in den Zwergen, die die Hüter der unterirdischen Schätze und Meister in feiner Erzarbeit sind, sowie in den unholden Riesen, den alten Herren der Erde, den Feinden der Götter und Menschen. Das sind die einfachen Grundzüge der deutschen Naturreligion.

Majestätischer, gleichsam in ein Heldenlied verwandelt, erscheint dieselbe bei unsern nordischen Stammesbrüdern in Skandinavien. Hier hielt das Heidentum sich Jahrhunderte länger als bei uns und ward durch das Lied der Sänger, der Skalden, nur immer herrlicher ausgebildet. Gedichte dieser Art sind die Edden, im 12. und 13. Jahrhundert n. Chr. gesammelt, die aber zum Teil schon im 7. und 8. entstanden sein mögen. Da thront Odin — Wuotan — auf dem Hochsitz in Walhalla, im Goldhelm und Goldharnisch; auf seinen Schultern sitzen die Raben Hugin und Munin (Gedanke und Erinnerung), zu seinen Füßen lagern zwei Wölfe. So lenkt er von obenher die Welt und läßt durch die Schlachtenjungfrauen, die Walküren, die auf der Walstatt gefallenen Helden zu den ewigen Göttersitzen emportragen. Da werden die Kämpfe Thors — Donars — gegen die Riesen verherrlicht. Da ist anstatt der deutschen Holda oder Bertha Odins Gemahlin Frigg und neben ihr Frija oder Freia, die Göttin der Liebe und Schönheit, die auf dem mit Katzen bespannten Wagen einherfährt. Ihr Bruder ist Freir, der gabenmilde, strahlende Sonnen- und Frühlingsgott, der auf dem goldborstigen Eber reitet, der Gott der Liebe und Ehe, des Friedens und der Freude, dem die Julzeit, die Wintersonnenwende, geheiligt ist, und von dessen Verehrung vielfache Spuren sich auch in Deutschland finden.

Tiefsinnig deutet dann dieser Götterglaube schon auf seinen eignen Fall. Das ganze Gebäude der Welt wird nämlich versinnlicht in einer Riesenesche, Yggdrasil, welche durch die Reiche der Welt hindurchragt, unter welchen Asenheim, wo die Götter, Mannheim, wo die Menschen, und Jötunheim, wo die Riesen wohnen, die wichtigsten sind. An Urds Brunnen, der an Yggdrasils Wurzeln quillt, sitzen die Nornen, die Schicksalsschwestern. Aber Hirsche fressen von den Knospen des Baumes, ein Drache nagt unter seinen Wurzeln; die Midgardsschlange umwindet im Meer die ganze Erde, selbst Sonne und Mond werden von Wölfen, die sie zu verschlingen drohen, durch den Himmel gejagt.

Auch in die Götterwelt ist bereits Tod und Schuld gedrungen. Der schönste und reinste der Götter, Baldur, ist durch des schlimmen Loki Arglist getötet. Loki selbst ist vom alten Riesengeschlecht; Hel, die Midgardsschlange und der Fenriswolf sind seine Kinder. Vor allem der Fenriswolf bedroht die Götter und die Welt. Noch zwar liegt er im Eisenwalde am Zauberbande gefesselt; aber in seinen aufgesperrten Rachen träuft das auf Erden frevelhaft vergossene Verwandtenblut und stärkt ihn; einst wird er sich losreißen, und dann kommt die Götterdämmerung, das Weltende. Surtur stürmt an der Spitze von Muspelheims Söhnen — den Feuergeistern — über die Brücke Bifröst zum Sturm auf Asenheim; die Midgardsschlange windet sich los, über das Meer kommt Naglfar, das Totenschiff. Heimdal, der Wächter an Bifrösts Rand, stößt in das Giallarhorn, und der furchtbare Streit beginnt. Im Zweikampfe fallen sie alle, Götter wie Ungeheuer; zuletzt schleudert Surtur Feuer über die Welt, daß sie verzehrt wird. Aber aus den Flammen steigt eine neue, wiedergeborene Schöpfung auf; Baldur kehrt zurück und mit ihm eine selige Unschuldszeit.

Joachim Nettelbeck (1738—1824).

86. Nettelbeck beim preußischen Königspaar.

[Als das preußische Königspaar im Dezember 1809 nach Berlin zurückkehrte, hielten sie am 21. in Stargard einen Rasttag. Sobald die Nachricht davon am 19. Dezember nach Kolberg gelangt war, machte sich, am selben Abend, der alte Nettelbeck mit dem Kaufmann Gölckel auf den Weg, um dem Monarchen den Dank der Stadt darzubringen für den Erlaß der Kriegssteuer von beinahe 200 000 Talern. Nettelbeck trug seine preußische Seemannsuniform. Er wurde zum König vorgelassen. Hören wir ihn nunmehr selbst erzählen:]

Oben fanden wir zwei schwarzgekleidete Männer, Deputierte von der Kaufmannschaft von Stettin, vor der offenen Flügeltür, die zu des Königs Audienzzimmer führte. Der General wies sie vor uns hinein, und wir folgten dann nach. Das ganze große Zimmer war erfüllt von Generalen, Damen und Standespersonen. Alles blitzte von Ordenszeichen jeder Art und Gattung, und es gab eine feierliche Stille, bis der König hereintrat samt seiner königlichen Gemahlin und die Anwesenden ihnen nach der Reihe vorgestellt wurden. Vor uns traten die genannten beiden Deputierten vor, die etwas beklommen schienen und überaus leise sprachen, so daß uns von ihren mancherlei Beschwerden wenig oder nichts hörbar wurde. Als sie geendigt hatten, erwiderte der König ganz verdrießlich: „Ich kann euch nicht helfen, ich habe gehört, daß ihr einen so gütigen französischen Kommandanten habt, den laßt euch helfen!" Sie zogen sich darauf zurück, und beide hohe Personen wandten sich zu uns, und mich anblickend, fragte der König: „Nicht wahr, der alte Nettelbeck aus Kolberg?" — und dann, während wir unsere Verbeugung machten, zu meinem Gefährten gekehrt: „Die Kolberger sind mir willkommen."

Wir hatten im voraus verabredet, uns, wenn es dahin käme, in unsern Vortrag zu teilen, damit wir nicht beide durcheinander sprächen. Ich hub demnach an: Ew. Majestät geruhen gnädigst, uns zu erlauben, daß wir im Namen unserer Mitbürger Ihnen fußfällig unsern Dank bringen für die große

Gnade und Wohltaten, die Sie unserer guten Vaterstadt haben angedeihen lassen. Wir haben dafür kein anderes Opfer, als die abermalige Versicherung unserer unerschütterlichen Treue; nicht allein für uns, sondern auch für unsere spätesten Nachkommen, denen wir mit gutem Beispiel vorangegangen sind. Stets soll es ihnen in Herz und Seele geschrieben bleiben: Liebt Gott und euren König, und seid getreu dem Vaterlande! Hierauf wandte sich der König halb gegen uns und halb gegen die hinter ihm stehende glänzende Versammlung und sprach in lebendiger Bewegung die Worte: „Kolberg hat sich bereits im siebenjährigen Kriege treu gehalten und dadurch die Liebe meines Großoheims erworben. Auch jetzt hat es das seinige getan; und wenn ein jeder so seine Pflicht erfüllt hätte, so wäre es nicht so unglücklich ergangen."

Jetzt nahm mein Freund das Wort und äußerte, wie nahe es uns gehen würde, wenn unsere Gegenwart bei Sr. Majestät eine unangenehme Erinnerung aufregte; allein die Gefühle unserer dankbarsten Verehrung hätten uns nicht zurückbleiben lassen wollen, und ganz Kolberg teile unsere Gesinnungen. Der König erwiderte darauf: „Ich weiß es, wenn früh oder spät einmal es die Umstände gebieten, werden die Kolberger auch gern wieder für mich auftreten."

Hier fing ich Feuer und brach begeistert aus, indem ich mit der Hand auf mein Herz schlug: Ew. Majestät, dazu lebt der freudige Mut in uns und unsern Kindern, und verflucht sei, wer seinem König und Vaterlande nicht treu ist! — „Das ist recht! das ist brav!" versetzte der Monarch; und als er darauf fragte, wie wir sonst in Kolberg lebten, gab ich zur Antwort: Gut, Ew. Majestät! Kleinigkeiten machen wir unter uns ab, und ist es was Bedeutendes und wir können nicht durchkommen, da wenden wir uns geradezu an Ew. Majestät. Wir hoffen, Sie werden uns nicht sinken lassen.

„Nein, nicht sinken lassen, nicht sinken laß ich euch!" rief der König, wobei er mir die Hand entgegenbot, „wendet euch nur an mich, und was zu erfüllen möglich ist, soll geschehen!" Dann fragte er, ob wir eigentlich dieserhalb gekommen wären, oder ob uns andere Geschäfte nach Stargard führten. — Kein anderes Geschäft als der Auftrag der Unsrigen, entgegnete ich, und eben dadurch wird dieser Tag der glücklichste unsers Lebens.

Jetzt beurlaubte uns der König mit den Worten: „Ich danke euch! Grüßt euere guten und braven Mitbürger und sagt ihnen: auch ihnen danke ich für die Treue und Anhänglichkeit, die sie mir erwiesen haben. Haltet immer auf Religion und Moralität!“ — Als wir uns darauf verbeugten und Miene zum Abtreten machten, sagte der König: „Sie bleiben noch hier!“ worauf auch bald hernach die Königin sich uns näherte, neben ihren Gemahl trat und sich mit gütigem Lächeln und der Bemerkung zu uns wandte: „Wir haben uns heute schon gesehen;“ und der Monarch fiel ihr ein: „Nicht wahr? ich hatte doch recht geraten?“ — So ergab sich's denn, daß ich oder meine Uniform dem königlichen Paare bereits im Vorbeifahren aufgefallen sein mußte. Sie aber fuhr fort zu mir: „Ich bin gewiß recht froh, Sie hier zu sehen und persönlich kennen zu lernen.“ — Und ich, war meine Antwort, ich danke Gott dafür, daß er mich den Tag hat erleben lassen, wo meine Augen den guten König und unsere allgeliebte Königin in solchem Wohlsein erblicken. Der Name des Herrn sei dafür gelobt! — So erhielten wir nunmehr unsere gnädige Entlassung, eilten nach unserm Gasthofe zurück und waren von Herzen froh, unser Geschäft so wohl und mit solchen Ehren abgetan zu haben.

Indes hatte mein Freund sich entfernt, um einige Besuche in der Stadt bei seinen Bekannten abzustatten, als etwa nach einer Stunde ein königlicher Page, der uns lange vergeblich gesucht, zu mir eintrat, um uns zur königlichen Tafel einzuladen. Es war spät, mein Gefährte war abwesend, und ich mußte mich entschließen, ohne ihn zu gehen. Im Tafelzimmer hatte auch schon alles seine Plätze eingenommen. Als ich dann mich dem König präsentierte, fragte er nach meinem Mitdeputierten, und als ich darauf nichts Genügendes zu erwidern wußte, fiel ein ungnädiger Blick auf den Pagen, der noch nächst der Tür stand, daß er seinen Auftrag so unvollständig ausgerichtet. Ein Kammerherr führte mich zu meinem Sitze hin, wo rechts der General von Pirch und links der Generalchirurgus Görke meine Tischnachbarn waren. Beide unterhielten sich mit mir während der Tafel aufs freundlichste, und ersterer erbot sich, heute Abend zu dem großen Ball, der von der Stadt veranstaltet worden, seinen Wagen zu meiner Abholung bei mir vorfahren zu lassen, was mit herzlichem Dank angenommen wurde.

Nach aufgehobener Tafel machte ich, wie ich es die andern tun sah, dem königlichen Paar das stumme Zeichen meiner Verehrung und war im Begriff, gleich jenen mich zu entfernen, als der König mich noch bleiben hieß und dann der Königin einen Wink gab. Hierauf kam dieselbe herbei und führte mich in ein besonderes Nebengemach, wo ich nun mit einer freudigen Überraschung mich ohne Zeugen dem hohen Paar gegenübergestellt fand. Beide taten eine Reihe von Fragen an mich, die ich nach bestem Vermögen beantwortete, deren Inhalt aber nicht in diese Blätter gehört. Mein Herz geriet dabei je mehr und mehr in eine hohe Bewegung. Als etwa nach einer halben Stunde eine kleine Stockung in dem Gespräch entstand und ich dem König so recht zuversichtlich in die Augen sah, befiel mich plötzlich eine über alles schmerzliche Empfindung. Gott! dachte ich — wie unglücklich ist doch mein König! — und unwillkürlich erhuben sich meine Blicke sowie meine gefalteten Hände gen Himmel. Mein Atem stockte. Da legte mir der König seine Hand auf die Schulter und fragte mit unendlicher Güte: „Haben Sie noch etwas auf dem Herzen?" — denn aus meinem seltsamen Benehmen mochte er schließen, daß ich vielleicht noch etwas zu erbitten wünschte. — Nun aber brachen meine Gedanken in Worte aus: Ach, wenn ich Ew. Majestät und meine gute Königin jetzt so vor mir sehe und bedenke das Unglück, was Sie noch immer so schwer zu tragen haben, dann ist mir's, als müßte mir das Herz aus dem Leibe entfallen. Gott erhalte Ew. Majestäten und gebe Ihnen Kraft und Stärke, daß Sie diese harte Schicksalsprüfung bald und glücklich überstehen mögen!

Bei diesen meinen Worten senkte der König sein Haupt auf die Brust, und die hellen Tränen entfielen seinen Augen;

die Königin aber streichelte ihm still die Wangen und weinte auch. Dieser erschütternde Anblick lockte auch mir die Zähren in die alten Augen, und mein Herz ward immer weiter, und ich sprach zu der hohen, herrlichen Frau: Ja, Gott erhalte auch Sie, meine gute Königin! zum Troste meines Königs; denn ohne Sie wäre er schon vergangen in seinem Unglück. — So standen wir beiderseits noch einige Minuten in herzinniger Bewegung, ohne daß unsere Augen trocken wurden. Nachdem ich mich jedoch ein wenig gefaßt hatte, drückte ich Ihren Majestäten meinen gerührten Dank aus für so viel erwiesene Gnade, und noch im Abgehen rief der König mir nach: „Halten Sie bei Ihrer guten Bürgerschaft auf Sitte und gute Ordnung!" — und mit der Antwort: Daran soll es wahrlich nicht mangeln! — schied ich von dannen.

Wilhelm Oncken (geboren 1838).

87. **Wie König Wilhelm deutscher Kaiser wurde.** (18. Januar 1871).

Der Kronprinz war Feuer und Flamme, als der 18. Januar, der Krönungstag der Könige von Preußen, zum Festtag der Einweihung des neuen Kaisertums bestimmt ward. Von ihm war der Plan selbst ausgegangen, sein Werk war der Entwurf des Festverlaufs, die Festansage, die am 16. Januar an die um Paris lagernden Regimenter erging, um die Vertretung derselben durch Abordnungen und Fahnen zu sichern. An demselben 16. Januar erschien der Hofprediger Rogge, Divisionspfarrer der 1. Gardedivision, bei König Wilhelm, der ihn in seinem einfachen Arbeitszimmer empfing und hinter seinem Schreibtisch stehend zu ihm sagte: „Ich habe Sie rufen lassen, da am 18. Januar, unserm Krönungstage, die Proklamation der Kaiserwürde vorgenommen werden soll und ich den Akt durch eine kurze kirchliche Feier eingeleitet sehen möchte. Da ich den Kaisertitel einmal annehmen soll, so habe ich diesen Gedenktag der preußischen Geschichte dafür gewählt. Ich hoffe, daß Sie Ihre Aufgabe auch diesmal gut lösen werden. — Aber von mir dürfen Sie nicht reden." Der Geistliche erwiderte, diesmal werde es unmöglich sein, die Person des Monarchen außer Betracht zu lassen. „Nun denn, aber so wenig als möglich! Nicht ich habe es so gemacht, sondern Gott hat es so gefügt. Es wird mir recht schwer, mich in den neuen Titel zu finden, und ich hätte gewünscht, ihn für meine Person vermeiden zu können. Ich habe immer gedacht, daß erst mein Sohn ihn dereinst führen solle. Aber die Verhältnisse haben sich nun einmal so gestaltet, daß ich die Annahme nicht umgehen kann."

Was der König sonst noch tat für die Vorbereitung des Festes, beschränkte sich darauf, der Feier ihr einfach religiös-militärisches Gepräge zu wahren und alles fernzuhalten, was ihr das Ansehen des Herausfordernden und Prunkhaften hätte geben können. Einen Thron wollte man ihm bauen, aber das lehnte er ab; nur einen einfachen Feldaltar ließ er zu, der sollte in der Mitte des Saales stehen, hier sollte der Geistliche sein Weihegebet sprechen, hier wollte er selber stehen, „um diese neue, schwere Verpflichtung zu übernehmen."

Als ein Gottesdienst war die Feier gedacht, und stattgefunden hat sie als ein Gottesdienst, bei welchem eine Versammlung von 5—600 Offizieren sich um den König, die Fürsten und die Prinzen scharte, als eine große, andächtige Gemeinde. Der Gottesdienst begann mit dem Gesang des 66. Psalms, den der König selbst für die Feier ausgewählt. Der Soldatensängerchor trug ihn mit Kraft und Wohllaut vor; ihm folgte der Gesang des Chorals:

Sei Lob und Ehr dem höchsten Gut,
Dem Vater aller Güte,
Dem Gott, der große Wunder tut,
Dem Gott, der mein Gemüte
Mit seinem reichen Trost erfüllt,
Dem Gott, der allen Jammer stillt:
Gebt unserm Gott die Ehre!

Während des Gesangs stand der König, den Helm in der Linken, in dem Halbrund gegenüber dem Altar, rechts der Kronprinz, links Graf Bismarck, hinter ihm die Fürsten und die Prinzen. Die Blicke hatte er zu Boden gesenkt und schlug sie auch während der ganzen folgenden Predigt nicht auf. Der Weihepredigt folgte der Choral: „Nun danket alle Gott!" in den die ganze Versammlung einstimmte, den insbesondere auch der Kronprinz und Bismarck mit kräftiger Stimme mitsangen, dem Choral folgte der Segen des Geistlichen, das dreifache Amen des Chors schloß die kirchliche Handlung, und nun erst schaute der König auf. Bis dahin war er in demütige Andacht versunken gewesen, und nun erblickte er an der einen Schmalseite des Saales auf der Stufenbühne, auf welcher die Mannschaften mit den Fahnen und Standarten aufgepflanzt waren, mitten unter diesen auch die Fahnen seines 1. Garde-Regiments zu Fuß, bei dem er in die Armee eingetreten war, die Fahne seines Grenadier-Regiments und die des Garde-Landwehr-Bataillons, dessen Kommandeur er so lange gewesen, und diesem Anblick widerstand er nicht. Ursprünglich hatte er auch während der Handlung, die nun folgen mußte, an dem Altar stehen bleiben wollen, aber als er jetzt „seine Fahnen" sah, da änderte er seinen Entschluß. Er verließ den Altar und schritt auf jene Stufenbühne zu, „denn," so sagte er am 20. Januar zum Geh. Hofrat Schneider, „wo meine Fahnen sind, da bin ich auch". Die Fürsten folgten ihm, er ließ sie zuerst hinauftreten, stellte sich dann mitten unter sie dicht vor seine Fahnen hin, und hier — umrauscht von den Ruhmesfahnen des siegreichsten aller Heere, umweht von den Geistern großer Zeiten, großer Menschen und großer Taten, legte der Kaiser und König Wilhelm sein Kaisergelübde ab. Mit lauter, im entferntesten Winkel des Saales vernehmbarer Stimme verlas er die Urkunde über die Verkündung der Wiederherstellung des Deutschen Reichs und die Annahme der deutschen Kaiserwürde und ließ dann den Grafen Bismarck die Ansprache verlesen, welche er „an das deutsche Volk" erließ, und in der er sagte: „Wir übernehmen die kaiserliche Würde in dem Bewußtsein der Pflicht, in deutscher Treue die Rechte des Reichs und seine Glieder zu schützen, den Frieden zu wahren, die Unabhängigkeit Deutschlands, gestützt auf die geeinte Kraft seines Volkes, zu verteidigen. Wir nehmen sie an in der Hoffnung, daß dem deutschen Volke vergönnt sein wird, den Lohn seiner heißen und opfermütigen Kämpfe in dauerndem Frieden und innerhalb der Grenzen zu genießen, welche dem Vaterlande die seit Jahrhunderten entbehrte Sicherheit gegen erneute Angriffe Frankreichs gewähren. Uns aber und Unsern Nachfolgern an der Kaiserkrone wolle Gott verleihen, allzeit Mehrer des Deutschen Reichs zu sein, nicht an kriegerischen Eroberungen, sondern an den Gütern und Gaben des Friedens, auf dem Gebiete nationaler Wohlfahrt, Freiheit und Gesittung!" Und dann vernahm er zum erstenmal ein jubelndes Kaiserhoch. Der Großherzog Friedrich von Baden, selbst einer der edelsten Pioniere auf dem dornenvollen Wege zum Kaiser und zum Reich, brachte es aus in den Worten: „Seine Kaiserliche und Königliche Majestät Kaiser Wilhelm lebe hoch! hoch! hoch!" Dreimal fiel die Versammlung jubelnd in diesen Zuruf ein. Die Helme wurden geschwenkt, die Arme wie zum Schwur erhoben; die Tränen der Rührung und der Freude erglänzten in den Augen. Die Fahnen senkten sich dem Kaiser zu Häupten, „Heil dir im Siegerkranz!" schmetterte ihm die Musik entgegen, und von fernher dröhnte der Kanonendonner des Mont Valerien in den Jubel herein. Bei der Tafel teilte er dem Kronprinzen mit, daß er von nun an „Kaiserliche Hoheit" heiße; der Kronprinz aber schrieb am Abend in sein Tagebuch: „Die langjährigen Hoffnungen unserer Voreltern, die Träume deutscher Dichtungen sind erfüllt, und befreit von den Schlacken des heiligen römischen Unsegens, steigt ein an Haupt und Gliedern reformiertes Reich unter dem alten Namen und dem tausendjährigen Abzeichen aus sechzigjähriger Nacht hervor."

Rudolf Reichenau (1817—1879).

*88. Hausmütterchen.

„Du kannst mir Handtücher holen, zwei von dem gewürfelten Muster und zwei mit den kleinen, runden Figuren!" — „Ich weiß schon, ich weiß schon, von denen mit den Gänseaugen." Hausmütterchen suchte sich selbst den Schlüssel aus dem Korbe, fort war sie wie der Wind und brachte das Verlangte ganz richtig, als hätte die Wäsche schon jahrelang unter ihrer Verwaltung gestanden. Als nach einer Gesellschaft das Silber durchgezählt wurde und die Zahl nicht recht stimmte, zeigte sie sich auch da wohl unterrichtet. „Mama, müssen nicht achtzehn Paar Messer und Gabeln sein?" Ein andermal wieder kam sie: „Ich habe eine sehr, sehr große Bitte: laß mich einrühren!" Man tat ihr den Willen, und sieh da — die Klöße gerieten besser als von der Hand der Köchin, die noch neu war und sehr freie Ansichten über Klöße hatte: wenn sie nur zusammenhielten, meinte die, weiter sei nichts nötig. Aber es blieb unter dem Siegel der Verschwiegenheit, und nur ein stiller Wink des Einverständnisses über Tisch zwischen Tochter und Mutter hätte das große Küchengeheimnis verraten können. Gern sahen wir Hausmütterchen auf ihrem kleinen Schemel sitzen, die Kaffeemühle im hohl eingespannten Röckchen, wie sie die Kurbel bedächtig drehte oder die aufgeschütteten gebrannten Bohnen zurechtstrich, damit keine heraushüpfte, sondern alle ordnungsmäßig nach und nach hineinfielen zwischen die Zähne des knatternden Rades, bis der ganze Vorrat, zu köstlich duftendem braunem Mehl zermalmt, unten das Schiebkästchen füllte.

Auch Handarbeiten machte Hausmütterchen schon recht nett, sie strickte kraus und glatt; zum Aufschlagen und bei der Hacke bedurfte sie freilich noch anderer Nachhilfe als die — der Zunge, die gar zu gern bei schwierigen Operationen hervorkam. Ebenso durften sich die Säume ihres Nähzeuges ganz wohl sehen lassen und waren nur selten einmal prudelhaft ungleich. Dabei fehlte es ihr keineswegs „am Besten". Sie rechnete Dividierexempel mit weiß Gott wieviel Zahlen vor dem Strich und hinter dem Strich und lernte Lieder auswendig von einer Länge, daß es uns aufrichtig lieb war, sie nicht selbst aufbekommen zu haben.

„Schade, daß Hausmütterchen nicht ein wenig hübscher ist!" bedauerte einmal jemand mit mehr Aufrichtigkeit als Takt. „Nicht hübsch? Nun, wir wüßten doch nicht, daß der liebe Gott etwas an ihr vergessen hätte." Der Vater selbst scherzte manchmal: „Was tut's, wenn unsere Kleine auch ein bräunliches Fellchen hat? die Bunzlauer Kännlein sind noch viel brauner und halten das Frühstück viel länger warm, als das weißeste Porzellan; gut Warmhalten ist aber eine Hauptsache bei Kaffeegeschirr und Hausmutterherzen."

89. Wie die Großmutter schreiben lernte.

„Herr Kantor!" Lottchen hob die Hand hoch. „Immer schreiben, immer schreiben, kein Wort reden!" — „Ach, Herr Kantor, Herr Kantor!" Lottchen hob die Hand noch höher. „Was ist denn schon wieder? Ihr habt auch immer was." — „Herr Kantor, es ist so sehr heiß! Die Finger bleiben einem ja auf dem Papier kleben." — „Leg das Löschblatt unter, mein Kind, oder streu Sand zwischen! Immer schreiben, immer schreiben!" — „Herr Kantor, ach, Herr Kantor!" Hannchen hob auch die Hand in die Höhe mit großer Dringlichkeit. „Immer schreiben, immer schreiben, kein Wort reden!" — „Herr Kantor, ich wollte nur sehr bitten: darf ich nicht das Fenster aufmachen?" — „Es ist ja schon offen." — „Aber nur oben das kleine. Darf ich nicht das Unterfenster auch aufmachen?" — „Nein." — „Es ist so furchtbar heiß, Herr Kantor." — „Je mehr ihr aufreißt, je mehr Hitze kommt herein." — „Herr Kantor, ich kann es schon gar nicht mehr aushalten!" — „Steck die Nase ins Buch, mein Kind! Du willst bloß noch besser auf die Gasse gucken. Ich kenne mein Hannchen. Immer schreiben, immer schreiben, kein Wort reden!"

Und alle schrieben fleißig weiter. Und der alte Lehrer, der so lange hin und hergegangen, setzte sich an seinen Tisch, der auf einem Tritte stand. Es war der „polnische Herr Kantor", wie ihn die Kinder nannten, sie wußten selbst nicht weshalb, da er kein Pole, auch nicht polnisch lehrte. Vielleicht war die Schule früher einmal eine polnische gewesen, ehe Westpreußen wieder deutsch wurde. Er erteilte auch Knaben den ersten Unterricht, und wenn die wieder abgingen, entließ er sie feierlich: „Bei mir habt ihr lesen, schreiben und rechnen gelernt. Nun geht in die hohe Kathedralschule und verlernt es wieder!" — „Lottchen, Lottchen! Wie breitest du dich aus mit deinen Ellenbogen! Die andern wollen auch Platz haben . . . . Hannchen, leg dich doch nicht so weit über! Du wirst schief werden, verdirbst dir die Augen, und für die Brust ist es auch nicht gut; wenn ihr's jetzt auch noch nicht merket — merket ihr es erst, dann ist's zu spät." — „Herr Kantor, Sie sagten ja, ich soll die Nase ins Buch stecken. Wenn ich gerade sitze — so weit reicht meine Nase nicht."

„Immer schreiben, immer schreiben, kein Wort reden!" — Und noch einmal hob Lottchen die Hand auf: „Herr Kantor!" — „Immer schreiben, immer schreiben!" — „Herr Kantor, es wird so dunkel, ich kann hier gar nicht sehen, die Augen verderben sollen wir uns doch nicht, haben Sie nur eben gesagt. Es steigen so schwere Wolken auf." — „Wo denn, wo denn, Kindchen? Ich sehe nichts." — „Von da können Sie's auch nicht sehen . . . . aber von hier." — „Ja, Herr Kantor, es kommt ganz schwarz herauf," und Hannchen schlenkerte wieder die Hand und hob den Arm wieder so hoch, daß unter dem kurzen Ärmel ein fingerbreiter, weißer Streif zu sehen; denn über Leib und Leben war sie doch nicht ganz so verbrannt, wie ihre Arme und Hände. „Blitzte es nicht eben?" — Lottchen hielt sich die Augen zu. — „Gedonnert hat es auch schon." — „Ja ja, es hat stark gedonnert." Hannchen hatte es auch gehört. — „Ich bin so ängstlich bei Gewitter, den Parapluie haben Sie auch nicht mal mit, Herr Kantor — ei, wenn es einschlägt! Wollen Sie uns nicht lieber nach Hause schicken?" — „Immer schreiben, immer schreiben, kein Wort reden!"

Und die Kinder schrieben und schrieben, und es wurde immer stiller und stiller und immer heißer und bedrückter in der Schulstube. Der Herr Kantor legte die Arme kreuzweise auf den

Tisch, den Kopf auf die Arme, sein Atem wurde immer tiefer und schwerer — mit einmal fing der alte Mann an sanft zu schnarchen. Da richtet sich Lottchen hoch auf, sieht sich nach allen Seiten um, legt den Finger an den Mund, Hannchen steht auch auf und winkt auch den andern. Lottchen ist schon aus der Bank an der Tür, die Tür geht gar leise auf, und — hui! hinaus wie der Wind. Hannchen ihr nach, und so immer eine nach der andern, bis alle draußen. Der alte Lehrer kann ungestört sein Schläfchen halten, und er schläft so schön und fest, die kleinen Ausreißer kommen auch alle wieder glücklich herein, jedes an seinen Platz, Hannchen zuletzt. Die vergißt aber, die Tür hinter sich zuzuziehen, oder sie denkt, es kommt noch wer. Eine Zugluft geht durch das Zimmer — ruck! fliegt das eine offene Oberfenster und ruck! noch lauter die Tür zu — der Herr Kantor fährt auf, reibt sich die Augen. Träumt er noch? Oder was ist das für ein Schnack? Rosen, rote und weiße, hellrote uud dunkelrote, vollaufgeblühte und Knospen, fallen ihm vom Kopf, aus dem silberweißen Haar auf den Tisch, auf den Tritt und noch weiter ringsum in die Stube. Da droht er: „Ihr Schelme! wir werden den Garten zuschließen und eiserne Spitzen auf den Zaun nageln lassen — denkt aber nur nicht, daß ich geschlafen habe. Ich wollte euch den Scherz nur nicht verderben — dies eine Mal! Aber nun seid auch recht artig und schreibt weiter . . . oder seid ihr fertig mit der Seite?" — „Ja wohl, Herr Kantor!" Alle waren fertig.

So stand er auf, schrieb an die schwarzgestrichene hölzerne Tafel, die hinter ihm an der Wand hing, und buchstabierte laut vor, die Kinder schrieben und buchstabierten nach. Wer auf der Straße an dem Schulhause vorbei kam, mochte schwerlich ahnen, wie lustig das noch soeben zugegangen in derselben Klasse, aus der jetzt im Chor heller Stimmen und in mühselig singendem Ton erschallte: „U . . . . u . . . . zwei Strichlein drüber: ü! — be . . . e . . . err: ber! — ü-ber." Jeder neue, also vorgeschriebene und buchstabierte Satz wurde dann auf einer neuen Seite zu besserer Einprägung in einer gewissen Anzahl von Zeilen abgeschrieben. „So . . . jetzt schreibt, Kinderchen, schreibt . . . . immer schreiben, schreiben, kein Wort reden!"

Und die Kinderchen schrieben und schrieben und redeten kein Wort — Lottchen breitete sich nicht zu sehr aus, Hannchen saß nicht schief, legte sich nicht zu weit über und guckte auch nicht zum Fenster hinaus. Es war wie in einer Schreibstunde unserer jetzigen Töchterschule, wo die kleinen Mädchen ja auch immer schreiben, schreiben und kein Wort reden. Nur eins war anders: alle die kleinen Köpfe, von der ersten bis zur letzten Bank, waren weiß, so weiß wie der Kopf des alten polnischen Herrn Kantors . . . . Oder nein — doch nicht alle. Die zweite auf der dritten Bank hatte kastanienbraunes Haar — seit einigen Tagen. Früher ging sie wie die andern. Als sie zum erstenmal so kam, wurde sie groß angesehen. Hannchen wies mit dem Finger auf sie in der Zwischenviertelstunde draußen auf dem Hofe. „Ach, seht mal, wie die geht! Wer sich nicht pudert, der kämmt sich auch nicht, und wer sich nicht kämmt, der wäscht sich auch nicht!“ Da lachten die Kinder, mehr und mehr traten hinzu, schlossen einen Kreis und neckten die Unordentliche. „Was habt ihr mit der Rieke?“ Lottchen, die von der andern Seite des Hofes herkam, wischte sich den Mund, der nicht ganz klein, wie an dem ganzen, schlank aufgeschossenen Kinde nichts klein oder kleinlich. Es war ein großes, schönes Kind. Das Stück Kuchen, das sie in der Hand hielt, war auch keins von den kleinsten. Als sie gehört, was es gab, blies sie stolz und verächtlich die glänzenden Zuckerkrümel von den Lippen: „Ihr dummen Margellen, wißt ihr das noch nicht mal? Wer Trauer hat, trägt keinen Puder — sie trauert um ihre Mutter.“ Und still verlor sich der necklustige Schwarm, Hannchen voran. Da klingelte es, die Pause war aus, und von der Pause an waren Lotte, Hannchen und Friederike Freundinnen.

Ludwig Richter (1803—1884).

90. Aus dem Anfang des 19. Jahrhunderts.

Eine meiner frühesten Erinnerungen ist ein Besuch bei Großpapa Müller, der ein kleines Kaufmannslädchen und ein

Haus mit sehr großem Garten auf der Schäferstraße besaß. Auf dem Wege zu den Großeltern waren wir bei einem Hause vorübergekommen, vor welchem ein schöner Rasenplatz mit vielen blauen Glocken- und weißen Sternblumen meine Aufmerksamkeit so gefesselt hatte, daß ich kaum von der Stelle zu bringen war. Als ich aber bei den Großeltern angelangt und regaliert worden war und vor dem Hause herumtrippelte — ich zählte damals etwa drei Jahre — fielen mir die wunderschönen Sternblumen wieder ein, und ich wackelte in gutem Vertrauen fort durch mehrere einsame Gassen und gelangte auch richtig zu dem Gehöfte mit dem schönen Rasenplatz, wo ich denn für Großpapa einen prächtigen Strauß pflückte und wieder fortmarschierte. Da ich aber nur vertrauensvoll meiner Nase nachging und diese vermutlich damals ein noch zu kleiner Wegweiser war, so brachte sie mich nach der entgegengesetzten Richtung auf weiten, weiten Wegen in die Stadt. Ich war sehr verwundert, daß Großpapas Haus auch gar nicht kommen wollte, trotzdem es Abend wurde. Lebhaft erinnerlich ist mir's, wie ich kleines Wurm, den Blumenstrauß fest in der Hand, um Mitternacht auf dem im Mondschein ruhenden Altmarkt stand, ein so winzig kleines Figürchen auf dem großen, öden Platze; da kam der Rettungsengel in Gestalt eines Ratswächters, den Dreimaster auf dem Kopfe und den Säbel an der Seite, von dem im Schatten liegenden Rathause herüber, fragte mich und trug mich zu der in Todesängsten schwebenden Mutter; denn man hatte das verlaufene Kind bereits auf dem Rathause gemeldet, und mein wirklicher Schutzengel hatte mich glücklich davorgeführt.

Ich will aber jetzt auf die Großeltern zurückkommen. Beide, sowohl die von väterlicher wie mütterlicher Seite, repräsentierten noch die alte Zeit, das vorige Jahrhundert, und zwar in seiner kleinbürgerlichen Gestalt. Mir haben sich die Bilder von ihnen und ihrer Umgebung bis aufs kleinste lebendig erhalten; denn es waren charakteristisch ausgeprägte Typen bürgerlichen Kleinlebens, während die Dinge im elterlichen Hause in meiner Erinnerung viel mehr verblaßt sind, denn sie trugen das modern nüchterne Gepräge der neuen Zeit und übten unendlich weniger poetischen Reiz. Die Müller-Großeltern wurden oft besucht. Das kleine Kaufmannslädchen, durch welches man den Eingang in das noch kleinere und einzige Stübchen nehmen mußte, war ein höchst interessantes Heiligtum. Das Fenster, außen garniert mit hölzernen, gelb und orange bemalten Kugeln, welche Zitronen und Apfelsinen vorstellten, die aber in natura niemals vorhanden waren und bei der armen Kundschaft auch keine Käufer gefunden haben würden; dann der große, blanke Messingmond, vor welchem abends die Lampe angezündet wurde, und der dann mit seinem wunderbar blendenden Glanze das Lädchen in einen Feenpalast verwandelte; die vielen verschlossenen Kästen, der anziehende Syrupständer, dessen Inhalt so oft in den schönsten Spirallinien auf das untergehaltene Dreierbrot sich ergoß, die Büchsen mit bunten Zucker- und Ingwerplätzchen, Kalmus, Johannisbrot und schließlich der Duft dieser Atmosphäre: welch ahnungsvolle Stätte voll Herrlichkeit! Endlich der Kaufherr selbst, mit baumwollener Zipfelmütze und kaffeebrauner Ladenschürze geschmückt, wie hastig und eifrig fuhr er in die Kästen, langte dem Barfüßler für 1 Pf. Pfeffer, 1 Pf. Ingwer, 1 Pf. neue Würze und 3 Pf. Baumöl freundlichst zu, und die Klingel an der Tür bimmelte unaufhörlich der ab- und zugehenden Kundschaft vor und nach.

Die Großmama, eine phlegmatische, etwas stolze Frau, ging ab und zu und bewegte sich gemächlich aus dem Stübchen zur Küche und aus der Küche in das Stübchen, und selten war sie anderswo zu erblicken; ich kann mich aber nicht erinnern, daß sie mit mir oder überhaupt viel gesprochen oder das Gesicht einmal in andere Falten gezogen hätte; deshalb interessierte sie mich auch nicht, mehr aber der alte Stahl, ein Holländer und Landsmann der Großmama, die eine geborene van der Berg war. Dieser erhielt einige Tage in der Woche den Tisch bei Müllers, saß dann tagsüber am Fenster, ließ die Daumen umeinander kreisen, und ich stellte mich gern vor ihn hin und bewunderte seine Perücke mit dem ehrwürdigen großen Haarbeutel und besonders die blitzenden Stahlknöpfe auf dem hechtgrauen Frack. Er war Zeuge der Pariser Revolution gewesen, hatte bei der Schweizergarde gedient, und als diese am 10. August

1792 in Versailles bei Verteidigung des Königs größtenteils niedergemetzelt wurde, war Stahl einer der wenigen, welche glücklich entkamen. Er hatte sich mehrere Tage in eine Schleuse verkrochen und in Gesellschaft der Ratten zugebracht, bis er sich nachts zu einem Freunde retten konnte. Das Entsetzlichste indes, was er erzählte, war für mich die Mitteilung, daß man in seinem Vaterlande Käse sogar in die Suppe schütte.

Ein Hauptvergnügen verschaffte mir der dicke Stoß Bilderbogen, welche im Laden zum Verkauf lagen, und die ich alle mit Muße betrachten konnte. Außer der ganzen sächsischen Kavallerie und Infanterie waren da auch „die verkehrte Welt" mit herrlichen Reimen darunter, das Gänsespiel, die Kaffeegesellschaft, Jahreszeiten u. dgl., alle in derbem Holzschnitt, grell bunt bemalt.

Endlich der von den Nebengebäuden eingeschlossene Hof, mit dem daranstoßenden, sehr großen Garten, welch ein Schauplatz süßester Freuden! Da wurde mit der Jugend der Nachbarschaft ein Vogelschießen veranstaltet, am Johannistag um eine hohe Blumenpyramide von Rosen und weißen Lilien getanzt, oben die herrlich duftende Vorratskammer besucht, wo die süßen Zapfenbirnen und anderes frisches und trockenes Obst in Haufen lagen, unten der Schweinestall mit seinen Insassen rekognosziert, und welch ein Festtag, wenn das Tier geschlachtet wurde! Zwar durfte ich bei dieser Exekution nicht zugegen sein und hörte die durchdringenden Seufzer nur von ferne; aber dann sah ich das schöne Fleisch gar appetitlich zerlegen, das Wellfleisch kochen, und das kleine einfenstrige Wohnstübchen war für den Metzgermeister zum Wurstmachen hergerichtet. Ein Geruch von süßem Fleisch, kräftigem Pfeffer und Majoran durchwürzte die Luft, und welche Wonne, zu sehen, wie die hellen, langen Leberwürstlein samt den teils schlanken, teils untersetzten oder gar völlig korpulenten Blut- und Magenwürsten in dem Brodeln des großen Kessels auf- und untertauchten und endlich herausgefischt und probiert wurden.

Wie lebendig wurde es dann im Lädchen! die Klingel bimmelte ohne Aufhören, denn „Müllers hatten ein Schwein geschlachtet", und so kamen die Kinder in Scharen mit Töpfchen und Krügen, und immer wiederholte sich die Bitte: „Schenken Sie mir ein bißchen Wurstbrühe, Herr Müller!" Der cholerische, sonst gute Herr Müller konnte sich der Scharen gar nicht mehr erwehren, die Klingel bimmelte völlig Sturm, mit immer größeren Schritten lief er hinter der Ladentafel scheltend und polternd einher und glich so wegen der Kürze des Raums einem im Käfig herumtrabenden gereizten Tiger. Endlich stand die Zipfelmütze bolzengerade in die Höhe, und das Wetter brach los: „Ihr Racker, jetzt packt euch alle, sonst kommt die Hetzpeitsche!" und im Nu stürzte und purzelte die ganze kleine Bande zur Ladentür hinaus, und der gute, alte Müller stand mit der drohenden Hetzpeitsche, wie der Donnergott Zeus, unter der offen gebliebenen Tür und schloß diese dann eigenhändig, wenn die Schar sich verlaufen hatte.

Der Garten bot anderes. Noch bis heute berührt mich der Anblick der Blumen, aber nur der bekannten, welche ich in der Jugend sah, ganz eigentümlich und tief. In der Farbe und Gestalt, im Geruch und Geschmack mancher Blumen und Früchte liegt für mich eine Art Poesie, und ich habe die Früchte mindestens ebenso gern nur gesehen, als gegessen. Der Garten hatte Rosenbüsche in Unzahl. Wie oft guckte ich lange, lange in das kühle, von der Sonne durchleuchtete Rot eines solchen Rosenkelches, und der herausströmende Duft mitsamt der himmlischen Rosenglut zauberte mich in ein fernes, fernes Paradies, wo alles so rein, so schön und selig war!

Es stand am Ende des Gartens ein uralter Birnbaum, zwischen dessen mächtigen Ästen ich mir einen Sitz zurechtgemacht hatte. Manche Stunde verbrachte ich träumerisch in dem grünen Gezweig, um mich die zwitschernden Finken und Spatzen, mit welch letzteren ich zur Zeit der Reife die Birnen teilte, die der alte Baum in Unzahl trug. Von diesem verborgenen Aufenthalt überblickte man den ganzen Garten mit seinen Johannis- und Stachelbeersträuchern, den Reihen wild durcheinanderwachsender Rosen, Feuerlilien, brennender Liebe, Lack und Levkojen, Hortensien und Eisenhut, Nelken und Fuchsschwanz, wer nennt alle ihre Namen? Dann zur Seite die Gemüsebeete, und über die Gartenmauer hinüber die gelben Kornfelder und die fernen Höhen von Roßthal und Plauen! Das war nun mein Bereich, wo ich mich einsam oder in Gesellschaft von Spielgenossen oder tätig beim Begießen der Gurken, des Kopfsalats, der Zwiebeln und Bohnen beschäftigte.

Wilhelm Heinrich Riehl (1823—1897).

91. Hausinschriften.

Ich getraute mir wohl ein kleines Büchlein zusammenzustellen voll sinniger Weisheit aus dem Volksmund, voll beschaulicher und erbaulicher, naiver und drolliger Verse, die alle nur von Haustüren und Innen- und Außenwänden deutscher Bauernhäuser abgeschrieben sein sollten.

So schrieb der gottesfürchtige Bauersmann vor Zeiten an sein neues Haus:

Wo Gott nicht gibt zum Haus sein Gunst,
Da ist all unser Baun umsunst;

Oder:

Wir bauen hier so feste
Und sind doch fremde Gäste;
Wo wir sollen ewig sein,
Bauen wir so wenig ein.

Ein dritter setzte einfach den Spruch über seine Tür:

Der Herr segne unsern Eingang und Ausgang!

Ich kann mich des Gedankens nicht entschlagen, daß in den hundert Jahren, seit eine solche Inschrift etwa steht, nicht wenigstens ein Mann aus- oder eingegangen sei mit einer Spitzbuberei im Sinne, die er beim zufälligen Blick auf diesen Spruch habe bleiben lassen.

Das beliebteste Thema weltlicher Verse an den Bauernhäusern gilt dem Protest gegen unbefugte Kritik des Hausbaues.

Was stehet ihr für diesem Haus
Und laßt die bösen Mäuler aus?
Ich hab gebaut, wie mir's gefällt,
Mich hat's gekost mein gut Stück Geld.

Oder:

Wer da bauet an Markt und Straßen,
Muß Neider und Narren reden lassen.

Hierher gehört der schöne plattdeutsche Hausspruch:

Wat frag ik na de Lü?
Gott helpet mi.

Als Seitenstück dazu mag folgender oberdeutscher Spruch dienen, den ich im Elsaß an einer einsamen Mühle fand, in knorrigen, wie mit dem Dreschflegel geschriebenen Lapidarversen:

Tu Recht! steh fest! kehr dich nicht dran,
Wenn dich auch tadelt manch ein Mann;
Der muß noch kommen auf die Welt,
Der tut, was jedem Narrn gefällt.

In manchen Gegenden dehnt sich diese Spruchpoesie auch auf die Nebengebäude des Hauses aus, namentlich sind mitunter die Gemeindebackhäuser ganz bedeckt von Versen voll derben Humors. Eine einfach schöne Inschrift für Scheunen und Wirtschaftsgebäude ist die mittelalterliche: „Gott, versieh die Deinen!" welche sich an den Ruinen des Klosters Otterberg in der Pfalz findet.

Am reichsten und mannigfaltigsten ist der Schatz dieser Hausepigramme noch da, wo auch die Wohnstube an passender Stelle mit Inschriften geschmückt ist. Als Probe dieser meist erbaulichen oder humoristischen Poesie der Familienhalle möge hier ein Vers stehen, der über dem ungeheuern altväterlichen Ofen einer Bauernstube im Illertal angebracht ist:

Wenn Haß und Neid
Brenneten wie ein Feuer,
Dann wär das Holz in dieser Zeit
Nicht gar so teuer.

An alten, großen Standuhren in unsern Bauernstuben kann man das tiefsinnige Wort lesen:

So geht die Zeit
Zur Ewigkeit.

Es sind aber die meisten dieser Hausverse ein wirkliches Gemeingut des Volkes, denn sie finden sich in mancherlei Varianten oft in den entlegensten Gegenden wieder. So kann man z. B. jenen Vers aus dem Illertale auch in der Pfalz über Haustüren lesen, wo er sich wohl auf das teuere Bauholz beziehen soll und dann noch zu der Würde einer Haustüren-Inschrift erhoben wird durch den moralischen Zusatz:

Ob's aber auch gibt der Neider gar viel,
So geschieht doch alles, wie Gott will.

Sind nun solche Sprüche nicht ein köstliches Ornament des deutschen Hauses, auch des städtischen, dem sie früher nicht fremd waren? Wer aber hat den Mut, einen schönen Vers und ein schönes Bild wieder über seine Haustüre setzen zu lassen?

Peter Rosegger (geboren 1843).

92. Waldlilie im Schnee.

Der Berthold ist ein Wilderer geworden. Das Holzen wirft viel zu wenig ab für eine Stube voll von Kindern. Für das kranke Weib eine kräftige Suppe, für die Kinder ein Stück Fleisch will er haben und schießt die Rehe nieder, die ihm des Weges kommen. Dazu tut die Leidenschaft das ihre, und so ist der Berthold, der vormaleinst als Hirt ein so guter, lustiger Bursch gewesen, durch Armut, Trotz und Liebe zu den Seinigen recht sauber zum Verbrecher herangewachsen. Bis zu diesen Tagen hat er sich nicht gebessert; aber das Geschehnis dieser wilden Wintertage hat ihn laut weinen gemacht, denn seine Waldlilie liebt er über alles.

Ein trüber Winterabend ist es gewesen. Die Fensterchen sind mit Moos vermauert; draußen fallen frische Flocken auf alten Schnee. Berthold wartet bei den Kindern und bei der kranken Aga nur noch, bis das älteste Mädchen, die Lili, mit der Milch heimkehrt, die sie bei einem nachbarlichen Klausner erbetteln muß. Denn die Ziegen im Hause sind geschlachtet und verzehrt; und kommt die Lili nur erst zurück, so will der

Berthold mit dem Stutzen in den Wald hinauf. Bei solchem Wetter sind die Rehe nicht weit zu suchen. Aber es wird dunkel, und die Lili kehrt nicht zurück. Der Schneefall wird dichter und schwerer, die Nacht bricht herein, und Lili kommt nicht. Die Kinder schreien schon nach der Milch, den Vater verlangt schon nach dem Wild; die Mutter richtet sich auf in ihrem Bette. „Lili!“ ruft sie, „Kind, wo trottest denn herum im stockfinstern Wald? Geh heim!“ Wie kann die schwache Stimme der Kranken durch den wüsten Schneesturm das Ohr der Irrenden erreichen?

Je finsterer und stürmischer die Nacht wird, desto tiefer sinkt in Berthold der Hang zum Wildern, und desto höher steigt die Angst um seine Waldlilie. Es ist ein schwaches, zwölfjähriges Mädchen; es kennt zwar die Waldsteige und Abgründe, aber die Steige verdeckt der Schnee, den Abgrund die Finsternis. Endlich verläßt der Mann das Haus, um sein Kind zu suchen. Stundenlang irrt und ruft er in der sturmbewegten Wildnis; der Wind bläst ihm Augen und Mund voll Schnee; seine ganze Kraft muß er anstrengen, um wieder zurück zur Hütte gelangen zu können.

Und nun vergehen zwei Tage; der Schneefall hält an, die Hütte des Berthold wird fast verschneit. Sie trösten sich überlaut, die Lili werde wohl bei dem Klausner sein. Diese Hoffnung wird zunichte am dritten Tag, als der Berthold nach einem stundenlangen Ringen im verschneiten Gelände die Klause vermag zu erreichen. Lili sei vor drei Tagen wohl bei dem Klausner gewesen und habe sich dann beizeiten mit dem Milchtopf auf den Heimweg gemacht. „So liegt meine Waldlilie im Schnee begraben“, sagt der Berthold. Dann geht er zu anderen Holzern und bittet, wie diesen Mann kein Mensch noch so hat bitten gesehen, daß man komme und ihm das tote Kind suchen helfe.

Am Abend desselben Tages haben sie die Waldlilie gefunden. – Abseits in einer Waldschlucht, im finsteren, wildverflochtenen Dickichte junger Fichten und Gezirme*), durch das keine Schneeflocke vermag zu dringen, und über dem die Schneelasten

*) D. h. Knieholz, Legföhren, wie solche auf höheren Almen wachsen, dort Zirm, Zerben genannt (Erklärung des Verfassers).

sich wölben und stauen, daß das junge Gestämme darunter ächzt, in diesem Dickichte, auf den dürren Fichtennadeln des Bodens, inmitten einer Rehfamilie von sechs Köpfen ist die liebliche, blasse Waldlilie gesessen.

Es ist ein sehr wunderbares Ereignis. Das Kind hat sich auf dem Rückweg in die Waldschlucht verirrt, und da es die Schneemassen nicht mehr überwinden können, sich zur Rast unter das trockene Dickicht verkrochen. Und da ist es nicht lange allein geblieben. Kaum ihm die Augen anheben zu sinken, kommt ein Rudel von Rehen an ihm zusammen, alte und junge, und sie schnuppern an dem Mädchen, und sie blicken es mit milden Augen völlig verständig und mitleidig an, und sie fürchten sich gar nicht vor diesem Menschenwesen, und sie bleiben und lassen sich nieder und benagen die Bäumchen und belecken einander und sind ganz zahm; das Dickicht ist ihr Winterdaheim.

Am andern Tage hat der Schnee alles eingehüllt. Waldlilie sitzt in der Finsternis, die nur durch einen Dämmerschein gemildert ist, und sie labt sich an der Milch, die sie den Ihren hat bringen wollen, und sie schmiegt sich an die guten Tiere, auf daß sie im Froste nicht ganz erstarre. So vergehen die bösen Stunden des Verlorenseins. Und da sich die Waldlilie schon hingelegt zum Sterben und in ihrer Einfalt die Tiere hat gebeten, daß sie getreulich bei ihr bleiben möchten in der letzten Sterbestunde, da fangen die Rehe jählings ganz seltsam zu schnuppern an und heben ihre Köpfe und spitzen die Ohren, und in wilden Sätzen durchbrechen sie das Dickicht, und mit gellendem Pfeifen fliehen sie davon.

Jetzt arbeiten sich die Männer durch Schnee und Gesträuche herein und sehen mit lautem Jubel das Mädchen, und der alte Rüpel ist auch dabei und ruft: „Hab ich nicht gesagt, kommt mit herein zu sehen, vielleicht ist sie bei den Rehen!“ So hat es sich zugetragen; und wie der Berthold gehört, die Tiere des Waldes hätten sein Kind gerettet, daß es nicht erfroren, da schreit er wie närrisch: „Nimmermehr! mein Lebtag nimmermehr!“ Und seinen Kugelstutzen, mit dem er seit manchem Jahre Tiere des Waldes getötet, hat er an einem Stein zerschmettert.

Gotthilf Heinrich von Schubert (1780—1860).

93. Johann Friedrich Oberlin, Pfarrer im Steintal.

I. Wie Oberlin Pfarrer im Steintal wurde.

[Im Elsaß, da wo die Breusch ihren Lauf nach der fruchtbaren Ebene von Straßburg nimmt, liegt hoch oben im Wasgaugebirge das Steintal mit dem Orte Waldbach. Jetzt eine trefflich angebaute und wohlhabende Gegend, war dies Tal um die Mitte des achtzehnten Jahrhunderts eine Wildnis, die von einer Schar verkommener, in Armut und Elend versunkener Familien bewohnt war. Als von 1750 ab der treffliche Pfarrer Stuber dort wirkte, fingen die Zustände an sich zu bessern. Da folgte Stuber einem ehrenvollen Ruf nach Straßburg zum Pfarrer an der Thomaskirche. Zu Straßburg, seiner Vaterstadt, lebte damals der fromme Kandidat Johann Friedrich Oberlin, der sich gerade zum Beruf eines Feldpredigers dort vorbereitete.]

Eben als Oberlin im Begriff stand, seine Feldpredigerstelle anzutreten, kam der fromme Pfarrer Stuber nach Straßburg, um sich da einen recht würdigen Nachfolger für seine Pfarrei im Steintal auszuwählen. Von Oberlins frommem Sinn und Eifer hatte er viel gehört; er suchte ihn auf. Man wies ihn in ein kleines Dachstübchen; in einer Ecke desselben sieht er ein Bett mit papiernen Vorhängen, in welchem unser Kandidat an heftigem Zahnweh darniederlag. Stuber tritt näher, scherzt mit dem muntern Jüngling über die sonderbaren Vorhänge, „und", fragte er, „was ist das für ein eisernes Pfännchen, das über Ihrem Tische hängt?" — „Es ist meine Küche," antwortete der Kandidat; „denn wenn ich zu Mittag bei meinen Eltern esse, nehme ich mir da ein Stück Brot mit, lege es abends um acht Uhr in das Pfännchen, gieße Wasser mit etwas Salz darüber und stelle die Lampe darunter, bei deren Schein ich studiere. Mahnt mich dann um zehn oder elf Uhr der Hunger, so ist meine Mahlzeit bereit, die mir besser bekommt als Leckereien."

Stuber lachte. „Sie sind mein Mann, ein Mann, ganz zum Pfarrer des armen Steintals gemacht, für welches ich Sie bestimmt hatte." Oberlin freute sich des Antrags, welchen ihm

Stuber machte, doch mit frommer Gewissenhaftigkeit forderte er, daß er vorerst Entlassung von seinem Ruf zum Feldprediger-amt erhalte, und sodann, daß alle Kandidaten, welche dem Range nach vor ihm Anspruch auf Beförderung hätten, die Pfarrstelle in Waldbach ausschlügen. Das erste fand sich durch einen freiwillig sich darbietenden Bewerber, und das zweite stand gar leicht zu erwarten, da die Besoldung eines Pfarrers in Waldbach so äußerst gering war. Am 30. März 1767 zog der damals 27 jährige Oberlin schon in Waldbach als Pfarrer ein.

II. Wie Oberlin den Gottesdienst abschaffte.

Während der Schreckenszeit der französischen Revolution kam selbst in das einsame Steintal der Befehl der neuen Regierung, die gewöhnliche gottesdienstliche Feier solle aufhören, die Gemeinden sollten sich einen Präsidenten wählen, dieser einen Bruder Redner ernennen, und dann sollten an gewissen Tagen Versammlungen gehalten werden, bei denen der Bruder Redner gegen die Tyrannen sprechen und mit der Gemeinde sich über die Mittel beraten solle, die Tyrannen abzuschaffen. Selbst im Steintal fehlte es damals nicht an mehreren solchen, denen diese Sache ganz verführerisch neu und anlockend vorkam, und die auch gerne das mit- und nachgemacht hätten, was die große Nation ihnen vormachte.

Der Pfarrer Oberlin ließ demnächst seine Gemeinde unter der Linde zusammenkommen, las ihnen das eingegangene Schreiben vor und fügte hinzu, es sei der Befehl ihrer welschen Regierung — so nannten die deutschen Bewohner des Steintals die Franzosen — und da es die Obrigkeit geböte, müsse man auch gehorchen. Er hielt es für gut, auch heute gleich zu den nötigen vorläufigen Beratungen zu schreiten. Zuerst müsse ein Präsident gewählt werden, und da er als der bisherig gewesene Pfarrer des Ortes für heute wohl noch einmal sich das Recht nehmen dürfe, seine Meinung zuerst zu sagen, so gebe er seine Stimme dem bisherigen Schulmeister des Ortes und schlage diesen zum Präsidenten vor. Der Schulmeister sträubte sich zwar etwas gegen diese Wahl, aber Oberlin bestimmte ihn bald, sie anzunehmen, und so wurde denn die Wahl des Bruder Schulmeisters zum Bruder Präsidenten einstimmig von den Bauern bestätigt. Jetzt war nun die Reihe an dem Präsidenten, aus der Mitte der Versammlung jemand zum Bruder Redner zu ernennen. Wer paßte sich aber besser dazu als der bisherige Pfarrer Oberlin! Die Wahl wurde mit lautem Beifallrufen der Versammlung bestätigt. „Jetzt ist nun die Frage," sagte Oberlin, „welches Haus und welchen Tag wir zu unsern Versammlungen wählen wollen. Das Haus des Bruder Präsidenten hat nur eine Stube, die Schulstube, da geht aber kaum die Hälfte von uns hinein, besonders da auch die Weiber werden gern zuhören wollen. Im bisherigen Pfarrhause ist auch der Raum gering, und so wüßte ich eben doch im ganzen Steintale kein schicklicheres Haus zu unsern Klubs, als die bisherige gewesene Kirche." — Die Bauern gaben hierzu allgemein ihren Beifall. — „Was nun den Tag der Versammlungen betrifft," sagte Oberlin, „so ist der Montag unschicklich, weil da viele nach Straßburg zum Markte fahren, ebenso Mittwoch und Freitag. Ich dächte aber doch, der schicklichste und bequemste Tag zu unsern Versammlungen wäre der bisherige und gewesene Sonntag und zwar vorzüglich die Vormittagszeit von neun Uhr an." Die Bauern gaben auch hierzu ihren Beifall.

Als nun die Bauern am Sonntage in die Kirche kamen und mit ihrer allgemeinen Bewilligung der Bruder Redner die Kanzel zum Rednerstuhl gewählt hatte, las derselbe abermals den Befehl der Regierung vor. „Dieselbe," sagte er, „will also, wir sollen gegen die Tyrannen reden und über ihre Abschaffung uns beraten. Tyrannen sind nun in der alten Zeit solche und solche gewesen, und die haben dies und das getan. Hier in unserm stillen Steintal haben wir nun freilich keine dergleichen Tyrannen, es wäre daher vergeblich, gegen einen solchen zu sprechen. Ich wüßte euch aber dennoch Tyrannen zu nennen und zu beschreiben, die nicht bloß im Steintal und in euren Häusern, sondern sogar in euern Herzen wohnen. Und gegen diese Tyrannen will ich also hier reden, sowie ich euch denn auch das beste Mittel nennen und beschreiben will, diese Tyrannen abzuschaffen."

Als der Pfarrer eine Zeitlang fortgesprocheu hatte, sagte er: „Sollte es nicht besser sein, für mich und euch, dazwischen auch eins zu singen und zwar, da wir keine andern Lieder können, aus unserem bisherigen Gesangbuche den und den allen wohlbekannten Psalm?"

So sangen und beteten die Bauern friedlich und in Gott vergnügt mit ihrem Pfarrer, und viele gute Seelen aus der Umgegend, denen diese Art der Versammlung und das, was da gesprochen wurde, besser gefiel als jene Klubs, die man an andern Orten hielt, sammelten sich um Oberlin und seine Steintaler und fanden da Erquickung und Trost in der Zeit jener großen äußern und innern Not.

[Oberlin hat bis zu seinem am 1. Juni 1826 erfolgten Tode ununterbrochen im Steintale gewirkt mit dem glänzenden Erfolge, der oben angedeutet ist.]

Johann Balthasar Schupp (1610—1661).

94. Freund' in der Not.

[Das Büchlein „Freund' in der Not" schrieb Schupp, der eingeborener Gießener war, als eine väterliche Unterweisung für seinen ältesten Sohn Meno, als dieser die Universität Gießen bezog. Er erzählt darin u. a. folgende Geschichte aus seinem Leben]:

Als ich noch ein junger Student war, wollte ich von Danzig segeln in Dänemark. Und als ich von guten Freunden in der Stadt Abschied nahm, hielten sie mich ein wenig zu lang auf. Als ich nun in die Danziger Münde kam, da lag das Schiff schon eine Meil von der Münde und hatte Anker geworfen. Da bemühete ich mich sehr um ein Boot, das mich ans Schiff brächte. Allein es wollt niemand mich dahin bringen. Endlich kam ein junger Mann, der war wohl bekleidet und sahe mich an und sagte: „Herr, ich höre an der Sprach, daß Ihr ein Hochdeutscher seiet. Aus was für einer Stadt seid Ihr?" Ich antwortete: „Monsieur, es gilt gleichviel. Es ist Euch wenig damit gedienet, daß Ihr wisset, wo ich herkomme; aber mir wäre damit gedienet, wenn Ihr mir sagen wolltet, wie ich an das Schiff kommen solle." Er antwortete: „Verzeihet meiner Kuriosität! Mich dünkt, ich hab jemand gehört, der eben eine solche Art zu reden hatte, wie Ihr. Sagt mir doch, was seid Ihr für ein Landsmann?" Ich nennte ihm mein Vaterland und die Stadt, darin ich geboren bin. Da sagte er: „Kennet Ihr den korpulenten Mann, der daselbst wohnet in dem roten Eckhaus auf dem Markt?" Ich sagte: „Ja, es ist mein Vater." Da antwortet er: „Nun wohlan, so will ich Euch selbst ans Schiff bringen." Ging damit hin und sprach einen Kerl um sein Boot an.

Als wir hinfuhren nach dem Schiff, erzählte er, daß er einsmals durch mein Vaterland gereiset und von Soldaten sei geplündert worden, da sei er hungrig und durstig in meines Vaters Haus kommen, und mein Vater hab neben etzlichen guten Freunden unten im Haus, nicht weit von der Haustür, bei gar warmem Wetter gesessen und haben roten Wein getrunken aus einem vergüldeten Geschirr, welches er mir gar eigentlich beschrieb und mir wohlbekannt war. Da hab er ihm seine Not geklagt. Und ein jeglicher hab ihm ein halb Kopfstück geben, und er hätte einmal von dem roten Wein trinken müssen. Er beteuerte hoch, daß es damals zwischen zwei und drei Uhr nachmittag gewesen, und es sei sehr warm gewesen, und er hab desselben Tages noch nicht zu essen gehabt. Allein der Durst habe ihn mehr geplaget als der Hunger. Und es dünke ihn, es hab ihm sein Lebtag kein Trunk besser geschmeckt als derselbe.

Als ich an das Schiff kam, wollt ich den Mann, dem das Boot zustunde, bezahlen. Allein er wollt es durchaus nicht leiden. Ich machte mein Fläschenfutter auf und wollte ihm einen Trunk spanischen Wein zubringen. Allein er wollte nicht, sondern sagte: „Ihr werdet Euer Fläschenfutter unterwegens selbst vonnöten haben, bis Ihr in den Sund kommt. Wann ich wieder in die Stadt (nämlich nach Danzig) komme, so will ich auf Eure und

Euers Vaters Gesundheit trinken!" Wünschte mir damit viel Glück zu der Reise. Sobald er weg war, reuete mich von Herzen, daß ich nicht nach seinem Namen gefragt hatte. Ich hab mehr als tausendmal an den Mann gedacht. Und wann ich wüßte, wer er gewesen sei, ich wollte ihm oder seinen Kindern wiederum eine Courtoisie erweisen. Und ich hab oftmals gedacht, ich wollte dir und deinem Bruder mit einem kleinen Kapital ein groß Interesse machen und wolle unterweilens einen Reichstaler bei einem guten notleidenden Kerl anlegen, wie mein Vater sein halb Kopfstück und seinen Trunk roten Landwein bei diesem Danziger. Denn ich hab aus Erfahrung gelernet, daß Berg und Tal nicht zusammenkommen, allein gute Freund, ehrliche Leut kommen wunderlich in der Welt wieder zusammen, und kann keiner wissen, wie oder wo der Arme dem Reichen, der Reiche dem Armen dienen könne.

Sophie Gräfin Schwerin (1785—1863).

95. Der Siegesbote.

(Aus ihrem Tagebuche.)

Noch am Abend des 9. April verbreiteten sich ängstliche Zweifel über die Lage der Armee; — so ging ich ahnungslos dem schönsten Tage meines Lebens entgegen. — Der 10. April 1814 begann schon in vollem Glanz. Eine Staffette war am Morgen angekommen. Ich wurde mit der fabelhaften Nachricht geweckt, aber ich glaubte gewiß noch nicht zu wachen, als ich auf dem Papier, das man mir vorhielt, den Einzug des Königs und Kaisers in Paris las. — Wir standen schnell auf und zogen uns zur Kirche an. Jubel füllte die Stadt, der entzückendste Frühlingstag verklärte das Siegesfest; als wir über die Brücke fuhren, kamen uns schon die eben im Lustgarten gelösten Kanonen entgegengezogen. So trat ich aus dem berauschenden Gewirr in den Dom hinein.

Aber die Stunden gingen hin und brachten auf den ersten Rausch der Freude Angst und Zweifel für mich mit. Ich fing an, des allgemeinen Taumels müde zu werden und aller Nachrichten und Gerüchte, die sich jagten; ich wußte nichts von Wilhelm, in der allgemeinen Freude sehnte ich mich nach eigener. So stand ich — die Stelle, wo so unermessene Wonne über mich kam, kann ich nie vergessen — im Garten war es — und blickte in die Frühlingsgräser, aus denen tausend Knospen und die ersten lieben Blüten sich hervor drängten — die Sonne des heutigen Tages lockte sie zuerst hervor; es war, als kämen sie alle, auch das Fest der Heimat zu schauen und zu schmücken. — Ich dachte, ob sie auch mir blühten, ob dieser Frühling auch gewiß noch für mich da sei — da hörte ich ein neues Rufen und Jubeln; die Worte: „der Kurier! der Kurier!“ unterschieden sich in dem Lärmen; beinahe mißmütig dachte ich: haben wir die Nachricht, können wir den Überbringer wohl abwarten — indem aber bin ich umringt von jubelnden, glückwünschenden Gesichtern: „Graf Schwerin! er ist es — er kommt als Kurier — eben hat er von Potsdam aus geschrieben, ihm die Postillione zu schicken!“ — so rief alles durcheinander. Jeder wollte mich zuerst mit dem Freudenschreck töten. — Ein Postsekretär ließ mich fordern und brachte mir die selige Bestätigung von seiner Hand. Aus Potsdam schrieb er mir: „Da der Postengang so unsicher war, so habe ich mich entschlossen, mich lieber selbst zu Dir auf den Weg zu machen und Dir heute Nachmittag um 4 Uhr mit 24 Postillionen Sieg und Freude zu verkündigen. Ich glaube, daß ich die Wilhelmsstraße herunterkomme, jedoch ganz stolz vorüberziehen werde, um meine dringenden Aufträge abzumachen. — Bis dahin Lebewohl!“ —

Nun kam Order zu illuminieren. Kaum waren wir von Tische auf, so kamen Zuschauer, um aus unsern Fenstern den Kurier einziehen zu sehen, ohne noch zu ahnen, wer dieser Kurier sei, auch Glückwünschende, die schon mein Glück erfahren hatten; ich versuchte mehrmals mich zu sammeln, ich ging allein auf mein Zimmer — ich wollte so gern zur Besinnung kommen; bald suchte ich mein Glück ganz zu fassen, zu überdenken, zu fühlen, dann mich in dasselbe zu fassen, zu finden, aber Ruhe fand ich nicht — ich konnte nur beten — stürmisches Dank- und Preisgebet — alle Leidenschaft und Liebe in Wonne und Seligkeit aufgelöst. — — Dann ging ich wieder zurück an die vollbesetzten Fenster. — Ganz Berlin im schönsten Festschmuck wallte noch immer die Straßen auf und ab; aber immer noch zögerte die Ankunft des Erwarteten. Wilhelm war schon stundenlang in Schöneberg und wartete auf die Postillione; es waren am Morgen 26 Staffetten von Berlin abgefertigt — man mußte in der Not andere Leute in Postillionsjacken stecken — so viel Pferde waren auch nicht gleich aufzutreiben — dies alles gab viel Aufenthalt.

Da erschien vom Wilhelmsplatz her eine Postkalesche — es war Schwerins Equipage — und darin der alte, treue Bogen: dies war also der erste Mensch, der aus Paris kam und mit Augen die Wunder geschaut hatte, die noch niemand glaubte. Wie stürzte ich ihm entgegen — wie umringte ihn alles, wie wichtig und interessant erschien er; doch profitierte er wenig von der Gelegenheit, sein Licht leuchten zu lassen, und hatte besonders kein Glück in der Wahl seiner Berichte: so konnte man ihn nicht von einem gewissen Loch im Münsterschen abbringen, in welchem sie stecken geblieben waren. Doch brachten wir ihn endlich auf Paris, und da konnte er denn die guten, lieben Pariser nicht genug loben, die er übrigens nur vom Montmartre aus hatte kennen lernen. „Die Franzosen," sagte er, „ja, das sind böse Menschen — die haben uns genug zu tun gemacht — sie hätten uns am liebsten alle totgeschlagen, aber die Pariser — das scheinen gar zu gute Leute zu sein. Wie die sich zu uns freuten! wie lieb sie uns hatten! Wo man hinhörte, hieß es immer: Monsieur, blanc vin? um zu fragen, was wir wohl für Wein haben möchten."

Dies Geschwätz brachte mich wieder um einige Stunden weiter, bis endlich — endlich — welches Zögern hätte mich vorbereiten können? — der Zug von der Leipziger Straße her sichtbar ward und die Posthörner erschallten! — Das Volk drängte sich dichter hinter den Postillion — mitten unter dem einholenden Militär winkte mir Wilhelms Federbusch; er ritt ein Pferd des Königs und hatte die Kuriertasche dem Kostüm gemäß über der Uniform — das weiße Tuch um den Arm, Schärpe und Kartusche, wie er in Paris einritt. — Ich zwar sah von dem allen nichts — — als er so nahe war, daß ich ihn erkennen konnte, wußte ich nicht, was ich mit dem Anblick machen sollte — unwillkürlich schloß ich die Augen im Übermaß meiner Wonne. — — Dies Glück — mein Gott, du weißt es — hatte ich nicht erbeten; — was in Jahrhunderten nur einmal unter Millionen nur eine treffen konnte — das hatte ich nicht auf mein armes Haupt herabgefleht — der volle Becher des Sieges und des Friedens, gereicht von der Hand der Liebe selbst — ich hatte ihn nicht gefordert — nicht einmal geträumt — tropfenweise über meine Tage ausgegossen, hätte er das längste Leben noch beseligt. Aber ich sollte ihn leeren — und jetzt — jetzt war er da! — Ich öffnete die Augen, um Wilhelm mit dem Degen heraufgrüßen zu sehen — einige Schritte weiter ritt er aus dem Zuge heraus, um der Prinzessin Ferdinand, die unten am Fenster war, Nachricht von ihrem Sohne zu geben — dann verschwand er meinem verfolgenden Blick — Jubel und Menge ihm nach. — —

Und nun trat ein langes, langes Harren ein — es war 9 Uhr, ehe ich ihn wiedersah, doch teilte ich gar nicht das Mitleid, welches man mir allgemein über die Qual dieser Zögerung bezeugte — ich war viel zu glücklich, um noch zu wünschen; — auf solcher Höhe ist alles wolkenrein, und wer alles hat, rechtet nicht mehr um dies und jenes.

In derselben Stube, wo ich die Anstalten zu seiner Abreise gemacht, ward nun alles zu seinem Empfange bereitet, dieselben Sachen, an denen noch meine Abschiedstränen hingen, packte jetzt der alte Bogen aus und erzählte mir. — Alles, alles wie damals, alles, alles anders! — dazwischen lag das ganze Schicksal der Heimat und mein Schicksal! — Erfüllung — unermessene Erfüllung war an die Stelle alles Fürchtens und Hoffens getreten. Als Wilhelm ging, ließ er die Feinde eine Meile von Berlin, jetzt kam er von Paris, um vor ihnen zu erzählen. — In solchen Bildern ruhte ich meine Seele, und Seligkeit kennt keine Ungeduld.

Ich suchte mich zu ruhen, aber jeden Augenblick schreckte mich die Hoffnung seines Eintretens wieder auf, jeden Augenblick brachte man mir auch Nachricht von ihm, was er gesagt, was er erzählt — der eine hatte ihn bei Prinz Karl, der andere auf dem Schloß, dann im Schauspiel gesehen. Auch fingen schon von allen Seiten der Stadt die Sendungen um Nachrichten nach dem Hause des Kuriers an, weil wohl niemand ahnte, daß man ihn dort noch vergebens erwartete.

Er war unterdessen unter immer größerem Zulauf die Linden herunter nach dem Palais geritten, wo er bei den königlichen Kindern abstieg und ihnen von allem Bericht erstattete; von da ward vor dem Schlosse Halt gemacht, wo er zur Prinzessin Wilhelm hinaufging, überall soviel Aufenthalt wie Begierde, ein Wort aus seinem Munde zu hören. Die Prinzessin erzählte uns nachher, ihr kleiner Sohn Adelbert wäre von dem Rausch des allgemeinen Jubels und von dem Zauberbilde, der Überbringer solcher Nachricht zu sein, so ergriffen gewesen, daß er sich mitten in den Saal gestellt und immer gerufen habe: „Ich bin der Kurier — ich bin der Graf Schwerin!“ — Von da mußte der Zug, dem Gebrauch gemäß, bis zur Post zurück. In der Königsstraße ward das Gedränge so mächtig, daß man kaum von der Stelle konnte. Dem unaufhörlichen Geschrei: „Es lebe der Kurier!“ gesellte sich hier auch noch das: „Es lebe der Graf Schwerin!“ welches Wilhelm in keine geringe Verlegenheit setzte. Alle Menschen wollten ihm die Hand geben, und geschwungene Tücher flatterten so dicht um den Kopf seines Pferdes, daß es scheu werden mußte. Er glaubte sich sehr zu verbessern, indem er auf der Post sein Pferd abgab, um zu Fuß nach dem Komödienhause zu gehen, aber nun war er erst recht hilflos der Menge preisgegeben, und mehrere schnelle Wendungen, um ihr auf Seitenwegen zu entkommen, mißglückten auch durch die Wachsamkeit einer Schar von Straßenjungen, die ihn überall wieder aufgriffen und durch ihr Geschrei kenntlich machten. — In der königlichen Loge mußte er noch dem ganzen Hofe Rede stehen, fand doch aber endlich Mittel, sich nach dem Gelegenheitsstücke fortzumachen. —

Da, da endlich hatte ich ihn, aber wer nennt und beschreibt diesen Augenblick, wenn schon jeder ihn vorbereitende unbeschreiblich war? — wer nennt dieses erste Schauen, dies erste Sprechen nach so inhaltschwerer Trennung? — Auch uns mußte er nun sagen, was er schon tausendfach wiederholt hatte — vor allem Nachricht von allen Teuren. In allem hatte Gott uns geschützt, aber in unsere ungemischte Wonne fielen die warmen Tränen um die Herrlichen, die für uns gezahlt hatten mit Blut und Leben, um die Trauernden, die für die Heimat weinten!

Johanna Spyri (1827—1901).

*96. Wie Heidi wieder heimkam zum Großvater.

[Das Heidi hatte mit seinem Großvater droben auf der Alm gewohnt. Als es sechs Jahre alt war, war es nach Frankfurt geschickt worden als Spielgefährtin eines reichen, kränklichen Kindes. Es hat es aber dort nicht aushalten können vor Heimweh und ist nach einigen Monaten wieder in die Heimat zurückgebracht worden.]

Heidi stieg die Alm hinan mit seinem Korb am Arm. Die Abendsonne leuchtete ringsum auf die grüne Alm, und jetzt war auch drüben das große Schneefeld am Cäsaplana sichtbar geworden und strahlte herüber. Heidi mußte alle paar Schritte wieder stillstehen und sich umkehren, denn die hohen Berge hatte es im Rücken beim Hinaufsteigen. Jetze fiel ein roter Schimmer vor seinen Füßen auf das Gras, es kehrte sich um, da — so hatte es die Herrlichkeit nicht mehr im Sinn gehabt und auch nie so im Traum gesehen — die Felshörner am Falknis flammten zum Himmel auf, das weite Schneefeld glühte, und rosenrote Wolken zogen darüber hin. Das Gras rings auf der Alm war golden, von allen Felsen flimmerte und leuchtete es nieder, und unten schwamm weithin das ganze Tal in Duft und Gold. Heidi stand mitten in der Herrlichkeit, und vor Freude und Wonne liefen ihm die hellen Tränen die Wangen herunter, und es mußte die Hände falten und in den Himmel hinaufschauen und ganz laut dem lieben Gott danken, daß er es wieder heimgebracht hatte, und daß alles, alles noch so schön sei und noch viel schöner, als es gewußt hatte, und daß alles wieder ihm gehöre. Und Heidi war so glücklich und so reich in all der großen Herrlichkeit, daß es gar nicht Worte fand, dem lieben Gott genug zu danken. Erst als das Licht ringsum verglühte, konnte Heidi wieder von der Stelle weg. Nun rannte es aber so den Berg hinan, daß es gar nicht lange dauerte, so erblickte es oben die Tannenwipfel über dem Dache und jetzt das Dach und die ganze Hütte, und auf der Bank saß der Großvater und rauchte sein Pfeifchen, und über die Hütte her wogten die alten Tannenwipfel und rauschten im Abendwind. Jetzt rannte das Heidi noch mehr, und bevor der Alm-Öhi nur recht sehen konnte, was da herankam, stürzte das Kind schon auf ihn hin, warf seinen Korb auf den Boden und umklammerte den Alten, und vor Aufregung des Wiedersehens konnte es nichts sagen, als nur immer ausrufen: „Großvater! Großvater! Großvater!"

Der Großvater sagte auch nichts. Seit vielen Jahren waren ihm zum erstenmal wieder die Augen naß geworden, und er mußte mit der Hand darüberfahren. Dann löste er Heidis Arme von seinem Hals, setzte das Kind auf seine Kniee und betrachtete es einen Augenblick. „So bist du wieder heimgekommen, Heidi," sagte er dann, „wie ist das? Besonders hoffärtig siehst du nicht aus, haben sie dich fortgeschickt?"

„O, nein, Großvater!" fing Heidi nun mit Eifer an, „das mußt du nicht glauben, sie waren ja alle so gut, die Klara und die Großmama und der Herr Sesemann. Aber siehst du, Großvater, ich konnte es fast gar nicht mehr aushalten, bis ich wieder bei dir daheim sein könnte, und ich habe manchmal gemeint, ich müsse ganz ersticken, so hat es mich gewürgt; aber ich habe gewiß nichts gesagt, weil es undankbar war. Und dann auf einmal an einem Morgen rief mich der Herr Sesemann ganz früh — aber ich glaube, der Herr Doktor war schuld daran — aber es steht vielleicht alles in dem Brief" — damit sprang Heidi auf den Boden und holte seinen Brief und seine Rolle aus dem Korb herbei und legte beide in die Hand des Großvaters.

„Das gehört dir!" sagte dieser und legte die Rolle neben sich auf die Bank. Dann nahm er den Brief und las ihn durch; ohne ein Wort zu sagen, steckte er dann das Blatt in die Tasche. „Meinst du, du könntest auch noch Milch trinken mit mir, Heidi?" fragte er nun, indem er das Kind bei der Hand nahm, um in die Hütte einzutreten. „Aber nimm dort dein Geld mit dir, da kannst du ein ganzes Bett daraus kaufen und Kleider für ein paar Jahre." — „Ich brauch es gewiß nicht, Großvater," versicherte Heidi, „ein Bett hab ich schon, und Kleider hat mir Klara so viele eingepackt, daß ich gewiß nie mehr andere brauche." — „Nimm's, nimm's und leg's in den Schrank, du wirst's schon einmal brauchen können!"

Heidi gehorchte und hüpfte nun dem Großvater nach in die Hütte hinein, wo es vor Freude über das Wiedersehen in alle Winkel sprang und die Leiter hinauf, aber da stand es plötzlich still und rief in Betroffenheit von oben herunter: „O, Großvater, ich habe kein Bett mehr!" — „Kommt schon wieder," tönte es von unten herauf, „wußte ja nicht, daß du wieder heimkommst; jetzt komm zur Milch!"

Heidi kam herunter und setzte sich auf seinen hohen Stuhl am alten Platze, und nun erfaßte es sein Schüsselchen und trank mit einer Begierde, als wäre etwas so Köstliches noch nie in seinen Bereich gekommen, und als es mit einem tiefen Atemzug das Schüsselchen hinstellte, sagte es: „So gut wie unsere Milch ist doch gar nichts auf der Welt, Großvater!"

Jetzt ertönte draußen ein schriller Pfiff; wie der Blitz schoß Heidi zur Tür hinaus. Da kam die ganze Schar der Geißen, hüpfend, springend, Sätze machend von der Höhe herunter, mitten drin der Peter. Als er Heidi ansichtig wurde, blieb er auf der Stelle völlig wie angewurzelt stehen und starrte es sprachlos an.

Heidi rief: „Guten Abend, Peter!“ und stürzte mitten in die Geißen hinein: „Schwänli, Bärli! kennt ihr mich noch?“ und die Geißlein mußten seine Stimme gleich erkannt haben, denn sie rieben ihre Köpfe an Heidi und fingen an leidenschaftlich zu meckern vor Freude, und Heidi rief alle nacheinander beim Namen, und alle rannten wie wild durcheinander und drängten sich zu ihm heran. Der ungeduldige Distelfink sprang hoch auf und über zwei Geißen weg, um gleich in die Nähe zu kommen, und sogar das schüchterne Schneehöppli drängte mit einem ziemlich eigensinnigen Bohren den großen Türk auf die Seite, der nun ganz verwundert über die Frechheit dastand und seinen Bart in die Luft hob, um zu zeigen, daß er es sei.

Heidi war außer sich vor Freude, alle die alten Gefährten wieder zu haben; es umarmte das kleine, zärtliche Schneehöppli wieder und wieder und streichelte den stürmischen Distelfink und wurde vor großer Liebe und Zutraulichkeit der Geißen hin- und hergedrängt und geschoben, bis es nun ganz in Peters Nähe kam, der noch immer auf demselben Platze stand. „Komm herunter, Peter, und sag mir einmal guten Abend!“ rief ihm Heidi jetzt zu. „Bist denn wieder da?“ brachte er nun endlich in seinem Erstaunen heraus, und nun kam er herzu und nahm Heidis Hand, die dieses ihm schon lange hingehalten hatte, und nun fragte er, so wie er immer getan hatte bei der Heimkehr am Abend: „Kommst morgen wieder mit?“ — „Nein, morgen nicht, aber übermorgen vielleicht, denn morgen muß ich zur Großmutter.“

„Es ist recht, daß du wieder da bist,“ sagte der Peter und verzog sein Gesicht auf alle Seiten vor ungeheurem Vergnügen, dann schickte er sich zur Heimfahrt an; aber heute wurde es ihm so schwer wie noch nie mit seinen Geißen, denn als er sie endlich mit Locken und Drohen soweit gebracht hatte, daß sie sich um ihn sammelten, und Heidi, den einen Arm um Schwänlis und den andern um Bärlis Kopf gelegt, davonspazierte, da kehrten mit einemmale alle wieder um und liefen den dreien nach. Heidi mußte mit seinen zwei Geißen in den Stall eintreten und die Tür zumachen, sonst wäre der Peter niemals mit seiner Herde fortgekommen. Als das Kind dann in die Hütte zurückkam, da sah es sein Bett schon wieder aufgerichtet, prächtig, hoch und duftend, denn das Heu war noch nicht lange hereingeholt, und darüber hatte der Großvater ganz sorgfältig die sauberen Leintücher gebreitet. Heidi legte sich mit großer Lust hinein und schlief so herrlich, wie es ein ganzes Jahr lang nicht geschlafen hatte. Während der Nacht verließ der Großvater wohl zehnmal sein Lager und stieg die Leiter hinauf und lauschte sorgsam, ob Heidi auch schlafe und nicht unruhig werde. Aber Heidi schlief in einem Zuge fort, denn sein großes, brennendes Verlangen war gestillt worden: es hatte alle Berge und Felsen wieder im Abendglühen gesehen, es hatte die Tannen rauschen gehört, es war wieder daheim auf der Alm.

Johannes Trojan (geboren 1837).

*97. Vor Tau und Tag. Ein Elfengespräch.

(Leichtfüßlein und Mondenhold.)

L. Wer kommt durch das Moos?

M. Eine Elfe, wie du! Ist es gut, wo du bist?

L. Komm nur herauf! Ich sitz auf dem Farnblatt und schaukele mich.

M. Da bin ich! — Weißt du was Neues?

L. Das Eichhorn hat erzählt, es wird eine gute Nußernte geben.

M. Gut für den, der sie knacken kann! — Was hast du die Nacht über getan?

L. Als es dunkel ward, schlüpft ich aus einer Rose, in der ich geschlafen hatte. Zuerst darauf hab ich mit fünf anderen Tau getragen; dabei neckten wir uns und begossen uns gegenseitig. Dann bekam ich den Auftrag, eine Herde Goldkäferchen nach Hause zu treiben. Das ist ein sauer Stück Arbeit! Sie sind gar zu schwer in Reih und Glied zu halten. Wenn man ein verirrtes zurückgeholt, unterdessen verlaufen sich die neun oder zehn andern. Es läßt sich nicht sagen, wie unbesinnlich sie sind. — Zuletzt habe ich sie doch alle glücklich nach Hause bekommen.

M. Was tatest du dann?

L. Ich dacht, ich hätt was geschafft und könnte mir ein Vergnügen machen. Ich ging auf den Tanzplatz und tanzte, solange mir lieb war. Jetzt sitze ich hier schon eine Weile und ruh mich. — Was hast du in den letzten Stunden getrieben?

M. Einem Käfer, der auf dem Rücken lag, wieder aufgeholfen.

L. Gelang es dir? Ich denke mir das ziemlich gefährlich.

M. Das ist's auch. Ich wagte auch nicht, ihm ganz nahe zu treten. Ich redete ihm tüchtig zu, und als das nichts half, holte ich zwei Grillen, die mußten etwas Lustiges aufspielen. Da fing er an, nach dem Takt sich zu wiegen, und bei einer recht lustigen Stelle gab er sich einen solchen Schwung, daß er plötzlich wieder auf den Füßen stand.

L. Das hast du recht gemacht. Bedankte er sich?

M. Er schalt uns loses Gesindel, Tagediebe und Bettelmusikanten — und trollte sich seines Weges.

L. Ich konnt es mir von ihm denken. Und dann?

M. Dann ging ich auch auf einen Tanzplatz, tanzte aber nicht, sondern stand außerhalb des Kreises auf Wache. Ein Moosstengelchen hielt ich im Arm und war sehr mutig.

L. Ist was vorgefallen?

M. Nichts Besonderes! — Doch ja: es kam eine Raupe, die behauptete, eingeladen zu sein, und wollte durchaus mittanzen.

L. Wie hätte *die* es wohl angefangen, zu tanzen!

M. Das möcht ich auch wissen. Aber sie ließ es sich nicht ausreden und wollte mit aller Gewalt in den Kreis dringen. Zuletzt drohte ich ihr, ich würde sie durch ein paar Ameisen fortbringen lassen. Da sagte sie: Laß nur! dann will ich doch lieber von selbst gehn! — und begab sich ganz niedergeschlagen auf den Rückweg. Da tat sie mir wieder leid — aber wir können doch nicht mit ihr tanzen!

L. Was war das eben? Es schwirrte mir um den Kopf; ich wär beinah vom Blatt heruntergefallen.

M. Eben war's auch bei mir — jetzt schwirrt es dort um die Staude. — Fürchte dich nicht! Es ist ein Nachtschmetterling, der sich einen Spaß mit uns machte. Das sind harmlose Gesellen!

L. Aber sehr erschrecken können sie einen, das muß ich sagen. — Hör, hast du wieder etwas von Menschen gehört?

M. Nein! Ich weiß wenig von Menschen — eigentlich nur, daß sie in große und kleine eingeteilt werden.

L. Das weiß ich auch. Die kleinen sind besser, sagt man. Die so groß sind, daß sie den Bäumen unter die Arme reichen, die sollen recht gefährlich sein. — Man erzählt manches Sonderbare von diesen Geschöpfen; aber wer kann das so genau wissen?

M. Sieh nur! wer kommt da?

L. Eine Schnecke! Die ist früh aufgestanden! — Eil dich, Schneckchen, eil dich! sonst kommst du erst an, wenn sie schon abgegessen haben.

M. Treib sie doch nicht zur Eile an! Sie läuft ja so sehr, daß sie schon ganz außer Atem ist. Hör, Schneckchen! hinter dir kommt ein Tausendfuß, der will dir was sagen. Lauf doch nicht so schnell, er kann dich ja gar nicht einholen.

L. Halt an, Schneckchen! ich will dir einen Brief mitgeben; er muß aber vor drei auf der Post sein!

M. Sie kriecht unter ein Blatt; sie mag es nicht leiden, daß man sie aufzieht.

L. Horch! — Was war das? — Horch! — wieder! Ein Hahn krähte weit hinter dem Walde. Der Wind rührt sich; alle Zweige zittern. Das ist der Morgen. Komm herunter, daß wir uns im Moos verbergen.

M. Oder unter den großen Blättern am Bach.

L. Bist du auch schon unten?

M. Ja! aber wo bist du? Ich sehe dich nicht.

L. Hier! — Hier bin ich! — Komm mit!

*98. Von den Ameisen.

Von der Ameise wird scheinbar mehr Rühmens gemacht, als sie wert ist; im Grunde aber doch nicht. Es ist nicht wahr, daß sie Vorräte für den Winter einsammelt. Da sie aber den Winter schlafend zubringt und von Michaelis bis Ostern nicht an den Brotschrank zu gehen braucht, so wäre sie eine schlechte Wirtin, wenn sie Vorräte zum Verderben einsammelte.

Wahr aber ist es, was von dem Fleiß der Ameise erzählt wird; und nicht nur ein Fauler kann zu ihr hingehn, um von ihr zu lernen, sondern auch ein Fleißiger mag wohl in einem Mußestündchen sich an ihrem Treiben erfreuen und sich von ihr belehren lassen. Jeder hat wohl einmal die Ameisen beobachtet, wie sie auf ihrer langen Heerstraße im Walde hin und herlaufen. Die Ameise hat einen eigentümlichen Gang: ist sie ein paar Schritte gegangen, so hält sie ein Augenblickchen an — vielleicht, um zu sehn, ob nicht unterwegs etwas mitzunehmen ist; vielleicht, um mit einer Begegnenden ein Wort zu wechseln. Wie einträchtig sind sie untereinander! Keine stört die andere, so viele ihrer auch sind. So bilden sie den geordnetsten und friedfertigsten Arbeiterverband, den man sich denken kann. Mit welcher Ausdauer und Geschicklichkeit wissen sie Schwierigkeiten bei der Arbeit zu überwinden! Es kommen zwei an mit einem toten Räupchen, die eine hat es am Kopfende, die andere es am Schwanzende gefaßt; so marschieren sie mit ihrer Beute dem Nest zu. Da liegt am Boden ein trocknes Zweiglein; die eine Ameise kriecht unter dem Zweiglein durch, die andere steigt über dasselbe hinüber. Infolgedessen legt die Raupe sich um das Zweiglein, und die beiden Ameisen, wie sehr sie auch ziehn, kommen nicht von der Stelle. Nachdem sie sich eine Zeitlang umsonst angestrengt haben, läuft die eine fort. Man denkt, sie wird in ein Wirtshaus laufen, um mit einem Schöpplein den Verdruß über das mißlungene Werk hinunterzuspülen. Aber nein! sie bleibt in der Nähe; sie läßt sich die Sache durch den Kopf gehn. Bald hat sie den Schlüssel des „Problems", wie die Gelehrten es nennen, gefunden. Fröhlich kehrt sie zur Gefährtin zurück, die unterdessen ruhig gewartet hat, und spannt sich neben sie an dasselbe Ende der Raupe. Beide ziehn kräftig — ein Ruck, und das Hindernis ist beseitigt.

Vor allem wunderbar ist es zu sehn, wie die Ameisen in gefährlichen Zeitläuften handeln. Werden sie in ihrem Neste gestört, so scheinen sie in große Aufregung und Unruhe zu geraten; sie tun aber gerade das, was in dem Fall nützlich und gut ist. Eine große Anzahl kommt herausgelaufen, um zu sehn, welcher Art eigentlich die Gefahr ist, und wo der Feind steht; andere aber gehn sofort ans Retten. Dabei benehmen sie sich nicht, wie sich Menschen wohl in Feuersgefahr und Wassernot benehmen. Du siehst auch nicht eine, die mit einer durchlöcherten Bratpfanne oder mit einem abgestoßenen Besen oder mit einem andern wertlosen Dinge davonläuft. Nein, mit größter Besonnenheit bringen sie sogleich ihre kostbarsten gemeinsamen Schätze, ihre geliebten Eier oder Puppen, in Sicherheit. Und nicht etwa laufen sie ratlos umher und vielleicht gerade dem Feind entgegen, sondern sie tragen einfach ihre liebe Brut ein paar Stockwerke tiefer in die Erde, schließen die Türen ab und sagen: „So! vorläufig sind sie geborgen."

Man kann also von den Ameisen lernen: 1) Fleiß, Ausdauer und Geschicklichkeit bei der Arbeit. 2) Einmütiges Zusammenhalten und Zusammenwirken. 3) Besonnenheit und Geistesgegenwart in Gefahr. 4) Liebe zur Brut und Sorge um dieselbe. Und auch in diesem letzten beschämen sie manchen unter uns, der selbst in gefahrloser Zeit seines Kindes nicht achtet und läßt es verderben.

*99. Ein Hauskobold.

Es gibt einen Hauskobold von sehr bösartigem Wesen, der heißt „verschobene Arbeit". Hat man ihn eingelassen, so ist er schwer wieder fortzubannen. Man weiß wohl, wo er sitzt, sei es im Garten oder in der Scheune oder im Keller oder in einem Schrank, aber man scheut sich so sehr vor ihm, daß man am liebsten gar nicht sich nach ihm umsieht; und fällt es einem ein, daß er da ist, so pfeift man wohl ein Liedchen, um sich auf andere Gedanken zu bringen. Und doch ist dieser Hauskobold überaus schädlich, verdirbt den Hausrat, zerfrißt die Kleider und nimmt dem Tagewerke den Segen. Mit Sprüchlein und Kräutern ist nichts gegen ihn zu machen. Abwarten, ob er vielleicht von selbst geht, ist unratsam; denn je länger er bleibt, um so größer und unangenehmer wird er. Nur eins hilft: Man muß dreist auf ihn zugehen, ihn kräftig anpacken und ihn — eins, zwei, drei! aus dem Hause werfen.

100. Verdächtige Wörtchen.

„Bekanntlich" ist ein Wörtchen, das harmlos klingt, es aber sehr hinter den Ohren hat. „Bekanntlich" sagt gern jemand, wenn er etwas vorträgt, das voraussichtlich keinem der Zuhörer bekannt ist, und das er selbst eben erst gelernt oder auch sich ausgedacht hat. Sagt einer z. B.: „Bekanntlich liegt dreißig Meilen oberhalb der Mündung des Jankïsetiang die kleine Festung Brimborium — so stellt er sich durch dies „bekanntlich" nicht nur selbst in ein sehr vorteilhaftes Licht, sondern er schmeichelt auch gar sehr allen Zuhörern, bei denen er so außerordentliche Kenntnisse voraussetzt.

„Eigentlich" ist ein Wörtchen, auf das man in den meisten Fällen auch nicht einen Pfennig geben darf. „Eigentlich habe ich schon gefrühstückt" bedeutet so viel als: „Gib her, was du hast! Mir ist, als hätte ich drei Tage lang nichts gegessen!" — „Eigentlich muß ich nach Hause", sagt jemand, indem er nach der Uhr sieht und ruhig sitzen bleibt. — Wer eigentlich mit dieser oder jener Sache durchaus nicht einverstanden ist, der läßt diese oder jene Sache ruhig geschehen.

„Gewiß" ist ein Wörtchen, das gewisse Leute, wenn sie noch sehr im Ungewissen sind, dennoch gern als Antwort auf dringende Fragen gebrauchen, z. B.: „Sage mir, habe ich so nicht ganz recht gehandelt, wie ich gehandelt habe?" — „Gewiß!" — „Du bist also fest entschlossen, dich an dem Unternehmen zu beteiligen?" — „Gewiß!" — „Kann ich darauf rechnen, daß du mir zu Jakobi die hundert Taler zurückzahlst?" — „Gewiß!"

Wer viel mit „Gewiß!“ um sich wirft, auf den kann man sich selten verlassen.

Eines der schlimmsten Worte heißt: „Gut genug!“ Gewöhnlich braucht es einer zu seiner Entschuldigung, wenn er etwas gemacht hat, was eben nicht gut genug ist. „Dafür gut genug!“ heißt dann das Trostwort. Aber wer sein Werk nicht so gut macht, als er kann, der gibt sich unter dem Wert aus, und das sollte einem ernsten und rechtschaffenen Menschen nicht „gut genug“ sein.

Christoph Martin Wieland (1733—1813).

101. Der Streit um des Esels Schatten.

Ein gewisser Zahnarzt, Namens Struthion, von Geburt und Voreltern aus Megara gebürtig, hatte sich schon seit vielen Jahren in Abdera häuslich niedergelassen; und weil er vielleicht im ganzen Lande der einzige von seiner Profession war, so erstreckte sich seine Kundschaft über einen ansehnlichen Teil des mittäglichen Thrazien. Seine gewöhnliche Weise, denselben in Kontribution zu setzen, war, daß er die Jahrmärkte aller kleinen Städte und Flecken auf mehr als dreißig Meilen in der Runde bereiste, wo er neben seinem Zahnpulver und seinen Zahntinkturen gelegentlich auch verschiedene Arkana wider Milzbeschwerungen, Engbrüstigkeit u. s. w. mit ziemlichem Vorteil absetzte. Er hatte zu diesem Ende eine wohlbeleibte Eselin im Stalle, welche bei solchen Gelegenheiten zugleich mit seiner eignen kurz-dicken Person und mit einem großen Quersack voll Arzneien und Lebensmittel beladen wurde.

Nun begab sich's einstmals, da er den Jahrmarkt zu Gerania besuchen sollte, daß seine Eselin nicht imstande war, die Reise mitzumachen. Struthion mietete sich also einen andern Esel bis zu dem Orte, wo er sein erstes Nachtlager nehmen wollte, und der Eigentümer begleitete ihn zu Fuße, um das lastbare Tier zu besorgen und wieder nach Hause zu reiten. Der Weg ging über eine große Heide. Es war mitten im Sommer und die Hitze des Tages sehr groß. Der Zahnarzt, dem sie unerträglich zu werden anfing, sah sich lechzend nach einem schattigen Platz um, wo er einen Augenblick absteigen und etwas frische Luft schöpfen könnte. Aber da war weit und breit weder Baum noch Staude noch irgend ein andrer schattengebender Gegenstand zu sehen. Endlich, als er seinem Leibe keinen Rat wußte, machte er Halt, stieg ab und setzte sich in den Schatten des Esels.

„Nu, Herr, was macht Ihr da," sagte der Eseltreiber, „was soll das?" — „Ich setze mich ein wenig in den Schatten," versetzte Struthion, „denn die Sonne prallt mir ganz unleidlich auf den Schädel." — „Nä, mein guter Herr," erwiderte der andre, „so haben wir nicht gehandelt! Ich vermietete Euch den Esel, aber des Schattens wurde mit keinem Worte dabei gedacht." — „Ihr spaßt, guter Freund," sagte der Zahnarzt lachend; „der Schatten geht mit dem Esel, das versteht sich." — „Ei, beim Jason! das versteht sich nicht," rief der Eselmann ganz trotzig; „ein andres ist der Esel, ein andres ist des Esels Schatten. Ihr habt mir den Esel um so und so viel abgemietet. Hättet Ihr den Schatten auch dazu mieten wollen, so hättet Ihr's sagen müssen. Mit einem Wort, Herr, steht auf und setzt Eure Reise fort oder bezahlt mir für des Esels Schatten, was billig ist!" — „Was?" schrie der Zahnarzt, „ich habe für den Esel bezahlt und soll jetzt auch noch für seinen Schatten bezahlen? Nennt mich selbst einen dreifachen Esel, wenn ich das tue! Der Esel ist einmal für diesen ganzen Tag mein, und ich will mich in seinen Schatten setzen, so oft mir's beliebt, und darin sitzen bleiben, so lange mir's beliebt, darauf könnt Ihr Euch verlassen." — „Ist das im Ernste Eure Meinung?" fragte der andere mit der ganzen Kaltblütigkeit eines abderitischen Eseltreibers. „Im ganzen Ernste," versetzte Struthion. „So komme der Herr nur gleich stehenden Fußes wieder zurück nach Abdera vor die Obrigkeit!" sagte jener, „da wollen wir sehen, wer von uns beiden

Recht behalten wird. Ich will sehen, wer mir den Schatten meines Esels wider meinen Willen abtrotzen soll!"

Der Zahnarzt hatte große Lust, den Eseltreiber durch die Stärke seines Arms zur Gebühr zu weisen. Schon ballte er seine Faust zusammen, schon hob sich sein kurzer Arm; aber als er seinen Mann genauer ins Auge faßte, fand er für besser, den erhobenen Arm allmählich wieder sinken zu lassen und es noch einmal mit gelindern Vorstellungen zu versuchen. Aber er verlor seinen Atem dabei. Der ungeschlachte Mensch bestand darauf, daß er für den Schatten seines Esels bezahlt sein wollte; und da Struthion ebenso hartnäckig dabei blieb, nicht bezahlen zu wollen, so war kein anderer Weg übrig, als nach Abdera zurückzukehren und die Sache bei dem Stadtrichter anhängig zu machen.

[Der Stadtrichter, ein gutmütiger Herr, gab beiden recht, besah sich den Esel, schüttelte den Kopf und riet endlich den Parteien zu einem Vergleich. Da mischten sich zwei Advokaten hinein, hetzten die Streitenden gegeneinander, und es entspann sich zuletzt ein langdauernder, erbitterter Prozeß, an dem die ganze Stadt teilnahm. Ganz Abdera spaltete sich in zwei große Parteien, die einen nannten sich „Schatten", die andern aber „Esel". Ehe der Prozeß endgültig entschieden war, wurde in einem Tumult der wirkliche Esel von der Partei der „Schatten" in tausend Stücke zerrissen. Die Streitfrage blieb ungelöst; aber die Gemüter der Abderiten beruhigten sich wieder.]

Otto Willmann (geboren 1839).

102. Krösus und Solon.

Krösus war ein Lyder von Geburt und Herr über alle Völker innerhalb des Halysflusses, der von Mittag her nach dem Nord zu sich in das schwarze Meer ergießt.

In dieser Zeit, als Sardes in hoher Blüte stand, kamen die Weisen aus Hellas dorthin und so auch Solon, ein Mann von Athen, der den Athenern auf ihr Verlangen Gesetze gegeben hatte. Als er ankam, nahm ihn Krösus gastlich in der Königsburg auf, und am dritten oder vierten Tage ließ er ihn durch seine Diener in die Schatzhäuser führen und ihm alle Herrlichkeiten daselbst zeigen. Nachdem er aber alles geschaut und nach Gefallen betrachtet, fragte ihn Krösus also:

„Mein Gastfreund von Athen! Zu uns ist vielfache Kunde gekommen von dir, deiner Weisheit und den weiten Reisen, die du aus Wißbegierde unternommen, und es verlangt mich sehr, dich zu fragen, ob du einen Menschen gefunden hast, der der glücklichste von allen ist." So fragte er, in der Hoffnung, er werde dieser glücklichste sein. Allein Solon schmeichelte nicht, sondern redete nach der Wahrheit also: „Ja, König, den Tellus von Athen." Da wunderte sich Krösus und fragte angelegentlich: „Warum denn hältst du den Tellus für den glücklichsten?" Und jener sprach:

„Tellus lebte, als die Stadt blühete: er hatte Söhne, die schön und gut waren, und sah Kinder von ihnen allen, die am Leben blieben. Dazu war er, nach unserer Schätzung, wohlhabend, und es nahm sein Leben ein glänzendes Ende. Denn als die Athener einst wider ihre Nachbarn zu Eleusis stritten, zog er mit aus, schlug die Feinde in die Flucht und fand den schönsten Tod. Die Athener bestatteten ihn von Gemeinde wegen an dem Orte, wo er gefallen war, und ehrten ihn höchlich."

Da nun Krösus durch Solons Bericht von Tellus hohem Glücke neugierig geworden, so fragte er, wen Solon nach jenem als den glücklichsten gesehen, denn er glaubte, wenigstens den zweiten Preis zu erhalten. Solon aber sprach: „Kleobis und Biton, ihres Stammes Argeier; sie hatten, was sie bedurften, und dazu eine so große Leibesstärke, daß beide Kampfpreise davontrugen. Auch wird von ihnen folgendes erzählt: Als die Argeier einst der Hera ein Fest feierten, mußte der beiden Mutter zum Tempel fahren, aber die Rinder kamen nicht zur rechten Zeit vom Felde. Da es dringlich war, so traten die Jünglinge selber unter das Joch, zogen den Wagen mit ihrer Mutter und legten so fünfundvierzig Stadien bis zu dem Tempel zurück. So taten sie — die ganze Festversammlung war Zeuge — und es ward ihnen das schönste Lebensende zuteil. Da hat die Gottheit recht gezeigt, daß dem Menschen sterben besser ist als leben. Als nämlich die Argeier die Jünglinge um ihrer Gesinnung willen und die Argeierinnen die Mutter um ihrer Söhne willen priesen, da betete die Mutter in der Herzensfreude über der Kinder Tat und deren Ruhm vor dem Götterbilde, die Göttin möge Kleobis und Biton, ihren Kindern, die ihr so hohe Ehre erwiesen, gewähren, was für die Menschen der größte Segen sei. Das Gebet ward erhört. Als Opfer und Mahl gefeiert war, entschlummerten die Jünglinge im Heiligtume selber und standen nicht mehr auf; das war ihres Lebens Ende. Die Argeier aber errichteten ihnen, als den trefflichsten Männern, Bildsäulen in Delphi."

Diesen also gab Solon den zweiten Preis der Glückseligkeit. Darüber war Krösus ungehalten und sprach: „Mein Gastfreund von Athen, so wenig also gilt dir mein eigenes Glück, daß du mich hinter Menschen ohne Amt und Herrschaft stellst?"

Da sprach jener: „O Krösus, mich fragst du um der Menschen Geschick, der ich weiß, wie eifersüchtig und unberechenbar die Gottheit ist? In der langen Zeit des Lebens muß man gar vieles erfahren, was man lieber nicht erführe, und mancherlei durchmachen. Ich nehme als des Lebens Dauer siebenzig Jahre an; aber von den vielen Tagen dieser Jahre ist keiner dem andern gleich. So ist, o Krösus, der Mensch ein Spielball des Geschickes. Ich sehe, daß du reich bist und über viele Menschen gebietest; allein den Namen, den du verlangst, kann ich dir erst geben, wenn ich erfahren, daß du dein Leben auch glücklich beschlossen hast. Denn der Reiche ist nicht glücklicher, als wer nur sein täglich Brot hat, wenn ihm das Geschick nicht seinen Reichtum bis zum Lebensende bewahrt, und erst, wer freudig sein Leben beschließt, verdient, o König, jenen Namen. Denn es gilt bei allen Dingen, auf das Ende zu sehen, worauf sie hinauslaufen. Die Gottheit hat schon vielen das Glück vor Augen gehalten und sie dann zu tiefem Falle kommen lassen."

Mit solchen Worten gewann er Krösus Gunst gar wenig,

und dieser entließ ihn mit weit geringerer Aufmerksamkeit, da er seine Warnung, bei jedem Dinge das Ende zu erwarten und sich nicht an das Glück der Gegenwart zu halten, nicht als weise erkennen wollte.

103. Des Polykrates Glück und Fall.

Mit Amasis, dem Könige von Ägypten, schloß Polykrates, Äakes Sohn von Samos, einen Bund der Gastfreundschaft. Dieser hatte in Samos die Verfassung gestürzt und sich zum Tyrannen gemacht, und bald nahm seine Macht so zu, daß er berühmt ward in ganz Jonien und dem übrigen Hellas; denn wohin er seine Feldzüge richtete, da hatte er guten Erfolg. Er besaß hundert Fünfzigruderer und tausend Bogenschützen. Seine Raubzüge aber richtete er gegen alle; auch die Freunde, sagte er, verpflichtete er sich mehr, wenn er ihnen nähme und wiedergäbe, als wenn er ihnen überhaupt nichts nähme. So hatte er viele Inseln und Städte des festen Landes unterworfen. Selbst die Lesbier, die mit ganzer Streitmacht den Milesiern zu Hilfe eilten, besiegte er in einer Seeschlacht und nahm sie gefangen; sie mußten ihm als Gefangene den Graben herstellen, der um die Mauer von Samos herumläuft.

Auch Amasis erfuhr von dem großen Glücke des Polykrates, allein es machte ihm Kummer. Und als es sich immer noch mehrte, da schrieb er folgendes in eine Schreibtafel, die er nach Samos sandte: „Amasis spricht also zu Polykrates: Es ist erfreulich zu hören, daß es einem lieben Gastfreunde wohlergehe, und doch machen mir deine überaus glücklichen Erfolge nur wenig Freude, da ich weiß, wie eifersüchtig die Gottheit ist. Mir ist es lieber, wenn ich und die ich liebe das eine Mal glücklichen, das andere Mal minder guten Erfolg haben und so im Leben ein Wechsel eintritt, als wenn durchgehends alles gelingt. Denn noch habe ich von keinem gehört, der nicht seinen Sturz und ein trauriges Ende gesehen hätte, wenn ihm im Leben alles glücklich geraten. Darum folge mir, und tritt deinem Glücke selber in den Weg! Denke nach, was dir von deinen Gütern am meisten wert ist, und wessen Verlust dir das meiste Herzeleid machen würde, und dies wirf von dir, daß es nimmer wieder vor der Menschen Augen komme! Sollte also von nun an bei dir Erfolg und Unfall nicht abwechseln, so sichere dich auf die Art, die ich dir empfohlen!"

Als Polykrates das gelesen und inne wurde, daß Amasis Rat gut war, sann er nach, welches Kleinod er besonders schmerzlich vermissen würde. Und er verfiel auf einen goldenen Siegelring mit einem Smaragd, ein Werk Theodoros, des Sohnes von Telekles von Samos; diesen Ring beschloß er preiszugeben, ließ einen Fünfzigruderer bemannen, stieg ein und befahl, auf hohe See zu gehen. Und als er weit von der Insel war, zog er den Siegelring ab und warf ihn vor den Augen der Mitfahrenden in das Meer. Dann fuhr er heim und härmte sich über den Verlust.

Da geschah es am fünften oder sechsten Tage, daß ein Fischer einen großen, schönen Fisch fing und dem Polykrates zum Geschenke machen wollte. Er trug ihn nach dem Palaste und verlangte vorgelassen zu werden. Es ward gewährt, er überreichte jenem den Fisch und sprach: „O König, als ich den da gefangen, wollte es mir nicht in den Sinn, ihn zu Markte zu tragen, obwohl ich von meiner Hände Erwerb lebe; sondern er schien mir deiner und deiner Herrlichkeit würdig, drum bring ich ihn dir zum Geschenke."

Polykrates freute sich über die Worte des Mannes und erwiderte: „Daran hast du wohl getan; habe zwiefachen Dank für deine Worte und die Gabe! Du sollst auch zu Tische geladen sein!" Dem Fischer war das viele Ehre, und er ging froh nach Haus. Die Diener aber zerlegten den Fisch und fanden in seinem Leibe Polykrates Siegelring. Eilends nahmen sie ihn heraus und brachten ihn freudig ihrem Herrn mit der Kunde, wie sie ihn gefunden. Ihm aber deuchte das göttliche Schickung; er schrieb alles, was er getan und was sich begeben, in eine Schreibtafel und sandte sie nach Ägypten.

Als Amasis Polykrates Brief gelesen, sah er ein, daß ein Mensch den andern nicht seinem Geschicke entreißen könnte, und daß Polykrates kein gutes Ende nehmen würde, da ihm alles zum Glücke ausschlüge und er selbst wiederbekäme, was er weggeworfen. Darum sandte er einen Boten nach Samos und löste den Bund der Gastfreundschaft auf. Dies tat er, damit, wenn das schwere und große Unheil über Polykrates hereinbräche, aus der Teilnahme an des Gastfreunds Geschick nicht auch ihm Herzeleid erwüchse.

Nach dieser Zeit begannen die Lakedämonier Krieg wider Polykrates, von den Samiern, die dieser vertrieben, dazu angestiftet; denn es hatten die Samier einstmals ihnen beigestanden wider die Messenier. Sie kamen mit großem Schiffsheere heran und belagerten Samos. Allein Polykrates schlug sie zurück, und nach vierzig Tagen zogen sie wieder heim nach dem Peloponnes. Das ist der erste Feldzug, den die Dorier von Lakedämon nach Asien unternahmen.

So ging es auch noch diesmal dem Polykrates nach Wunsch. Aber in der Zeit, als Kambyses krank war, faßte Orötes, der Statthalter von Sardes, den Plan, Polykrates zu fangen und zu verderben; denn er wußte, womit dieser umging.

Polykrates ist nämlich unseres Wissens der erste von den Hellenen, der nach der Seeherrschaft strebte, ausgenommen Minos, und wer etwa noch vor diesem Herr zur See war; im Geschlecht der Menschen aber ist Polykrates der erste, der die Herrschaft Joniens und der Inseln erstrebte. Das wußte Orötes und sandte ihm folgende Botschaft: „Orötes spricht zu Polykrates also: Ich habe erfahren, daß du nach großen Dingen trachtest, daß aber deine Geldmittel nicht deinen Absichten entsprechen. Wenn du nun tust, wie ich sage, so wirst du dir aufhelfen und mich retten. König Kambyses nämlich stellt mir nach dem Leben, davon habe ich sichere Kunde. Bringst du nun mich und meine Schätze in Sicherheit, dann magst du einen Teil davon behalten, wenn mir der andere bleibt. Dann bekommst du Geld genug, über ganz Hellas deine Herrschaft auszudehnen.“ Als Polykrates das vernahm, hatte er seine Freude daran und begab sich auf die Reise zu Orötes, trotzdem daß die Seher und die Freunde dringend abrieten, weil seine Tochter im Traume gesehen, ihr Vater schwebe in der Luft und werde von Zeus gebadet und von

Helios gesalbt. Aber er verschmähte allen guten Rat und segelte mit vielen seiner Freunde zu Orötes ab, darunter war auch Demokedes, Kalliphons Sohn von Kroton, der geschickteste Arzt seiner Zeit, dem die Ärzte von Kroton es danken, daß sie für die ersten in Hellas gelten.

Nachdem Polykrates angelangt war, fand er ein schreckliches Ende, wie er es seiner Stellung und Gesinnung nach nicht verdient: Orötes brachte ihn um und hing ihn ans Kreuz. Von seinen Begleitern entließ er die Samier und sagte ihnen, sie sollten ihm Dank wissen, daß sie frei wären; aber die Fremden und Diener behielt er als Sklaven. Allein er entging der Strafe nicht: späterhin wurde er auf des Königs Befehl getötet, als er dessen Befehlen nicht Folge geleistet.

So ging der Tochter Traum in Erfüllung; denn als Polykrates am Kreuze hing, wurde er von Zeus gebadet, denn es regnete, und von Helios gesalbt, indem die Sonne die Säfte aus dem Körper zog. Darauf lief das große Glück des Polykrates hinaus, wie Amasis, der König von Ägypten, vorhergesagt.

Verschiedenes.

*104. Der Strom im Winter.

Der Winter hat sich eingestellt, der echte, strenge Winter. Zum Strom hinab geht unser Weg. Alles glitzert so frisch in der klaren, kalten Luft. Die Berge drüben mit den alten Burgen grüßen herüber, die Schneekappe steht ihnen ganz gut. Öde genug sieht der Strom aus, aber doch nicht ganz leblos. Schiffe freilich sind keine zu sehen, dafür aber kommen zahllose Eisschollen herangeschwommen. Im Hauptarm strömt das Wasser zu reißend, als daß da eine ordentliche, feste Eisdecke entstehen könnte. Es bildet sich zwar beständig Eis, allein es schwimmt in Gestalt dünner Schollen sofort stromabwärts. Zwischen diesen Schollen jedoch treiben auch mächtigere Stücke. Sie kommen aus den Nebenflüssen herabgeschwommen oder haben sich in dem stilleren Wasser des Ufersaumes gebildet. Sie sind mit weißem Schnee bedeckt, auch Holzstücke und Äste reisen auf ihnen dem Meere zu. Nun wird ihre Schar dichter, und jetzt kommen sie ganz enggedrängt vorüber, wie eine Herde wandernder Schneegänse. Sie reiben sich aneinander, und wenn zwei recht große zusammenstoßen, dann gibt es einen Ruck, ein zischendes Geräusch, die schwächere Scholle zerbricht in Stücke, die Stücke tauchen unter und verschwinden in den grünen, kalten Fluten, um eine Strecke weiter unten wieder aufzutauchen. Ein eigentlicher Eisgang ist dies nicht; der bietet ein viel großartigeres Bild. Dazu ist der Winter noch nicht weit genug vorgeschritten und die Kälte noch zu anhaltend: heute das ist nur Treibeis. Auf dem stillen Seitenarm aber, zwischen der Insel und dem diesseitigen Ufer, steht das Eis fest und bildet die herrlichste Eisbahn. Dorthin wollen wir unsere Schritte lenken.

Kaum haben wir die glatte Fläche betreten, so kommen schon die Knaben mit den klappernden Blechbüchsen auf uns zu, um Geld zu sammeln als Lohn für die Schneekehrer, die dort mit langen Besen geschäftig einhergehen und die Bahn reinhalten. Jauchzen, Schreien, Summen, dazwischen der eigentümliche, surrende Klang der Schlittschuhe tönt an unser Ohr. In dichten Scharen treibt sich da jung und alt umher, die Offiziere haben sich ihre Regimentsmusik herbestellt, junge Leute und gelenkige Knaben sieht man zu den Klängen der Musik förmliche Reigentänze aufführen und in kunstvollen Wendungen Halbkreise schlagen, jetzt auf einem Fuß, dann rückwärts, nun wieder in langer Kette, Arm in Arm geschlungen: kurz, sie versuchen alle möglichen und unmöglichen Künste, um die Bewunderung der Zuschauer zu erregen. Oft kommt freilich Hochmut vor dem Falle und zwar vor einem Falle, der gar kein Mitleid, sondern nur Schadenfreude erregt. Zwischen den fröhlichen Menschen tummeln sich zu dutzenden flinke Schulmädchen mit roten Wangen und freudestrahlenden Blicken, die Hände im Muff, Schlittschuhe unter den Füßen — heute ist ja schulfreier Nachmittag, der Eisbahn zuliebe — ganz kleine haben zum erstenmale Schlittschuhe angeschnallt, sie purzeln beständig hin, werden dann von mitleidigen ältern Schwestern oder Freundinnen wieder auf die Beine gestellt und mit Gewalt vorangeschoben, von rechts und von linksher faßt eine sie unter den Arm: ein sehr zweifelhaftes Vergnügen; aber ohne solche mühsame Studien kann eben keiner die Fertigkeit erlangen, die doch so große Freude macht. Schlitten mit rotgepolsterten Ledersitzen stehen da zum Vermieten, andere werden von Schlittschuhläufern hin und hergefahren. Dazwischen jubelnde Kinder, die sich damit begnügen, „Bahn zu schlagen“, eins dicht hinter dem andern, während ältere Leute am Ufer stehen und an einem Glas Glühwein oder Punsch nippen, den ein unternehmendes altes Mütterchen dort feilbietet.

Auch am Ufer wogt es auf und ab von gehenden und kommenden Menschen. Eine Knabenschar trabt stampfend daher, teils um rascher zu der glatten Fläche zu gelangen, teils um sich die kalten Füße zu vertreiben. Die Wege sind zwar verschneit, aber durch den Schnee sind breite Pfade gebahnt; die Sträucher stehen kahl, auf den Ästen und Zweigen lastet der Schnee, während in den angrenzenden Gärten die Tannen, Stechpalmen, Zypressen und Schlingrosen grün unter ihrer Schneehülle durchleuchten. Zutrauliche schwarze Amseln hüpfen über den Weg und picken mit ihren gelben Schnäbeln die Brotkrümchen auf, die man ihnen hinwirft. Rab! Rab! ruft es aus der Luft, da fliegt ein ganzer Schwarm der hungrigen Wintervögel einher, um wenige Schritte vor uns sich schreiend niederzulassen. Der Schnee aber knistert unter unsern Füßen; wir schütteln ihn von Zeit zu Zeit von den Sohlen und werfen dem winterlichen Strome noch einen Abschiedsblick zu, trotz aller Winterfreuden die Zeit herbeiwünschend, wo es wieder grün und sommerlich hier sein wird.

105. Sommer am Rhein.

Nicht zu jeder Jahreszeit bietet der Rheinstrom denselben Anblick. Anders ist es im Sommer an seinen Ufern und anders im Winter. Seine volle Anziehungskraft übt der Strom erst dann auf uns aus, wenn mannigfaltiges Menschentreiben die

Wasserfläche und die Ufer belebt. Wir wollen versuchen, ein Bild davon zu geben, wie es zur schönen Pfingstenzeit daselbst aussieht.

Es ist gegen Abend. Wir durchwandeln die Koblenzer Rheinanlagen und schauen in die Ferne. Über uns lacht der Himmel so blau, und unter uns lacht er; denn aus den Wellen schaut er ja auch herauf im Spiegelbild mitsamt den goldenen und roten Wolken, die darunter einherziehen, den Boten der Nacht. Vor uns heben sich, im ersten Grün prangend, die hohen, bewaldeten, schöngeschwungenen Bergkuppen des linken Rheinufers. Es sind die Berge des Hunsrücks, während die blaugrünen, zum Teil mit dunkeln Tannen bedeckten Höhen auf dem jenseitigen Ufer zum Taunus und zum Westerwalde gehören. Zwei Burgen grüßen aus der Ferne herüber, Stolzenfels und Lahneck. Die alte Johanniskirche bei Niederlahnstein hält einsam die Wacht dicht am Rhein, und in ununterbrochener, weißglänzender Reihe ist eine lange, lange Häuserfront wie in Parade aufmarschiert: es ist Horchheim, Pfaffendorf, Ehrenbreitstein; kaum ist zu unterscheiden, wo das eine aufhört und das andere anfängt. Sie lehnen sich an niedrigere Hügel, die mit Reben bedeckt sind. Auf der linken Rheinseite, wo wir uns befinden, ist alles grün und festlich, und zwischendurch zieht der breite, grüne Strom, durch eine Insel in zwei Arme geteilt; neben uns dehnt sich der schmale, stille Arm; dort aber strömt der Hauptarm, über den in zwei gewaltigen Bogen die Eisenbahnbrücke leicht sich schwingt. Mächtige Fahnen winken von ihren Türmen, dem Feiertage zu Ehren.

Und auf dem Strom, welch reges Leben! Es naht sich ein Dampfer, grün ist er angestrichen und lustig anzusehen, viele bunte Wimpel flattern von dem Mast und den schwanken Tauen, vom Hinterteil weht ein mächtiges Preußenbanner. Das Deck ist schwarz voll von Menschen, deren Jauchzen, Lachen und Singen zu uns herüberschallt; sie bewegen sich hin und her, schwenken mit Tüchern und schauen voll Freude in die Wellen oder auf die Ufer oder auch in die Pokale, die gewiß mit goldenem Rheinwein oder mit duftendem Maitrank gefüllt sind. Die Maschine keucht; der Schlot entsendet dunkle Rauchwolken; die

Räder drehen sich flink, zwischen ihren Schaufeln quillt das Wasser hervor, in weißen Schaum aufgelöst, und spritzt stäubend am Schiff in die Höhe; mächtige Wellen wälzen sich hinter dem Dampfer her rechts und links auf die Ufer zu, gegen welche sie brandend anschlagen mit lauttönendem Prall. Da blitzt es plötzlich von dem Verdeck auf: zwei Böllerschüsse krachen durch die Abendluft, das Zeichen, daß die Schiffbrücke ausgefahren werden soll, um rechtzeitig das schwimmende Ungetüm durchzulassen. Stolz und schnell zieht das Schiff seine Furchen weiter durch die grüne Flut.

Langsamer keucht dort ein mächtiger Schlepper ihm entgegen, er fährt rheinaufwärts. Kein fröhliches Jauchzen schallt von ihm, nur einige schwarze, rußige Gestalten stehen an Deck und begrüßen die Schiffsleute des vorüberfahrenden Dampfers mit lautem Zuruf. An gewaltigen Seilen schleppt das schwarzrote Ungeheuer drei lange, riesige Kohlenschiffe hinter sich her; sie gehen bis zum Rande im Wasser, so schwer sind sie geladen; hinter jedem schwankt noch ein leerer, kleiner Nachen, der dazu dient, den Verkehr mit dem Lande herzustellen oder in Not zur Hilfe bereit zu sein. Ein Steuermann ist auf jedem der Schiffe sichtbar, welcher eifrig das Rad dreht, dem das Steuerruder gehorcht; ein Schiffsjunge geht eilig auf schwankem Brette über das lange Boot, ein anderer kauert im Winkel und schält Kartoffeln zur Abendmahlzeit, während ein Spitz unaufhörlich bellt, als gäbe es auf dem Wasser auch Diebe zu verscheuchen. Jetzt lenkt der Schlepper dicht ans Ufer, noch langsamer keucht er, eine Glocke tönt laut: Feierabend! bedeutet dies; die Ankerkette rasselt,. erst an dem Hauptschiff, dann auch an den Kohlenschiffen; noch einmal knarren und seufzen die Taue; noch eine Wendung machen die Schiffe; nun noch ein Ruck vorwärts, dann liegt der ganze Schleppzug still: er rastet nun für den Abend und die Nacht. Von den Fahrzeugen lösen sich die kleinen Nachen, man hört die Schiffsleute ans Land rudern: sie wollen auch Pfingsten feiern; morgen früh, wenn der Tag dämmert, geht's weiter stromaufwärts.

Doch was naht sich da mit lautem Rufen und Schreien?

Ein Floß ist's, endlos lang und breit: zahllose Balken sind roh, aber fest aneinandergefügt, sie bilden eben das Floß, und auf ihm läuft es hin und her, wie in einem Ameisenhaufen. Es können sechzig, auch achtzig Leute oder noch mehr sein, die da zu sehen und zu hören sind. Lange Reihen von mächtigen Rudern stehen da, und auf lautschallende, uns unverständliche Kommandorufe hin drehen sie sich bald rechts, bald links, jetzt schnell, jetzt langsam, jetzt gar nicht mehr. Hütten sind da errichtet, rote Fahnen wehen darüber; aus einer der Hütten erhebt sich eine Rauchsäule, das ist die Küche; ein geschlachteter Hammel hängt davor, Eimer und Bütten stehen umher, Brot und Gemüse ist sichtbar: es ist ein förmliches Zigeunerlager.

Und nun wieder ein anderes Bild. In mehreren Kähnen fährt eine große, lustige Gesellschaft heim — denn dafür halten wir sie, obgleich sie singen: „Ich weiß nicht, was soll es bedeuten, daß ich so traurig bin" — sie kommen von Lahnstein oder noch weiter her, jetzt rufen sie alle: „Hoch! Hoch!" und vom Ufer her schwenkt man Tücher und stimmt ein in den Jubel, wenn man auch die Insassen der Boote gar nicht kennt. Und dann wieder ruft dort hinten, nein, brüllt eine Stimme: „Hol über, hol über!" Ja, der Rhein ist breit, und will die Stimme hinüberreichen, so geht das nur in stiller Nacht, oder wenn man die Hände an den Mund legt und aus Leibeskräften wie durch ein Sprachrohr hindurchschreit. Doch da rasselt schon in Pfaffendorf eine Kette, ein Boot wird gelöst, und nun kommt ein Fährmann herübergerudert, um den Schreier gegen das übliche Fahrgeld an das andere Ufer zu befördern. So geht das nun hin und her, immer ist was anderes zu beobachten: jetzt ein Segelschiff, dann Pilger, von einem Bittgang heimkehrend, dann ein pfeilschnell hinfliegendes Boot des Rudervereins, dann läuten die Abendglocken, dann werden drüben die Lichter angezündet und werfen ihren hellen Schein aus dem Wasser zurück, dann donnert ein Eisenbahnzug über eine der Brücken, und das Leben kommt gar nicht zur Ruhe.

Am Ufer gar, wo wir stehen, wie wogt es da von festlich geputzten Menschen, großen und kleinen! eine Kinderschar, hellauflachend, mit bestaubten Schuhen und schleppenden Schritts, Feldblumensträuße in der Hand — gewiß kommen sie vom Kühkopf oder vom Rittersturz! dann geputzte Damen und Herren, und dann Offiziere und Soldaten, die ehrfurchtsvoll vor jenen Front machen. Dann wieder eine Reihe junger Burschen, die einen tragen Zigarren, die andern Rosen im Munde. Und alles vergnügt und lebensfroh! Und wie duften die weißen Akazientrauben, wie leuchten die zahllosen Blütenkerzen der Roßkastanien, wie prangen die hellgrünen, saftigen Rasenplätze! Dunkler wird es, aber die Fluten leuchten noch, und die Wellen murmeln ihr leises, sanftes Lied. Und jede Welle ist jetzt golden und purpurn im Widerschein des Abendhimmels, und auf jeder Wellenspitze tanzt ein blitzender Stern: das ist der Mond, der nun am Himmel glänzt, und dessen Spiegelbild im Wasser herüberflimmert bis zu unsern Füßen hin. Und hinter uns dunkelt es in den Laubgängen, und nun beginnen die Nachtigallen ihr Lied, und die Leuchtkäfer huschen wie Elfenlaternchen durch die Luft hin oder über das mondbeleuchtete Gras.

Ja, es ist doch schön auf Gottes Erde, und ganz besonders schön ist es am Rhein, Sommerabends am Rhein!

---

*106. Sprichwörter und sprichwörtliche Redewendungen.

1. Allzuspitzig ist nicht witzig.
2. Alter Fuhrmann hört noch gerne klatschen.
3. Bleib im Lande und nähre dich redlich!
4. Da ist Hopfen und Malz verloren.
5. Das Blättchen hat sich gewandt.
6. Das Hemd ist mir näher als der Rock.
7. Das ist Wasser auf meine Mühle.
8. Den Stein, den ich nicht heben kann, laß ich liegen.
9. Der alte Gott lebt noch.
10. Der Apfel fällt nicht weit vom Stamm.
11. Der Fuchs verliert wohl das Haar, aber nicht die Mucken.
12. Der Vogel singt, wie ihm der Schnabel gewachsen ist.
13. Des Menschen Wille ist sein Himmelreich.
14. Die Katze läßt das Mausen nicht.
15. Die Nacht ist keines Menschen Freund.

16. Die Wände haben Ohren.
17. Die Zeit bringt Rosen.
18. Duck dich, laß vorübergahn, das Wetter will seinen Willen han!
19. Ehre, dem Ehre gebühret.
20. Eigenlob stinkt, Freundes Lob hinkt, fremdes Lob klingt.
21. Eine Krähe hackt der andern die Augen nicht aus.
22. Ein gutes Wort findet eine gute Statt.
23. Er bessert sich, wie der Pelz im Waschen.
24. Er hat große Rosinen im Sack.
25. Er ist ein guter Kerl: er stiehlt keine Fensterläden und ißt keine Schuhnägel.
26. Er sieht den Wald vor Bäumen nicht.
27. Erst wäg's, dann wag's!
28. Er verspricht goldene Berge.
29. Es ist kein Wässerchen so klar, es trübt sich doch einmal.
30. Es sammelt sich, wie beim Schusterjungen die Ohrfeigen.
31. Friede ernährt, Unfriede verzehrt.
32. Gewalt geht vor Recht.
33. Hoffen und Harren macht manchen zum Narren.
34. Hörensagen ist halb gelogen.
35. Jedem das Seine!
36. Kleine Diebe hängt man, große läßt man laufen.
37. Komm ich über den Hund, so komm ich auch über den Schwanz.
38. Kunst bringt Gunst.
39. Ländlich, sittlich.
40. Laß dir kein X für ein U machen.
41. Man muß die Haut nicht feilbieten, ehe man den Bären hat.
42. Man muß die Worte nicht auf die Goldwage legen.
43. Man sieht's an den Federn, was das für ein Vogel ist.
44. Man soll das Kind nicht mit dem Bade ausschütten.
45. Man soll den Teufel nicht an die Wand malen.
46. Man soll die Rechnung nicht ohne den Wirt machen.
47. Maulspitzen hilft nicht, es muß gepfiffen sein.
48. Muß ist ein böses Mus.

49. Ost und West, daheim das Best.
50. Schmeichler sind Katzen, die vorne lecken und hinten kratzen.
51. Stille Wasser gründen tief.
52. Träume sind Schäume.
53. Trau, schau, wem!
54. Trink, was klar ist; iß, was gar ist; sprich, was wahr ist!
55. Überfluß bringt Überdruß.
56. Versprechen macht Schulden.
57. Viel Geschrei und wenig Wolle.
58. Viel lesen und nichts in Kopf gebracht heißt nichts gefangen auf langer Jagd.
59. Was sich liebt, das neckt sich.
60. Weit davon ist gut vorm Schuß.
61. Wenn mancher Mann wüßte, wer mancher Mann wär, gäb mancher Mann manchem Mann manchmal mehr Ehr.
62. Wer den Karren in den Dreck gefahren hat, soll ihn auch herausziehen.
63. Wer einmal A gesagt hat, der kommt zuletzt bis zum Z.
64. Wer gerne tanzt, dem ist leicht gepfiffen.
65. Wer im Glashaus sitzt, soll nicht mit Steinen werfen.
66. Wer sich grün macht, den fressen die Ziegen.
67. Wer sich mutwillig in Gefahr begibt, kommt darin um.
68. Wer's lang hat, läßt's lang hängen.
69. Wer tut, was er kann, ist wert, daß er lebt.
70. Wer Unglück haben soll, bricht den Finger im Reisbrei.
71. Wes das Herz voll ist, des geht der Mund über.
72. Wohltun trägt Zinsen.
73. Zum Tanzen hört mehr als rote Schuhe.
74. Zuviel Wissen macht Kopfweh.
75. Zwei Fliegen mit einer Klappe schlagen.

107. Noch eine Anzahl Sprichwörter.

1. Alte Liebe rostet nicht.
2. Aus fremdem Leder ist gut Riemen schneiden.
3. Bei Nacht sind alle Katzen grau.
4. Besser demütig gefahren als hochmütig gegangen.

5. Besser Neider als Mitleider.
6. Da ist Holland in Not.
7. Da liegt der Has im Pfeffer.
8. Da liegt der Hund begraben.
9. Das Auge des Herrn schafft mehr als seine beiden Hände.
10. Das dicke Ende kommt nach.
11. Die Meile hat der Fuchs mit dem Schwanz gemessen.
12. Die Nürnberger hängen keinen, sie hätten ihn denn.
13. Die Zeit heilt alle Wunden.
14. Dorn und Disteln stechen sehr, falsche Zungen noch viel mehr.
15. Draußen hundert Augen, daheim ein Maulwurf.
16. Du hast noch etwas im Salz liegen.
17. Eigner Herd ist Goldes wert; ist er gleich arm, hält er doch warm.
18. Ein guter Kerl, aber ein schlechter Musikant.
19. Ein Schelm gibt mehr, als er hat.
20. Er hat sein Schäfchen im Trockenen.
21. Er ist mit allen Hunden gehetzt.
22. Er läßt Gottes Wasser über Gottes Land laufen.
23. Er läßt nichts liegen als Mühlsteine und glühendes Eisen.
24. Er nimmt kein Blatt vor den Mund.
25. Er schlägt nichts aus als die Eier.
26. Es gibt viel Büßer, aber wenig Lasser.
27. Es heckt kein Rab ein Zeislein.
28. Es wird nichts so heiß gegessen, als es gekocht wird.
29. Früh gesattelt, spät geritten.
30. Gemach in die Kohlen geblasen, sonst fliegt dir die Asch in die Nasen.
31. Gottes Mühlen mahlen langsam, mahlen aber klein und fein.
32. Handwerk hat goldenen Boden.
33. Hinter dem Berg wohnen auch Leute.
34. Im Trüben ist gut fischen.
35. Irren ist menschlich.
36. Kindes Hand ist bald gefüllt.
37. Kleine Kessel haben große Ohren.
38. Kleine Kinder, kleine Sorgen; große Kinder, große Sorgen.

39. Kommt Zeit, kommt Rat.
40. Man muß bisweilen fünf grade sein lassen.
41. Man soll den Tag nicht vor dem Abend loben.
42. Man soll sein Licht nicht unter den Scheffel stellen.
43. Merk und Melde wachsen auf einem Felde; pflücke Merk, laß Melde stehn, so magst mit allen Leuten gehn.
44. Nach und nach macht der Vogel sein Nest.
45. Naschen macht leere Taschen.
46. Neidisch Herz hat Qual und Schmerz.
47. Not bricht Eisen.
48. Not kennt kein Gebot.
49. Regnet es nicht, so tropft es doch.
50. Schuster, bleib bei deinem Leisten!
51. Spare in der Zeit, so hast du in der Not.
52. Staub bleibt Staub, und wenn er bis zum Himmel fliegt.
53. Vergeben ist die beste Rache.
54. Viel Getrommel und wenig Soldaten.
55. Viel Kinder, viel Vaterunser; viel Vaterunser, viel Segen.
56. Vor Türen und Toren gehn Kinder verloren.
57. Was dem einen recht ist, ist dem andern billig.
58. Was drei wissen, wissen hundert.
59. Was man nicht braucht, ist zu teuer, und wenn es nur einen Heller kostet.
60. Was man nicht kann ändern, das muß man lassen schlendern.
61. Was man weit wegwirft, das muß man weit wiederholen.
62. Was zum Heller gemünzt ist, wird nie zum Groschen.
63. Wenn das Kind getauft ist, will jeder Pate sein.
64. Wenn man den Kindern den Willen tut, schreien sie nicht.
65. Wer alles vorher wüßte, wäre bald reich.
66. Wer am Wege baut, hat viele Meister.
67. Wer nicht vorwärts geht, der kommt zurück.
68. Wer sich unter die Kleien mischt, den fressen die Säue.
69. Wer Unglück haben soll, kriegt in der Kirche Prügel.
70. Wes Brot ich esse, des Lied ich singe.
71. Wir haben noch ein Hühnchen miteinander zu pflücken.
72. Wo zwei zanken, da haben beide Unrecht.

73. Wurst wider Wurst.
74. Zu wenig oder zu viel, ist aller Narren Ziel.
75. Zwinge dich selbst, als daß du dich zwingen läßt.

108. Beispielsprichwörter.

1. „Aller Anfang ist schwer," sagte der Dieb, da stahl er einen Amboß.
2. „Besser ichts, denn nichts," sagte der Wolf, als er nach einem Schafe schnappte und dafür eine Muck ertappte.
3. „Das Geld klingt wohl gut," sagte das Mädchen, „aber der Kuchen schmeckt doch besser."
4. „Das ist garstig," sagte die Eule, da sah sie ihre Jungen an.
5. „Das läuft ins Geld," sagte der Bauer, als er mit dem Beutel unter der Traufe stand.
6. „Den Galgen hat mein Vater gebaut," sagte der Dieb, „und er war kein Zimmermann."
7. „Es ist alles eingegangen," sagte der Schneider, als der Bauer das Tuch haben wollte.
8. „Es ist nur ein Übergang," sprach der Fuchs, als man ihm den Balg über die Ohren zog.
9. „Es kommt alles auf die Gewohnheit an," sagte die Köchin und zog dem Aal die Haut ab.
10. „Ja!" sagte Steffen, da wußte er nichts anderes.
11. „Ich bin auch musikalisch," sagte der Michel, „ich blase die — Suppe."
12. „Ich hätt's nicht geglaubt," sprach der Bauer, als er den Wagen umgeworfen.
13. „Ich komme immer wieder auf meine Schafe zurück!" sagte der Wolf, als er um den Schafstall schlich.
14. „Ich mach es wie der Pfarrer Raßmann." — „Wie macht's denn der?" — „Ei, immer, wie er will."
15. „Ich rede von den Leuten, und andere Leute reden von mir," sagte der Schwab.
16. „Meine Schüler können alles vom Blatt singen, was sie auswendig können," sagte der Schulmeister.
17. „Pfui, wie schwarz bist du!" sagte die Pfanne zum Kessel.

18. „Schmeckst du prächtig!“ rief der Hecht und biß in den Angelhaken.
19. „Sind auch Kleien da?“ fragte das Schwein, als man es zu gaste lud.
20. „So hat's gesessen!“ sagte die Magd, als der Topf entzwei war.
21. „So muß es kommen!“ sagte die Magd, als sie mit der Suppe zur Türe hereinfiel.
22. „Vom Rückenstreichen werde ich nicht satt,“ sagte die Katze und nahm ein Stück Fleisch vom Teller.
23. „Wann soll ich arbeiten?“ sagte der Faulenzer, „im Frühjahr ist viel Wasser, im Herbst viel Schmutz, im Sommer ist's zu heiß und im Winter zu kalt.“
24. „Was man in Gedanken nicht alles tun kann!“ sagte Töffel, da hatte er Fischtran für Milch getrunken.
25. „Wer kann auch an alles denken?“ sagte die Frau, da hatte sie kein Mittagessen gekocht.

Erläuterungen.

1 (Allmers, Das niedersächsische Bauernhaus): Walm = Eckfirst am Dache.

6 (Arndt, Aus Arndts Kinderzeit): Transfiguration = Umbildung; Floskeln = eigentlich Blümchen, Redensarten.

15 (Biernatzki, Die Hallig): Schlick = fette und sandige Erde auf dem Meeresboden, der durch Flüsse vom Lande fortgeführt und da abgesetzt wurde.

22 (Falkmann, Der Tag eines Jägers): Dohnen = Schlingen aus Pferdehaar zum Vogelfang.

24 (Fischer, Zachur mit dem Sacke): Kohinur = ein kostbarer Diamant im Besitz der englischen Könige, Berg des Lichtes; unter dem mattglänzenden Bilde ist eine Photographie älterer Art auf Metallgrund gemeint; Frankistan = Frankenland, das christliche Europa.

26 (Fontane, Im Spreewald): Stern des Bootes = Hinterteil; Knüppeldamm = aus aneinandergelegten Knüppeln gebildete Wege in Sumpfgegenden; der Schlußreim ist ein sogenannter Leberreim, früher beliebtes Scherzspiel, wo man die erste Zeile sagte, doch stets mit einem andern Tiernamen am Schlusse, worauf bei Strafe eines Pfandes ein anderer einen Reim zu machen hatte.

27 (Fontane, Friedrich der Große im Dossebruch): Elsen = Erlen; Kienäpfel = Zapfen der Kiefer; Luch = Moor; Wispel, altes Getreidemaß, etwa $1/_2$ Liter, Scheffel ebenso, der Berliner Scheffel war 55 Liter; Miete = Getreideschober; Krapp = Färbepflanze, deren Wurzel einen roten Saft hat.

29 (Forster, Matrosenleben): Mars = Mastkorb; Stenge = Verlängerung der Masten.

34 (Grimm, Sechse kommen durch die ganze Welt): Ursprünglich gemeint sind die Elemente, d h. die Naturkräfte, die das Heidentum sich als Riesen (Giganten) dachte.

36 (Grimm, Der Schwanritter): Neumagen = Nymwegen am Niederrhein; meist wird die Sage von Kleve erzählt, wo noch der Schwanenturm ist; der Ritter hieß Lohengrin.

42 (Grimm, Die Gänsemagd): Schnatzen = das Haar flechten, sich putzen; Falada, die mittlere Silbe kurz; Rolands Pferd hieß Falerich; in der Geschichte der Haimonskinder heißt eins Volatin, in der Eifelsage kommt ein Roß Falchert vor, alles mit fahl zusammenhängend, da das fahle Roß, der Schimmel, als ein dem Wodan heiliges und weissagendes Tier galt.

43 (Grimm, Der Hase und der Igel): Die Mundart ist die münsterländische. Die Dichterin Annette von Droste-Hülshoff hat dies Märchen für die Brüder Grimm niedergeschrieben.

54 (Heine, Der Klabotermann): Der Geist ist die Schiffsseele, da dem Seemann sein Schiff wie ein lebendiges, seelenbegabtes Wesen vorkam.

62 (Immermann, Der Hofschulze): Pistole = spanische Goldmünze, 15,5 Mark wert; die drei alten Städte sind Hamm, Unna u. Soest.

81 (Luther, Brief an seinen Sohn Hänschen): Spillinge = gelbe Pflaumen.

96 (Spyri, Wie Heidi wieder heim kam): Cäsaplana und Falknis sind Berggipfel in Graubündten.

Lebensabriß der Schriftsteller.

Allmers Hermann Ludwig, geb. 11. Februar 1821 zu Rechtenfleth an der Unterweser, in der Osterstader Marsch. Aus altangesehenem Bauerngeschlecht stammend, bewirtschaftete er seinen väterlichen Hof, machte dann viele und weite Reisen, überall künstlerische und literarische Studien machend. Später zog er sich in seinen Geburtsort zurück; seine gesammelten Werke, Dichtungen, Schilderungen seiner Heimat (Das Marschenbuch) u. a. umfassend, erschienen 1892 in 5 Bänden.

von Archenholz Johann Wilhelm, geb. 3. September 1745 zu Danzig, † 28. Februar 1812 zu Oyendorf in Holstein. Er machte als preußischer Offizier den siebenjährigen Krieg mit; nachdem er seinen Abschied genommen, durchreiste er fast ganz Europa und lebte dann als Schriftsteller an verschiedenen Orten Deutschlands. Am bekanntesten ist seine Geschichte des siebenjährigen Krieges.

Arndt Ernst Moritz, geb. 26. Dezember 1769 zu Schoritz auf Rügen, † 29. Januar 1860 zu Bonn. Vgl. Gedichte III.

Bäßler Ferdinand, geb. 16. Januar 1816 zu Zeitz, † 3. Februar 1879 zu Pforta. Er studierte Theologie, war als Lehrer und Geistlicher an verschiedenen Orten tätig, seit 1866 in Schulpforta. Er hat sich als Sammler von Sagen verdient gemacht.

Baur Wilhelm, geb. 16. März 1826 zu Lindenfels im Odenwald, † 18. April 1897 zu Koblenz. Er wirkte als Pfarrer an verschiedenen Orten und war seit 1883 Generalsuperintendent der Rheinprovinz. Bekannt sind seine Lebensbilder aus den Befreiungskriegen und seine Biographien von Stein, Arndt und der Prinzessin Wilhelm.

Bechstein Ludwig, geb. 24. November 1801 zu Weimar, † 4. Mai 1860 zu Meiningen. Er studierte Philosophie und wirkte bis zu seinem Tode als Bibliothekar und Archivar in Meiningen. Außer durch seine Dichtungen ist er auch durch Sagen- und Märchensammlungen bekannt geworden.

Biernatzki Johann Christoph, geb. 17. Oktober 1795 zu Elmshorn in Holstein, † 11. Mai 1840 zu Friedrichstadt an der Eider. Er wirkte als Pfarrer von 1811 bis 1825 auf der Hallig Nordstrandischmoor an der Westküste von Schleswig. Seine Erzählung „Die Hallig" schildert das Leben auf diesen Inseln.

Brentano Klemens, geb. 8. September 1778 zu Ehrenbreitstein, † 28. Juli 1842 zu Aschaffenburg. Die von dem berühmten Herausgeber des „Wunderhorns" verfaßten Märchen sind erst nach seinem Tode gedruckt worden.

Caspari Karl Heinrich, geb. 16. Februar 1815 zu Eschau in Unterfranken, † 10. Mai 1861 zu München. Er war Pfarrer an mehreren Orten, zuletzt in München.

Curtman Wilhelm, geb. 3. März 1802 zu Alsfeld in Hessen, † 6. Februar 1871 (danach ist Seite 52 zu verbessern) zu Gießen. Er wirkte lange als Direktor des Schullehrerseminars zu Friedberg und ist als pädagogischer Schriftsteller sehr bekannt.

Eylert Rulemann Friedrich, geb. 5. April 1770 zu Hamm in Westfalen, † 3. Februar 1852 zu Potsdam. Von 1806 ab war er Hofprediger in Potsdam, seit 1817 evangelischer Bischof.

Falkmann Ferdinand Christian, geb. 2. Juli 1782 zu Schötmar in Lippe, † 11. Februar 1844 zu Detmold. Er war Direktor des Gymnasiums zu Detmold und hat sich durch pädagogische Werke bekannt gemacht.

Fischer Wilhelm, geb. 28. Februar 1833 zu Wermelskirchen, lebt zu Bückeburg. Vgl. Gedichte III.

Fontane Theodor, geb. 30. Dezember 1819 zu Neuruppin, † 20. September 1898 zu Berlin. Er studierte Chemie, widmete sich aber bald ganz der Schriftstellerei; von 1860—70 war er in der Redaktion der Kreuzzeitung, im Kriege 1870 geriet er als Berichterstatter in Gefangenschaft. Außer Gedichten sind besonders seine Wanderungen durch die Mark Brandenburg (5 Bände) weithin bekannt geworden, wodurch die Mark gewissermaßen neu entdeckt worden ist.

Forster Georg, geb. 27. November 1754 zu Nassenhuben bei Danzig, † 12. Januar 1794 zu Paris. Er war Naturforscher, umsegelte die Welt mit Cook, lebte seit 1788 zu Mainz und ging aus politischen Gründen 1793 nach Paris, wo er seinen Tod fand.

Gellert Christian Fürchtegott, geb 4. Juli 1715 zu Hainichen im Erzgebirge, † 13. Dezember 1769 zu Leipzig. Vgl. Gedichte III.

Glaubrecht Otto, geb. 13. Oktober 1806 zu Gießen, † 13. Oktober 1859 zu Lindheim in der Wetterau. Sein eigentlicher Name war Rudolf Öser. Er wirkte an mehreren Orten als Pfarrer und war ein vortrefflicher Erzähler volkstümlich gehaltener Geschichten.

Brüder Grimm: 1) Jakob, geb. 4. Januar 1785 zu Hanau, † 20. September 1863 zu Berlin. Er studierte Jurisprudenz zu Marburg, war Universitätsprofessor zu Göttingen und Berlin, als Erforscher altdeutscher Sprache und Literatur hochberühmt. 2) Wilhelm, geb. 24. Februar 1786 zu Hanau, † 16. Dezember 1859 zu Berlin. Sein äußeres Leben verlief genau wie das seines Bruders, auch wissenschaftlich verfolgte er ähnliche Ziele. Beide Brüder zusammen gaben 1812 die „Märchen" heraus, 1816 die „Deutschen Sagen".

Hebel Johann Peter, geb. 10. Mai 1760 zu Basel, † 22. September 1826 zu Schwetzingen. Vgl. Gedichte III.

Heine Heinrich, geb 13. September 1797 zu Düsseldorf, † 17. Februar 1856 zu Paris. Vgl. Gedichte III.

von Hippel Theodor Gottlieb, geb. 13. Dezember 1776 (wonach S. 153 zu verbessern), † 10. Juni 1843 zu Bromberg. Er war ein Neffe des humoristischen Schriftstellers gleichen Namens, war zuletzt Regierungspräsident zu Bromberg und ist der Verfasser des 1813 von König Friedrich Wilhelm III. erlassenen Aufrufs.

Jahn Friedrich Ludwig, geb. 11. August 1778 zu Lanz in der Priegnitz, † 15. Oktober 1852 zu Freiburg an der Unstrut. Als Gymnasiallehrer zu Berlin eröffnete er 1810 den ersten Turnplatz in der

Hasenheide, nahm in Lützows Korps an den Befreiungskriegen teil und stand dann an der Spitze des Turnwesens. Die sogenannten demagogischen Verfolgungen trafen auch ihn, wie die ganze Turnsache, so daß er von 1825 an in unfreiwilliger Muße zu Freiburg a. d. Unstrut leben mußte. Als Turnvater Jahn ist er allbekannt.

Jean Paul (sein vollständiger Name ist Jean Paul Friedrich Richter), geb. 21. März 1763 zu Wunsiedel im Fichtelgebirge, † 14. November 1825 zu Baireuth. Er studierte Theologie, widmete sich aber dann ausschließlich der Schriftstellertätigkeit Er lebte in Weimar, Berlin, Meiningen und Baireuth und schrieb eine lange Reihe von Romanen und humoristischen Erzählungen, auch eine Erziehungslehre.

Immermann Karl Lebrecht, geb. 24. April 1796 zu Magdeburg, † 25. August 1840 zu Düsseldorf. Er war Landgerichtsrat zu Düsseldorf, leitete mehrere Jahre das Theater daselbst, schrieb Dramen und Romane. Sein Hauptwerk ist der Roman „Münchhausen", welcher vorzugsweise Schilderungen westfälischen Lebens bietet.

Jung Johann Heinrich, genannt Stilling, geb. 12. Dezember 1740 zu Imgrund in Nassau, † 2. April 1817 zu Karlsruhe. Er studierte Medizin in Straßburg, wo er mit Goethe befreundet wurde, war dann Arzt in Elberfeld, von 1787 ab jedoch Professor der Kameralwissenschaften in Marburg und Heidelberg, zuletzt Geheimrat in Karlsruhe. Von seinen zahlreichen Schriften ist besonders bekannt seine Selbstbiographie.

Körner Karl Theodor, geb. 23. September 1791 zu Dresden, † 26. August 1813 bei Gadebusch in Mecklenburg. Vgl. Gedichte III.

Kügelgen Wilhelm, geb. 20. November 1802 zu Petersburg, † 25. Mai 1867 zu Ballenstedt. Sein Vater wirkte als angesehener Historienmaler in Petersburg, seine Mutter war eine Deutschrussin aus Reval. Seine Eltern zogen bald nach seiner Geburt nach Dresden. Wilhelm K. wurde Porträtmaler, später lebte er am Hofe des Herzogs von Anhalt-Bernburg zu Ballenstedt. Seine Selbstbiographie wurde erst nach seinem Tode herausgegeben; sie reicht nur bis zum Jahre 1820.

Lindner Theodor, geb. 29. Mai 1843 zu Breslau, lebt zu Halle an der Saale. Er wirkte seit 1865 als Gymnasiallehrer an verschiedenen Orten, seit 1874 als Professor der Geschichte an der Universität zu Breslau, seit 1888 in Halle. Im Auftrage des deutschen Kaisers gab er 1890 das volkstümliche Werk heraus: „Der Krieg gegen Frankreich und die Einigung Deutschlands".

Linnig Franz, geb. 24. November 1832 zu Ägidienberg bei Königswinter. Zuerst Gymnasiallehrer an verschiedenen Orten, lebt er seit 1875 als Provinzialschulrat in Koblenz.

Luden Heinrich, geb. 10. April 1780 zu Loxstedt bei Bremen, † 23. Mai 1847 zu Jena. Seit 1806 Professor in Jena, machte er sich als Geschichtsschreiber bekannt, besonders durch eine Geschichte des deutschen Volkes.

Luther Martin, geb. 10. November 1483 zu Eisleben, † 18. Februar 1546 daselbst. Während des Reichstages zu Augsburg hat der Reformator auf der Feste Koburg eine Anzahl Fabeln des Äsop für die Jugend bearbeitet.

Mendelssohn Benjamin, geb. 16. November 1794 zu Berlin, † 24. August 1874 zu Horchheim bei Koblenz. Er war seit 1828 Professor der Geographie an der Universität Bonn.

Graf von Moltke Helmut, geb. 26. Oktober 1800 zu Parchim in Mecklenburg, † 24. April 1891 zu Berlin. Der berühmte Feldherr war auch ein mustergültiger Schriftsteller; eine seiner frühesten Schriften sind seine Briefe aus der Türkei.

Müller Friedrich David Theodor, geb. 18. Juli 1828 zu Königslutter, † 20. Juli 1877 zu Karlsruhe. Er studierte Theologie, war dann aber als Lehrer tätig, besonders in Elberfeld und Berlin, seit 1872 Professor der Geschichte am Polytechnikum zu Karlsruhe. Seine Geschichte des deutschen Volkes erschien 1897 in 16. Auflage und ist insgesamt in 125 000 Exemplaren verbreitet worden.

Nettelbeck Joachim, geb. 20. September 1738 zu Kolberg, † 19. Juni 1824 daselbst. Er war Schiffskapitän und zeichnete sich durch Bürgersinn und aufopfernde Vaterlandsliebe aus, besonders während der Belagerung Kolbergs. Berühmt ist seine Selbstbiographie.

Oncken Wilhelm, geb. 19. Dezember 1838 zu Heidelberg. Er wirkt seit 1866 als Professor der Geschichte an der Universität Gießen und hat sich besonders durch seine Forschungen auf dem Gebiete der neueren Geschichte einen Namen gemacht.

Reichenau Rudolf, geb. 12. Mai 1818 zu Marienwerder, † 18. Dezember 1879 zu Berlin. Er ist vorzugsweise durch seine gemütvollen Bilder „Aus unsern vier Wänden" bekannt geworden.

Richter Ludwig, geb. 28. September 1803 zu Dresden, † 19. Juni 1884 daselbst. Er war Landschaftsmaler, weltbekannt aber als Zeichner von zahllosen, im Holzschnitt vervielfältigten Darstellungen. Seine Selbstbiographie, niedergeschrieben von 1869—1879, reicht bis zum Jahre 1847.

Riehl Wilhelm Heinrich, geb. 6. Mai 1823 zu Biebrich, † 16. November 1897 zu München als Professor der Geschichte an der Universität. Er hat zahlreiche kulturgeschichtliche Werke verfaßt, so die „Familie", „Land und Leute", das „Wanderbuch", „Die Pfälzer", „Kulturhistorische Novellen".

Rosegger Peter, geb. 31. Juli 1843 zu Alpel bei Krieglach in Steiermark, lebt zu Graz. Vgl. Gedichte III.

von Schubert Gotthilf Heinrich, geb. 26. April 1780 zu Hohenstein im sächsischen Erzgebirge, † 1. Juli 1860 zu Großhesselohe bei München. Er studierte Medizin, ward 1818 Professor der Naturwissenschaften zu Erlangen, später zu München. Neben naturwissenschaftlichen Schriften und Reisebeschreibungen verfaßte er auch Jugendschriften.

Schupp Johann Balthasar, geb. 1. März 1610 zu Gießen † 26. Oktober 1661 zu Hamburg. Er war Prediger zu Braubach am Rhein, hielt 1648 die Friedenspredigt zu Münster und wurde dann als Prediger nach Hamburg berufen. Vielgereist, war er einer der wenigen kerndeutschen und volkstümlichen Schriftsteller jenes Zeitalters.

Gräfin Schwerin Sophie, geb. 16. Juli 1785 zu Berlin, † 30. Januar 1863 ebenda. Ihr Vater war Graf Dönhoff aus dem Hause Dönhoffstädt in Ostpreußen, ein Enkel der durch Friedrichs des Großen Jugendliebe berühmt gewordenen Frau von Wreich auf Tamsel, ihre Mutter Gräfin Sophie Schwerin aus dem Hause Wolfshagen in der Uckermark. Am 8. Juni 1805 vermählte sie sich mit Wilhelm Grafen Schwerin. Dieser machte die Befreiungskriege mit und fiel als Oberst am 18. Juni 1815 in der Schlacht von Waterloo. Beinahe 50 Jahre lebte Gräfin Schwerin im Witwenstande, teilnehmend an allen Fortschritten der Künste und Wissenschaften, unter anderen auch mit Wilhelm Grimm eng befreundet, von ihrer Umgebung hochverehrt.

Spyri Johanna, geb. 12. Juni 1827 zu Hirzel bei Zürich, † 8. Juli 1901 zu Zürich. Ihr Familienname ist Heußer, seit 1852 war sie mit dem Stadtschreiber von Zürich, Spyri, verheiratet. Sie hat eine Reihe von „Geschichten für Kinder und solche, welche die Kinder lieb haben", veröffentlicht, darunter „Heidis Lehr- und Wanderjahre" und „Heidi kann brauchen, was es gelernt hat".

Trojan Johannes, geb. 14. August 1837 zu Danzig, lebt zu Berlin. Vgl. Gedichte III.

Wieland Christoph Martin, geb. 5. September 1733 zu Oberholzheim bei Biberach, † 20. Januar 1813 zu Weimar. Er studierte Jurisprudenz, war von 1769 ab Professor der Philosophie an der Universität Erfurt und wurde 1772 als Erzieher der beiden Prinzen nach Weimar berufen. Dort blieb er bis an sein Lebensende. Wieland war ein sehr fruchtbarer Schriftsteller, der zuerst in Klopstocks Weise dichtete, dann aber nach dem Vorbilde der französischen Klassiker Romane, poetische Erzählungen und philosophische Schriften verfaßte. Besonders berühmt ist sein „Oberon" und der Roman „Die Abderiten".

Willmann Otto, geb. 24. April 1839 zu Polnisch Lissa in Posen; nachdem er als Lehrer in Leipzig und Wien gewirkt, ist er seit 1872 Professor der Pädagogik an der Universität Prag.

Nachweis der Quellen.

Allmers: Marschenbuch. 3. Auflage, Oldenburg, Schulze, 1891.
Archenholz: Kleine historische Schriften. Karlsruhe, Schmieder, 1791 (gekürzt).
Arndt: Schriften für und an seine lieben Deutschen. Leipzig, Weidmann, 1845, 1. Teil. — Erinnerungen aus dem äußeren Leben, 2. Aufl., Leipzig, Weidmann, 1840.
Bäßler: Sagen aus allen Gauen des Vaterlandes, 2. Aufl., Berlin, Decker, 1877 (Nr. 7 etwas gekürzt; Nr. 11 an einer Stelle gekürzt). — Sagen aus der Geschichte des deutschen Volkes, ebenda, 1855 (Nr. 8—10).
Baur: Ernst Moritz Arndts Leben, Taten und Meinungen. 5. Aufl., Hamburg, Rauhes Haus, 1882 (gekürzt). — Prinzeß Wilhelm von Preußen. Ein Lebensbild, 2. Aufl., ebenda, 1889 (unbedeutend gekürzt).
Bechstein: Märchenbuch. Prachtausgabe. 5. Aufl. Leipzig, Wigand, o. J.
Biernatzki: Die Hallig, Stuttgart, Spemann, o. J.

Brentano: Die Märchen des Klemens Brentano. Herausgeg. von Guido Görres. 2. Bd. Stuttgart u. Tübingen, Cotta 1847. Mit sehr erheblichen Kürzungen. An zwei Stellen sind einige Worte umgestellt worden, sonst ist der Text völlig ungeändert geblieben.
Caspari: Geistliches und Weltliches, 12. Aufl., Erlangen, Deichert, 1880 (Nr. 19 hat Caspari nach Grimm erzählt).
Curtman: Das Vaterland, 3. Aufl., Darmstadt, Diehl, 1850.
Eylert: Charakterzüge aus dem Leben des Königs von Preußen, Friedrich Wilhelm III., Magdeburg, Heinrichshofen, 1844, Teil 2, 1. Abteilung (gekürzt).
Falkmann: Stilistisches Elementarbuch, 8. Aufl., Leipzig, Hahn, 1862.
Fischer: Bunte Bilder, neue Stereotypausgabe, Reutlingen, Enßlin u. Laiblin, o. J. (die Änderungen und Kürzungen in Nr. 24 hat der Verfasser eigens für den Abdruck in vorliegendem Lesebuch selbst vorgenommen).
Fontane: Wanderungen durch die Mark Brandenburg. Wohlfeile Ausgabe, Berlin, Hertz, 1892, 4. Teil, Spreeland (Nr. 26, unbedeutend gekürzt); 1. Teil, die Grafschaft Ruppin (Nr. 27, an einer Stelle gekürzt). — 3. Teil, Havelland (Nr. 28).
Forster: Sämtliche Schriften, Leipzig, Brockhans, 1843, 5. Bd., aus Cook, der Entdecker.
Gellert: Briefwechsel Gellerts mit Demoiselle Lucius, herausg. von F. A. Ebert, Leipzig, Brockhaus, 1823. Anhang: Briefe Gellerts an Rabener vom 29. Januar 1761 und 5. Februar 1761 und Auszug eines Briefes aus Leipzig vom 27. Januar 1761.
Glaubrecht: Erzählungen, Glogau, o. J., 2. Aufl. (etwas gekürzt).
Grimm: Kinder- und Hausmärchen, große Ausg., 18. Aufl., Berlin, Hertz, 1882 (kleine Änderungen in Nr. 44 und 45 nach Sutermeister, Kinder- und Hausmärchen aus der Schweiz, Aarau, 1873). Deutsche Sagen, Berlin, Nicolai, 1816 (Nr. 38 mit Änderungen von Linnig, Deutsches Lesebuch, 1. Teil, Paderborn, Schöningh, 1885).
Hebel: Schatzkästlein des rheinischen Hausfreundes. Historisch-kritische Ausgabe von Behaghel, Berlin und Stuttgart, Spemann o. J. (Nr. 52 und 53 unbedeutend gekürzt).
Heine: Werke, herausgeg. von Elster, Leipzig, Bibliographisches Institut o. J., Bd. 3: Die Nordsee. Dritte Abteilung (Nr. 54); Die Harzreise (55—57, mit einigen Auslassungen).
Hippel: Abgedruckt aus Wackernagels Lesebuch, 24. Abdruck, Gütersloh, Bartelsmann, 1873, 3. Teil.
Jahn: Deutsche Turnkunst von Jahn u. Eiselen, Berlin, auf Kosten der Herausgeber, 1816, Einleitung.
Jean Paul: Werke, herausgeg. von Gottschall, Berlin, Hempel, o. J.
Immermann: Münchhausen, Berlin, Hofmann, 2. Aufl., 1864.
Jung-Stilling: Lebensgeschichte, von ihm selbst erzählt, Leipzig, Reclam, o. J.
Körner: Sämtliche Werke, 5. Aufl., Berlin, Grote, 1885, Bd. 2.
Kügelgen: Jugenderinnerungen eines alten Mannes. 2. Aufl., Berlin, Hertz, 1870. Mit nicht unerheblichen Kürzungen.
Lindner: Der Krieg gegen Frankreich und die Einigung Deutschlands, Berlin, Asher, 1895.
Linnig: Deutsches Lesebuch, 1. Teil, 7. Aufl., Paderborn, Schöningh, 1885.

Luden: Geschichte des deutschen Volkes, Gotha, Perthes, 1825, Bd. 1.
Luther: Sämtliche Werke, Erlangen, Heyder, 1826—55, 65 Bde. deutsche Schriften. Etliche Fabeln Äsops verdeutscht, Bd. 64; Tischreden, Bd. 61 (Nr. 80); Bd. 54 (Nr. 81).
Mendelssohn: Das germanische Europa. Znr geschichtlichen Erdkunde, Berlin, Duncker u. Humblot, 1836.
Moltke: Briefe über Zustände und Begebenheiten in der Türkei, 2. Aufl., Berlin, Mittler, 1876. Dort mit der Bemerkung: geschrieben am 1. Mai 1838.
Müller: Geschichte des deutschen Volkes, 6. Aufl., Berlin, Vahlen, 1876.
Nettelbeck: Lebensbeschreibung, von ihm selbst aufgezeichnet, 3. Aufl. Leipzig, Brockhaus, 1863, Bd. 2.
Oncken: Unser Heldenkaiser. Festschrift zum hundertjährigen Geburtstage Kaiser Wilhelms des Großen. Berlin, Schall und Grund, 1897. Mit unbedeutenden Kürzungen.
Reichenau: Aus unsern vier Wänden, erste Gesamtausgabe, Leipzig, Grunow, 1877.
Richter: Lebenserinnerungen eines deutschen Malers. Selbstbiographie. Herausgeg. von Heinrich Richter. 8. Aufl., Frankfurt a. M., Alt. 1895. Mit einigen Kürzungen.
Riehl: Die Familie, Stuttgart, Cotta, 1861. Mit einer Auslassung.
Rosegger: Die Schriften des Waldschulmeisters, 3. Aufl., Wien, Hartleben, 1882.
Schubert: Züge aus dem Leben des Joh. Friedrich Oberlin, 7. Aufl., Nürnberg, Raw, 1842.
Schupp: Freund' in der Not, Abdruck der ersten Ausgabe von 1675, von Braun, Halle, Niemeyer, 1878.
Gräfin Schwerin: Lebensbild der Gräfin Sophie Schwerin, geb. Gräfin Dönhoff, aus ihren eigenen hinterlassenen Papieren zusammengestellt von ihrer jüngeren Schwester A. v. Romberg. Druck von Frommann in Jena, 1868. (Nicht im Buchhandel.) Mit Kürzungen.
Spyri: Heidis Lehr- und Wanderjahre, 8. Aufl., Gotha, Perthes, 1887.
Trojan: Kleine Bilder, Minden, Bruns, 1886. Die Elfennamen in Nr. 97 hat der Verfasser eigens für den Abdruck in vorliegendem Lesebuche hinzugefügt. — Neuer deutscher Jugendfreund, Stuttgart, Schmidt und Spring, 1885 (Nr. 99 und 100 dort anonym abgedruckt).
Wieland: Sämtl. Werke, Leipzig, Göschen, 1796, Bd. 20.
Willmann: Lesebuch aus Herodot, 4. Aufl., Leipzig, Gräbner, 1885. In Nr. 102 ist der erste Satz zusammengezogen, auch die Schreibweise Krösos in Krösus geändert.
Verschiedenes: Nr. 104 und 105 sind in der Schulpraxis des Herausgebers entstanden. — Nr. 106 und 107 meist aus Simrock, Deutsche Sprichwörter, Frankfurt a. M., Winter, o. J. — Nr. 108 meist aus Herzog, Beispielsprichwörter, Aarau, Sauerländer, 1882 und aus Höfer, Wie das Volk spricht, 5. Aufl., Stuttgart, Krabbe, 1866.

Inhalt I.

Zusammenstellung gleichartiger Lesestücke.

(Die Zahlen beziehen sich auf die Nummern der Lesestücke.)

I. Nach dem Inhalt.

Die Natur.

Vaterland und Fremde.

10. Deutsches Land und Volk.

11. Deutsche Geschichte und Kulturgeschichte.

Deutsche Sagen sehe man unten unter Nr. 27.

12. Deutsche Freiheitskämpfe.

13. Charakterbilder deutscher Männer und Frauen.

14. Charakterbilder deutscher Dichter. Stoffe, die auch poetisch bearbeitet sind.

15. Ferne Zeiten und Lande.

Menschenleben.

16. Gottvertrauen. Lebensweisheit.

17. Kinderleben.

18. Familienleben. Frauenleben.

19. Feste.

20. Heimat. Abschied. Wanderschaft.

II. Nach Gattungen.

Belehrende (didaktische) Prosa.

Erzählende (epische) Prosa.

Inhalt II.

Die mit einem Sternchen (*) bezeichneten Stücke eignen sich für das sechste Schuljahr.

FSC
www.fsc.org
MIX
Papier | Fördert gute Waldnutzung
FSC® C083411

Kolibri 360 GmbH
Ferdinand-Jühlke-Straße 7
99095 Erfurt, Deutschland
produktsicherheit@kolibri360.de